凌阳单片机系列丛书

大学生创新竞赛实战

——凌阳16位单片机应用

主　编　陈言俊　王延伟　罗亚非
副主编　秦　峰　曹庆峰

北京航空航天大学出版社

内容简介

本书主要介绍了凌阳16位单片机的系统概况、硬件部分、指令系统、单片机的程序设计与开发环境及编程语言；同时，介绍了常用电子元器件各类模块的原理、技术指标及应用；最后，根据近几年16位单片机的应用，对典型竞赛题目的解决方案、近几年获奖作品的案例进行了介绍。

本书可作为在校大学生参与科技创新竞赛的参考书，也可作为广大从事单片机开发与应用的工程技术人员及单片机爱好者的自学用书。

图书在版编目(CIP)数据

大学生创新竞赛实战：凌阳16位单片机应用/陈言俊主编. —北京：北京航空航天大学出版社，2009.8

ISBN 978-7-81124-795-4

Ⅰ.大… Ⅱ.陈… Ⅲ.单片微型计算机—高等学校—教材 Ⅳ.TP368.1

中国版本图书馆CIP数据核字(2009)第075416号

© 2009，北京航空航天大学出版社，版权所有。

未经本书出版者书面许可，任何单位和个人不得以任何形式或手段复制本书内容。

侵权必究。

大学生创新竞赛实战

——凌阳16位单片机应用

主　编　陈言俊　王延伟　罗亚非

副主编　秦　峰　曹庆峰

责任编辑　董立娟

*

北京航空航天大学出版社出版发行

北京市海淀区学院路37号(100191)　发行部电话：010-82317024　传真：010-82328026

http://www.buaapress.com.cn　E-mail：emsbook@gmail.com

涿州市新华印刷有限公司印装　各地书店经销

*

开本：787×960　1/16　印张：21.75　字数：487千字

2009年8月第1版　2009年8月第1次印刷　印数：5 000册

ISBN 978-7-81124-795-4　定价：36.00元

前　言

全国大学生电子设计竞赛及其他各类创新竞赛受到了越来越多高校的重视，其中，单片机的应用也从最初的 8 位机独步天下，发展到了 8 位、16 位机平分秋色。凌阳 16 位单片机(SPCE061A)经过多年的推广，以其出色的性能和使用的便捷性在竞赛和教学实践中得到了广泛应用。

16 位单片机作为介于廉价的 8 位单片机和高端的 32 位单片机之间的一个产品系列，具有性价比高、应用范围广的特点。凌阳 16 位单片机是其中比较有代表性的一款。它采用 SOC 技术，集成了 10 位 A/D、D/A、PWM、UART 等多个应用模块，功能强大，使用方便，特别适合在校大学生进行单片机学习、电子制作和参加各类竞赛项目。

该书的编写主要定位于培养大学生的创新精神和创新意识，以提高大学生动手实践能力，强调实际制作和竞赛应用，可作为在校大学生选修课、科技创新大赛、课程设计、毕业设计和参与各类创新竞赛的参考书。本书整理了山东大学近几年来涉及的 16 位单片机在各类创新竞赛中的应用方案和典型学生创新作品案例。学生使用本书，可以以理论结合实践的方法，调动其在动手实践中的积极性。

本书第 1～4 章主要介绍凌阳单片机的基础知识、硬件系统、指令系统和单片机的开发环境及编程语言。第 5～6 章主要介绍常用模块及其应用，典型竞赛题目的解决方案及近几年获奖作品的案例。各章节内容具体安排如下：

第 1 章介绍凌阳 SPCE061A 单片机的特点、结构、性能、内外部功能及开发方式等若干部分。

第 2 章介绍凌阳 SPCE061A 单片机的内核结构、Flash 程序存储器、SRAM 数据存储器、通用 I/O 端口、定时器/计数器、中断控制、CPU 时钟、模－数转换器、DAC 输出、通用异步串行输入/输出接口、串行输入输出接口以及低电压监测/低电压复位等内容。

第 3 章介绍了 SPCE061A 指令系统的寻址方式和各种指令。指令是 CPU 执行某种操作的命令，学习和掌握指令的功能与应用是程序设计的基础。

第 4 章介绍了汇编语言、C 语言设计、开发环境等内容。

第 5 章介绍了竞赛常用元器件模块的电路、性能、技术指标、原理、制作和应用等内容。

第6章介绍了16位单片机在各类竞赛中的应用以及典型竞赛题目的要求、解决方案等内容。

本书内容全面而实用，案例丰富，可读性强，适于用作广大从事单片机开发与应用的工程技术人员及单片机爱好者自学用书，也可作为本科院校的专业教材。

由于编者水平有限，编写时间仓促，书中如有错漏敬请读者指正。

有兴趣的读者，可以发送电子邮件到：chenyanjun56120020@163.com与作者进一步交流；也可以发送电子邮件到：xdhydcd5@sina.com，与本书策划编辑进行交流。

本书在出版过程中得到了北京航空航天大学出版社的大力支持和帮助，在此表示衷心感谢。《电子制作》杂志社陈忠主编、喻晗编辑对本书的出版也提供了很多帮助，在此表示感谢。

凌阳大学计划部对本书的出版也给予了很大支持，特别是罗亚非、袁军、郭永收等工程师，在此表示感谢。

本书由罗亚非总经理、朱瑞富教授审稿。

作　者

2009年5月

目 录

第 1 章

SPCE061A 单片机系统概况

伴随着各类大学生科技创新活动在全国高等院校的迅速发展，竞赛中使用单片机的种类可谓“百家争鸣，各具特色”。其中，凌阳 16 位单片机 SPCE061A 的推出，较好地满足了高等院校普通大学生的实用性强、性价比高和功能全面的要求，在各类大赛中表现突出。本章主要介绍凌阳 SPCE061A 精简开发板的结构、芯片的引脚排列、芯片特性及开发方式。

SPCE061A 有以下特点：

1）体积小、集成度高、可靠性好且易于扩展

SPCE061A 把各功能部件模块化地集成在一个芯片里，内部采用总线结构，因而减少了各功能部件之间的连线，提高了其可靠性和抗干扰能力。另外，模块化的结构易于系统扩展，以适应不同用户的需求。

2）较强的中断处理能力

SPCE061A 的中断系统支持 9 个中断向量及 14 个中断源，适合实时应用领域。

3）高性价比

SPCE061A 片内带有高寻址能力的 ROM、静态 RAM 和多功能的 I/O 口。另外，μ'nSP 的指令系统提供了具有较高运算速度的 16 位×16 位的乘法运算指令和内积运算指令，为其应用增添了 DSP 功能。

4）功能强、效率高的指令系统

SPCE061A 指令系统的指令格式紧凑，执行迅速；并且其指令结构提供了对高级语言的支持，这可以大大缩短产品的开发时间。

5）低功耗、低电压

SPCE061A 采用 CMOS 制造工艺，同时增加了软件激发的弱振方式、空闲方式和掉电方式，极大地降低了功耗。另外，μ'nSP 的工作电压范围大，能在低电压供电时正常工作，且能用电池供电。

1.1 SPCE061A 单片机内部结构

SPCE061A 是凌阳科技推出的 16 位结构的微控制器，内嵌 32K 字的闪存（Flash）。较高的处理速度使 μ'nSP 能够非常容易地、快速地处理复杂的数字信号。

1.1.1 61板是什么？有什么用？

61板是凌阳16位单片机中的一款——SPCE061A的开发系统。

单片机又是什么呢？单片机又称单片微处理器，不是完成某一个逻辑功能的芯片，而是把一个计算机系统集成到一个芯片上。概括地讲，一块芯片就构成一台计算机。它体积小，质量轻，价格低，为学习、应用和开发提供了便利的条件。同时，学习、使用单片机是了解计算机原理与结构的最佳选择。

目前，单片机渗透到生活的各个领域，几乎很难找到哪个领域没有单片机的踪迹。导弹的导航装置、飞机上的各种控制仪表、计算机的网络通信与数据传输、工业自动化过程的实时控制和数据处理、各种智能IC卡、民用豪华轿车的安全保障系统、录音机、摄像机、全自动洗衣机的控制、程控玩具及电子宠物等，都离不开单片机，更不用说自动控制领域的机器人、智能仪表、医疗器械了。因此，单片机的学习、开发与应用将造就一批计算机应用与智能化控制的科学家、工程师。

单片机需要有开发人员进行开发，如全自动洗衣机的控制，单片机要实现控制电机、数码显示、按键等功能，这些功能的实现就由单片机开发人员来完成。开发过程中，要采用开发工具，它可以帮助开发人员实现所要设计的功能。这个硬件开发工具就叫单片机开发系统，不同单片机的开发系统也不同。另外，还有软体开发工具，叫开发环境。

利用51单片机进行开发时，硬件开发系统要求很多，如仿真器、烧录器、开发板等。软件开发工具有富兰克林、Keil51等。61板是SPCE061A的硬件开发系统，用户只采用61板就可以进行开发，与61板配套的软体开发工具名为凌阳16位单片机集成开发环境(μ'nSP IDE)。

61板是以16位单片机SPCE061A为核心的精简“开发—仿真—实验”板，大小相当于一张扑克牌，是凌阳大学计划专为大学生、电子爱好者等进行电子实习、课程设计、毕业设计、电子制作及电子竞赛设计的，也可以用于单片机项目初期研发。61板的主要特点是简单，易学，实用。它采用的是精简指令集，共有41条指令，指令功能简单且容易掌握。61板除了具备单片机最小系统电路外，还包括电源电路、音频电路(含MIC输入部分和DAC音频输出部分)、复位电路等，而且体积小、采用电池供电，方便随身携带；使学生在掌握软件的同时，熟练单片机硬件的设计制作，锻炼学生的动手能力，也为单片机学习者和开发者创造了一个良好的学习新产品开发的机会。

1.1.2 61板的性能

- 16位μ'nSP微处理器；
- 工作电压(CPU)V_{DD}为2.4～3.6 V (I/O)，V_{DDH}为2.4～5.5 V；
- CPU时钟：0.32～49.152 MHz；
- 内置2K字SRAM；

- 内置 32K 字 Flash；
- 可编程音频处理；
- 晶体振荡器；
- 系统处于备用状态下(时钟处于停止状态)时，耗电仅为 2 μA(3.6 V 供电情况下)；
- 2 个 16 位可编程定时器/计数器(可自动预置初始计数值)；
- 2 个 10 位 DAC(数-模转换)输出通道；
- 32 位通用可编程输入/输出端口；
- 14 个中断源可来自定时器 A/B、时基、2 个外部时钟源输入、触键唤醒；
- 具备触键唤醒的功能；
- 使用凌阳音频编码 SACM_S240 方式(2.4 kbps)，能容纳 210 s 的语音数据；
- 锁相环 PLL 振荡器提供系统时钟信号、32768 Hz 实时时钟；
- 7 通道 10 位电压模-数转换器(ADC)和单通道声音模-数转换器；
- 声音模-数转换器输入通道内置的麦克风放大器和自动增益控制(AGC)功能；
- 具备串行设备接口；
- 具有低电压复位(LVR)功能和低电压监测(LVD)功能；
- 内置在线仿真电路 ICE(In-Circuit Emulator)接口；
- 具有保密能力；
- 具有 WatchDog 功能。

1.1.3 61 板的结构

(1) SPCE061A 的外观结构

SPCE061A 的外观结构如图 1.1 所示。

(2) SPCE061A 单片机功能块区划分

功能块区划分如图 1.2 所示。

POWER	5 V/3 V 供电电路(A 区)	PLL	锁向环外部电路(D 区)
Power	电源指示灯(A 区)	RESET	复位电路(F 区)
K4	复位按键(F 区)	PROBE	在线调试器串行 5 针接口(B 区)
S5	EZ-PROBE 和 PROBE 切换的拨断开关(B 区)	J12、J3	耳机插孔和两针喇叭插针(C 区)
DAC	一路音频输出电路(采用 SPY0030 集成音频放大器)(C 区)	MIC	麦克风输入电路(C 区)
OSC	32768 晶振电路(A 区)	VREF	A/D 转换外部参考电压输入接口(B 区)
R/C	芯片其他外围电阻、电容电路(D 区)	K1～K3	扩展的按键：接 IOA0～IOA2(G 区)

SPCE061A　61板核心：16位微处理器　　PORTA/B　32个I/O接口

Sleep　　睡眠指示灯

图 1.1　SPCE061A 单片机的外观结构

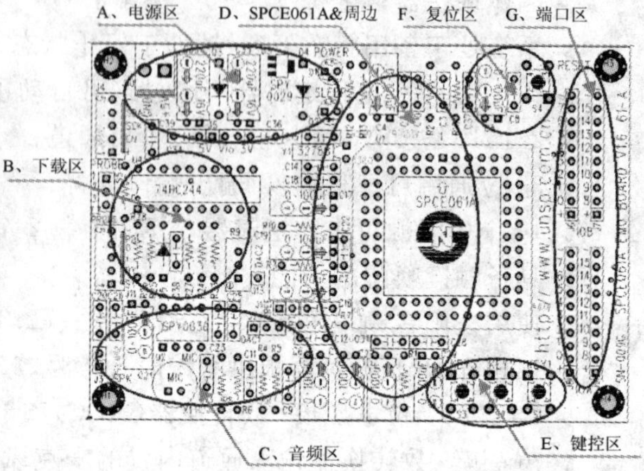

A、电源区　D、SPCE061A&周边　F、复位区　G、端口区

B、下载区

C、音频区　E、键控区

图 1.2　SPCE061A 单片机功能块区划分图

1.1.4　SPCE061A 单片机功能块区的作用

(1) 输入/输出(I/O)接口

61板将SPCE061A的32个I/O全部引出：I/OA0～I/OA15、I/OB0～I/OB15，对应的引脚为：A口，41～48，53、54～60；B口，5～1，81～76，68～64。而且该I/O口通过编程可以设置为输入或输出。

设置为输入时，分为悬浮输入或非悬浮输入。非悬浮输入可以设置为上拉输入或是下拉输入；在电源为5 V情况下，上拉电阻为150 kΩ，下拉电阻为110 kΩ。设置为输出时，可以选择同相输出或者反相输出。

(2) 音频输入/输出口

61板具有强大的语音功能，X1是语音的MIC输入端，带自动增益（AGC）控制；J12和J3都是语音输出接口，一个是耳机插孔，另一个是两针的插针外接喇叭；DAC输出引脚21或22经语音集成放大器SPY0030放大，然后输出。SPY0030是凌阳音频驱动芯片，相当于LM386，但是比LM386音质好，可以工作在2.4～6.0 V范围内，最大输出功率可达700 mW（LM386必须工作在4 V以上，而且功率只有100 mW）。

(3) 在线调试器(PROBE)和EZ-PROBE接口

J4为PROBE的接口，有5针，其中两个分别是地(V_{SS})和4.3 V电源(V_{CC})，我们就是通过PROBE的一段接PC及25针并口，一段连接它来调试、仿真和下载程序的。这样，就不需要再用仿真器和编程器了，最后将程序下载到芯片中，即完成了程序的烧写。

(4) 电源接口

J10 是电源接口。61 板的内核 SPCE061A 的电压要求为 3.3 V，而 I/O 端口的电压可以选择 5 V 和 3.3 V。对应的引脚 15、36 和 7 必须为 3.3 V，对于 I/O 端口的电压 51、52、75 可以为 3.3 V 也可以为 5 V，这两种电平的选择通过 J5 来选择。61 板的供电电源系统采用用户多种选择方式：

1) DC 5 V 电池供电

用户可用 3 节电池供电，5 V 直流电压直接通过 SPY0029(相当于一般 3.3 V 稳压器)稳压到 3.3 V。整个 61 板提供了 4.5 V 和 3.3 V 两种电平的电压。

2) DC 5 V 供电

用户可直接外接 5 V 的直流稳压源供电，5 V 电压再通过 SPY0029 稳压到 3.3 V。

3) DC 3 V 供电

用户可直接提供直流 3.3 V 电压为实验板供电，此时整个板子只有 3.3 V 电压，此时 I/O 端口电压只有一种选择。

注意：由于 SPY0029 最大输出电流为 50 mA，所以如果需要外接一些模组，则要先考虑一下是否合适。

(5) 外部复位

复位是 61 板内部的硬件初始化。61 板本身具上电复位功能，即只要一通电就自动复位，另外，还具有外部复位电路，即在引脚 6 上外加一个低电平就可令其复位，如 RESET 按键。

1.1.5 SPCE061A 的内部及外围结构

SPCE061A 的结构如图 1.3 所示。内部核心区的部件及其功能如下：

- Flash 程序存储器：具有 32K 字(32K×16bit)闪存容量。用户为一特定目标而编写程序和数据来存储用户程序。
- 程序计数器(PC)：它的作用与所有微控制器中的 PC 作用相同，是作为程序的地址指针来控制程序走向的专用寄存器。
- 算术逻辑运算单元(ALU)：实现算术和逻辑运算等操作。
- 堆栈：按照“先进后出”原则，保存程序断点地址。主要用于在程序执行过程中，调用子程序之前必须保存主程序断点处的地址，以使子程序执行完后再恢复断点地址，以使主程序得以继续执行。
- 通用型寄存器 R1～R4：通常可分别用于数据运算或传送的源及目标寄存器。
- 堆栈指针寄存器 SP：SP 是在 CPU 执行压栈/出栈指令、子程序调用/返回指令、进入中断服务子程序或从 ISR 返回指令时自动减少或增加，以示堆栈指针的移动。
- 基址指针寄存器 BP：μ'nSP 提供了一种方便的寻址方式，即变址寻址方式[BP+IM6]，程序设计时可通过它直接存取 ROM 与 RAM 中的各种数据。

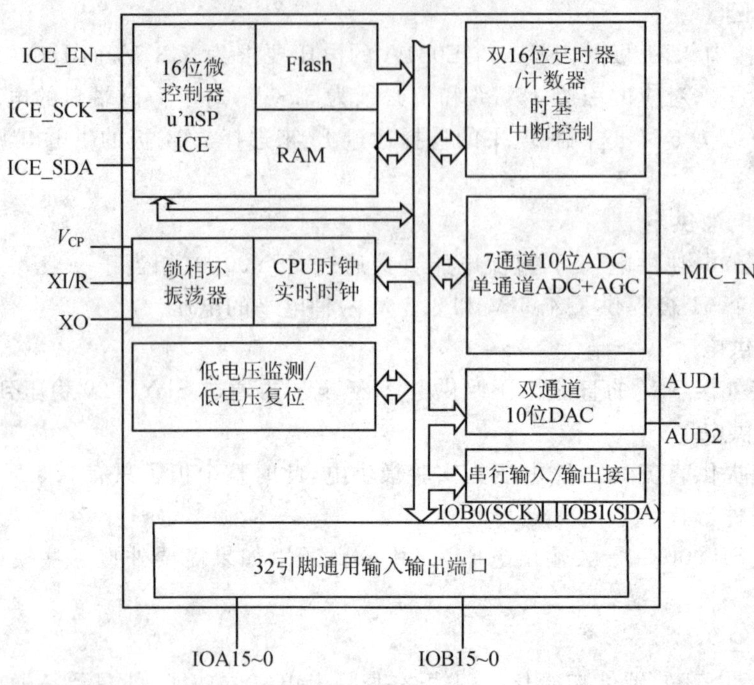

图 1.3　SPCE061A 的结构

- 段寄存器 SR：有多种功能用途，SR 中有代码段选择字段和数据段选择字段，它们可分别与其他 16 位的寄存器合在一起形成 22 位地址线，用来寻址 4M 字容量的存储器。
- RAM：SPCE061A 有 2K 字的 SRAM，用于存储 CPU 在执行程序过程中产生的中间数据。
- 低电压监测(LVD)：它可以提供系统内电源电压的使用情况。如果系统电压 V_{CC} 低于用户设定的电压监测低限电压 V_{LVD}，则被置为“1”；反之，当 V_{CC} 高于 V_{LVD} 时，该位被置为“0”。
- 低电压复位(LVR)：通过某种方式，使单片机内存各寄存器的值变为初始的操作称为复位。在 RESB 端加上一个低电平就可令其复位。该电路具有手动和上电复位两种功能。
- 看门狗计数器(WatchDog)：是一个自带的时基信号，用来监视程序的运行状态。由于意外，一旦 CPU 跑到正常程序之外而出现“死机”，WatchDog 将强行把 CPU 复位，使其返回到正常程序的轨道上来。SPCE061A 的 WatchDog 的清除时间周期为 0.75 s。
- 数据总线：μ'nSP 是 16 位单片机，它具有 16 位数据线，作为数据传输的专用通道；且将外围模块和内部核心的功能部件联系起来。

- 地址总线：μ'nSP 是 16 位单片机，它具有 22 位地址线，最多可寻访 4M 字的存储容量。
- 时基信号发生器：产生芯片内部各功能电路工作所需的时钟脉冲信号。通过分频产生 2 Hz、4 Hz、1024 Hz、2048 Hz 以及 4096 Hz 的时基信号，为中断系统提供各种实时中断源。
- 系统时钟：32768 Hz 的实时时钟经过 PLL 倍频电路产生系统时钟频率(F_{OSC})，再经过分频得到 CPU 时钟频率(CPUCLK)，可通过对单元编程来控制。
- 锁相环 PLL(Phase Lock Loop)振荡器：作用是将系统提供的实时时钟的基频(32768 Hz)进行倍频，调整至 49.152 MHz、40.96 MHz、32.768 MHz、24.576 MHz 或 20.480 MHz。
- 电源电路：将电源电压分配到芯片内的各个功能电路；只要电源电压在 2.6～3.6 V 之间，就能够保障单片机正常工作。

外围区的部件及其功能如下：

- I/O 端口结构：SPCE061A 提供了位控制结构的 I/O 端口，每一位都可以被单独定义，用于输入或输出数据。
- A 口的数据单元：用于向 A 口写入或从 A 口读出数据。
- B 口的数据单元；用于向 B 口写入或从 B 口读出数据；B 口除了具有常规的输入/输出端口功能外，还有一些特殊的功能。
- 定时器 TimerA：为通用计数器，其时钟源由时钟源 A 和时钟源 B 进行“与”操作而形成。
- 定时器 TimerB：为多功能计数器，其时钟源仅为时钟源 A。
- 模-数转换器 ADC：SPCE061A 有 8 路可复用 10 位 ADC 通道。其中，一路通道(MIC_In)用于语音输入，模拟信号经过自动增益控制器和放大器放大后进行 A/D 转换；其余 7 路通道(Line_In)和 IOA[0～6]引脚复用，可以直接通过引线(IOA[0～6])输入，用于将输入的模拟信号(如电压信号) 转换为数字信号。
- DAC 方式音频输出：SPCE061A 为音频输出提供两个 DAC 通道，DAC1 和 DAC2 输出的模拟电流信号通过 DAC1 和 DAC2 引脚输出。
- 串行输入输出端口 SIO：SPCE061A 提供了一个 1 位的串行接口，用于与其他设备进行数据通信。在 SPCE061A 内，通过 IOB0 和 IOB1 这 2 个端口实现与设备进行串行数据交换。其中，IOB0 用来作为时钟端口(SCK)，IOB1 则用来作为数据端口(SDA)。
- 通用异步串行接口 UART：UART 模块提供了一个全双工标准接口，用于完成 SPCE061A 与外设之间的串行通信。UART 还可以缓冲地接收数据，也就是说，它可以在读取缓存器内当前数据之前接收新的数据。

1.2 SPCE061A 芯片的引脚排列

SPCE061A 为 84 个引脚，封装形式为 PLCC84，如图 1.4 所示。在 84 个引脚中，有 15 个空余脚，使用时这 15 个空余脚悬浮，其余引脚功能说明见表 1.1。

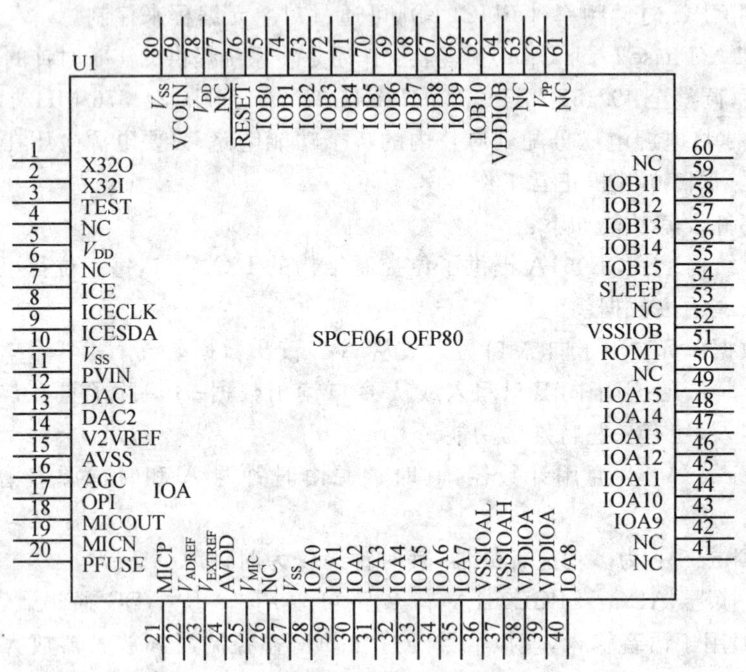

图 1.4 SPCE061A 引脚排列图

表 1.1 引脚描述表

引脚名称	引脚编号	类 型	描 述
IOA[15:8]	46～39	输入/输出	IOA[15:8]：双向 I/O 端口
IOA[7:0]	34～27	输入/输出	IOA[7:0]：通过编程，可设置成唤醒引脚 IOA[6:0]：与 ADC Line_In 输入共用
IOB[15:11]	50～54	输入/输出	IOB[15:11]：双向 I/O 端口。IOB10～0 除用作普通的 I/O
IOB10	57	输入/输出	端口，还具有如下特殊功能：
IOB9	58	输入/输出	IOB10：通用异步串行数据发送引脚 Tx
IOB8	59	输入/输出	IOB9：TimerB 脉宽调制输出引脚 BPWMO
IOB7	60	输入/输出	IOB8：TimerA 脉宽调制输出引脚 APWMO

续表 1.1

引脚名称	引脚编号	类　型	描　述
IOB6	61	输入/输出	IOB7：通用异步串行数据接收引脚 Rx
IOB5	62	输入/输出	IOB6：双向 I/O 端口
IOB4	63	输入/输出	IOB5：外部中断源 EXT2 的反馈引脚
IOB3	64	输入/输出	IOB4：外部中断源 EXT1 的反馈引脚
IOB2	65	输入/输出	IOB3：外部中断源 EXT2
IOB1	66	输入/输出	IOB2：外部中断源 EXT1
IOB0	67	输入/输出	IOB1：串行接口的数据传送引脚 IOB0：串行接口的时钟信号
DAC1	12	输出	DAC1 数据输出引脚
DAC2	13	输出	DAC2 数据输出引脚
X32I	2	输入	32768 Hz 晶振输入引脚
X32O	1	输出	32768 Hz 晶振输出引脚
VCOIN	70	输入	PLL 的 RC 滤波器连接引脚
AGC	16	输入	AGC 的控制引脚
MICN	19	输入	麦克风负向输入引脚
MICP	21	输入	麦克风正向输入引脚
V2VREF	14	输出	电压源 2.0 V 产生 5 mA 的驱动电流,可用作外部 ADC Line_In 通道的最高参考输入电压,不可作为电压源使用
MICOUT	18	输出	麦克风 1 阶放大器输出引脚,外接电阻决定 AGC 增益倍数
OPI	17	输入	麦克风 2 阶放大器输入引脚
V_{EXTREF}	23	输入	ADC Line_In 通道的最高参考输入电压引脚
V_{MIC}	25	输出	麦克风电源
V_{ADREF}	22	输出	A/D 参考电压(由内部 ADC 产生)
V_{DD}	5,69	输入	逻辑电源的正向电压
V_{SS}	10,26,71	输入	逻辑电源和 I/O 口的参考地
VDDIO	37,38,56	输入	I/O 端口的正向电压引脚
VSSIO	35,36,48	输入	I/O 端口的参考地
AVDD	24	输入	模拟电路(A/D、D/A 和 2 V 稳压源)正向电压
AVSS	15	输入	模拟电路(A/D、D/A 和 2 V 稳压源)参考地

续表 1.1

引脚名称	引脚编号	类　型	描　述
RESET	68	输入	低电平有效的复位引脚
SLEEP	49	输出	睡眠模式(高电平激活)
ICE	7	输入	激活 ICE(高电平激活)
ICECLK	8	输入	ICE 串行接口时钟引脚
ICESDA	9	输入/输出	ICE 串行接口数据引脚
TEST	3	输入	测试模式时接高电平,正常模式时接地 GND 或悬浮
ROMT	47	输入	测试闪烁存储器,正常模式时悬浮
N/C	55	输入	正常使用时接地
N/C	4	输入	正常使用时接地
N/C	6	输入	正常使用时接地
PFUSE,PVIN	20,11	输入	程序保密设定脚。用户慎重使用

1.3 SPCE061A 系统的特性及开发方式

SPCE061A 系统的特性参数如表 1.2 所列。

表 1.2 系统特性参数

特性参数	SPCE061A
工作电压	2.6～3.6 V
最大工作速率	49.152 MHz
CPU	16 位 μ'nSP
SRAM 容量/字	2K
ROM 容量/字	32K Flash
并行 I/O 端口 A	IOA15～0
并行 I/O 端口 B	IOB15～0
音频输出方式	DAC×2
中断源	TimerA/B、 时基信号发生器 外部中断 触键唤醒

续表 1.2

特性参数	SPCE061A
唤醒源	IOA7～0 其他中断源
定时器/计数器	双 16 位加计数定时器/计数器 双通道 PWM 输出
UART	具备
ADC	7 通道 10 位电压模-数转换器(ADC)和单通道声音模-数转换器(ADC)
串行 SRAM 接口	具备(凌阳格式)
晶振	具备
低电压复位	具备
低电压监测	具备
内置 ICE 接口	具备
上电复位	具备
麦克风放大器和自动增益控制	单通道
节电功能	具备
中断控制功能	具备
触键唤醒功能	具备

SPCE061A 的开发是通过在线调试器 PROBE 实现的。它既是编程器，又是在线调试器。它利用 SPCE061A 内置的在线仿真电路 ICE 接口配合凌阳的在线串行编程技术，可实现便捷的在线程序调试、仿真和下载。PROBE 工作于 IDE 集成开发环境软件包下，其 5 芯的仿真头连接到目标电路板的 SPCE061A 相应引脚，直接在目标电路板上的 CPU－SPCE061A 调试、运行用户编制的程序。PROBE 的另一头是标准 25 针打印机接口，直接连接到计算机打印口与上位机通信，在计算机 IDE 集成开发环境软件包下，完成在线调试功能。

第2章

SPCE061A 单片机的硬件系统

本章主要介绍凌阳 SPCE061A 单片机的内核结构、Flash 程序存储器、SRAM 数据存储器、通用 I/O 端口、定时/计数器、中断控制、CPU 时钟、模-数转换器 A/D、DAC 输出、通用异步串行接口 UART、串行设备输入输出接口 SIO 以及低电压监测/低电压复位等，以使学生系统地掌握 SPCE061A 单片机硬件系统的功能和应用。

2.1 程序存储器

(1) μ'nSP 的内核结构

μ'nSP 的内核结构如图 2.1 所示，由总线、算术逻辑运算单元、寄存器组、中断系统及堆栈等部分组成。

(2) 算术逻辑运算单元 ALU

μ'nSP 的 ALU 不仅能做 16 位的基本算术逻辑运算，也能做带移位操作的 16 位算术逻辑运算，还能做数字信号处理的 16 位×16 位的乘法运算和内积运算。

1) 16 位算术逻辑运算

与大多数 CPU 类似，ALU 提供了基本的算术运算与逻辑操作指令，可以完成加、减、比较、取补、异或、或、与、测试、写入、读出等 16 位算术逻辑运算及数据传送操作。

2) 带移位操作的 16 位算术逻辑运算

操作数在经过 ALU 的算术逻辑操作前可先进行移位处理，然后再经 ALU 完成算术逻辑运算操作。移位包括：算术右移、逻辑左移、逻辑右移、循环左移以及循环右移。一条指令可完成移位和算术逻辑操作这两项功能。

3) 16 位×16 位的乘法运算和内积运算

除了普通的 16 位的算术逻辑运算指令外，μ'nSP 的指令系统还提供处理速度较高的 16 位×16 位的乘法运算指令 Mul 和内积运算指令 Muls。

(3) 程序计数器 PC

它的作用与所有微控制器中的 PC 作用相同，是作为程序的地址指针来控制程序走向的专用寄存器。CPU 每执行完当前指令都会将 PC 值累加当前指令所要占据的字节数或字数，

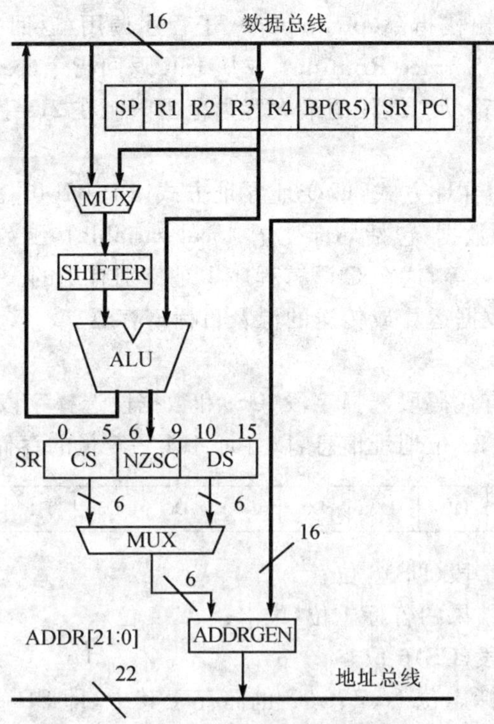

注：SP:堆栈指针；R1~R4:通用寄存器；BP:基指针；SR:段寄存器；
NZSC:4个标志位；DS:数据段选择控制器；
PC:程序计数器；SHIFTER：移位器；ALU：算术逻辑单元；
ADDRGEN：地址编码器；MUX：多路选择开关

图 2.1 μ'nSP 的内核结构

以指向下一条指令的地址。在 μ'nSP 里，16 位的 PC 通常与 SR 寄存器的 CS 选择字段共同组成 22 位的程序代码地址。

(4) 寄存器组

CPU 寄存器组里有 8 个 16 位寄存器，可分为通用寄存器和专用寄存器两大类别。通用寄存器包括 R1～R4，作为算术逻辑运算的源及目标寄存器。专用寄存器包括 SP、BP、SR、PC，是与 CPU 特定用途相关的寄存器。

1) 通用寄存器 R1～R4

分别用于数据运算或传送的源及目标寄存器。寄存器 R4、R3 配对使用还可组成一个 32 位的乘法结果寄存器 MR，其中，R4 为结果的高字组，R3 为结果的低字组，用于存放乘法运算或内积运算结果。

2）堆栈指针寄存器 SP

SP是在CPU执行压栈/出栈指令(push/pop)、子程序调用/返回指令(call/retf)、进入中断服务子程序(ISR,Interrupt Service Routine)或从ISR返回指令(reti)时自动减少(压栈)或增加(弹栈),以示堆栈指针的移动。堆栈的最大容量范围限制在2K字的RAM内。

3）基址指针寄存器 BP

μ'nSP提供了一种方便的寻址方式,即变址寻址方式[BP+IM6]。设计者可通过它直接存取ROM与RAM中的各种数据,包括局部变量(local variable)、函数参数(function parameter)、返回地址(return address)等,这在C语言程序中是特别有用的。BP除了上述用途外,也可作为通用寄存器R5,用于数据运算或传送的源及目标寄存器。

4）段寄存器 SR

SR有多种功能。SR中有代码段选择字段(CS)和数据段选择字段(DS),它们可分别与其他16位寄存器合在一起形成22位地址信息,以寻址4M字容量的存储器,如下所示:

D15	D14	D13	D12	D11	D10	D9	D8	D7	D6	D5	D4	D3	D2	D1	D0

D15～D10:数据段选择字段(DS)6位;

D9～D6:算术逻辑运算结果的各标志位(N、Z、S、C)4位;

D5～D0:代码段选择字段(CS)6位。

算术逻辑运算结果的各标志位N、Z、S、C也储存于其中,即SR中间的4位(D6～D9)。CPU在执行条件/无条件短跳转指令(JUMP)时需测试这些标志位以控制程序的流向,这些标志位的内容是:

1）C——进位标志

C=0时表示运算过程中无进位或有借位产生,而C=1表示运算过程中有进位或无借位产生。

2）Z——零标志

Z=0时表示运算结果不为0,Z=1时表示运算结果为0。

3）N——负标志

标志位N是用来判断运算结果的最高位(D15)为0还是为1。D15=0,则N=0;D15=1,则N=1。

4）S——符号标志

S=0表示运算结果不为负,S=1则表示运算结果(在二进制补码的规则下)为负。

2.2 RAM 和堆栈

2.2.1 RAM

SPCE061A 有 2K 字的 SRAM(包括堆栈区),如图 2.2 所示,其地址范围是 0x0000～0x07FF。前 64 个字,即 0x0000～0x003F 内可采用 6 位地址直接地址寻址方法,寻访速度为 2 个 CPU 时钟周期;其余 0x0040～0x07FF 内,存储器的寻访速度则为 3 个 CPU 时钟周期。

2.2.2 堆　栈

堆栈是在内存 RAM 区专门开辟出来的按照"先进后出"原则进行数据存取的一种工作方式(如图 2.3 所示),主要用于子程序调用、返回和中断处理断点的保护、返回。堆栈的最大容量范围限制在 2K 字 RAM 内,即其地址范围 0x07FF～0x0000 的存储器范围中。值得注意的是堆栈的生长方向,SPCE061A 系统复位后,SP 初始化为 0x07FF,每执行 PUSH 指令一次,SP 指针减一。

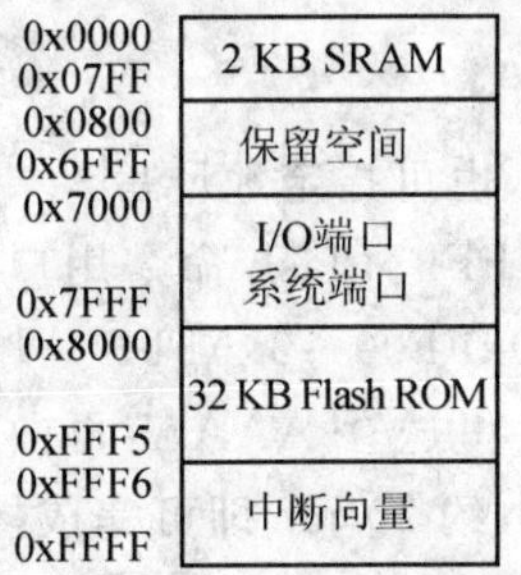

图 2.2　SPCE061 内存映射表

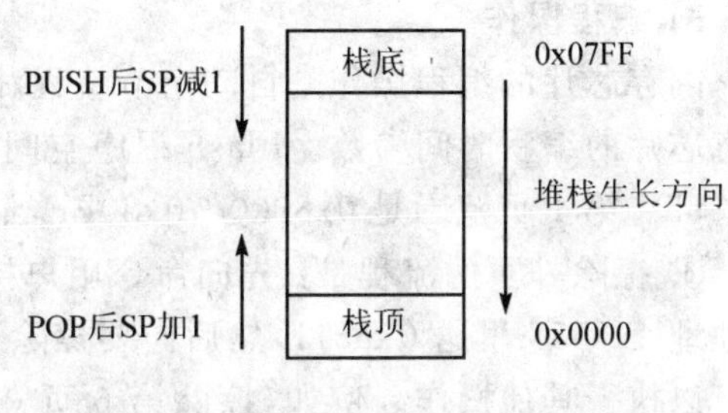

图 2.3　堆　栈

2.2.3 闪存 Flash

SPCE061A 是一个用闪存替代掩膜 ROM 的 MTP(多次编程)芯片,具有 32K 字(32K×16bit)闪存容量。用户可用闪存来存储用户程序。为了安全起见,不对用户开放整体擦除功能。

用户必须通过向 P_Flash_Ctrl (写) ($7555H)单元写入 0xAAAA 来激活闪存的存取功能,从而访问闪存。然后,向 P_Flash_Ctrl (写) ($7555H)单元写入 0x5511 来擦除页的内容,写入 0x5533 对闪存编程。这些指令不能被任何其他的操作,包括中断、ICE 的单步跟踪动作,打断,这是因为闪存控制器必须保证闪存处于编程状态,如果一些其他的进程插入到当前的执行队列里，则闪存的状态将发生改变，擦除页和编程的操作不能再继续进行。

此外，为保证程序的正确编写，用户必须在编程之前擦除页的内容。页大小为0x100。第1页地址范围：0x8000～0x80FF，最后一页的地址范围：0xFF00～0xFFFF。0xFC00～0xFFFF范围内的地址由系统保留，用户最好不要用本范围内的地址。

32K字的内嵌式闪存被划分为128个页(每个页存储容量为256个字)，它们在CPU正常运行状态下均可通过程序擦除或写入。全部32K字闪存均可在ICE工作方式下被编程写入或被擦除。

1）读存储单元操作

上电以后，芯片就处于读存储单元状态，读存储单元的操作与SRAM相同。

2）擦除操作

在对闪存编程操作前，必须对闪存进行擦除操作。由于闪存采用模块分区的阵列结构，因此各个存储模块(页)可以被独立地擦除。当给出的地址是在模块地址范围之内且向命令用户接口写入模块擦除命令时，相应的模块就被擦除。要保证擦除操作正确完成，必须考虑以下几个参数：

① 该闪存的内部模块分区结构。

② 每个模块分区的擦除时间。

3）编程操作

闪存芯片的编程操作是自动字节编程，既可以顺序写入，也可指定地址写入。编程操作时注意芯片的编程时间参数。Flash程序空间为0x8000～0xFFFF，Flash命令用户接口地址为0x7555。第1页范围是0x8000～0x80FF，最后一页范围是0xFF00～0xFFFF。

① 擦除一页的流程是：先向命令用户接口地址0x7555里送0xAAAA，再向命令用户接口地址0x7555里送0x5511，然后向要擦除页地址送任意数，约20 ms即可完成擦除操作，然后可以执行其他操作。例如，擦除第6页0x8500～0x85FF流程为：ⓐ 0x7555←0xAAAA；ⓑ 0x7555←0x5511；ⓒ 0x85XX←0xXXXX (X为任意值)。

② 写入一个字的流程是：先向命令用户接口地址0x7555里送0xAAAA，再向命令用户接口地址0x7555里送0x5533，然后向要写入字地址送数据，约40 μs即可完成写入操作，然后可以执行其他操作。例如，向0x8000单元写入0xFFFF流程如下：ⓐ 0x7555←0xAAAA；ⓑ 0x7555←0x5533；ⓒ 0x8000←0xFFFF。

③ 写多个字流程是：先向命令用户接口地址0x7555里送0xAAAA，再向命令用户接口地址0x7555里送0x5544，然后向要写入字首地址送数据，约40 μs即可完成1个字写入操作。再向命令用户接口地址0x7555里送0x5544，向要写入字地址送数据，等待40 μs即可，循环操作，即可完成多字的写入。

上面所提到延时等待是由硬件完成的，不需要软件延时，闪存的擦写过程如图2.4所示。

这里介绍的擦除及写操作有一定的适应范围，一般情况下用于对数据的擦除。例如，把一

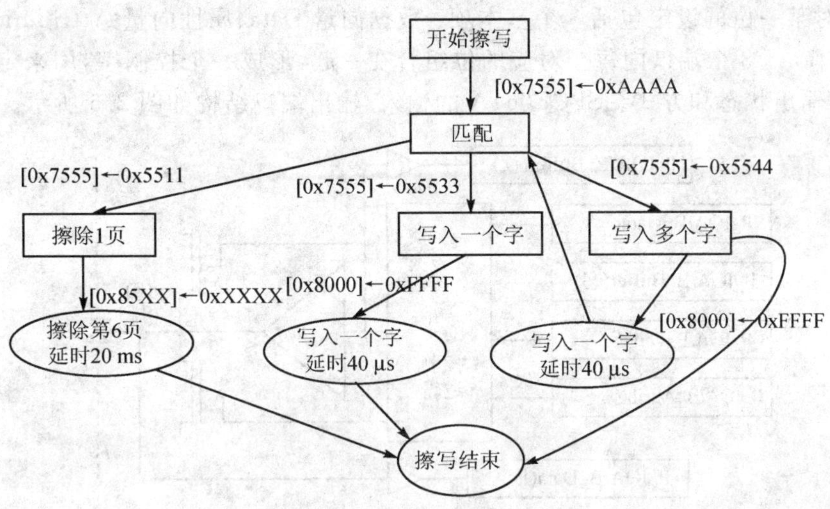

图 2.4 闪存的擦写过程

个程序段写入程序存储器后，由于程序的代码占用空间可能比较小(假如为 5K 字)，则可以在程序代码段后面的空间(5 KB～32 KB)存储一些数据，从而对这一段的空间(5 KB～32 KB)进行上述介绍的写或擦除操作，前提条件是必须计算出程序代码占用的空间。

2.3 SPCE061A I/O 端口的基本功能

输入/输出端口(也可简称为 I/O 口)是单片机内部电路与外部交换信息的通道。输入端口负责从外界接收检测信号、键盘信号等各种开关量信号；输出端口负责向外界输送由内部电路产生的处理结果、显示信息、控制命令、驱动信号等。也就是说，单片机的 I/O 口是"人机对话"的渠道。由此可见，对于单片机来说，I/O 口是一种极其重要的外围模块。

μ'nSP 16 位单片机内有并行和串行两种方式的 I/O 口。并行口线路成本较高，但是传输速率也很高；与并行口相比，串行口的传输速率较低但可以节省大量的线路成本。SPCE061A 有两个 16 位通用的并行 I/O 口：A 口和 B 口，这两个口的每一位都可通过编程单独定义成输入或输出口。

A 口的 IOA0～IOA7 用作输入口时具有唤醒功能，即具有输入电平变化引起 CPU 中断功能。在用电池供电、追求低能耗的应用场合，可以应用 CPU 的睡眠模式(通过软件设置)以降低功耗；需要时以按键来唤醒 CPU，使其进入工作状态。

2.3.1 I/O 端口的基本结构

SPCE061A 提供了位控制结构的 I/O 端口，每一位都可以被单独定义，用于输入或输出数据。通常对某一位的设定包括3个基本项：数据向量Data、属性向量Attribution和方向控制向量Direction。3个端口内每个对应的位组合在一起，形成一个控制字，用来定义相应I/O口位的输入/输出状态和方式。SPCE061A的输入/输出端口结构如图2.5所示。

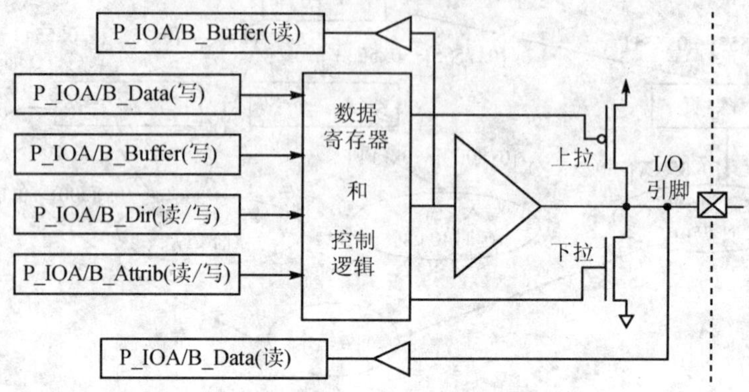

图2.5 I/O端口结构

例如，假设需要IOA0是下拉输入引脚，则相应的Data、Attribution和Direction的值均被置为0。如果需要IOA1是带唤醒功能的悬浮式输入引脚，则Data、Attribution和Direction的值被置为010。与其他的单片机相比，除了每个I/O端口可以单独定义其状态外，每个对应状态下的I/O端口性质电路都是内置的，在实际的电路中不需要再次外接。例如，设端口A为带下拉电阻的输入口，则在连接硬件时无需在片外接下拉电阻。

A口和B口的Data、Attribution和Direction的设定值均在不同的寄存器里，在进行I/O口设置时要特别注意这一点。I/O端口的组合控制设置如表2.1所列。

表2.1 I/O端口的组合控制设置

Direction	Attribution	Data	功能	是否带唤醒功能	功能描述
0	0	0	下拉*	是**	带下拉电阻的输入引脚
0	0	1	上拉	是**	带上拉电阻的输入引脚
0	1	0	悬浮	是**	悬浮式输入引脚
0	1	1	悬浮	否	悬浮式输入引脚***
1	0	0	高电平输出（带数据反相器）	否	带数据反相器的高电平输出（当向数据位写入“0”时输出“1”）
1	0	1	低电平输出（带数据反相器）	否	带数据反相器的低电平输出（当向数据位写入“1”时输出“0”）

续表 2.1

Direction	Attribution	Data	功　能	是否带唤醒功能	功能描述
1	1	0	低电平输出	否	带数据缓存器的低电平输出（无数据反相功能）
1	1	1	高电平输出	否	带数据缓存器的高电平输出（无数据反相功能）

注：*：口位默认为带下拉电阻的输入引脚。

**：只有当 IOA［7～0］内位的控制字为 000、001 和 010 时，相应位才具有唤醒的功能。

***：此种悬浮输入作为 ADC IOA［6～0］的输入。

1）P_IOA_Data（读/写）（7000H）

A 口的数据单元，用于向 A 口写入或从 A 口读出数据。当 A 口处于输入状态时，读出的是 A 口引脚电平状态，写入是将数据写入 A 口的数据寄存器。当 A 口处于输出状态时，则写入输出数据到 A 口的数据寄存器。

2）P_IOA_Buffer（读/写）（7001H）

A 口的数据向量单元，用于向数据向量寄存器写入或从该寄存器读出数据。当 A 口处于输入状态时，写入是将 A 口的数据向量写入 A 口的数据寄存器，读出则是从 A 口数据寄存器内读其数值。当 A 口处于输出状态时，写入输出数据到 A 口的数据寄存器。

对输出而言，P_IOA_Data 与 P_IOA_Buffer 是一样的；但对输入而言，P_IOA_Data 读的是 I/O 的值，P_IOA_Buffer 读的是 buffer 内的值。

3）P_IOA_Dir（读/写）（7002H）

A 口的方向向量单元，用于设置 A 口是输入还是输出。该方向控制向量寄存器可以写入或从该寄存器内读出方向控制向量。Dir 位决定了口位的输入/输出方向，0 为输入，1 为输出。

4）P_IOA_Attrib（读/写）（7003H）

A 口的属性向量单元，用于 A 口属性向量的设置。

5）P_IOA_Latch（读）（7004H）

读该单元以锁存 A 口上的输入数据，用于进入睡眠状态前的触键唤醒功能的启动。

2.3.2 并行 I/O 口的组合控制

方向向量_Dir、属性向量_Attrib 和数据向量_Data 分别代表 3 个控制口，这 3 个口中每个对应的位组合在一起，形成一个控制字，来定义相应 I/O 口位的输入/输出状态和方式。

表 2.2 具体表示了如何通过对 I/O 口位的方向向量位_Dir、属性向量位_Attrib 以及数据向量位_Data 进行编程，来设定口位的输入/输出状态和方式。

表 2.2 I/O 口的位设置

地址	—	b15	b14	b13	b12	b11	b10	b9	b8	b7	b6	b5	b4	b3	b2	b1	b0
7002H	Dir	1	1	1	1	1	1	1	1	0	0	0	0	0	0	0	0
7003H	Attrib	1	1	1	1	1	1	1	1	0	0	0	0	0	0	0	0
7000H	Data	0	0	0	0	1	1	1	1	1	1	1	1	0	0	0	0
—	状态	带数据缓存器的低电平输出				带数据缓存器的高电平输出				带上拉电阻的输入				带下拉电阻的输入			

可以得出以下结论：

Dir 位决定了口位的输入/输出方向，0 为输入，1 为输出。

Attrib 位决定了在口位的输入状态下，是悬浮式输入还是非悬浮式输入：0 为带上拉或下拉电阻式输入，而 1 则为悬浮式输入。在口位的输出状态下，决定其输出是反相的还是同相的；0 为反相输出，1 则为同相输出。

Data 位在口位的输入状态下被写入时，与 Attrib 位组合在一起形成输入方式的控制字‘00’、‘01’、‘10’、‘11’，以决定输入口是带唤醒功能的上拉电阻式、下拉电阻式、悬浮式或不带唤醒功能的悬浮式输入。

Data 位在口位的输出状态下被写入的是输出数据，不过，数据是经过反相器输出还是经过同相缓存器输出要由 Attrib 位来决定。

可以看出，作为输入口时，所读的数值来自不同的地方，读 P_IOA_Data 是 A 口引脚上的当前状态，读 P_IOA_Buffer 的值来自数据寄存器(见例 2.1)；当 A 口作为输出口时，数据都是写到 A 口的数据寄存器。对于某些 I/O 端口的应用，这种读/写方式可以节省许多用于存放端口数据的 RAM 空间。

[例 2.1] 程序说明：在单步运行程序期间，将 A 口的任意引脚接 V_{DD}，通过 IDE 的寄存器观察窗口可观察到 R2、R3 值的不同。

```
        .INCLUDE hadware.inc                    //包含头文件
        .CODE
        .PUBLIC _main                           //主程序
_main:
            R1 = 0x0000                         //设置 A 口为带下拉电阻的输入口
            [P_IOA_Data] = R1                   //设置 A 口的数据向量
            [P_IOA_Attrib] = R1                 //设置 A 口的属性向量
            [P_IOA_Dir] = R1                    //设置 A 口的方向向量
//*****************此时将 A 口的任意一口接高电平***********************//
            R3 = [P_IOA_Data]                   //把 P_IOA_Data 中的值送到寄存器 R3
            R2 = [P_IOA_Buffer]                 //把 P_IOA_Buffer 中的值送到寄存器 R2
```

```
WAIT:
        JMP WAIT                              //主程序循环
```

1) P_IOB_Data(读/写)(7005H)

B 口的数据单元,用于向 B 口写入或从 B 口读出数据。当 B 口处于输入状态时,读出的是读 B 口引脚电平状态,写入的是将数据写入 B 口的数据寄存器。当 B 口处于输出状态时,写入输出数据到 B 口的数据寄存器。

2) P_IOB_Buffer(读/写)(7006H)

B 口的数据向量单元,用于向数据寄存器写入或从该寄存器内读出数据。当 B 口处于输入状态时,写入的是将数据写入 B 口的数据寄存器,读出的则是从 B 口数据寄存器里读其数值。当 B 口处于输出状态时,写入数据到 B 口的数据寄存器。

3) P_IOB_Dir(读/写)(7007H)

B 口的方向向量单元,用于设置 IOB 口的状态。"0"为输入,"1"为输出。

4) P_IOB_Attrib(读/写)(7008H)

B 口的属性向量单元,用于设置 IOB 口的属性。

[例 2.2] 设置 A 口低 8 位为带下拉电阻的输入口,作为按键输入;B 口低 8 位为带数据缓存器的高电平输出口,外接发光二极管显示。当 Key1 按下时对应的 B0 口灯亮,以此类推……

程序如下:

```
//*********************A口,B口设置子程序*****************************//
    R1 = 0x0000                        //R1 的值为 0x0000
    [P_IOA_Dir] = R1                   //设置 A 口的方向向量
    [P_IOA_Attrib] = R1                //设置 A 口的属性向量
    R1 = 0x00FF
    [P_IOA_Data] = R1                  //设置 A 口的数据向量
    R2 = 0X00FF                        //R2 的值为 0x00FF
    [P_IOB_Dir] = R2                   //设置 B 口的方向向量
    [P_IOB_Attrib] = R2                //设置 B 口的属性向量
    [P_IOB_Data] = R2                  //设置 B 口的数据向量
//*************设已经取到键值,判断键值并输出显示的程序****************//
……
    R1 = [keycode]                     //将所取的键值送到 R1 中
    CMP R1,0x0000                      //若所取的键值为 0,则表明无键按下,返回主程序
    JE _MAIN
    CMP R1 ,0x0001                     //比较是否为第 1 键按下
    JE LOOP1                           //是,跳转到 LOOP1
    CMP R1 ,0x0002                     //比较是否为第 2 键按下
```

```
    JE LOOP2                                //是,跳转到 LOOP2
……
    CMP R1 ,0x0040                          //比较是否为第 7 键按下
    JE LOOP7                                //是,跳转到 LOOP7
    R2 = [P_IOA_Data]                       //否则,是第 8 个键按下,IOB7 口输出高电平
    R2& = 0x0080
    [P_IOB_Data] = R2                       //IOB7 口输出高电平,点亮该口的指示灯
JMP _MAIN                                   //返回主程序
……
LOOP1:
    R2 = [P_IOA_Data]                       //是第 1 键按下,IOB0 口输出高电平
    R2& = 0x0001                            //确保只有 IOB0 口输出高电平
    [P_IOB_Data] = R2
JMP _MAIN
LOOP2:
    R2 = [P_IOA_Data]                       //是第 2 键按下,IOB1 口输出高电平
    R2& = 0x0002                            //确保只有 IOB1 口输出高电平
    [P_IOB_Data] = R2
JMP _MAIN
……
LOOP7:
    R2 = [P_IOA_Data]                       //是第 7 键按下,IOB6 口输出高电平
    R2& = 0x0040                            //确保只有 IOB6 口输出高电平
    [P_IOB_Data] = R2
JMP _MAIN
```

A 口低 8 位的属性设置及对应的口位状态如表 2.3 所列,B 口低 8 位的属性设置及对应的口位状态如表 2.4 所列。(均不考虑高 8 位。)

8 键键盘硬件原理图如图 2.6 所示。

表 2.3　A 口设置

地　址	—	b15	b14	b13	b12	b11	b10	b9	b8	b7	b6	b5	b4	b3	b2	b1	b0
7002H	Dir	—	—	—	—	—	—	—	—	0	0	0	0	0	0	0	0
7003H	Attrib	—	—	—	—	—	—	—	—	0	0	0	0	0	0	0	0
7000H	Data	—	—	—	—	—	—	—	—	1	1	1	1	1	1	1	1
—	状　态	————————————————								带上拉电阻的输入							

表 2.4　B 口设置

地　址	—	b15	b14	b13	b12	b11	b10	b9	b8	b7	b6	b5	b4	b3	b2	b1	b0
7007H	Dir	—	—	—	—	—	—	—	—	1	1	1	1	1	1	1	1
7008H	Attrib	—	—	—	—	—	—	—	—	1	1	1	1	1	1	1	1
7005H	Data	—	—	—	—	—	—	—	—	1	1	1	1	1	1	1	1
—	状　态	——————————————								带数据缓存器的高电平输出							

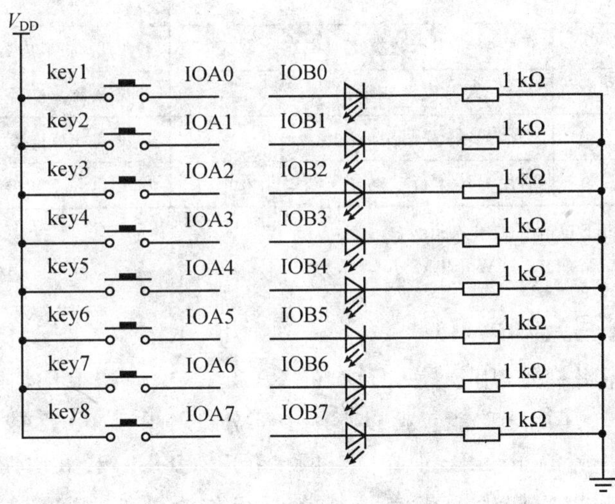

图 2.6　8 键键盘硬件原理图

2.3.3　B 口的特殊功能

B 口除了具有常规的输入/输出端口功能外，还有一些特殊的功能，如表 2.5 所列。

表 2.5　B 口的特殊功能

口　位	特殊功能	功能描述	备　注
IOB0	SCK	串行接口 SIO 的时钟信号	参见 2.13 节内容
IOB1	SDA	串行接口 SIO 的数据信号	参见 2.13 节内容
IOB2	EXT1	外部中断源(下降沿触发)	IOB2 设为输入状态
	Feedback_Output1	与 IOB4 组成一个 RC 反馈电路，以获得振荡信号，作为外部中断源 EXT1	设置 IOB2 为反向输出方式，如图 2.7 所示的框图及 P_FeedBack(写)(7009H)单元的描述

续表 2.5

口位	特殊功能	功能描述	备　注
IOB3	EXT2	外部中断源(下降沿触发)	IOB3 设为输入状态
	Feedback_Output2	与 IOB5 组成一个 RC 反馈电路,以获得一个振荡信号,作为外部中断源 EXT1	设置 IOB3 为反向输出方式,如图 2.7 所示的框图及本节 P_FeedBack(写)(7009H)单元的描述
IOB4	Feedback_Input1		如图 2.7 所示
IOB5	Feedback_Input2		如图 2.7 所示
IOB6	—		
IOB7	Rx	通用异步串行数据接收端口	参见 2.14 节内容
IOB8	APWMO	TimerA 脉宽调制输出	参见 2.8 节内容
IOB9	BPWMO	TimerB 脉宽调制输出	参见 2.8 节内容
IOB10	Tx	通用异步串行数据发送端口	参见 2.14 节内容

注:① 口位默认为带下拉电阻的输入引脚。

② PWM 为脉宽调制(Pulse Width Modulation)。

1. P_FeedBack(写)(7009H)

B 口工作方式的控制单元,用于控制 B 口的 IOB2 (IOB3)和 IOB4 (IOB5)用作普通 I/O 口,或作为特殊功能口。其特殊功能包括以下两个部分:① 单个 IOB2 或 IOB3 口可设置为外部中断的输入口。② 设置 P_FeedBack 单元,再在 IOB2(IOB3)和 IOB4(IOB5)之间连接一个电阻和电容,形成反馈电路以产生振荡信号,此信号可作为外部中断源输入 EXT1 或 EXT2。当然,此时所得到的中断频率与 RC 振荡器的频率是一致的。由于该频率较高,所以通常情况下都是通过①获得外部中断信号。此特殊功能仅运用于:当外部电路需要用到一定频率的振荡信号时,可以在 IOB2(IOB3)端获得。P_FeedBack 的设置如表 2.6 所列。

表 2.6　P_FeedBack 的设置

b15～b4	b3	b2	b1	b0
—	FBKEN3	FBKEN2	—	—
	1:设定 IOB3 和 IOB5 之间形成反馈功能 0:IOB3、IOB5 作为普通的 I/O 口(默认)	1:设定 IOB2 和 IOB4 之间形成反馈功能 0:IOB2、IOB4 作为普通的 I/O 口(默认)		

图 2.7 为 IOB2、IOB3、IOB4 及 IOB5 的反馈结构示意图。通过在 IOB2 (IOB3)和 IOB4 (IOB5)之间增加一个 RC 电路形成反馈回路,即可在 IOB2(IOB3)端得到振荡源频率信号。

为使反馈回路正常工作，必须将 IOB2（IOB3）设置成反相输出口，且将 IOB4（IOB5）设置成悬浮式输入口。

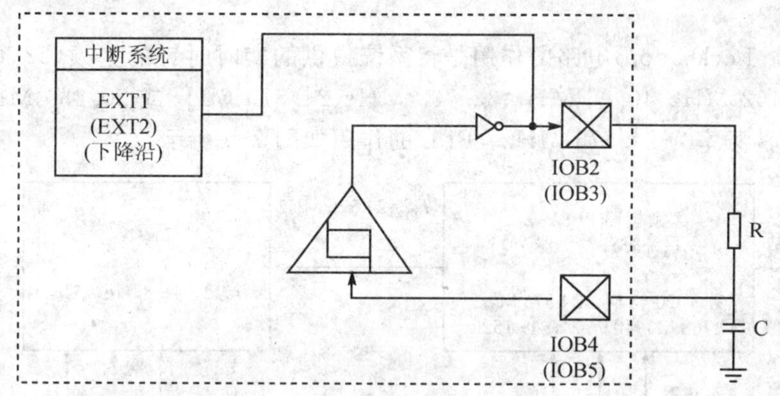

图 2.7　反馈结构示意图

2. IOB8 的控制向量由 TAON 设置

IOB8 的应用由控制向量 TAON 来控制，如下：

TAON	IOB8
0	普通 I/O 端口
1	APWMO 端口

TAON：TimerA 脉宽调制输出 APWMO 的允通信号。

APWMO：TimerA 脉宽调制的输出信号。

2.4　时钟电路

μ'nSP 时钟电路采用晶体振荡器电路。图 2.8 为 SPCE061A 时钟电路的接线图。外接晶振采用 32768 Hz。推荐使用外接 32768 Hz 晶振，因为阻容振荡的电路时钟不如外接晶振准确。

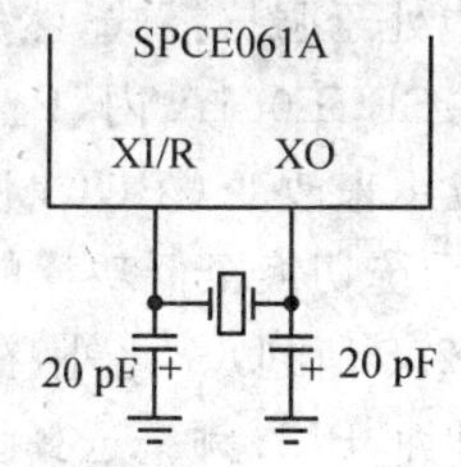

图 2.8　SPCE061A 时钟电路

32768 Hz 实时时钟通常用于钟表、实时时钟延时以及其他与时间相关类产品。SPCE061A 通过对 32768 Hz 实时时钟源分频而提供了多种实时时钟中断源。例如，用作唤醒源的中断源 IRQ5_2Hz，表示系统每隔 0.5 s 被唤醒一次，由此可作为精确的计时基准。除此之外，SPCE061A 还支持 RTC 振荡器强振模式/自动模式的转换。

2.5 锁相环PLL振荡器

PLL(Phase Lock Loop)电路的作用是将系统提供的实时时钟的基频(32768 Hz)进行倍频,调整至49.152 MHz、40.96 MHz、32.768 MHz、24.576 MHz或20.480 MHz。系统默认的PLL自激振荡频率为24.576 MHz。PLL的作用如图2.9所示。

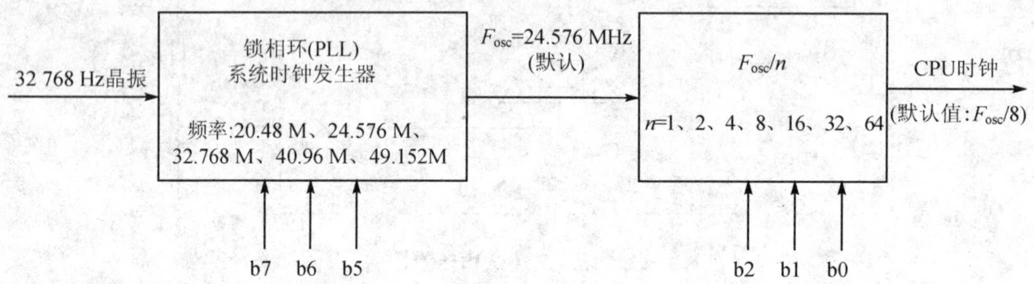

图2.9 锁相环电路框图

2.6 系统时钟

32768 Hz的实时时钟经过PLL倍频电路产生系统时钟频率(F_{OSC}),再经过分频得到CPU时钟频率(CPUCLK),可通过对P_SystemClock(写)(7013H)单元编程来控制。默认的F_{osc}、CPUCLK分别为24.576 MHz和$F_{OSC}/8$。用户可以通过对P_SystemClock单元编程完成对系统时钟和CPU时钟频率的定义。

32768 Hz RTC振荡器有两种工作方式:强振模式和自动弱振模式。处于强振模式时,RTC振荡器始终运行在高耗能的状态下。处于自动弱振模式时,系统在上电复位后的前7.5 s内处于强振模式,然后自动切换到弱振模式以降低功耗。

在SPCE061A内,P_SystemClock(写)(7013H)单元控制着系统时钟和CPU时钟。第0~2位用来改变CPUCLK(如表2.7所列),若将第0~2位置为111,则可以使CPU时钟停止工作,系统切换至低功耗的睡眠状态;通过设置该单元的第5~7位可以改变系统时钟的频率(如表2.8所列)。此外,在睡眠状态下,通过设置该单元的第4位可以接通或关闭32768 Hz实时时钟,PLL频率选择设置如表2.9所列。

表 2.7 设置 P_SystemClock 单元

b15～b8	b7～b5	b4	b3	b2	b1	b0
—	PLL 频率选择	32768 Hz 睡眠状态	32768 Hz 方式选择	CPU 时钟选择		
		1：在睡眠状态下，32768 Hz 时钟仍处于工作状态（默认） 0：在睡眠状态下，32768 Hz 时钟被关闭	1：32768 Hz 时钟处强振模式 0：32768 Hz 时钟处自动弱振模式（默认）			

注：只有当 b0～b2 同时被置为 1 时（即睡眠状态），b4 设置才有效。

表 2.8 CPU 时钟频率（CPUCLK）选择

b2	b1	b0	CPUCLK	b2	b1	b0	CPUCLK
0	0	0	F_{OSC}	1	0	0	$F_{OSC}/16$
0	0	1	$F_{OSC}/2$	1	0	1	$F_{OSC}/32$
0	1	0	$F_{OSC}/4$	1	1	0	$F_{OSC}/64$
0	1	1	$F_{OSC}/8$	1	1	1	停止（睡眠状态）

注：上电复位或系统从备用状态（睡眠状态）被唤醒后，默认的 CPU 时钟频率为 $F_{OSC}/8$。

表 2.9 PLL 频率（F_{osc}）选择

b7	b6	b5	F_{osc}	b7	b6	b5	F_{osc}
0	0	0	24.578 MHz	0	1	1	40.96 MHz
0	0	1	20.48 MHz	1	—	—	49.152 MHz
0	1	0	32.768 MHz				

2.7 时间基准信号

时间基准信号，简称时基信号，来自于 32768 Hz 实时时钟，通过频率选择组合而成。时基信号发生器的选频逻辑 TMB1 为 TimerA 的时钟源 B 提供各种频率选择信号，并为中断系统提供中断源（IRQ6）信号。此外，时基信号发生器还可以通过分频产生 2 Hz、4 Hz、1024 Hz、2048 Hz 以及 4096 Hz 的时基信号，为中断系统提供各种实时中断源（IRQ4 和 IRQ5）信号。时基信号发生器的结构如图 2.10 所示。

(1) P_Timebase_Setup（写）（700EH）

时基信号发生器通过对 P_Timebase_Setup（写）（700EH）单元（如表 2.10 所列）的编程来进行选频操作。选频逻辑的具体设置参数见表 2.11。

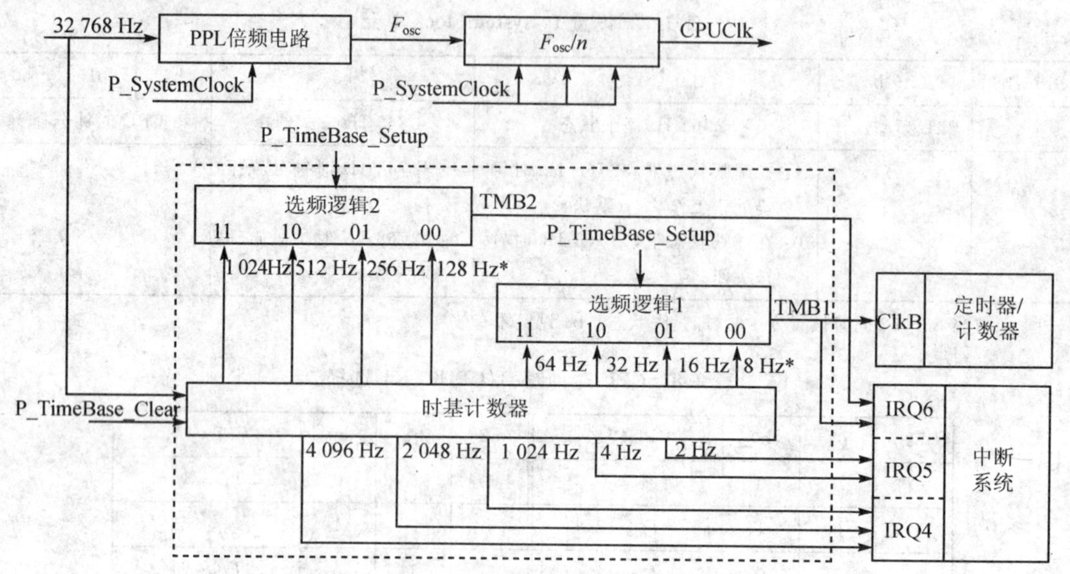

图 2.10 时基信号发生器的结构

表 2.10 P_Timebase_Setup 单元

b15～b4	b3	b2	b1	b0
—	TMB2 选频逻辑		TMB1 选频逻辑	

表 2.11 选频逻辑

b3	b2	TMB2	b1	b0	TMB1
0	0	128 Hz*	0	0	8 Hz**
0	1	256 Hz	0	1	16 Hz
1	0	512 Hz	1	0	32 Hz
1	1	1024 Hz	1	1	64 Hz

注：*：默认的 TMB2 输出频率为 128 Hz；**：默认的 TMB1 输出频率为 8 Hz。

（2）P_Timebase_Clear(写)(700FH)

P_Timebase_Clear（写）(700FH)单元是控制端口，设置该单元可以完成时基计数器复位和时间校准。向该单元写入任意数值后，时基计数器被置为“0”，以此对时基信号发生器进行精确的时间校准。

2.8 定时/计数器

SPCE061A 提供了两个 16 位的定时/计数器：TimerA 和 TimerB，TimerA 为通用计数器，TimerB 为多功能计数器。TimerA 的时钟源由时钟源 A 和时钟源 B 进行“与”操作而形成；TimerB 的时钟源仅为时钟源 A。TimerA 的结构如图 2.11 所示，TimerB 的结构如图 2.12 所示。

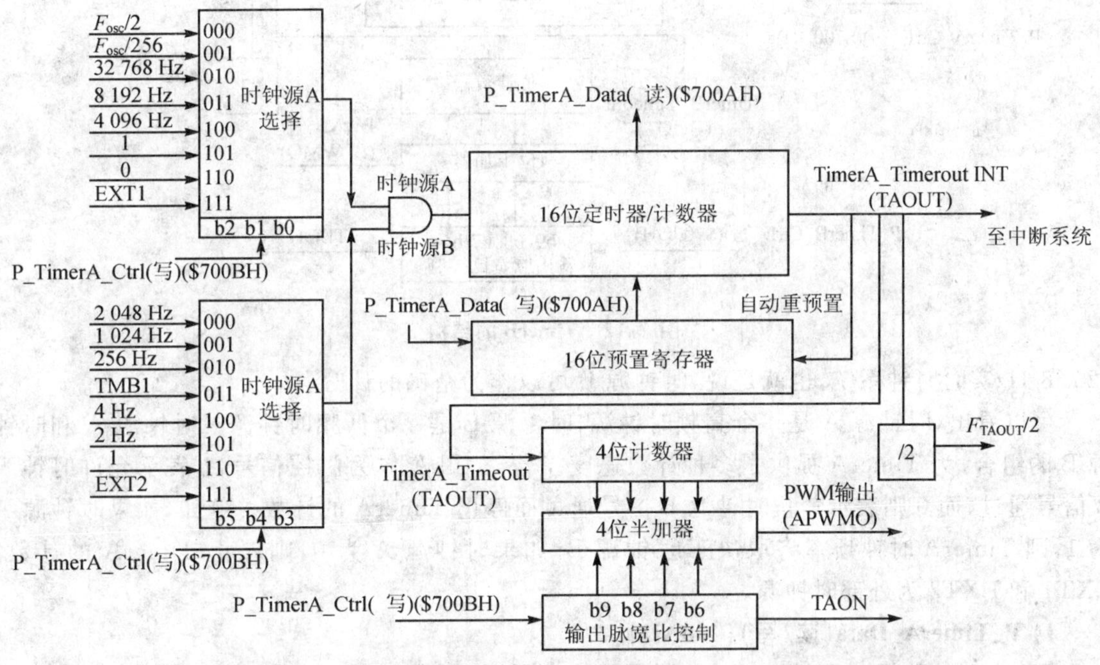

图 2.11 TimerA 结构

定时器发生溢出后会产生一个溢出信号(TAOUT/TBOUT)，一方面，它作为定时器中断信号，传输给 CPU 中断系统；另一方面，它又作为 4 位计数器计数的时钟源信号，输出一个具有 4 位可调的脉宽调制占空比的输出信号 APWMO 或 BPWMO(分别从 IOB8 和 IOB9 输出)，可用来控制电机或其他一些设备的速度。此外，定时器溢出信号还可以用于触发 ADC 输入的自动转换过程和 DAC 输出的数据锁存。

写入 P_TimerA_Ctrl(700BH)单元的第 6～9 位，可选择设置 APWMO 输出波形的脉宽占空比；同理，写入 P_TimerB_Ctrl(700DH)单元的第 6～9 位，便可选择设置 BPWMO 输出波形的脉宽占空比。

时钟源 A 是高频时钟源，来自带锁相环的晶体振荡器输出 F_{osc}；时钟源 B 的频率来自

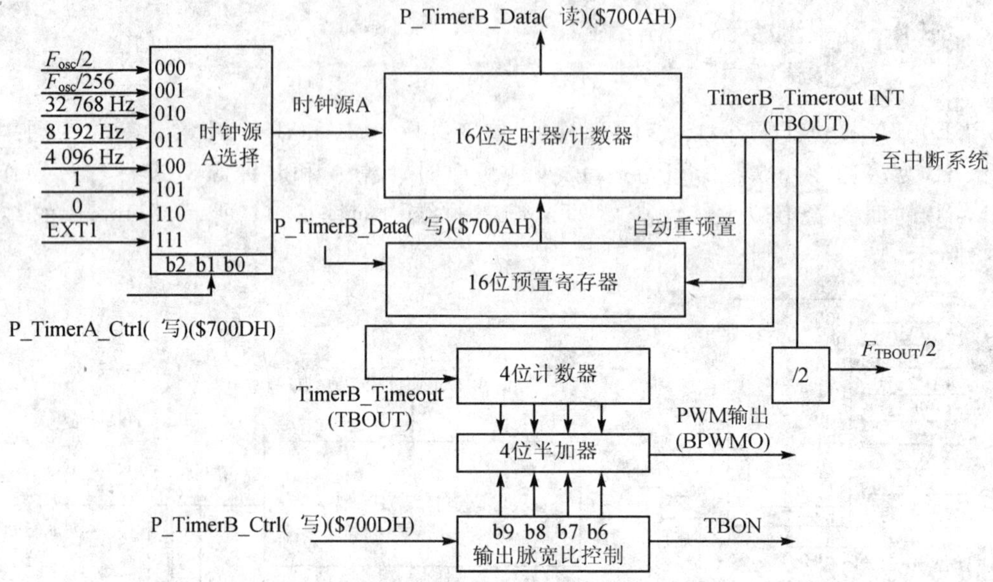

图 2.12　TimerB 的结构

32768 Hz实时时钟系统，也就是说，时钟源 B 可以作为精确的计时器。

可以看出，时钟源 A 是一个高频时钟源，时钟源 B 是一个低频时钟源。时钟源 A 和时钟源 B 的组合，为 TimerA 提供了多种计数速度。若以 ClkA 作为门控信号，1 表示允许时钟源 B 信号通过，而 0 则表示禁止时钟源 B 信号通过而停止 TimerA 的计数。例如，如果时钟源 A 为 1，则 TimerA 时钟频率将取决于时钟源 B；如果时钟源 A 为 0，则停止 TimerA 的计数。EXT1 和 EXT2 为外部时钟源。

1）P_TimerA_Data(读/写)(700AH)

TimerA 的数据单元，用于向 16 位预置寄存器写入数据（预置计数初值）或从其中读取数据。在写入数值以后，计数器便会在所选择的频率下进行加一计数，直至计数到 0xFFFF 产生溢出。溢出后 P_TimerA_Data 中的值被重置，再以置入的值继续加一计数。读到这儿会发现，计数初值对于计数器/定时器的应用非常重要，那么怎样计算计数初值呢？一般说来分为以下几步：

① 选择需要的计数频率。

② 计算相应的计数初值。

2）P_TimerA_Ctrl(写)(700BH)

TimerA 的控制单元如表 2.12 所列。用户可以通过设置该单元的第 0～5 位来选择 TimerA 的时钟源（时钟源 A、B，具体见表 2.13、2.14）。设置该单元的第 6～9 位（如表 2.15 所列），则 TimerA 将输出不同频率的脉宽调制信号，即对脉宽占空比输出 APWMO 进行控制。

表 2.12 P_TimerA_Ctrl 单元

b15～b10	b9	b8	b7	b6	b5	b4	b3	b2	b1	b0
—	占空比的设置(见表 2.13)				时钟源 B 选择位(见表 2.15)			时钟源 A 选择位(见表 2.14)		

表 2.13 设置 b0～b2 位

b2	b1	b0	时钟源 A 的频率
0	0	0	$F_{OSC}/2$
0	0	1	$F_{OSC}/256$
0	1	0	32768 Hz
0	1	1	8192 Hz
1	0	0	4096 Hz
1	0	1	1
1	1	0	0
1	1	1	EXT1

表 2.14 设置 b3～b5 位

b5	b4	b3	时钟源 B 的频率
0	0	0	2048 Hz
0	0	1	1024 Hz
0	1	0	256 Hz
0	1	1	TMB1
1	0	0	4 Hz
1	0	1	2 Hz
1	1	0	1*
1	1	1	EXT2

注：* 代表默认值为 1。若以 ClkA 作为门控信号，1 表示允许时钟源 B 信号通过，而 0 则表示禁止时钟源 B 信号通过而停止 TimerA 的计数。如果时钟源 A 为 1，则 TimerA 时钟频率将取决于时钟源 B；如果时钟源 A 为 0，停止 TimerA 的计数。

表 2.15 设置 b6～b9 位

b9	b8	b7	b6	脉宽占空比(APWMO)	TAON①	b9	b8	b7	b6	脉宽占空比(APWMO)	TAON①
0	0	0	0	关断	0	1	0	0	0	8/16	1
0	0	0	1	1/16	1	1	0	0	1	9/16	1
0	0	1	0	2/16	1	1	0	1	0	10/16	1
0	0	1	1	3/16	1	1	0	1	1	11/16	1
0	1	0	0	4/16	1	1	1	0	0	12/16	1
0	1	0	1	5/16	1	1	1	0	1	13/16	1
0	1	1	0	6/16	1	1	1	1	0	14/16	1
0	1	1	1	7/16	1	1	1	1	1	TAOUT② 触发信号	1

注：① TAON 是 TimerA(APWMO)的脉宽调制信号输出允许位，默认值为“0”；当 TimerA 的第 6～9 位不全为零时 TAON=1。

② TAOUT 是 TimerA 的溢出信号，当 TimerA 的计数从 N 达到 0xFFFF 后(用户通过设置 P_TimerA_Data

(写)(700AH)单元指定N值),发生计数溢出。产生的溢出信号可以作为TimerA的中断信号被送至中断控制系统;同时,N值将被重新载入预置寄存器,使Timer重新开始计数。TAOUT触发信号(TAOUT/2)的占空比为50%,频率为$F_{TAOUT}/2$,其他输入信号的频率为$F_{TAOUT}/16$。

3) P_TimerB_Data(读/写)(700CH)

TimerB的数据单元,用于向16位预置寄存器写入数据(预置计数初值)或从其中读取数据。写入数据后,计数器就会以设定的数值往上累加直至溢出。计数初值的计算方法和TimerA相同。

4) P_TimerB_Ctrl(写)(700DH)

TimerB的控制单元设置如表2.16所列。用户可以通过设置该单元的第0～2位来选择TimerB的时钟源。设置第6～9位,则TimerB输出不同频率的脉宽调制信号,即对脉宽占空比输出BPWMO进行控制。

表2.16　设置P_TimerB_Ctrl单元

b15～b10	b9	b8	b7	b6	b5	b4	b3	b2	b1	b0
—	Output_pulse_ctrl				—			时钟源A选择位		

b9	b8	b7	b6	脉宽占空比(BPWMO)	TBON①
0	0	0	0	关断	0
0	0	0	1	1/16	1
0	0	1	0	2/16	1
0	0	1	1	3/16	1
0	1	0	0	4/16	1
0	1	0	1	5/16	1
0	1	1	0	6/16	1
0	1	1	1	7/16	1
1	0	0	0	8/16	1
1	0	0	1	9/16	1
1	0	1	0	10/16	1
1	0	1	1	11/16	1
1	1	0	0	12/16	1
1	1	0	1	13/16	1
1	1	1	0	14/16	1
1	1	1	1	TBOUT②触发信号	1

注:① TBON是TimerB(BPWMO)的脉宽调制信号输出允许位,默认值为0。

② TBOUT是TimerB的溢出信号,当TimerB的计数从N达到0xFFFF后(用户通过设置P_TimerB_Data (写)(700CH)单元指定N值),发生计数溢出。产生的溢出信号可以作为TimerB的中断信号被送至中断控制系统;同时,N值将被重新载入预置寄存器,使Timer重新开始计数。TBOUT触发信号(TBOUT/2)的占空比为50%,频率为$F_{TBOUT}/2$,其他输入信号的频率为$F_{TBOUT}/16$。

2.9 睡眠与唤醒

1) 睡　眠

IC 在上电复位开始工作，直到接收到睡眠信号后，才关闭系统时钟（PLL 振荡器）进入睡眠状态。用户可以通过对 P_SystemClock（读）（7013H）单元写入 CPUClk STOP 控制字（CPU 睡眠信号），来使系统从运行状态转入备用状态。系统进入睡眠状态后，程序计数器（PC）会停在程序的下一条指令上，当有任一唤醒事件发生后才开始由此继续执行程序。

2) 唤　醒

系统接收到唤醒信号后接通 PLL 振荡器，同时 CPU 会响应唤醒事件的处理并进行初始化。IRQ3_KEY 为触键唤醒源（IOA7～0），其他中断信号（FIQ、IRQ1～IRQ6 及 UART IRQ）都可以作为唤醒源。唤醒操作完成后，程序从进入睡眠后指令的断点处开始继续执行。

2.10 模-数转换器 ADC

2.10.1 ADC 的控制

SPCE061A 有 8 路可复用 10 位 ADC 通道，其中，一路通道（MIC_In）用于语音输入，模拟信号经过自动增益控制器和放大器放大后进行 A/D 转换；其余 7 路通道（Line_In）和 IOA[0～6]引脚复用，可以直接通过引线（IOA[0～6]）输入，用于将输入的模拟信号（如电压信号）转换为数字信号。SPCE061A 的 A/D 转换范围是整个输入范围，即最大的模拟信号输入电压范围为 0 V～AVdd。非法的 A/D 模拟信号（超过 V_{DD}＋0.3 V 或低于 V_{SS}－0.3 V）将影响转换电路的工作，从而降低 ADC 的性能。由于 Line_In 通道和 IOA[0～6]共用引脚，建议用户选择其他的 I/O 引脚（非 IOA[0～6]），以避免由于非法 I/O 信号造成电压不稳（超过 V_{DDIO}＋0.7 V/低于 V_{SSIO}－0.7 V）而降低 ADC 的性能。

ADC 的最大输入电压由 P_ADC_Ctrl（写）（＄7015H）的第 7 位和第 8 位的值决定。第 7 位 V_{EXTREF} 控制 ADC 的参考电压为 AV_{DD}/外部参考电压。第 8 位 V2VREFB 控制着 2 V 电压源是否起作用，如果起作用，用户可向 V_{EXTREF} 引脚输入 2 V 电压，此反馈回路把 ADC 的最高参考电压设置为 2 V。如果用户指定的参考电压源的值不超过 AV_{DD}，则它还可以被当作 ADC 的最高参考电压。

在 ADC 内，DAC0 和逐次逼近寄存器 SAR（Successive Approximation Register）组成逐次逼近式模-数转换器。向 P_ADC_Ctrl（写）（＄7015H）单元第 0 位（ADE）写入 1，可以激活 ADC；系统默认的设置为屏蔽 ADC（ADE＝0）。当 ADE＝1 时，应对 P_ADC_Ctrl（写）（＄7015H）和 P_ADC_MUX_Ctrl（写）（＄702BH）的其他控制位进行合理的设置。

设置 P_ADC_MUX_Ctrl(写)($702BH)的第 0～2 位，可以为 A/D 转换选择输入通道。通道包括 MIC_In 和 Line_In 两种。当 MIC_In 通道处于定时器锁存状态时，它可以优先访问 ADC。然后，用户可以从 P_ADC_MUX_Ctrl（读）($702BH)的 FailB 位查看到 Line_In ADC 被 MIC_In 通道的 ADC 打断。

用户可通过读取 P_ADC(读)($7014H)单元的内容，取得从 MIC_In 通道输入的模拟信号的转换结果。P_ADC_LINEIN_Data(读)($702CH)单元向用户提供了从指定的 Line_In 通道输入的模拟信号的转换结果。

选择 MIC_In 通道后，可通过设置 P_DAC_Ctrl(写)($702AH)的第 3 和第 4 位，选择 A/D转换的触发事件。当 P_ADC(读)($7014H)单元的数据被读取/TimerA/TimerB 事件发生后，可执行 A/D 转换。然而，选择 Line_In 通道后，只有在读取 P_ADC_LINEIN_Data (读)($702CH)单元的内容后，才执行 A/D 转换，且不能使用定时器锁存数据。

进入睡眠状态后，ADC 被屏蔽(包括 AGC 和 VMIC)。注意，上电复位后不论 ADC 是否被激活，VMIC 信号都默认为 ON。VMIC 用于向外部的 MIC 提供电源，VMIC $=AV_{DD}$，即 VMIC 的状态和 ADC 的状态无关。所以，不使用 VMIC 时，用户必须把 P_ADC_Ctrl(写)($7015H)单元的第 1 位 MIC_ENB 置为 1，以屏蔽 VMIC。

硬件 ADC 的最高速率限定为 $F_{OSC}/32/16$，如果超过此值，则当从 P_ADC(读)($7014H)/ P_ADC_LINEIN_Data(读)($702CH)单元读出数据时会发生错误。

在 P_ADC_Ctrl(写)($7015H)单元的第 5 位 DAC_OUT，用户可设置两个通道的音频 DAC 的最大输出电流为 2 mA/3 mA(默认)。DAC_OUT 的设置可改变 DAC 输出的功率。

ADC 的最大响应率($F_{OSC}/32/16$)如下：

系统时钟	20.48 MHz	24.576 MHz	32.768 MHz	40.96 MHz	49.152 MHz
响应率	40 kHz	48 kHz	64 kHz	80 kHz	96 kHz

ADC 输入接口的结构如图 2.13 所示。ADC 自动方式被启用后，会产生出一个启动信号，即 RDY=0。此时，DAC0 的电压模拟量输出值与外部的电压模拟量输入值进行比较，以尽快找出外部电压模拟量的数字量输出值。逐次逼近式控制首先将 SAR 中数据的最高有效位试设为 1，而其他位则全设为 0，即 10 0000 0000B。这时，DAC0 输出电压 V_{DAC0}(1/2 满量程)就会与输入电压 V_{in}进行比较。如果 $V_{in}>V_{DAC0}$，则保持原先设置为 1 的位(最高有效位)仍为 1；否则，该位被清 0。接着，逐次逼近式控制又将下一位试设为 1，其余低位依旧设为 0，即 110000 0000B，V_{DAC0}与 V_{in}进行比较，若 $V_{in}>V_{DAC0}$，则仍保持原先设置位的值；否则，清 0 该位。这个逐次逼近的过程一直会延续到 10 位中的所有位都被测试之后，A/D 转换的结果保存在 SAR 内。

当 10 位 A/D 转换完成时，RDY 置 1。此时，用户通过读取 P_ADC (7014H)或 P_ADC_

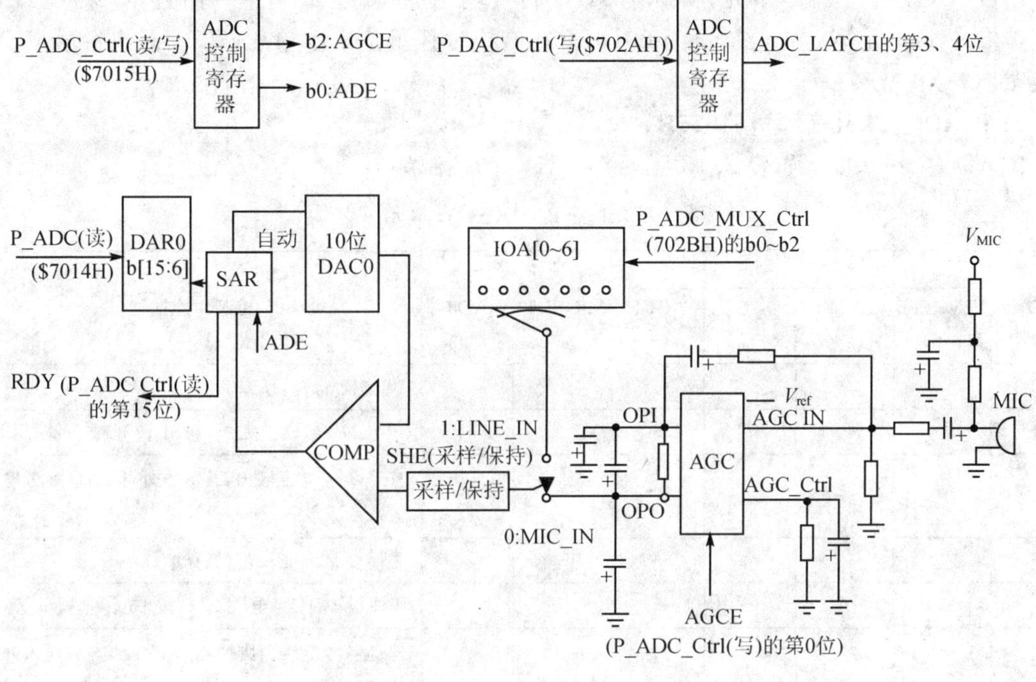

图 2.13 ADC 输入接口的结构

MUX_Data(702CH)单元可以获得 10 位 A/D 转换的数据，而从该单元读取数据后，又会使 RDY 自动清 0 开始重新进行 A/D 转换。若未读取 P_ADC (7014H) 或 P_ADC_MUX_Data (702CH)单元中的数据，RDY 仍保持为 1，则不会启动下一次的 A/D 转换。外部信号由 LIN_IN[1～7]即 IOA[0～6]或通道 MIC_IN 输入。从 LIN_IN[1～7]输入的模拟信号直接被送入缓冲器 P_ADC_MUX_Data(702CH)；从 MIC_IN 输入的模拟信号则要经过缓冲器和放大器。AGC 功能将通过 MIC_IN 通道输入的模拟信号的放大值控制在一定范围，然后放大信号经采样－保-模块被送至比较器参与 A/D 转换值的确定，最后送入 P_ADC (7014H)。

1) P_ADC(读/写)(7014H)

P_ADC 单元(如表 2.17 所列)储存 MIC 输入的 A/D 转换的数据。逐次逼近式的 ADC 由一个 10 位 DAC(DAC0) 、一个 10 位缓存器 DAR0、一个逐次逼近寄存器 SAR 和一个比较器 COMP 组成。

表 2.17 P_ADC 单元

b15～b6	b5～b0
DAR0(读/写)	—

P_ADC(读)：读出本单元，实际为 A/D 转换输出的 10 位数字量。而且，如果 P_DAC_Ctrl (702AH)单元第 3、4 位被设为 00，那么在转换过程里读出本单元(7014H)也会触发 A/D 转换重新开始。

2) P_ADC_Ctrl(读/写)(7015H)

P_ADC_Ctrl 单元(如表 2.18 所列)为 ADC 的控制端口。

表 2.18　P_ADC_Ctrl 单元

b15[2]	b8	b7	b6	B2	B1	b0	控制功能描述
RDY (读)	V2VREFB (写)	VEXTREF (写)	DAC_I (写)	AGCE (写)	MIC_ENB (写)	ADE (写)	
0	—	—	—	—	—		10 位模-数转换未完成
1	—	—	—	—	—		10 位模-数转换完成，输出 10 位数字量
—	0	—	—	—	—		打开 2 V 电压输出，其可作外部 A/D 参考电压输入
—	1	—	—	—	—		关闭 2 V 电压输出(默认)
—	—	0	—	—	—		不使用外部参考电压，A/D 参考电压为 V_{DD}(默认)
—	—	1	—	—	—		外部参考电压引脚使能，从 V_{EXTREF} 脚输入外部参考电压
—			0	—	—		DAC 电流＝3 mA @ V_{DD}＝3 V[1]
—			1	—	—		DAC 电流＝2 mA @ V_{DD}＝3 V
—	—	—	—	0	—		取消自动增益控制功能[3]
—	—	—	—	1	—		设置自动增益控制功能
					0		MIC 模式被使能，V_{mic}＝AVdd
					1		MIC 模式被屏蔽
—	—	—	—	—		0	禁止模-数转换工作
—	—	—	—	—		1	允许模-数转换工作

注：① 此为 DAC_I 的默认选择。

② b15 只用于 MIC_IN 通道输入。

③ 当模拟信号通过麦克风的 MIC_IN 通道输入时，可选择 AGCE 为 1，即运算放大器的增益可在其线性区域内自动调整。AGCE 默认选择为 0，即取消自动增益控制功能。

④ 写入时需注意 b5＝1，b4＝1，b3＝1。

3) P_ADC_MUX_Ctrl (读/写)(702BH)

ADC 多通道控制是通过对 P_ADC_MUX_Ctrl (702BH)单元(如表 2.19 所列)编程实现的。

表 2.19 P_ADC_MUX_Ctrl 单元

b15	b14	b13～b3	b2	b1	b0	控制功能描述
Ready_MUX (读)①	FAIL (读)②	—	Channel_sel (读/写)			
0		—	—	—	—	10 位模-数转换未完成
1	0	—	—	—	—	10 位模-数转换完成
—		—	0	0	0	模拟电压信号通过 MIC_IN 输入
—		—	0	0	1	模拟电压信号通过 LINE_IN1 输入
—		—	0	1	0	模拟电压信号通过 LINE_IN2 输入
—		—	0	1	1	模拟电压信号通过 LINE_IN3 输入
—		—	1	0	0	模拟电压信号通过 LINE_IN4 输入
—		—	1	0	1	模拟电压信号通过 LINE_IN5 输入
—		—	1	1	0	模拟电压信号通过 LINE_IN6 输入
—		—	1	1	1	模拟电压信号通过 LINE_IN7 输入

注：① Ready_MUX 只用于 Line_in[7:1]。

② 一般情况下，该位总为 0。以下情况除外：由于 MIC_IN 的优先级高于 AD LINE_IN，所以在 LIN_IN AD 转换过程里又有 MIC_IN 时，若 A/D 切换到 MIC 输入，则原 LINE_IN 的数据会出现问题，此时 FAIL 被置为 1。MIC A/D 完成之后，该位被清为 0。

ADC 的多路 LINE_IN 输入将与 IOA[0～6]共用，即：

IOA6	IOA5	IOA4	IOA3	IOA2	IOA1	IOA0
LIN_IN7	LIN_IN6	LIN_IN5	LIN_IN4	LIN_IN3	LIN_IN2	LIN_IN1

4) P_ADC_MUX_Data(读)(702CH)

P_ADC_MUX_Data 单元用于读出 LINE_IN[7:1]的 10 位 ADC 转换的数字数据，即：

b15	b14	b13	b12	b11	b10	b9	b8	b7	b6
D9	D8	D7	D6	D5	D4	D3	D2	D1	D0

2.10.2 ADC 的直流电气特性

ADC 的直流电气特性见表 2.20。

表 2.20　ADC的直流电气特性

ADC直流电气项目	项目符号	最小值	典型值	最大值	单　位
ADC分辨率	RESO		10		bit
ADC有效位数	ENOB	8			bit
ADC信噪比	SNR	50			dB
ADC积分非线性	INL		±4		LSB①
ADC差分非线性	DNL		±0.5		LSB
ADC转换率	F_{CONV}			96K②	Hz
电源电流(V_{DD}=3 V)	I_{ADC}		3.4		mA
功耗(V_{DD}=3 V)	P_{ADC}		10.2		mW

注：① LSB表示为最小有效单位，在VRT=3 V的情况下，1 LSB为2.93 mV。

② 由最大采样率(Samplerate_max)得来，即Samplerate_max＝ADC响应率/16＝1536 kHz/16＝96 kHz。

2.10.3　MIC_IN通道方式ADC

(1) ADC范围

MIC_In通道方式的ADC的最大参考电压可达AV_{DD}，即来自MIC_In通道的模拟信号的电压范围为0～AV_{DD}。信号从MIC_In引脚输入，经过缓存器后被放大，放大器的增益倍数可以通过外部电路进行调整。然后，AGC把MIC_In信号控制在指定的范围内。

(2) 设　置

用户必须先把P_ADC_Ctrl(写)($7015H)单元的第0位ADE置为1，第1位MIC_ENB置为0，从而激活A/D和MIC_In通道(上电复位之后，VMIC默认被打开)。然后，把第2位AGCE置为1，激活AGC。第3、4位用于设定MIC_In通道的ADC的触发方式(Timer锁存和直接方式)。P_ADC_MUX_Ctrl(读/写)($702BH)的第0～2位为0时，模拟电压信号通过MIC_In通道输入。

(3) 操　作

当触发MIC_In通道输入后，产生一个开始信号(b15(RDY)＝0)。然后，DAC0输出信号通过与外部输入信号进行按位比较以得到输入信号的数字信号。逐次逼近式模-数转换器首先设置最高位，然后清除SAR的其他位(10 0000 0000B)。这时，DAC0输出电压(1/2满量程)与输入电压V_{in}进行比较。如果$V_{in}>V_{DAC}$，则保持原先设置为1的位(最高有效位)仍为1；否则，该位被清0。这个过程重复10次，直到这些位都被比较过。转换结果保存到SAR。A/D转换完成之后，P_ADC_Ctrl(读)($7015H)的第15位RDY被置为1。

1) Timer 锁存模式

当 10 位 A/D 转换完成时，用户通过读取 P_ADC（$7014H)/P_ADC_MUX_Data（$702BH)单元可以获得 10 位 A/D 转换的数据。

定时器事件可由 Timer A、Timer B 产生。从 P_ADC(R)（$7014H)读取数据后，不论处于直接状态还是 Timer 状态触发，P_ADC_Ctrl（读）（$7015H)的第 15 位 RDY 将被清除为 0 且开始继续执行 A/D 转换。若 A/D 转换结果没被读取，则第 15 位 RDY 继续保持为 1 且不再继续执行 A/D 转换。注意，P_ADC_Ctrl（读）（$7015H)的第 15 位 RDY 与 P_ADC_MUX_Ctrl（R)（$702BH）的第 15 位 RDY 的作用基本相同。

2) 直接模式

设置 P_DAC_Ctrl(W)（$702AH)的第 3 和 4 位，可以指定 MIC ADC 的工作模式为直接模式。进行 A/D 转换之前，用户必须先读取 P_ADC（读）（$7014H)单元的内容以激活 ADC，然后通过读取 P_DAC_Ctrl（$702AH)单元的第 15 位，循环查询 ADC 的状态。完成 A/D 转换之后，程序再一次读取 P_ADC（读）（$7014H)单元的内容来得到转换结果。

(4) MIC_In 前端放大器

MIC_In 通道有两阶 OP 放大器。屏蔽 AGC 后，第 1 阶放大器的增益为 15 V/V。第 2 阶放大器(OPAMP2)的增益为 60K/(1K＋Rext)，可以通过 Rext 来调整增益的大小，Rext 的增减和 OPAMP2 增益的变化呈反比。例如，如果 Rext＝5.1K(Ω)，OPAMP2 的增益＝60K/(1K＋5.1K)＝9.8(19.8 dB)，全部的 MIC 放大器的增益＝OPAMP1×OPAMP2＝15×9.8＝147(43.3 dB)。

AGC 被激活之后(P_ADC_Ctrl（W)（$7015H)的 b2＝1)能自动调整增益的值，以防止信号饱和。当 OPAMP2 的输出＞0.9AV_{DD}时，AGC 自动降低 OPAMP1 的增益，以防止被放大的信号饱和。

2.10.4 LINE_IN 模式的 ADC 操作

SPCE061A 提供 7 个 Line_In 通道，它们与 IOA[6:0]共用 7 个引脚。

如果把这 7 个引脚当作 Line_In 通道，则必须首先把相应的 IOA 引脚设置为“输入”。注意，由于 I/O 口带有内部上拉和下拉输入电阻，因而会影响外部 Line_In 信号的电平。所以，IOA[6:0]最好被设置成悬浮的输入口，用于 Line_In 通道输入。

1. ADC 范围

通过设置 P_ADC_Ctrl(写)（$7015H)单元的第 7 位 V_{EXTREF}，可以设置由 Line_In 通道输入的最大电压值。V_{EXTREF}＝0 时，最大电压可达 AV_{DD}，即来自 Line_In 通道的模拟信号的电压范围为 0～AV_{DD}。V_{EXTREF}＝1 时，V_{EXTREF}引脚被激活，这时，必须输入外部信号到该引脚，以作为 Line_In 通道的最大电压。V_{EXTREF}可取的值的范围为 0～AV_{DD}。所以 Line_In 通道的输入电压范围为 0～V_{EXTREF}。V_{EXTREF}的值越低，Line_In 通道的电压范围越小，也就是说，输入的信号的信噪比 SNR 越低。SPCE 提供了一个内置的 2 V 电压源(通过设置 P_ADC_Ctrl(写)($7015H)单元的第 8 位 V2VREFB=0 来激活)，它可以被连接到 V_{EXTREF} 引脚，作为 Line_In 通道的最大参考电压。

2. 设　置

由于 SPCE061A 拥有 8 个 A/D 转换通道，但只有一个 ADC，所以必须在切换通道之前通过查看 P_ADC_MUX_Ctrl (读)($702BH)单元/ P_ADC_Ctrl (读)($7015H)单元的第 15 位 RDY 的值，以确认 ADC 为空闲状态。通道切换可通过设置 P_ADC_MUX_Ctrl(读/写)($702BH)单元的第 0～2 位完成。如果 RDY 不为 1，即 ADC 正在工作，这时对 P_ADC_MUX_Ctrl(读/写)($702BH)单元的第 0～2 位进行的任何操作都无效。

3. 操　作

MIC_In 通道的 A/D 转换拥有多种触发方式(通过设置 P_DAC_Ctrl(写)($702AH)单元的第 3 和 4 位)，而 Line_In 通道的 A/D 转换只能通过用户读取 P_ADC_LINEIN_Data(读)($702CH)单元的数据来触发。当 MIC_In 通道处于定时器锁存状态时，MIC_In 通道的优先级高于 Line_In 通道。所以，同时有来自 MIC_In 和 Line_In 通道的 A/D 转换时，Line_In 通道的 A/D 转换会被 MIC_In 通道的 A/D 需求打断。为保证从 P_ADC_LINEIN_Data(读)($702CH)单元读取到正确的数据，用户必须通过 P_ADC_MUX_Ctrl(读/写)($702BH)单元的第 14 位 FailB 的值，确认 A/D 是否成功/被打断。

当 MIC_In 通道处于定时器锁存状态时/第 1 次 MIC_In 通道的 A/D 转换完成后，查看 P_ADC_MUX_Ctrl(读/写)($702BH)单元的值是非常必要的。

当采用 Line_In 通道的 A/D 转换时，通过读 P_ADC_LINEIN_Data(读)($702CH)单元的值，可以开始进行 A/D 转换操作，同时，P_ADC_MUX_Ctrl(读/写)($702BH)单元的第 15 位 RDY 被清除为 0。当 RDY 变为 1 时，表示 ADC 完成工作，如果 P_ADC_MUX_Ctrl(读/写)($702BH)单元的第 14 位 FailB 的值为 1，用户可以从 P_ADC_LINEIN_Data(读)($702CH)得到转换结果。注意，读 P_ADC_LINEIN_Data(读)($702CH)单元的值可再次触发 A/D 转换。如果 FailB 的值为 0，说明 Line_In 通道的 A/D 转换被 MIC_In 通道的 A/D 操作打断，P_ADC_LINEIN_Data(读)($702CH)单元的值是一个错误的值。ADC 转换原理如图 2.14 所示。

处于定时器锁存状态时，MIC_In 通道的 A/D 转换的优先级高于其他 Line_In 通道的 A/D转换，以便保证及时捕捉到从 MIC_In 通道输入的声音信号。多路开关随即可自动地接到 MIC_In 通道，执行 MIC_In 通道的 A/D 转换。如果 Line_In 通道的 A/D 操作被 MIC_In 通道的 A/D 打断，P_ADC_MUX_Ctrl(读/写)($702BH)单元第 14 位 FailB 的值被置为 1。相反，如果当前正在执行 MIC_In 通道的 A/D，则无法通过设定 P_ADC_MUX_Ctrl(读/写)

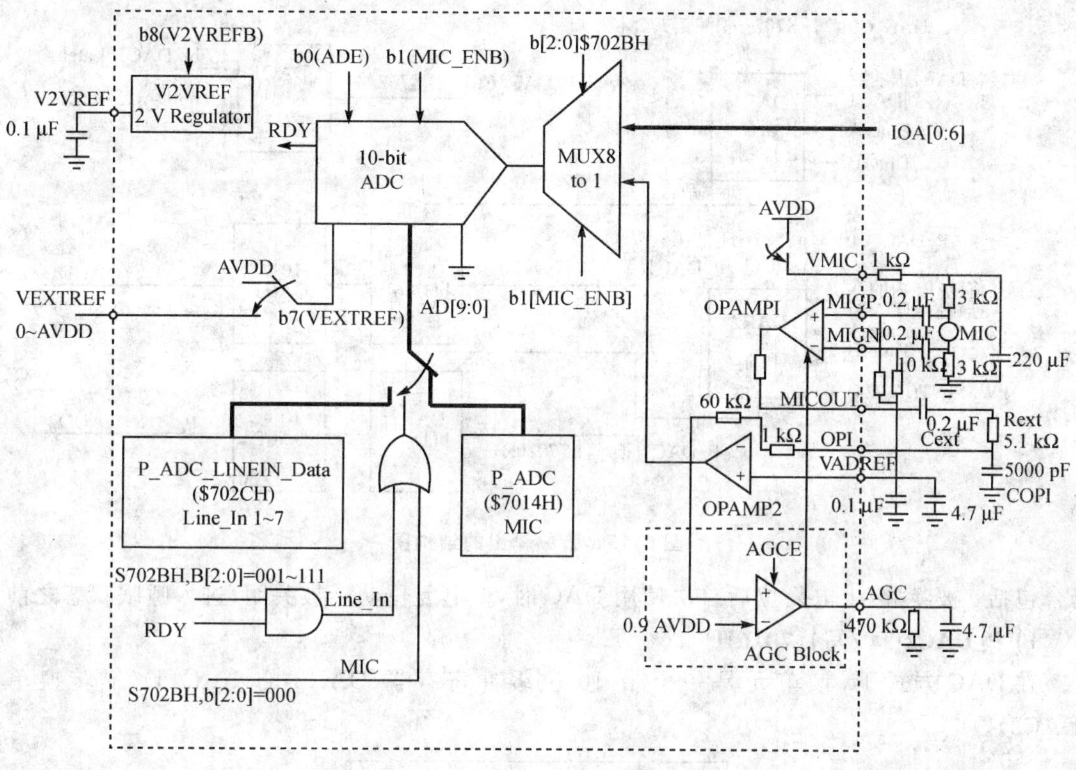

图 2.14　ADC 转换原理图

($702BH)单元的值控制通道转换。注意,只有当 MIC_In 通道处于定时器锁存状态且 Line_In 通道正在被占用时 FailB 才起作用。

2.11　DAC 方式音频输出

SPCE061A 为音频输出提供两个 DAC 通道,DAC1 和 DAC2,输出的模拟电流信号通过 DAC1 和 DAC2 引脚输出。音频输出的结构如图 2.15 所示。DAC 的输出范围是 0x0000～0xFFFF。如果 DAC 的输出数据被处理成 PCM 数据,则必须让 DAC 输出数据的直流电平保持为 0x8000,且仅高 10 位数据起作用。DAC1 和 DAC2 的输出数据应写入 P_DAC1(写)($7017)和 P_DAC2(写)($7016)单元。上电复位后,两个 DAC 均被自动打开,此时会消耗少量的电流(几毫安)。所以如不需要用它们,则尽量将 P_DAC_Ctrl(写)($702AH)单元的第 1 位置 1,关闭 DAC 输出。

DAC 的直流电压必须保证平稳地变化,否则,可能由于电压的突变引起扬声器产生杂音。采用 ramp up/down 技术可以减缓电压的变化幅度,从而输出高质量的音频数据。它的应用

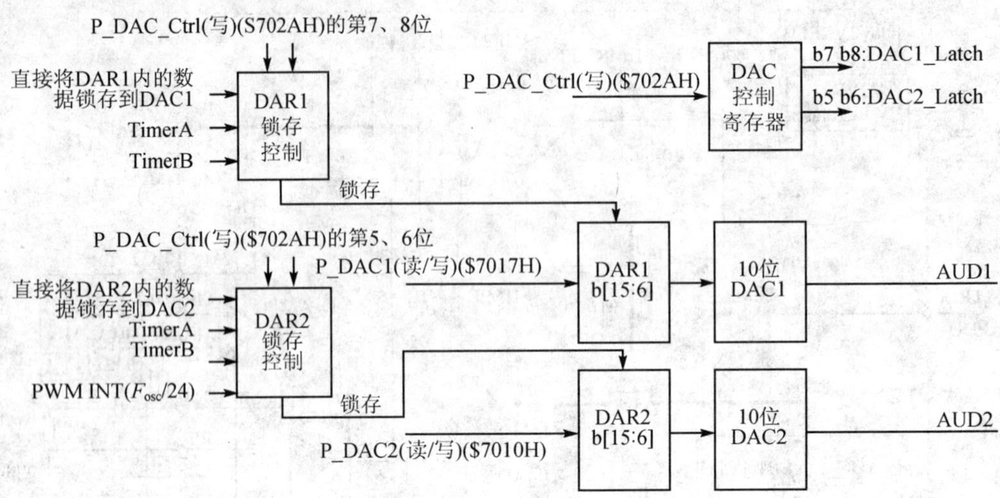

图 2.15 音频输出的结构图

场合包括：被唤醒/上电复位后首次使用 DAC 时，上电复位功能被关闭/进入睡眠状态之前。

1) P_DAC2(读/写)(7016H)

在 DAC 方式下，该单元是一个带 10 位缓冲寄存器 DAR2 的 10 位 D/A 转换单元(DAC2)。

b15～b6	b5～b0
DA2_Data(读/写)	—

P_DAC2(写)：通过此单元直接写入 10 位数据到 10 位缓存器 DAR2 来锁存 DAC2 的输入数字量值(无符号数)。

P_DAC2(读)：从 DAR2 内读出 10 位数据。

2) P_DAC1(读/写)(7017H)

该单元为一个带 10 位缓存器(DAR1)的 10 位 D/A 转换单元(DAC1)，用于向 DAR1 写入或从其中读出 10 位数据。

b15～b6	b5～b0
DA1_Data(读/写)	—

3) P_DAC_Ctrl(写)(702AH)

DAC 音频输出方式的控制单元(如表 2.21 所列)，其中，第 5～8 位用于选择 DAC 输出方式下的数据锁存方式；第 3、4 位用来控制 A/D 转换方式；第 1 位总为 0，用于双 DAC 音频输出。b9～b15 为保留位。表 2.21 详细地列出了 P_DAC_Ctrl 单元的 b3～b8 的控制功能。

表 2.21 P_DAC_Ctrl 单元

b8	b7	b6	b5	b4	b3
DAC1_Latch(写)		DAC2_Latch(写)		AD_Latch(写)	
00：直接将 DAR1 内数据锁存到 ADC1 内(默认设置) 01：通过 TimerA 溢出 DAR1 内的数据锁存到 DAC1 内 10：通过 TimerB 溢出将 DAR1 内的数据锁存到 DAC1 内 11：通过 TimerA 或 TimerB 的溢出将 DAR1 内的数据锁存到 DAC1 内		00：直接将 DAR2 内的数据锁存到 DAC2 内(默认设置) 01：通过 TimerA 溢出将 DAR2 内的数据锁存到 DAC2 内 10：通过 TimerB 溢出将 DAR2 内的数据锁存到 DAC2 内 11：通过 TimerA 或 TimerB 的溢出将 DAR2 内的数据锁存到 DAC2 内		00：通过读 ADC(读)(7014H)触发 ADC 自动转换(默认设置) 01：通过 TimerA 溢出触发 A/D 转换 10：通过 TimerB 溢出触发 A/D 转换 11：通过 TimerA 或 TimerB 的溢出触发 A/D 转换	

DAC 输出特性如下：

最初，DAC 用作音频输出设备，这里说明它在音频输出方面的应用。通常，DAC 的最大输出电流和 AV_{DD} 成正比。DAC 的最大输出电流范围是“典型电流值±10%”。例如，AV_{DD} = 3.0 V、DAC 额定输出 3 mA 时，DAC 的最大输出电流范围是 2.7～3.3 mA。

已知 DAC 的最大输出电流，则模拟输出电压的范围由 DAC 的负载而定。由于 DAC 本身的物理特性，最大的输出电压将比 AV_{DD} 低 0.3～0.4 V。例如，当电流为 3 mA，AV_{DD} = 3 V，电阻为 866 Ω 时，向 P_DAC 写入 0xFFC0，这时，最大的输出电压为 3 mA×867 Ω = 2.6 V。如果电阻值大于 867 Ω，则输出电压值的变化不一定根据电阻的值呈正比变化。如表 2.22 所列的数据为 AV_{DD} = 3 V 时，DAC 的最大输出电压和电阻的变化表。

表 2.22 AV_{DD} 为 3 V 时 DAC 输出情况

AV_{DD}/V	Min. DAC current/mA	Typical current/mA	Max. DAC current/mA
2.4	2.16	2.4	2.64
2.7	2.43	2.7	2.97
3.0	2.7	3.0	3.3
3.3	2.97	3.3	3.63
3.6	3.24	3.6	3.96

2.12 低电压监测/低电压复位

SPCE061A 可通过编程设置低电压监测(LVD)和低电压复位(LVR)功能，目的是通过对系统的电源电压进行监控，而使系统运行在一个正常、可靠的工作环境，并在一旦出现电源异常的情况能立即采取相应的措施，使系统及时恢复正常。

1. 低电压监测

低电压监测功能可以提供系统内电源电压的使用情况。如果系统电压 V_{CC} 低于用户设定的电压监测低限电压 V_{LVD}，则 P_LVD_Ctrl 单元的第 15 位(LVD 监测标志位)置 1；反之，当 $V_{CC}>V_{LVD}$ 时，该位置 0，如下所示：

b15	b14～b2	b1	b0
Result_of_LVD	—	LVD_leve_define(写)	
0：$V_{DD}>V_{LVD}$ 1：$V_{DD}<V_{LVD}$			

SPCE061A 具有 4 级电压监测低限：2.4 V、2.8 V、3.2 V 和 3.6 V，可通过对 P_LVD_Ctrl 单元编程进行控制，如图 2.16 所示。假定 $V_{LVD}=3.2$ V，当系统电压 V_{CC} 低于 3.2 V 时，P_LVD_Ctrl 单元的第 15 位返回值为 1(如下表所示)，这样，CPU 可以通过可编程电压监测低限来完成低电压监测。系统默认的电压监测低限为 2.4 V。

b1	b0	电压监测低限(V_{LVD})
0	0	2.4 V(默认)
0	1	2.8 V
1	0	3.2 V
1	1	3.6 V

2. 低电压复位

通过某种方式，使单片机内存各寄存器的值变为初始的操作称为复位。SPCE061A 复位电路如图 2.17 所示，在 RESB 端加上一个低电平就可令其复位。该电路具有手动和上电复位两种功能。

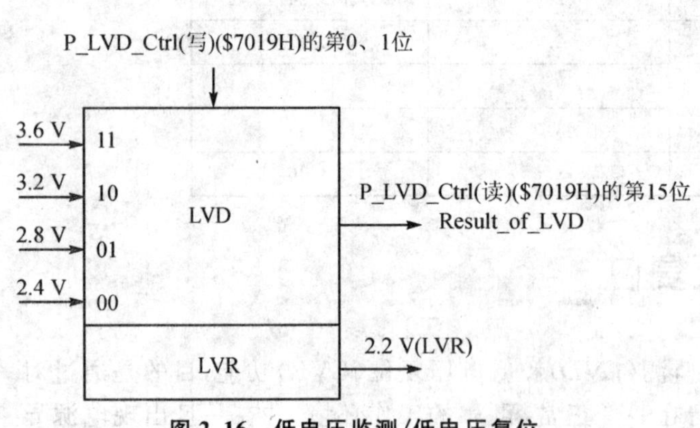

图 2.16 低电压监测/低电压复位

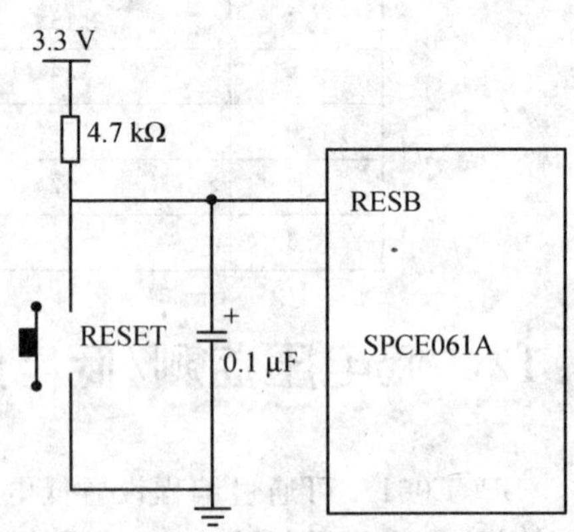

图 2.17 复位电路

当电源电压低于 2.2 V 时，系统会变得不稳定且易出故障。导致电源电压过低的原因很多，如电压的反跳、负载过重、电池能量不足……如果电源电压低于 2.2 V，则在 4 个时钟周期之后产生一个复位信号，使系统复位。LVR 时序如图 2.18 所示。

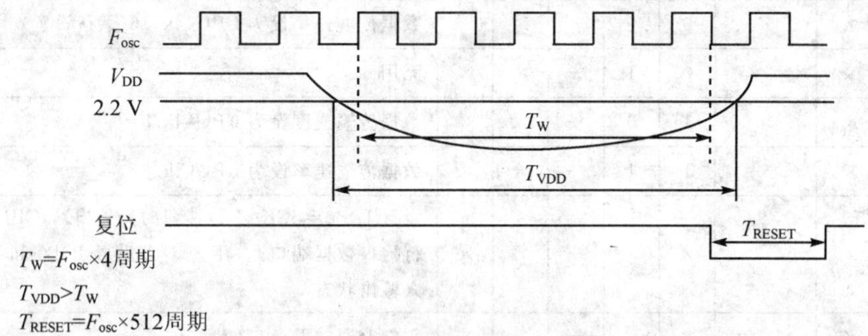

图 2.18 LVR 的时序图

2.13 串行设备输入/输出端口

串行输入/输出端口 SIO 提供了一个 1 位的串行接口，用于与其他设备进行数据通信。在 SPCE061A 内通过 IOB0 和 IOB1 端口实现与设备进行串行数据交换功能。其中，IOB0 用来作为时钟端口(SCK)，IOB1 则用来作为数据端口(SDA)，用于串行数据的接收或发送。

1) P_SIO_Ctrl(读/写)(701EH)

用户必须通过设置 P_SIO_Ctrl (701EH) (读/写)单元的第 7 位，将 IOB0、IOB1 分别设置为 SCK 引脚和 SDA 引脚。如果该单元的第 6 位被设置为 0，则串行输入/输出接口可以从用户指定的地址读出数据。该单元的第 3、4 位的作用是让用户自行指定数据传输速度；而通过设置第 0、1 位，可以指定串行设备的寻址位数。

SIO 的控制选择在 P_SIO_Ctrl 单元内进行，详见表 2.23。

表 2.23 P_SIO_Ctrl 单元

b7	b6	b5	b4	b3	b2	b1	b0	设置功能说明
SIO_Config	R/W	R/W_EN	Clock_Sel		—	Addr_Select		
×	×	×	×	×	—	0	0	串行设备地址(默认)设置为 16 位(A0～A15)
×	×	×	×	×	—	0	1	无地址设置
×	×	×	×	×	—	1	0	串行设备地址设置为 8 位(A0～A7)
×	×	×	×	×	—	1	1	串行设备地址设置为 24 位(A0～A23)

续表 2.23

b7	b6	b5	b4	b3	b2	b1	b0	设置功能说明
SIO_Config	R/W	R/W_EN	Clock_Sel		—	Addr_Select		
×	×	×	0	0	—	×	×	数据传输速率设为 CPUClk/16(默认设置)
×	×	×	0	1	—	×	×	无用
×	×	×	1	0	—	×	×	数据传输速度设为 CPUClk/8
×	×	×	1	1	—	×	×	数据传输速率设为 CPUClk/32
1	×	×	×	×	—	×	×	设置 IOB0=SCK(串行接口时钟端口),IOB1=SDA(串行接口数据端口)。用户不必设置 IOB0 和 IOB1 的输入输出状态
0	×	×	×	×	—	×	×	用作普通的 I/O 口(默认)
×	1	×	×	×	—	×	×	设置数据帧的写传输
×	0	×	×	×	—	×	×	设置数据帧的读传输(默认)
×	×	1	×	×	—	×	×	关断读/写帧的传输
×	×	0	×	×	—	×	×	接通读/写帧的传输(默认)

2) P_SIO_Data(读/写)(701AH)

该单元为接收/发送串行数据的缓冲单元。向该单元写入或读出数据,可按串行方式发送或接收数据字节。用户需通过写入 P_SIO_Start (701FH)单元来启动 P_SIO_Data (701AH)单元与串行设备数据交换的过程。传输是从串行设备的起始地址(由 P_SIO_Addr_Low(见表 2.25)、P_SIO_Addr_Mid(见表 2.26) 和 P_SIO_Addr_High(见表 2.27)3 个单元指定)开始,然后是数据。

进行写操作时,第 1 次向 P_SIO_Data (写) (见表 2.24)单元写入数值是在写入 P_SIO_Start(写)单元任意一个数值之后,即必须先启动数据传输,随后,SIO 将从串行设备的起始地址开始传送,后面接着传送写入 P_SIO_Data 单元中的 8 位数据。进行读操作时,第 1 次读 P_SIO_Data (读) (701AH)单元数据是在向 P_SIO_Start (写) (701FH)单元写入任一数值后,SIO 将首先传送串行设备的起始地址。P_SIO_Data 的数据格式见表 2.24。

表 2.24 P_SIO_Data

每个字节的位	b7	b6	b5	b4	b3	b2	b1	b0
赋 值	D7	D6	D5	D4	D3	D2	D1	D0

3) P_SIO_Addr_Low(读/写)(701BH)

串行设备起始地址的低字节(默认值为 00H)。P_SIO_ Addr_Low 的数据格式见表 2.25。

表 2.25 P_SIO_ Addr_Low

每个字节的位	b7	b6	b5	b4	b3	b2	b1	b0
赋 值	A7	A6	A5	A4	A3	A2	A1	A0

4) P_SIO_Addr_Mid(读/写)(701CH)

串行设备起始地址的中字节(默认值为 00H)。P_SIO_Addr_ Mid 的数据格式见表 2.26。

表 2.26 P_SIO_Addr_ Mid

每个字节的位	b7	b6	b5	b4	b3	b2	b1	b0
赋 值	A15	A14	A13	A12	A11	A10	A9	A8

5) P_SIO_Addr_High(读/写)(701DH)

串行设备起始地址的高字节(默认值为 00H)。P_SIO_Addr_High 的数据格式见表 2.27。

表 2.27 P_SIO_Addr_High

每个字节的位	b7	b6	b5	b4	b3	b2	b1	b0
赋 值	A23	A22	A21	A20	A19	A18	A17	A16

6) P_SIO_Start(读/写)(701FH)

向 P_SIO_Start(写)(701FH)(如表 2.28)单元写入任意一个数值,可以启动数据传输。接着,当对 P_SIO_Data (701AH)单元读/写操作时,则使 SIO 根据 P_SIO_Addr_Low、P_SIO_Addr_Mid 和 P_SIO_Addr_High 的内容传输读/写操作的起始地址,之后读写 P_SIO_Data 单元时,SIO 将不再传输此起始地址。

如果需要重新指定一个起始地址进行数据传输,则可以向 P_SIO_Stop (7020H)单元写入任意一个数值以停止 SIO 操作,然后向 P_SIO_Addr_Low、P_SIO_Addr_Mid 和 P_SIO_Addr_High 写入新的地址;最后,向 P_SIO_Start(写)(701FH)单元写入任意一个数值重新启动 SIO 操作。

读出 P_SIO_Start(701FH)单元可获取 SIO 的数据传输状态,该单元的第 7 位 Busy 为占用标志位,Busy=1 表示正在传输数据,传输操作完成后,该位清 0,可以开始传输新的数据字节。

表 2.28 P_SIO_Start

每个字节的位	b7	b6	b5	b4	b3	b2	b1	b0
赋 值	Busy	—	—	—	—	—	—	—

7) P_SIO_Stop(写)(7020H)

向 P_SIO_Stop(写)(7020H)单元写入任一数值,可以停止数据传输。通常,停止数据传输的终止指令应出现在激活数据传输的启动指令之前,但上电复位后的第 1 个启动命令之前不需要终止命令。图 2.19 为 SIO 的读/写操作时序。

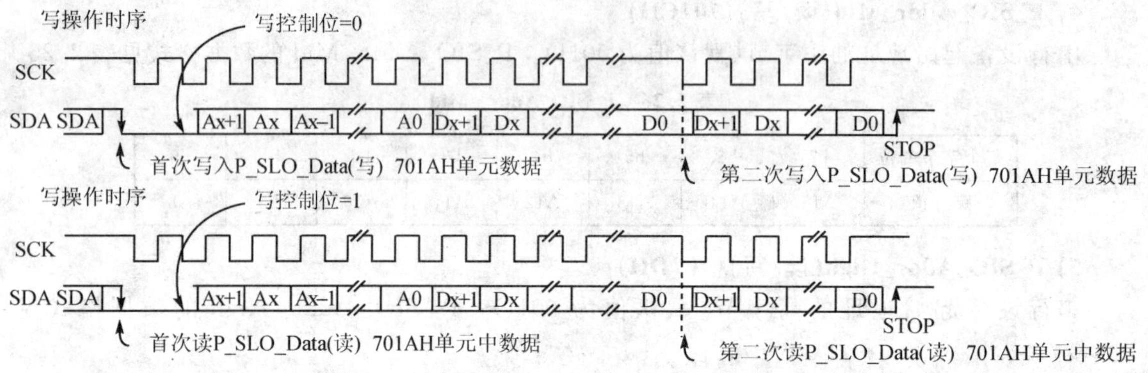

图 2.19 读/写时序

2.14 通用异步串行接口 UART

UART 模块提供了一个全双工标准接口,用于完成 SPCE061A 与外设之间的串行通信。借助 IOB 口的特殊功能和 UART IRQ 中断,可以同时完成 UART 接口的接收、发送数据的过程。此外,UART 还可以缓冲地接收数据。也就是说,它可以在读取缓存器内当前数据之前接收新的数据。但是,如果新的数据被接收到缓存器之前一直未从中读取先前的数据,则会发生数据丢失。P_UART_Data (7023H) (读/写)单元可以用于接收和发送数据的缓存,向该单元写入数据,可以将发送的数据送入缓存器;从该单元读数据,可以从缓存器读出数据字节。UART 模块的接收引脚 Rx 和发送引脚 Tx 分别与 IOB7 和 IOB10 共用。

使用 UART 模块进行通信时,必须事先分别将引脚 Rx(IOB7)、Tx(IOB10)设置为输入状态、输出状态。然后,通过设置 P_UART_BaudScalarLow (7024H)、P_UART_BaudScalar-High (7025H)单元指定所需波特率。同时,设置 P_UART_Command1(7021H)和 P_UART_Command2 (7022H) 单元以激活 UART 通信功能。以上设置完成后,UART 处于激活状态。设置 P_UART_Command1 单元的第 6、7 位可以激活 UART IRQ 中断,并决定中断是由 TxRDY 或 RxRDY 信号触发以及由二者共同触发。设置 P_UART_Command2 单元的第 6、7 位可以激活 UART Tx、Rx 引脚功能。当 UART 接收或发送一个字节数据时,P_UART_Command2 (7022H)单元的第 6、7 位被置为 1 且同时触发 UART IRQ。无论 UART IRQ 中断是否被激活,UART 接收/发送功能都可以由 P_UART_Command2 (7022H)单元的第 6、7

位控制。在任意时刻读出 P_UART_Command2 (7022H)单元,将清除 UART IRQ 中断标志。UART 数据帧的格式如图 2.20 所示。注意,UART IRQ 中断向量存储在 0xFFFFH 单元,相对于其他 IRQ 中断来说,该中断的优先级别最低。

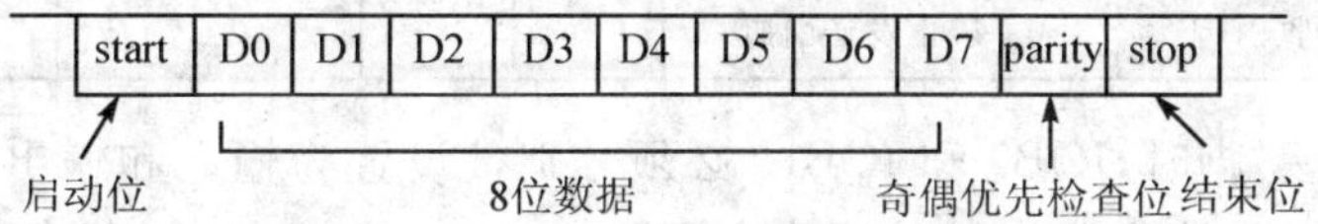

图 2.20 UART 数据帧的格式

1) P_UART_Command1(写)(7021H)

P_UART_Command1 单元为 UART 控制端口(如表 2.29 所列)。设置该单元的第 2、3 位可以控制数据奇偶校验功能。第 6、7 位控制着 UART IRQ 中断,二者的区别在于:如果第 6 位 TxIntEn=1,中断由 TxRDY 信号触发,即数据发送完毕将产生 UART IRQ 中断;如果第 7 位 RxIntEn=1,中断由 RxRDY 信号触发,即数据接收完毕将产生 UART IRQ 中断。如果该单元的第 5 位 I_Reset=1,则所有 UART 控制寄存器、状态寄存器将恢复为系统默认值。

表 2.29 P_UART_Command1 单元

b7	b6	b5	b4	b3	b2	b1	b0	功能
RxIntEn	TxIntEn	I_Reset	—	Parity	P_Check	—	—	
1	—	—	—	—	—	—	—	允许 UART IRQ 中断(由 RxRDY 信号触发)
0	—	—	—	—	—	—	—	禁止 UART IRQ 中断
—	1	—	—	—	—	—	—	允许 UART IRQ 中断(由 TxRDY 信号触发)
—	0	—	—	—	—	—	—	禁止 UART IRQ 中断
—	—	1	—	—	—	—	—	内部复位信号复位
—	—	0	—	—	—	—	—	内部复位信号置位
—	—	—	—	1	—	—	—	激活偶校检功能
—	—	—	—	0	—	—	—	激活奇校检功能
—	—	—	—	—	1	—	—	激活奇偶校检功能
—	—	—	—	—	0	—	—	屏蔽奇偶校检功能

2) P_UART_Command1(写)(7021H)

该单元的默认值为 00H。

3) P_UART_Command2(写)(7022H)

该单元写入时为 UART 数据发送/接收控制端口,第 6、7 位分别控制着数据发送和接收引脚的允通/禁止。P_UART_Command2(写)(7022H)单元的默认值为 00H。如下:

b7	b6	b5	b4	b3	b2	b1	b0
RxPinEn	TxPinEn	—	—	—	—	—	—
1：允许接收引脚 0：禁止接收引脚	1：允许发送引脚 0：禁止发送引脚						

作为Rx和Tx引脚时，IOB7和IOB10必须分别被设置为输入和输出引脚。当发送引脚被允通时，IOB10 Tx输出引脚自动被置为高电平。

4）P_UART_Command2（读）（7022H）

P_UART_Command2单元读出UART状态信息（如表2.30所列）。第7位是RxRDY标志位，当接收到数据时，该标志位置1，读P_UART_Data单元将清除该标志位；第6位是TxRDY标志位，当通过写入本单元第6位为1来允通发送引脚后，该标志位置1，表示发送器的数据缓存器为空，已准备好可以发送写入P_UART_Data单元的数据。

表2.30　P_UART_Command2单元

b7	b6	b5	b4	b3	b2	b1	b0
RxRDY	TxRDY	FE	OE	PE	—	—	—
1：数据已接收完毕 0：未接收到数据	1：数据发送已准备好 0：数据发送未准备好	1：存在帧错误 0：无帧错误	1：存在溢出错误 0：无溢出错误	1：存在奇偶校验错误 0：无奇偶校验错误			

向P_UART_Data单元写入数据可以清除TxRDY标志位。P_UART_Command2（7022H）单元的第3～5位是传输错误标志位，如果在传输过程中发生错误，相应位置1；读P_UART_Data（7023H）单元数据将清除错误标志位。以上错误信号代表传输过程可能出现的错误。表2.31列出了出错的原因及解决方法。

表2.31　出错的原因及解决方法

错误类型	原　因	解决方法
FE（帧错误）	发送引脚TX和接收引脚RX的数据帧的格式或波特率不一致	① 使用一致的数据格式 ② 设置一致的波特率
OE（溢出错误）	接收端RX接收数据的速率低于发送端TX发送数据的速度，从而导致RX端数据溢出	① 提高接收数据的速度 ② 降低数据传输速度
PE（奇偶校验错误）	传输条件差，可能有噪声干扰	发送传输条件

5）P_UART_Data（读/写）（7023H）

b7	b6	b5	b4	b3	b2	b1	b0
数据							

6) P_UART_BaudScalarLow(读/写)(7024H)和 P_UART_BaudScalarHigh (读/写)(7025H)

P_UART_BaudScalarHigh (7025H)和 P_UART_BaudScalarLow(7024H)单元的组合控制数据的传输速率(波特率)。UART 波特率的计算公式如下:

波特率=(F_{OSC}/4)/Scale　当 F_{OSC}=49.152 MHz、40.960 MHz 或 32.768 MHz 时

波特率=(F_{OSC}/2)/Scale　当 F_{OSC}=24.576 MHz 或 20.480 MHz 时

由此可得出 Scale 的值(Scale 为 7024H 单元和 7025H 单元组成的十进制整数)。

表 2.32 列出了当 F_{OSC}=24.576 MHz 或 49.152 MHz 时常用的波特率值。

表 2.32　常用的波特率值

波特率/bps	高字节(7025H)	低字节(7024H)	Scale(十进制)	实际波特率/bps
1500(最小值)	1FH	FFH	8192	1500
2400	14H	00H	5120	2400
4800	0AH	00H	2560	4800
9600	05H	00H	1280	9600
19200	02H	80H	640	19200
38400	01H	40H	320	38400
48000(默认值)	01H	00H*	256	48000
51200	00H	F0H	240	51200
57600	00H	D5H	213	57690
102400	00H	78H	120	102400
115200(最大值)	00H	6BH	107	11841

2.15 保密设定

如果希望将内部的闪存进行保密设定,可将 PFUSE 接 5 V,PVIN 接 GND 并维持 1 s 以上即可将内部保险丝熔化,此后就无法再完成 read、download 和 debug 等功能。因此,用户使用过程中一定要慎重。

2.16 看门狗计数器

SPCE061A 的看门狗计数器(WatchDog)的清除时间周期为 0.75 s,因为 WatchDog 的溢出复位信号 WatchDog_Reset 是由 4 Hz 时基信号经过 4 分频之后产生的,即每 4 个 4 Hz 时基信号(1 s)产生一个 WatchDog_Reset 信号,如图 2.21 所示。而清除 WatchDog 的 Watch-

Dog_Clear 信号却可以发生在 4 Hz 信号(0.25 s)之间的任意一个时刻点上。假如 WatchDog_Clear 信号发生在 4 Hz 信号尾端的 0.01 s 即第 0.25 s 时刻，此时虽然 WatchDog 被清掉，但由于它发生在 4 Hz 信号之后，再经 3 个 4 Hz 信号即 0.75 s，如果一直没有 WatchDog_Clear 信号，便会产生出一个 WatchDog_Reset 信号。

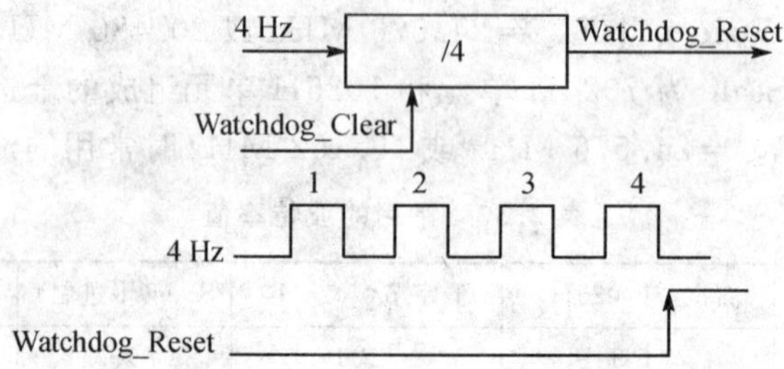

图 2.21　WatchDog 的结构和信号时序

注意：SPCE061A 的看门狗功能是上电自动使能，不能够被屏蔽。因此，使用时注意要在 0.75 s 内进行清狗操作。

当然，如果 WatchDog_Clear 信号发生在 4 Hz 信号始端的 0.01 s，则经过 0.99 s 若无 WatchDog_Clear 信号便会产生 WatchDog_Reset 信号。因此，清除 WatchDog 的时间周期为 0.75 s。

表 2.33 列出了 WatchDog 配置单元 P_WatchDog_Clear 及其内 B0 对 WatchDog 清除的控制。清除 WatchDog 只须写入 P_WatchDog_Clear 单元 0x0001 即可。此外，若 32 768 Hz 振荡器被打开，则在空闲方式期间 WatchDog 功能是被激活的。

表 2.33　WatchDog 的配置及 WatchDog 的清除

配置单元	读写属性	存储地址	配置单元功能说明
P_WatchDog_Clear	写	7012H	清除 WatchDog 单元
B15～B1	B0	控制位功能解释	
—	WatchDog_Clear		
0～0	0	不清除 WatchDog	
0～0	1	清除 WatchDog	

第3章 指令系统

3.1 指令系统概述

指令是 CPU 执行某种操作的命令。微处理器(MPU)或微控制器(MCU)所能识别的全部指令的集合称为指令系统或指令集。指令系统是制造厂家在设计 CPU 时赋予它的功能,用户必须正确的书写和使用指令。因此,学习和掌握指令的功能与应用非常重要,是程序设计的基础。本章将详细介绍 SPCE061A 指令系统的寻址方式和各种指令。指令系统的分类如下:

1) 按其功能划分

可以分为:

① 数据传送指令,包括立即数到寄存器、寄存器到寄存器、寄存器到存储器、存储器到寄存器的数据传送操作;

② 算术运算,包括加、减、乘、内积运算;

③ 逻辑运算,包括与、或、异或、测试、移位等操作;

④ 转移指令,包括条件转移、无条件转移、中断返回、子程序调用等操作;

⑤ 控制指令,如开中断、关中断、FIR 滤波器的数据的自由移动等操作。

2) 按寻址方式划分

立即数寻址的寻址方式是操作数以立即数的形式出现,如 R1=0x1234,是把 16 进制数 0x1234 赋给寄存器 R1。

存储器绝对寻址的寻址方式是通过存储器地址来访问存储器中的数据,如 R1=[0x2222],是访问 0x2222 单元的数据。

寄存器寻址的寻址方式是操作数在寄存器中,如 R1=R2,是把寄存器 R2 中的数据赋给寄存器 R1。

寄存器间接寻址的寻址方式是操作数的地址由寄存器给出,如 R1=[BP],是把由 BP 指向的内存单元的数据赋给寄存器 R1。

变址寻址的寻址方式下,操作数的地址由基址和偏移量共同给出,如 R1=[BP+0x34]。

表3.1中的符号是在指令系统叙述过程中所要用到的，在此进行统一约定。

表3.1　指令系统及符号

R1,R2,R3,R4,R5(BP)	通用寄存器
PC	程序计数器
CS,DS	SR寄存器中的代码段选择字段和数据段选择字段
NZSC	SR寄存器中的4个标志位
SR	段寄存器，其中BIT15～BIT10对应DS；BIT9～BIT6对应NZSC标志位；BIT5～BIT0对应CS
IM6	6位的立即数
IM16	16位的立即数
A6	6位地址码
A16	16位地址码
Rd	目的(destination)寄存器或存储器指针
Rs	源寄存器或存储器指针
→	数据传送符号
MR	由R4、R3组成的32位结果寄存器(R4为高字节，R3为低字节)
&,|,^,	逻辑"与"记号，逻辑"或"记号，逻辑"异或"记号
{}	可选项
[]	寄存器间接寻址标志
++,--	指针单位字增量，字减量
ss,us	两个有符号数之间的操作，无符号数与有符号数之间的操作
Label	程序标号
FIR	Finite Impulse Response(有限冲击响应)，数字信号处理中的一种具有线性相位及任意幅度特性的数字滤波器算法
N	负标志，N=0表示运算前最高有效位为0，N=1表示最高有效位为1
Z	零标志，Z=0表示运算结果不为0，Z=1表示运算结果为0
S	符号标志，S=0表示结果不为负，S=1表示结果为负数(2的补数)；对于有符号运算，16位数表示的范围-32768～32768，若结果小于零，则S=1
C	进位标志，C=0表示运算过程中无进位或有借位产生，C=1表示有进位或无借位产生
//	注释符

3.2 数据传送指令

数据传送指令是把源操作数传送到指令所指定的目标地址。数据传送操作属于复制性质,而不是搬家性质。指令执行后,源操作数不变,目的操作数为源操作数所代替。通用格式是:

＜目的操作数＞＝＜源操作数＞

源操作数可以是立即数、寄存器直接寻址、寄存器间接寻址、直接地址寻址、变址寻址等。

目的操作数可以是:寄存器和直接地址寻址。下面按寻址方式来介绍 SPCE061A 的数据传送指令。各个数据传送指令的执行周期数、指令长度等见表 3.2。

表 3.2 数据传送指令

<table>
<tr><th>语　法</th><th>指令长度/字</th><th>影响标志</th><th>周期数</th></tr>
<tr><td>Rd=IM16</td><td>2</td><td rowspan="17">N,Z</td><td>4</td></tr>
<tr><td>Rd=IM6</td><td rowspan="3">1</td><td>2</td></tr>
<tr><td>Rd=[BP+IM6]</td><td>6</td></tr>
<tr><td>Rd=[A6]</td><td>5</td></tr>
<tr><td>Rd=[A16]</td><td>2</td><td>7</td></tr>
<tr><td>Rd=Rs</td><td rowspan="7">1</td><td>4</td></tr>
<tr><td>Rd=[Rs]</td><td rowspan="4">4</td></tr>
<tr><td>Rd=[Rs++]</td></tr>
<tr><td>Rd=[++Rs]</td></tr>
<tr><td>Rd=[RS--]</td></tr>
<tr><td>[BP+IM6]=Rs</td><td>6</td></tr>
<tr><td>[A6]=Rs</td><td>5</td></tr>
<tr><td>[A16]=Rs</td><td>2</td><td>7</td></tr>
<tr><td>[Rd]=Rs</td><td rowspan="4">1</td><td rowspan="4">6</td></tr>
<tr><td>[++Rd]=Rs</td></tr>
<tr><td>[Rd--]=Rs</td></tr>
<tr><td>[Rd++]=Rs</td></tr>
</table>

注:若目的寄存器 Rd 为 PC,则指令周期数是列表中的后者,且此时运算后所有标志位均不受影响。

1）立即数寻址

【影响标志】N,Z

【格式】Rd=IM16　　　　　//16位的立即数送入目标寄存器

Rd=IM6　　　　　　　//6位的立即数扩展成16位后送入目标寄存器Rd

【举例】设传送前N=0,Z=1,S=0,C=1

R1=0xF001　　　　　//R1的值变为0xF001,N=1,Z=0,S=0,C=1

2）寄存器寻址

【影响标志】N,Z

【格式】Rd=Rs　　　　　//将源寄存器Rs的数据送给目标寄存器Rd

【举例】设传送前N=0,Z=1,S=0,C=1

R2=0xF001　　　　　//R2的值为0xF001,N=1,Z=0,S=0,C=1

R1=R2　　　　　　　// R1的值变为0xF001,N=1,Z=0,S=0,C=1

3）直接地址寻址

【影响标志】N,Z

【格式】[A6]=Rs　　　　//将源寄存器Rs中的数据送给以A6为地址的存储单元

[A16]=Rs　　　　　　//把Rs数据存储到A16指出的存储单元

Rd=[A6]　　　　　　//把A6指定的存储单元数据读到Rd寄存器

Rd=[A16]　　　　　　//把A16指定的存储单元数据读到Rd寄存器

【举例】设传送前N=1,Z=1,S=0,C=1

R1=0x0011　　　　　// R1的值为0x0011,N=0,Z=0,S=0,C=1

[0x0010]=R1　　　　//[0x0010]单元的值变为0x0011

4）变址寻址

【影响标志】N,Z

【格式】[BP + IM6]=Rs　//把Rs的值存储到基址指针BP与6位的立即数之和指出
　　　　　　　　　　　//的存储单元

Rd=[BP +IM6]　　　　//把基址指针BP与6位的立即数的和指定的存储单元数
　　　　　　　　　　　//据读到Rd寄存器

【举例】假设执行前N=0,Z=1,S=0,C=1

R1=0x0010

[BP+0x0002]=R1　　　//N=0,Z=0,S=0,C=1

5）寄存器间接寻址

【影响标志】N,Z

【格式】[Rd]=Rs　　　　//把Rs的数据存储到Rd的值所指的存储单元
　　　　　　　　　　　//Rd中存放的是操作数的地址

【举例】[++Rd]=Rs　　//首先把 Rd 的值加 1,而后 Rs 的数据存储到 Rd 的值所指
//的存储单元间接寻址的存储单元

Rd=[Rs++]　　//读取 Rs 的值所指的存储单元的值并存入 Rd,而后 Rs
//的值加 1

除以上介绍的指令外,堆栈(stack)操作也属于一种特殊的数据传送指令,下面介绍 SPCE061A 的堆栈操作。堆栈指针 SP 总是指向栈顶的第 1 个空项,压入一个字后,SP 减 1,将多个寄存器同时压栈时,总是序号最高的寄存器先入栈,然后依次压入序号较低的寄存器,直到序号最低的寄存器最后入栈。所以,执行指令 PUSH R1,R4 TO [SP] 与指令 PUSH R4,R1 TO [SP]是等效的。因此,在数据出栈前 SP 加 1,总是先弹出入栈指令中序号最低的寄存器,而后依次弹出序号较高的寄存器。堆栈操作如图 3.1 所示。

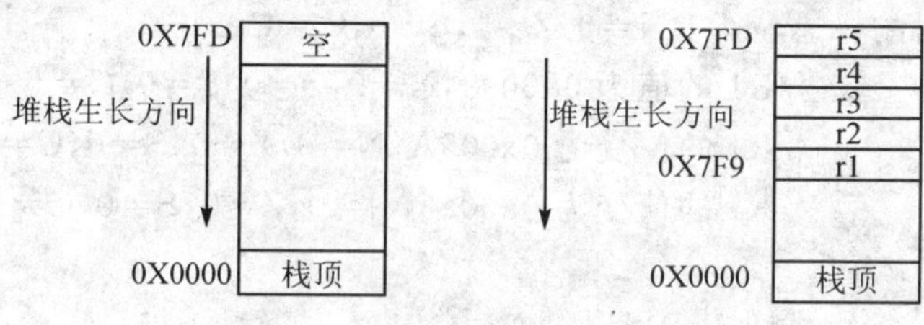

(a) PUSH r1,r5 to [sp]命令执行前　　(b) PUSH r1,r5 to [sp]命令执行后

图 3.1　堆栈操作

【格式】PUSH Rx,Ry TO [SP]
POP Rx,Ry FROM [SP]

【说明】Rx、Ry 可以是 R1～R4、BP、SP、PC 中的任意两个或一个,执行后将 Rx～Ry 的序列寄存器压栈,或将堆栈中的数据弹入 Rx～Ry 序列寄存器中。压栈操作不影响标志位,出栈操作影响 N、Z 标志。当 Rx、Ry 中含有 SR 时,所有标志位都会改变。压栈、出栈操作的执行周期为 2n + 4,若出栈操作的目的寄存器中含有 PC,则执行周期为 3n+6。其中,n 是压栈数据的个数。压栈和出栈的指令长度均为 1 字长。

3.3　算术运算

SPCE061A 单片机的算术运算主要包括加、减、乘以及 n 项内积运算。加减运算按是否带进位可分为:不带进位和带进位的加减运算。带进位的加减运算在格式上以及寻址方式与无进位的加减运算类似,这里仍按寻址方式详细介绍不带进位的加减运算,而对带进位的加减运算只作简要说明。

3.3.1 加法运算

加法运算影响标志位是 N、Z、S、C。

1) 立即数寻址(不带进位)

【格式 1】Rd+=IM6 或 Rd=Rd+IM6

【操作】Rd+IM6→Rd

【说明】Rd 的数据与 6 位(高位扩展成 16 位)立即数相加,结果送 Rd。

【格式 2】Rd=Rs+IM16

【操作】Rs + IM16→Rd

【说明】Rd 的数据与 16 位的立即数相加,结果送 Rd。

【举例】假设开始时的标志位为:N=0,Z=1,S=0,C=1

```
R1=0x0099          //R1 的值为 0x0099,N=0,Z=0,S=0,C=1
R1+=0x0001         //R1 的值变为 0x009A,N=0,Z=0,S=0,C=0
R1+=0xFFFE         //R1 的值变为 0x0098,N=0,Z=0,S=0,C=1
```

2) 直接地址寻址

【格式 1】Rd += [A6] 或 Rd=Rd + [A6]

【操作】Rd + [A6]→Rd

【说明】Rd 的数据与 6 位地址指定的存储单元中的数据相加,结果送 Rd。

【格式 2】Rd=Rs + [A16]

【操作】Rs + [A16]→Rd

【说明】Rs 的数据与 16 位地址指定的存储单元中数据相加,结果送 Rd。

【举例】假设开始时的标志位为:N=0,Z=1,S=0,C=1

```
R2=0x0010          //R2 的值为 0x0010,N=0,Z=0,S=0,C=1
[0x0088]=R2        //把 0x0010 送到内存单元 0x0088 中,标志位不变
R1=0xF099          //R1 的值为 0xF099,N=1,Z=0,S=0,C=1
R1+=[0x0088]       //R1 的值变为 0xF0A9,N=1,Z=0,S=1,C=0
```

3) 变址寻址

【格式】Rd += [Bp + IM6] 或 Rd=Rd + [BP + IM6]

【操作】Rd + [Bp + IM6]→Rd

【说明】取基址指针 BP 与 6 位立即数的和指定的存储单元中的数据与 Rd 相加,结果送 Rd。

【举例】假设开始时的标志位为:N=0,Z=1,S=0,C=1

```
R1=0x0010          //R1 的值变为 0x0010,N=0,Z=0,S=0,C=1
R2=0x0090          //R2 的值变为 0x0090,N=0,Z=0,S=0,C=1
```

```
[0x0015]=r2           //R2 的值送到 0x0015 内存单元,标志位不变
R1+=[BP+0x0015]       //r1 的值变为 0x00A0,N=0,Z=0,S=0,C=0
```

4) 寄存器寻址

【格式】Rd += Rs

【操作】Rd + Rs→Rd

【说明】Rd 与 Rs 的数据相加,结果送 Rd。

【举例】假设开始时标志位为:N=0,Z=1,S=0,C=1(注:本例为有符号数计算)

```
R1=-8                 //R1 的值为-8,实际以补码的形式体现,即 0xFFF8
                      //N=1,Z=0,S=0,C=1
R2=0xFFFE             //r2 的值为 0xFFFE,N=1,Z=0,S=0,C=1
R1+=R2                //R1 的值变为 0XFFF6 ,N=1,Z=0,S=1,C=1,无溢出
```

5) 寄存器间接寻址

【格式 1】Rd += [Rs]

【操作】Rd + [Rs]→Rd

【说明】Rd 的数据与 Rs 所指定的存储单元中的数据相加,结果送 Rd。

【格式 2】Rd += [Rs++]

【操作】Rd + [Rs]→Rd, Rs + 1→Rs

【说明】Rd 的数据与 Rs 所指定的存储单元中的数据相加,结果送 Rd;修改 Rs,Rs=Rs+1。

【格式 3】Rd += [Rs--]

【操作】Rd + [Rs]→Rd, Rs-1→Rs

【说明】Rd 的数据与 Rs 所指定的存储单元中数据相加,结果送 Rd, Rs=Rs-1。

【格式 4】Rd += [++Rs]

【操作】Rs + 1→Rs, Rd + [Rs]→Rd

【说明】首先修改 Rs=Rs+1,Rd 的数据与 Rs 所指定的存储单元中的数据相加,结果送 Rd。

【举例】假设开始时的标志位为:N=0,Z=1,S=0,C=1

```
R1=0x0010             //R1 的值为 0x0010,N=0,Z=0,S=0,C=1
R2=0x0020             //R2 的值为 0x0020,N=0,Z=0,S=0,C=1
[0x0010]=r2           //R2 的值送到内存单元 0x0010 中,标志位不变
R2=0x0010             //R2 的值为 0x0010
R1+=[R2++]            //R1 的值变为 0x0030,N=0,Z=0,S=0,C=0
                      //同时 R2 的值变为 0x0011
```

注意:有符号数的溢出只判断 N 和 S 两位:N! =S 时溢出,N=S 时无溢出。

3.3.2 减法运算

同不带进位的加法运算一样，不带进位的减法运算同样可分为立即数寻址、直接地址寻址、寄存器寻址、寄存器间接寻址等方式。

减法运算影响标志位：N、Z、S、C。

1）立即数寻址

【格式 1】Rd－＝ IM6 或 Rd＝Rd－IM6

【操作】Rd－IM6→Rd

【说明】Rd 的数据减去 6 位(bit)立即数，结果送 Rd。

【格式 2】Rd＝Rs－IM16

【操作】Rs－IM16→Rd

【说明】Rs 的数据减去 16 位(bit)立即数，结果送 Rd。

【举例】假设开始时的标志位为：N＝0，Z＝1，S＝0，C＝1

```
R1=0x0010          //R1 的值为 0x0010,N=0,Z=0,S=0,C=1
R2=0x0001          // R2 的值为 0x0001,N=0,Z=0,S=0,C=1
R1-=R2             // R1 的值为 0x000F,N=0,Z=0,S=0,C=1
```

2）直接地址寻址

【格式 1】Rd－＝［A6］或 Rd＝Rd－［A16］

【操作】Rd－［A6］→Rd

【说明】Rd 的数据减去［A6］存储单元中的数据，结果送 Rd。

【格式 2】Rd＝Rs－［A16］

【操作】Rs－［A16］→Rd

【说明】Rs 的数据减去［A16］存储单元中的数据，结果送 Rd。

【举例】假设开始时的标志位为：N＝0，Z＝1，S＝0，C＝1

```
R1=0x0002          //R1 的值为 0x0002,N=0,Z=0,S=0,C=1
[0x0020]=R1        //把 R1 的值送到内存单元 0x0020 中,标志位不变
R2=0x0001          //R2 的值为 0x0001,N=0,Z=0,S=0,C=1
R2-=[0x0020]       //R2 的值变为 0xFFFF,'C'为 0,运算过程产生借位, N=1
                   //Z=0,S=1
```

3）变址寻址

【格式】Rd－＝［BP ＋ IM6］或 Rd＝Rd－［BP ＋ IM6］

【操作】Rd－［BP ＋ IM6］→Rd

【说明】Rd 的值减去基址加变址指定的存储单元的值，结果送 Rd

【举例】假设开始时的标志位为：N＝0，Z＝1，S＝0，C＝1

R1＝0x8001　　　　　//R1 的值为 0x8001,N＝1,Z＝0,S＝0,C＝1

R2＝0x0020　　　　　//R2 的值为 0x0020,N＝0,Z＝0,S＝0,C＝1

[0x0010]＝R2　　　　//把 0x0020 送到地址单元 0x0010 中

R1－＝[BP＋0x0010]　//R1 的值变为 0x7FE1,N＝0,Z＝0,S＝1,C＝1

4）寄存器寻址

【格式】Rd－＝ Rs

【操作】Rd－Rs→Rd

【说明】寄存器 Rd 的数据减去 Rs 的数据,结果送 Rd 寄存器。

【举例】假设开始时的标志位为：N＝0,Z＝1,S＝0,C＝1

R1＝32767　　　　　//R1 的初值为 0x7FFF,N＝0,Z＝0,S＝0,C＝1

R2＝32768　　　　　//R2 的初值为 0x8000，,N＝1,Z＝0,S＝0,C＝1

R1－＝R2　　　　　　//R1 的值变为 0XFFFF,N＝1,Z＝0,S＝0,C＝0

5）寄存器间接寻址

【格式 1】Rd－＝[Rs]

【操作】Rd－[Rs]→Rd

【说明】Rd 的数据与 Rs 所指定的存储单元中的数据相减,结果送 Rd。

【格式 2】Rd－＝[Rs＋＋]

【操作】Rd－[Rs]→Rd，Rs＋1→Rs

【说明】Rd 的数据与 Rs 所指定的存储单元中的数据相减,结果送 Rd;Rs 的值加 1。

【格式 3】Rd－＝[Rs－－]

【操作】Rd－[Rs]→Rd，Rs－1→Rs

【说明】Rd 的数据与 Rs 所指定的存储单元中的数据相减,结果送 Rd;Rs 的值减 1。

【格式 4】Rd－＝[＋＋Rs]

【操作】Rs ＋ 1→Rs,Rd－[Rs]→Rd

【说明】Rs 的值加 1,Rd 的数据与 Rs 所指定单元数据相减,结果送 Rd。

3.3.3　带进位的加减运算

由于带进位的加减运算与不带进位的加减运算在寻址方式、周期数、指令长度、影响的标志位均相同,在格式上相似,故这里只给出格式,供读者参考。

带进位的加法格式：

Rd ＋＝ IM6,Carry

Rd＝Rd ＋ IM6,Carry

Rd＝Rs ＋ IM16,Carry

Rd ＋＝ [BP ＋ IM6] ,Carry

```
Rd=Rd + [BP + IM6] ,Carry
Rd += [A6] ,Carry
Rd=Rd + [A6] ,Carry
Rd=Rs + [A16] ,Carry
Rd += Rs,Carry
Rd += [Rs] ,Carry
Rd += [++Rs] ,Carry
Rd += [Rs--],Carry
Rd += [Rs++],Carry
```

带进位的减法格式：

```
Rd-=IM6,Carry
Rd=Rd-IM6,Carry
Rd=Rs-IM16,Carry
Rd-=[BP + IM6] ,Carry
Rd=Rd-[BP + IM6] ,Carry
Rd-=[A6] ,Carry
Rd=Rd-[A6] ,Carry
Rd=Rs-[A16] ,Carry
Rd-=Rs,Carry
Rd-=[Rs] ,Carry
Rd-=[++Rs] ,Carry
Rd-=[Rs--],Carry
Rd-=[Rs++],Carry
```

3.3.4 取补运算

取一个数的补码，在计算机中表示为取其反码再加1，SPCE061A也正是这样处理的。取补运算影响标志位是N、Z。

【举例】计算数-600与0x0040单元数据的差。

```
R1=-600
R2=0x0001
[0x0040]=R2
BP=0x0040          //取该单元地址
R2=-[BP]           //取此数的补码，-1的补码为0xFFFF
R1+=R2             //相加，结果送R1
```

3.3.5 SPCE061A 的乘法指令

【影响标志】无

【格式 1】MR=Rd * Rs 或 MR=Rd * Rs,ss

【功能】Rd * Rs→MR

【说明】表示两个有符号数相乘,结果送 MR 寄存器。Rd、Rs 可表示 R1～R4 或 BP;MR 由 R4、R3 构成,R4 是高位,R3 为低位。

【格式 2】MR=Rd * Rs,us

【功能】Rd * Rs→MR

【说明】表示无符号数与有符号数相乘,结果送 MR 寄存器。

【举例】计算一年(365 天)共有多少小时,结果存放 R4(高位)R3(低位)。

```
R1=365              //R1 的值为 0x016D
R2=24               //R2 的值为 0x0018
MR=R1 * R2,us       //计算乘积,结果 R3 的值为 0x2238, R4 的值为 0x0000
```

3.3.6 SPCE061A 的 n 项内积运算指令

【影响标志】无

【格式】MR=[Rd] * [Rs] {,ss} {,n}

【功能】指针 Rd 与 Rs 所指寄存器地址内有符号数据之间或无符号与有符号字数据之间进行 n 项内积运算,结果存入 MR。符号的默认选择为 ss,即有符号数据之间的运算。n 的取值为 1～16,默认值为 1。内积运算操作如图 3.2 所示

【执行周期】10n+6

【说明】当 FIR_MOV ON 时,允许 FIR 运算过程中的数据自由移动。为新样本取代旧样本进行数据移动准备:Xn-4=Xn- 3,Xn-3=Xn-2,Xn-2=Xn-1。如图 3.2 所示,当完成一次内积运算后,X1、X2、X3 自动右移,X4 移出。这在数字信号处理中十分有用。例如,要计算连续 4 次采样值的平均值,则可将采样值放到 X1～X4 中,加权系数放到 C 中,然后完成[Rd] * [Rs] {,ss} {,4}运算,再求平均值。当 FIR_MOV ON 时,运算完后 X1、X2、X3 自动右移,X4 移出,这样就可以把下一次的采样值 X0 放到原 X1 的位置,下一次直接完成[Rd] * [Rs] {,ss} {,4}运算,即 X0～X3 的运算,不必手动移动 Xn。

注意:① Rs 和 Rd 其中任意一个都不能为 R3 或 R4,否则会出错。

② Rs 和 Rd 不能同为一个寄存器,否则会出错。

下面为一个内积运算的例子。首先在 IRAM 中定义 8 个变量在程序的第 1 循环阶段,计算的值为 2 * 5+3 * 6,即结果为 0x001C;第 1 循环结束后,由于移位的作用,NO_3 的值被 NO_2 的值取代,变为 0x0002,而 NO_2 的值不变,再次循环后的值为 2 * 5+3 * 6,结果为

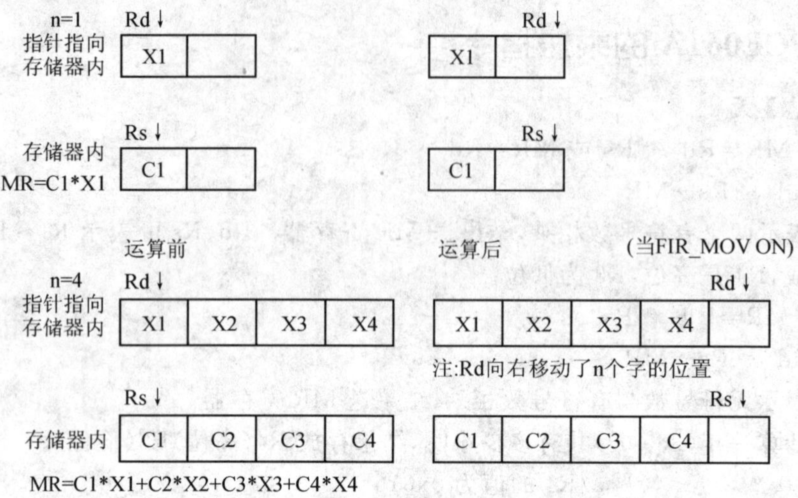

图 3.2　内积运算操作示意图

0x001C。该程序比较完整,可在 IDE 内操作。在操作的过程中,通过观察 IDE 中的变量表可以详细了解程序运行的整个流程。

【举例】

```
.IRAM
//*******定义 8 个变量,分别赋初值,NO_7,NO_8 为默认值 0**********//
.VAR NO_1 = 0x0001,NO_2 = 0x0002,NO_3 = 0x0003, NO_4 = 0x0004
.VAR NO_5 = 0x0005,NO_6 = 0x0006 ,NO_7,NO_8
.CODE
.PUBLIC _MAIN;
_MAIN :
FIR_MOV ON;                     //数据自动移动的允许信号
R1 = NO_2;                      //定义起始位
R2 = NO_5
MR = [R1] * [R2],us,2           //2 项内积运算
[NO_7] = r3                     //通过 NO_7,NO_8 可以读出结果
[NO_8] = r4
NOP
JMP _main                       //跳转到主程序
RETF
//**************************************************************
//******************************END*****************************
//**************************************************************
```

3.4 SPCE061A 的逻辑运算

1. 逻辑“与”

逻辑“与”运算影响标志位 N、Z。

1）立即数寻址

【格式 1】Rd &= IM6 或 Rd=Rd & IM6

【功能】Rd & IM6→Rd

【说明】该指令将 Rd 的数据与 6 位立即数进行逻辑“与”操作，结果送 Rd 寄存器。

【格式 2】Rd=Rs & IM16

【功能】Rs & IM16→Rd

【说明】该指令将 Rs 的数据与 16 位立即数进行逻辑“与”操作，结果送 Rd 寄存器。

【举例】假设开始时的标志位为：N=0,Z=1,S=0,C=1

```
R1=0x0010          //R1 的初值为 0x0010,Z=0
R1&=0x000F         //结果为 0,标志位 Z 由 0 变为 1
NOP
```

2）直接地址寻址

【格式 1】Rd &=[A6] 或 Rd=Rd & [A6]

【功能】Rd & [A6]→Rd

【说明】将 Rd 和 A6 指定存储单元数据进行逻辑“与”操作，结果送 Rd 寄存器。

【格式 2】Rd=Rs & [A16]

【功能】Rs & [A16]→Rd

【说明】Rs 中的数据和 A16 指定存储单元中的数据进行逻辑“与”操作，结果送 Rd 寄存器。

【举例】假设开始时的标志位为：N=0,Z=1,S=0,C=1

```
R1=0x0010          //R1 赋值为 0x0010,Z=0,N=0
R2=0xFFFF          //R2 赋值为 0xFFFF,Z=0,N=1
[0x000F]=R2
R1&=[0x000F]       //执行后,R1=0x0010,标志位 Z=0,N=0
```

3）寄存器寻址

【格式】Rd &= Rs

【功能】Rd & Rs→Rd

【说明】将 Rd 和 Rs 的数据进行逻辑“与”操作，结果送 Rd 寄存器。

【举例】假设开始时的标志位为：N=0,Z=1,S=0,C=1

R1=0x00FF　　　　　//R1 的初值为 0x00FF,Z=0,N=0

R2=0xFFFF　　　　　//R1 的初值为 0xFFFF,Z=0,N=1

R1&=R2　　　　　　//结果为 0x00FF,执行后标志位 N 变为 0,Z=0

4）寄存器间接寻址

【格式 1】Rd &= [Rs]

【功能】Rd & [Rs]→Rd

【说明】将 Rd 数据与 Rs 指定的存储单元数据进行逻辑“与”操作,结果送 Rd 寄存器。

【格式 2】Rd &= [Rs++]

【功能】Rd & [Rs]→Rd,Rs + 1→Rs

【说明】将 Rd 的数据与 Rs 指定的单元的数据进行逻辑“与”操作,结果送 Rd 寄存器;修改 Rs 的值,使 Rs 加 1。

【格式 3】Rd &= [Rs--]

【功能】Rd & [Rs]→Rd,Rs-1→Rs

【说明】将 Rd 的数据与 Rs 指定的单元的数据进行逻辑“与”操作,结果送 Rd 寄存器;修改 Rs 的值,使 Rs 减 1。

【格式 4】Rd &= [++Rs]

【功能】Rs + 1→Rs,Rd & [Rs]→Rd

【说明】修改 Rs 的值,Rs 加 1,将 Rd 的数据与 Rs 指定的单元的数据进行逻辑“与”操作,结果送 Rd 寄存器。

【举例】假设开始时的标志位为：N=0,Z=1,S=0,C=1

R1=0x00FF　　　　　//R1 的初值为 0x00FF,Z=0,N=0

R2=0xFFFF　　　　　//R1 的初值为 0xFFFF,Z=0,N=1

[0x0001]=R2

R2=0x0001

R1&=[R2]　　　　　//结果为 0x00FF,执行后标志位 N 变为 0,Z=0

2. 逻辑“或”

逻辑或影响标志位为 N、Z。

1）立即数寻址

【格式 1】Rd |= IM6 或 Rd=Rd | IM6

【功能】Rd | IM6→Rd

【说明】该指令将 Rd 的数据与 6 位立即数进行逻辑“或”操作,结果送 Rd 寄存器。

【格式 2】Rd=Rs | IM16

【功能】Rs | IM16→Rd

【说明】该指令将 Rs 的数据与 16 位立即数进行逻辑“或”操作,结果送 Rd 寄存器。

【举例】假设开始时的标志位为：N=0,Z=1,S=0,C=1

R1=0x00FF　　　　　　//R1 的初值为 0x00FF,Z=0,N=0

R1|=0xF000　　　　　　//R1 的值变为 0xF0FF, Z=0,N=1

2) 直接地址寻址

【格式 1】Rd |=[A6] 或 Rd=Rd | [A6]

【功能】Rd | [A6]→Rd

【说明】将 Rd 和 A6 指定单元数据进行逻辑“或”操作,结果送 Rd 寄存器。

【格式 2】Rd=Rs | [A16]

【功能】Rs | [A16]→Rd

【说明】Rs 的数据和 A16 指定单元数据进行逻辑“或”操作,结果送 Rd 寄存器。

【举例】假设开始时的标志位为：N=0,Z=1,S=0,C=1

R1=0x00FF　　　　　　//R1 的初值为 0x00FF,Z=0,N=0

R1|=[0x0009]　　　　　//R1 值变为 0x00FF, Z=0,N=0,[0x0009]的值默认为 0。

3) 寄存器寻址

【格式】Rd |= Rs

【功能】Rd | Rs→Rd

【说明】将 Rd 和 Rs 的数据进行逻辑“或”操作,结果送 Rd 寄存器。

【举例】假设开始时的标志位为：N=0,Z=1,S=0,C=1

R1=0x0000　　　　　　//R1 的初值为 0x0000,Z=1,N=0

R2=0xFFFF

R1|=R2　　　　　　　　//R1 的值变为 0xFFFF, Z=0,N=1

4) 寄存器间接寻址

【格式 1】Rd |= [Rs]

【功能】Rd | [Rs]→Rd

【说明】将 Rd 的数据与 Rs 指定的单元的数据进行逻辑“或”操作,结果送 Rd 寄存器。

【格式 2】Rd |= [Rs++]

【功能】Rd | [Rs]→Rd,Rs + 1→Rs

【说明】将 Rd 的数据与 Rs 指定的单元的数据进行逻辑“或”操作,结果送 Rd 寄存器;修改 Rs 的值,使 Rs 加 1。

【格式 3】Rd |= [Rs--]

【功能】Rd | [Rs]→Rd,Rs-1→Rs

【说明】将 Rd 的数据与 Rs 指定的单元的数据进行逻辑“或”操作,结果送 Rd 寄存器;修改 Rs 的值,使 Rs 减 1。

【格式 4】Rd |= [++Rs]

【功能】Rs + 1→Rs,Rd | [Rs]→Rd

【说明】Rs 的值加 1;Rd 与 Rs 指定的单元的数据进行逻辑“或”操作,结果送 Rd 寄存器。

【举例】假设开始时的标志位为：N=0,Z=1,S=0,C=1

```
R1=0x0000          //R1 的初值为 0x0000,Z=1,N=0
R2=0xFFFF          //把 0xFFFF 送到地址单元[0x0002]中
[0x0002]=R2
R2=0x0002          //R2 的值为 0x0002 ,Z=0,N=0
R1|=[R2]           //R1 的值变为 0xFFFF, Z=0,N=1
```

3. 逻辑“异或”

逻辑“异或”影响标志位 N、Z。

1）立即数寻址

【格式 1】Rd ^= IM6 或 Rd=Rd ^ IM6

【功能】Rd ^ IM6→Rd

【说明】指令将 Rd 的数据与 6 位立即数进行逻辑“异或”操作,结果送 Rd 寄存器。

【格式 2】Rd=Rs ^ IM16

【功能】Rs ^ IM16→Rd

【说明】该指令将 Rs 的数据与 16 位立即数进行逻辑“异或”操作,结果送 Rd 寄存器。

【举例】假设开始时的标志位为：N=0,Z=1,S=0,C=1

```
R1=0x0F00          //R1 的初值为 0x0F00,Z=0,N=0
R1^=0x0FFF         //R1 的值变为 0x00FF, Z=0,N=0
```

2）直接地址寻址

【格式 1】Rd ^=[A6] 或 Rd=Rd ^ [A6]

【功能】Rd ^ [A6]→Rd

【说明】将 Rd 和 A6 指定存储单元中数据进行逻辑“异或”操作,结果送 Rd 寄存器。

【格式 2】Rd=Rs ^ [A16]

【功能】Rs ^ [A16]→Rd

【说明】Rs 的数据和 A16 指定存储单元中的数据进行逻辑“异或”操作,结果送 Rd 寄存器。

【举例】假设开始时的标志位为：N=0,Z=1,S=0,C=1

```
R1=0x0F00          //R1 的初值为 0x0F00,Z=0,N=0
R2=0x0FF0
[0x0010]=R2
R1^=[0x0010]       //R1 的值变为 0x00F0, Z=0,N=0
```

3）寄存器寻址

【格式】Rd ^= Rs

【功能】Rd ^ Rs→Rd

【说明】将 Rd 和 Rs 的数据进行逻辑“异或”操作，结果送 Rd 寄存器。

【举例】假设开始时的标志位为：N=0，Z=1，S=0，C=1

R1=0x0E01　　　//R1 的初值为 0x0E01，Z=0，N=0

R2=0x0FF1　　　// R2 的初值为 0x0FF1，Z=0，N=0

R1^=R2　　　//R1 的值变为 0x01F0，Z=0，N=0

4）寄存器间接寻址

【格式 1】Rd ^= [Rs]

【功能】Rd ^ [Rs]→Rd

【说明】将 Rd 的数据与 Rs 指定的存储单元中的数据进行逻辑“异或”操作，结果送 Rd 寄存器。

【格式 2】Rd ^= [Rs++]

【功能】Rd ^ [Rs]→Rd，Rs + 1→Rs

【说明】将 Rd 的数据与 Rs 指定的存储单元中的数据进行逻辑“异或”操作，结果送 Rd 寄存器；修改 Rs，使 Rs 加 1。

【格式 3】Rd ^= [Rs--]

【功能】Rd ^ [Rs]→Rd，Rs-1→Rs

【说明】将 Rd 的数据与 Rs 指定的存储单元中的数据进行逻辑“异或”操作，结果送 Rd 寄存器；修改 Rs，使 Rs 减 1。

【格式 4】Rd ^= [++Rs]

【功能】Rs + 1→Rs ，Rd ^ [Rs]→Rd

【说明】修改 Rs，使 Rs 加 1；Rd 的数据与 Rs 指定的存储单元中的数据进行逻辑“异或”操作，结果送 Rd 寄存器。

【举例】假设开始时的标志位为：N=0，Z=1，S=0，C=1

R1=0x0000　　　//R1 的初值为 0x0000，Z=1，N=0

R2=0xFFFF　　　//R2 的初值为 0xFFFF，N=1，Z=0

[0x0002]=R2

R2=0x0002

R1^=[R2]　　　//R1 的值变为 0xFFFF，Z=0，N=1

3.5 SPCE061A 的控制转移类指令

SPCE061A 的控制转移类指令主要有中断、中断返回、子程序调用、子程序返回、跳转等指令，其用法和功能详见表 3.3。

表 3.3 条件转移指令列表(指令长度 2,周期 3/5)

助记符	操作数类型	条 件	标志位状态	助记符	操作数类型	条 件	标志位状态
JB	无符号数	小于	C=0	JLE	有符号数	小于等于	Not(z=0 and s=0)
JNB		不小于	C=1	JNLE		大于	z=0 and s=0
JAE		大于等于	C=1	JG		大于	z=0 and s=0
JNAE		小于	C=0	JNG		小于等于	Not(z=0 and s=0)
JA		大于	Z=0 and c=1	JVC		无溢出	N=s
JNA		不大于	Not(z=0 and c=1)	JVS		溢出	N! =s
JBE		小于等于	Not(z=0 and c=1)	JCC		进位为 0	C=0
JNBE		大于	Z=0 and c=1	JCS		进位为 1	C=1
JGE	有符号数	大于等于	S=0	JSC		符号位为 0	S=0
JNGE		小于	S=1	JSS		符号位为 1	S=1
JL		小于	S=1	JNE		不等于	Z=0
JNL		大于等于	S=0	JNZ		非 0	Z=0
				JZ		为负	Z=1
				JMI		为负	N=1
				JPL		为正	N=0
				JE		相等	Z=1

下面对表 3.3 中的每一种操作类型举一个例子进行说明：

(1) 无符号数的跳转指令

判 C 的转移指令 JB 和 JNB：

JB loop1

JNB loop1

这两条指令都是通过判断标志位 C 的值来决定程序的走向。

举例(JB)：

```
R1 = 0x0001            //设初值
R2 = 0x0006
CMP R1,R2              //比较 R1、R2 的大小
JB loop1
```

```
R1 = 0x0000
loop1:
R1 = 0x0000
R2 = 0x0000
…
```

举例(JNB):

```
R1 = 0x0010          //设初值
R2 = 0x0006
CMP R1,R2            //比较 R1、R2 的大小
JNB loop1
R1 = 0x0000
loop1:
R1 = 0x0000
R2 = 0x0000
…
```

(2) 有符号数的跳转指令

判 S 跳转指令 JGE 和 JNGE:

JGE loop1

JNGE loop1

JGE 表示"大于等于",通过对标志位 S 的判断来决定程序走向。S 为 0 则产生跳转,S 为 1 则继续执行下一语句。JNGE 表示"小于",当 S 为 1 时产生跳转,S 为 0 则继续执行下一语句。

举例(JGE):

```
R1 = 2               //赋初值,分别为有符号数
R2 = - 3
CMP R1,R2            //比较 R1、R2 的值
JGE loop1            // S = 0 表明 R1 大于等于 R2,跳转到 loop1,否则继续下一条指令
R2 = 0x0000
loop1:
R1 = 0x0000
…
```

3.6 伪指令

μ'nSP 汇编伪指令与汇编指令不同,它不会被编译,仅用来控制汇编器的操作。伪指令的作用有点像语言中的标点符号,能使语言中的句子所表达意思的结构更加清晰而成为语言中不可缺少的一部分。在汇编语言中正确使用伪指令,不仅能使程序的可读性增强,且使汇编器的编译效率倍增。

1. 伪指令的语法格式及特点

伪指令可以写在程序文件中的任意位置,但在其前面必须用一个小圆点引导,以便与汇编指令区分开。伪指令行中方括弧里的参量是任选项,即不是必须带有的参量。如果某个参量使用双重方括弧括起来,则说明这个任选项参量本身就必须带方括弧。例如,[[count]]表示引用该任选参量时必须写出[count]才可。

μ'nSP 汇编器规定的标准伪指令不必区分字母的大小写,即书写伪指令时既可全用大写,也可全用小写,甚至可以大小写混用;但所有定义的标号包括宏名、结构名、结构变量名、段名及程序名,则一律区分其字母的大小写。

2. 伪指令符号约定

bank	存储器的页单元
ROM	程序存储器
RAM	随机数据存储器
label	程序标号
value	常量数值
IEEE	一种标准的指数格式的实数表达方式
variable	变量名
number	数据的数目
ASCII	数值或符号的 ASCII 代码
argument #	参量表中的参量序号
filename	文件名
[]	任选项

3. 标准伪指令

伪指令依照其用途可分为 5 类:定义类、存储类、存储定义类、条件类及汇编方式类,它们的具体分类及用途详见表 3.4。

表 3.4 伪指令的类别一览

类　别	用　途	伪指令
定义类	用于对以下内容进行定义的伪指令： ①程序 ②程序中所用数据的性质、范围或结构 ③宏或结构 ④程序 ⑤其他	① CODE、DATA、TEXT ② IRAM、ISRAM、ORAM、OSRAM、RAM、SRAM ③ MACRO、MACEXIT、ENDM ④ PROC、ENDP、STRUCT、ENDS ⑤ DEFINE、VAR、PUBLIC、EXTERNAL、EQU、VDEF
存储类	以指定的数据类型存储数据或设定程序地址等	DW、DD、FLOAT、DOUBLE、END
存储定义类	定义若干指定数据类型的数据存储单元	DUP
条件类	对汇编指令进行条件汇编	IF、ELSE、ENDIF；IFMA、IFDEF、IFNDEF
汇编方式类	包含汇编文件或创建用户定义段	INCLUDE；SECTION

3.7 宏定义与调用

1) 宏定义

宏(macro)是指在源程序里将一序列的源指令行用一个简单的宏名(macro name)所取代，这样做的好处是使程序的可读性增强。

宏在使用之前一定要先经过定义。可分别用伪指令.MACRO 和.ENDM 来起始和结束宏定义；定义的宏名被存入标号域。汇编器首次编译通过汇编指令时，先将宏定义存储起来，待指令中遇有被调用的宏名时，则用同名宏定义里的序列源指令行取代此宏名。宏定义里可以包括宏参数，这些参数可被代入除注释域之外的任何域内；虚参数不能含有空格。

2) 宏标号

宏定义里可以用显式标号(由用户定义)或隐含标号(由汇编器自动定义)。汇编器不会改变用户定义的显式标号。在宏标号后加上后缀符“#”，则表明该标号为隐含标号，汇编器自动生成一个后缀数字符号“_X_XXXX”(X 表示一位数符，XXXX 表示 4 位扩展数符)来取代这个隐含标号中的后缀符‘#’，详见下面程序汇编例子。隐含标号中的字母字符及其后缀数符总共不能超过 32 个字符。

```
instruction: .MACRO arg,val
arg
lab#: .DW val ;
.ENDM
```

```
//调用前面定义的宏：
instruction NOP,7
//汇编后会产生以下结果：
NOP ;
lab_1_6416：.DW 7 ;
```

3）宏调用

调用宏时，可以使用任何类型的参数：直接型、间接型、字符串型或寄存器型。只有字符串型参数才能含有空格，但必须用引号将此空格括起，即“ ”（而字符串参数中的单引号，必须用双引号将其括起，即“‘”）。只要在宏嵌套中的形参名相同，则这些参数就可以穿过嵌套的宏使用。宏嵌套使用时唯一所受的限制是内存空间的容量。宏的多个参数应以逗号隔开，参数前的空格及Tab键都将被忽略。单有一个逗号，而后面未带有任何参数会被汇编器表示为参数丢失错误。

4）宏参数分隔符

在一个宏体中，宏参数的有效分隔符为标点符号中的逗号，即“，”。

5）宏内字符串连接符

符号‘@’(40H)是字符串连接符。注意，字符串连接只能在宏内进行。

6）应用举例

[例1] 数的比较。

```
cmp_number：.MACRO arg1
.IFMA 0
.MACEXIT
.ENDIF
.IF 1 == arg1
month：.DW 1 ;
.MACEXIT
.ENDIF
.IF 2 == arg1
month：.DW 2 ;
.MACEXIT
.ENDIF
.IF 3 == arg1
month：.DW 3 ;
.MACEXIT
.ENDIF
.IF 4 == arg1
month：.DW 4 ;
```

```
.MACEXIT
.ENDIF
.IF 5 == arg1
month: .DW 5 ;
.MACEXIT
.ENDIF
.IF 6 == arg1
month: .DW 6
.MACEXIT
.ENDIF
.ENDM
```

[**例 2**] 将标号名传入程序代码。

```
store_label: .MACRO arg1
.DW @arg1 ;
.ENDM
//调用前面定义的宏
store_label label1
//汇编器将宏展开成
.DW label1 ;
```

[**例 3**] 操作数域内的宏参数替换。

```
employee_info1: .MACRO arg1,arg2,arg3
name: .DW arg1 ;
department: .DW arg2;
date_hired: .DD arg3;
.ENDM
//调用前面定义的宏
employee_info1 "John Doe", personnel,101085
//汇编器将宏展开成
name: .DW "John Doe" ;
department: .DW personnel ;
date_hired: .DD 101085 ;
```

3.8 伪指令的应用举例

下面通过例子来讲解 μ'nSP 伪指令的用法。在举例前,先来看看 RAM、SRAM、ORAM、OSRAM、IRAM、ISRAM、DATA、TEXT、CODE 这几个段的区别,如图 3.3 所示。

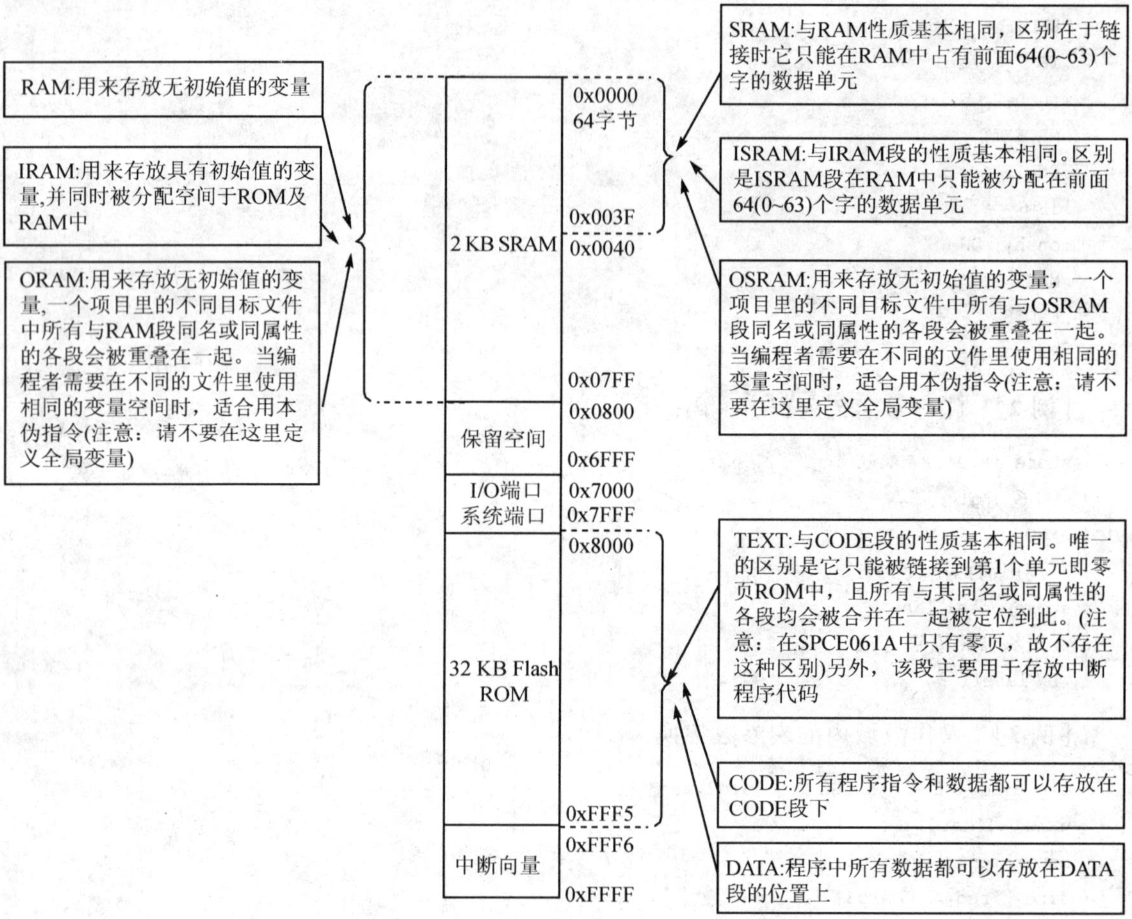

图 3.3 SPCE061A 片内存储器映射

[例 1] 在程序中定义的变量都定位于 IRAM、ISRAM、ORAM、OSRAM、RAM 或 SRAM 段,本例比较它们的用法和区别。

```
//主程序 Main.asm 程序
.EXTERNAL Syt;                      //声明 Syt 为外部标号
.RAM                                //切换到 RAM 段,该段存放无初始化值的变量
.VAR Ram1,Ram2 = 0x0001;            //在这里初始化 Ram2 将是无效的,系统将它初始化为 0
L_Ram_In_Main: .DW 5 DUP(?);
.SRAM                               //切换到 SRAM 段,该段存放无初始化值的变量
.VAR Sram1,Sram2 = 0x0002;          //在这里初始化 Sram2 将是无效的,系统将它始化为 0
.ORAM                               //切换到 ORAM 段,该段具有覆盖属性
```

```
.VAR Oram_In_Main;
L_Oram_In_Main: .DW 10 DUP(5);            //在这里申请的10个单元并存入5,也是无效的
.OSRAM                                     //切换到OSRAM段,该段具有覆盖属性
.VAR Osram_In_Main;
L_Osram_In_Main: .DW 8 DUP(7);            //在这里申请的8个单元并存入7,也是无效的
.IRAM                                      //切换IRAM段,该段存放具有初始值的变量
.VAR Iram = 0x5555;
L_Iram: .DW 0x2222;
.ISRAM                                     //切换ISRAM段,该段存放具有初始值的变量
.VAR Isram = 0x0010;
.DATA
L_Data: .DW 10,20,30,40,50,23,43,21;
.CODE
.PUBLIC _main;
_main:
NOP;
NOP;
NOP;
CALL Syt;
L_Wait:
JMP L_Wait;
//test.asm文件中的代码
.ORAM                                      //切换到ORAM段,该段具有覆盖属性
.PUBLIC Oram1_In_Test,Oram2_In_Test;       //定义全局变量(注意:在这里定义不合适)
.VAR Oram1_In_Test,Oram2_In_Test;
.OSRAM                                     //切换到OSRAM段,该段具有覆盖属性
.PUBLIC Osram1_In_Test,Osram2_In_Test;     //定义全局变量(注意:在这里定义不合适)
.VAR Osram1_In_Test,Osram2_In_Test;
.IRAM                                      //切换IRAM段,该段存放具有初始值的变量
.PUBLIC Iram_In_Test;
.VAR Iram_In_Test = 0x0010;
.TEXT
.PUBLIC Syt;
Syt: .PROC
R1 = [Iram_In_Test];
RETF
.ENDP
```

程序说明:

图3.4是例1程序运行后,各个存储器单元的地址和数据的分布图。可以证实这一点:

一个项目里不同目标文件中所有与ORAM段(或OSRAM段)同名或同属性的各段会被重叠在一起。从图3.4中还可以看到,在Test.asm文件里的ORAM段中定义了变量Oram1_In_Test,Oram2_In_Test的地址与在Main.asm中ORAM段定义的Oram_In_Main、L_Oram_In_main的地址重叠在一起。同样,在Test.asm文件里的OSRAM段中定义了变量Osram1_In_Test,Osram2_In_Test的地址与在Main.asm中ORAM段定义的Osram_In_Main、L_Osram_In_main的地址重叠在一起。因此,需要在不同的文件里使用相同的变量空间时,适合用本伪指令,但不要在这两个段里定义全局变量,因为它很可能会被局部变量覆盖。上面例子中在ORAM和OSRAM段中定义全局变量是不合适、不可取的。

同时,还可以看到,在RAM、SRAM、ORAM、OSRAM段中定义有初始值的变量,或者申请有初始值的存储单元都将是无效的,系统会将它们初始化为0。

Name	Value	Address
Ram1	0	0x00000017
Ram2	0	0x00000018
L_Ram_In_Main	0	0x00000019
Sram1	0	0x00000009
Sram2	0	0x0000000a
Oram_In_Main	0	0x0000000c
L_Oram_In_Main	0	0x0000000d
Osram_In_Main	0	0x00000000
L_Osram_In_Main	0	0x00000001
Iram	21845	0x0000001e
L_Iram	8738	0x0000001f
Isram	16	0x0000000b
L_Data	10	0x00008033
test	" test " not find ...	
Oram1_In_Test	0	0x0000000c
Oram2_In_Test	0	0x0000000d
Osram1_In_Test	0	0x00000000
Osram2_In_Test	0	0x00000001
Iram_In_Test	16	0x00000020

图3.4　各存储单元的分配图

[**例2**]　用户编写的程序代码必须写在DATA、CODE或TEXT段,下面具体讲解DATA、CODE、TEXT这3条伪指令的用法及区别。

利用IOA0～7的按键唤醒功能确定键码,并将相应键值通过七段数码管显示出来。IOA0～7设置为具有唤醒功能的输入口,IOB0～7设置为带缓冲器的输出口,七段数码管采用共阴极接法,如图3.5所示。程序流程如图3.6所示。程序如下:

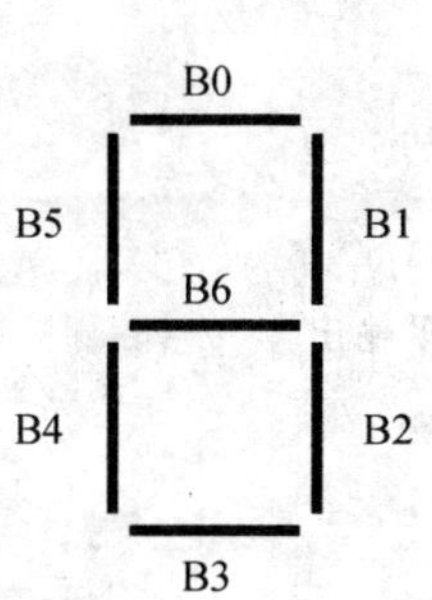

图 3.5 七段数码管

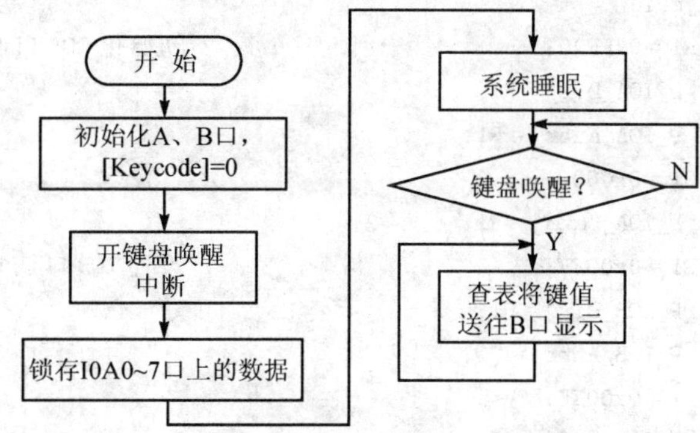

图 3.6 程序流程图

```
.DEFINE P_IOA_Data 0x7000;          //定义常量
.DEFINE P_IOA_Dir 0x7002;
.DEFINE P_IOA_Attr 0x7003;
.DEFINE P_IOA_Latch 0x7004;
.DEFINE P_IOB_Data 0x7005;
.DEFINE P_IOB_Buffer 0x7006;
.DEFINE P_IOB_Dir 0x7007;
.DEFINE P_IOB_Attr 0x7008;
.DEFINE P_INT_Ctrl 0x7010;
.DEFINE P_INT_Clear 0x7011;
.DEFINE P_SystemClock 0x7013;
.RAM
//切换到 RAM 段,RAM 段用于存放无初始化的变量
.VAR KeyCode
.DATA
//切换到 DATA 段,DATA 段用于存放数据表格
//显示数据表
DispTable：.DW 0x00FF,0x0006,0x005B,0x004F,0x0066    //全亮、1、2、3、4
.DW 0x006D,0x007D,0x0007,0x007F,0x006F               //5、6、7、8、9
.DW 0x003F                                           //0
//键盘表
KeyTable：.DW 0x0000
.DW 0x0001,0x0002,0x0004,0x0008
.DW 0x0010,0x0020,0x0040,0x0080
.CODE
//切换到 CODE 段,CODE 段用于存放程序指令
.PUBLIC _main;
```

```
_main:
R1 = 0xFF00;                            //初始化 IOA 口低 8 位为带下拉电阻的输入
[P_IOA_Dir] = R1
[P_IOA_Attr] = R1;
R1 = 0x0000;
[P_IOA_Data] = R1;
R1 = 0x00FF;                            //设置 IOB 口低 8 位为同相高电平输出
[P_IOB_Dir] = R1;
[P_IOB_Attr] = R1;
R1 = 0x00FF;
[P_IOB_Data] = R1;
R1 = 0x0000                             //初始化 KeyCode 变量
[KeyCode] = R1
R1 = 0x0080;
[P_INT_Ctrl] = R1;                      //开按键唤醒中断
IRQ ON;
R1 = [P_IOA_Latch];                     //锁存 IOA0～7 口上的数据
R1 = 0x0007;
[P_SystemClock] = R1;                   //进入睡眠模式
L_Wait:
BP = DispTable                          //查表
BP += [KeyCode]
R1 = [BP]
[P_IOB_Data] = R1;                      //送 IOB 口显示
JMP L_Wait;
//中断程序//
.TEXT
//切换到 TEXT 段,TEXT 段用于存放程序指令,链接时链接到第 1 个 bank,即零页 ROM 中
.PUBLIC _IRQ3
_IRQ3:
PUSH R1,R5 TO [SP];
R1 = [P_INT_Ctrl]
R1 = 0x0080;                            //按键唤醒中断
TEST R1,[P_INT_Ctrl]
JZ return
R1 = [P_IOA_Data];                      //确定按键值
R1 = R1 and 0x00FF;
R2 = 0;
BP = KeyTable                           //查表换算成顺序值
```

```
LOOP:
R3 = [BP++]
CMP R1,R3
JE KeyValid
R2 += 1;
CMP R2,8
JBE LOOP
R2 = 0
KeyValid:
[KeyCode] = r2;                     //存有效键码
return:
R1 = 0x0380                         //清中断
[P_INT_Clear] = R1
POP R1,R5 FROM [SP];
RETI;
.END
```

程序说明：

μ'nSP 具有 22 位地址线，可以寻址 4M 字的存储器容量。4M 字的存储器分为 64 个 bank，每个 bank 有 64K 字的存储容量。就 SPCE061A 来讲，由于 SPCE061A 具有 32K 字的 Flash，所以它只有一个零页的 bank。

DATA 段用于存放程序中的数据，DATA 段可以跨 bank 链接。链接时，不同文件（一个工程可以包含几个源程序文件）中所有与其同名或同属性的各段会被分开置入 ROM 地址中，而同一文件中所有与 DATA 同名或同属性的各段会被合并在一起置入 ROM 地址中。该例将显示数据表 DispTable 和键盘表 KeyTable 都定义在 DATA 段。

CODE 段用于存放程序指令和数据，不可以跨 bank 链接。链接时，不同文件中所有与其同名或同属性的各段会被分开置入 ROM 地址中，而同一文件中所有与 DATA 同名或同属性的各段会被合并在一起置入 ROM 地址中。例子中的程序代码都写在 CODE 段。

TEXT 段与 CODE 段的性质基本相同，唯一的区别是它只能被链接到第 1 个 bank 即零页的程序存储空间中，且所有与其同名或同属性的各段均会被合并在一起而被定位到此。当 CPU 时钟频率达最高时，零页 ROM 的访问速度为 3 个 CPU 时钟周期，非零页的访问速度为 6 个机器周期；在其他 CPU 时钟频率下，零页与非零页的访问速度均为 6 个机器周期。当 CPU 时钟频率达最高时，零页的访问速度快，所以将中断处理程序写在 TEXT 段。

[例 3] μ'nSP 的汇编指令包含 4 种数据类型：DW、DD、FLOAT 和 DOUBLE 型，该例比较它们的用法和区别。

```
.IRAM
Label1: .DW 12.3456789
```

```
Label2：.DD 12.3456789
Label3：.FLOAT 12.3456789
Label4：.DOUBLE 12.3456789
Label5：.DW 0
Label6：.DD 0
Label7：.FLOAT 0
Label8：.DOUBLE 0
.CODE
.PUBLIC _main;
_main:
R1 = 0x5555;
BP = Label5
[BP] = R1
BP = Label6
[BP] = R1
BP = Label7
[BP] = R1
BP = Label8
[BP] = R1
L_Wait:
JMP L_Wait;
```

程序说明：

① 用DW定义的变量以16位整型数据的形式来存储。整型变量可以是多种类型的操作数，需用逗号(,)将多个数值分开；若存储的变量值中含有ASCII字符串，则必须用引号("")将其括起来。如果.DW后面未输入任何数值，则自动存入一个整型零值。例子中Label1、Label5定义为DW类型，将Label1初始化为12.3456789时，只保留整数部分12(如图3.7所示)。向Label5送0x5555时，Label5单元存入0x5555。

② 用DD定义的变量以32位长整型数据的形式存储。存放的变量可以以任何一种数制格式输入，但最终由汇编器将其转换成十六进制格式存放。

例子中Label2、Label6定义为DD类型，将Label2初始化为12.3456789时，只保留整数部分12，扩展成32位0x0000000C存储，占用Label2、Label2+1两个单元，如图3.7所示。向Label6送0x5555时，Label6单元存入0x5555，Label6+1存入0x0000。

③ 用FLOAT定义的变量以单精度浮点型实数数据形式来存储。本伪指令用来把实数变量的值转换成以IEEE格式表示的单精度浮点型数据并存储。所谓单精度浮点型实数是指数的精度保证6位有效位。若超过6位，则对第7位进行入舍处理，其后所有位均会被舍去。

例子中Label3、Label7定义为FLOAT类型，将Label3初始化为12.3456789时，只保留

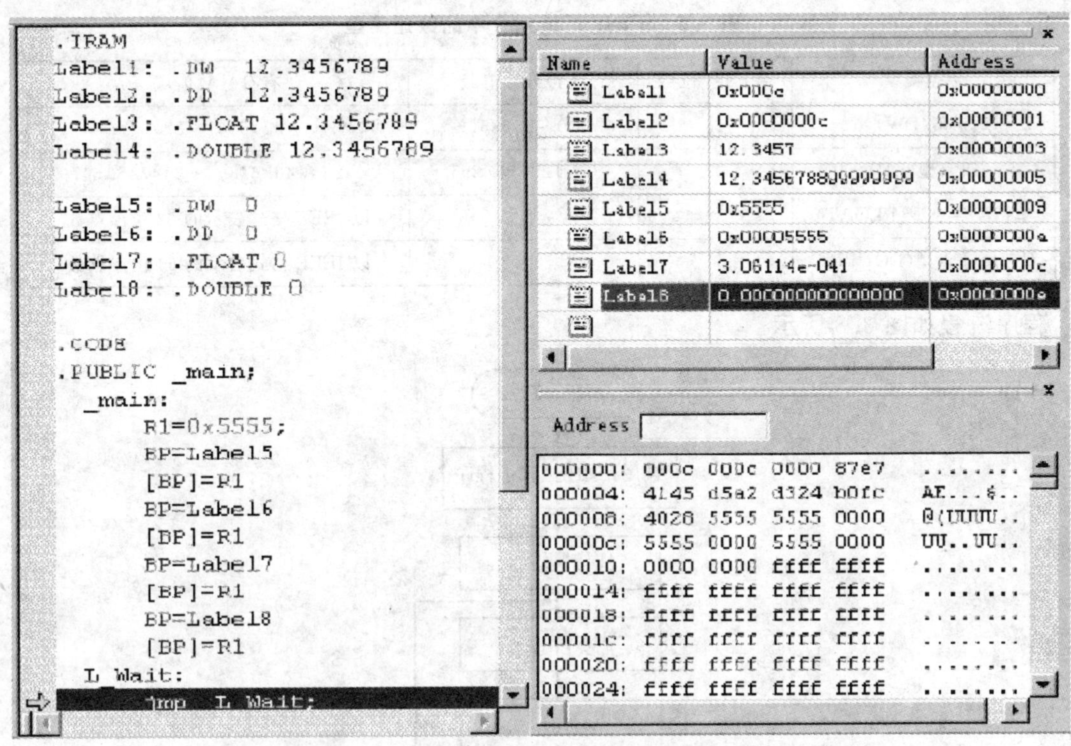

图 3.7　各存储单元的分配图

6 位有效位，对第 7 位进行四舍五入，得到 12.3457，并以 IEEE 格式表示的单精度浮点型数据存储，见图 3.7 的 0x00000003、0x00000004 两个地址单元。对变量的操作也应该符合 IEEE 格式，比如 Label7 送 0x5555 时，Label7 单元存入 0x5555，Label7＋1 单元存入 0x0000，但不符合 IEEE 格式。

④ 用 DOUBLE 定义的变量以双精度浮点型实数数据的形式存储。把实数变量的值转换成以 IEEE 格式表示的双精度浮点型数据并存储，本伪指令存储的变量必须是实数。

例子中 Label4、Label8 定义为 DOUBLE 类型，将 Label4 初始化为 12.3456789 时，以 IEEE 格式表示的双精度浮点型数据存储，见图 3.7 的 0x00000005、0x00000006、0x00000007、0x00000008 这 4 个地址单元。对常量的操作也应该符合 IEEE 格式，比如 Label8 送 0x5555 时，Label8 单元存入 0x5555，Label8＋1、Label8＋2、Label8＋3 单元存入 0x0000，但不符合 IEEE 格式，见图 3.7 的 0x0000000E、0x0000000F、0x00000010、0x00000011 这 4 个地址单元。

DW、DD、FLOAT 和 DOUBLE 这 4 种数据类型的字长和值域见表 3.5。

[例 4]　该例介绍文件包含伪指令 INCLUDE；赋值伪指令 DEFINE；条件汇编伪指令 IF、ELSE、ENDIF；宏 MACRO、ENDM；过程伪指令 PROC、ENDP 的用法。

表 3.5 μ'nSP 汇编指令中的数据类型

数据类型	字长度/位数	无符号数值域	有符号数值域
字型(DW)	16	0～65 535	－32 768～＋32 767
双字型(DD)	32	0～4 294 967 295	－2 147 483 648～＋2 147 483 647
单精度浮点型(FLOAT)	32	无	以 IEEE 格式表示的 32 位浮点数
双精度浮点型(DOUBLE)	64	无	以 IEEE 格式表示的 64 位浮点数

程序流程如图 3.8 所示。

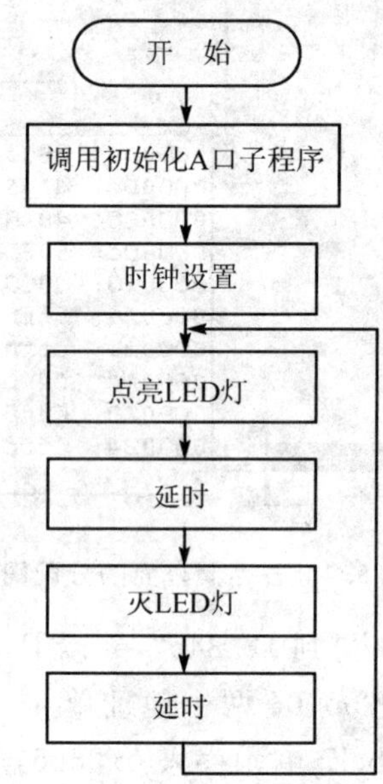

图 3.8　主程序流程图

```
//A 口的 IOA0 - IOA7 接 LED(低电平点亮 LED)
.INCLUDE Hardware.inc;                    //将 Hardware.inc 文件包含进来
//.DEFINE FoscCLK 0x20;                   //Fosc = 20.480 MHz 为 FoscCLK 赋值
.DEFINE FoscCLK 0x00;                     //Fosc = 24.576 MHz 为 FoscCLK 赋值
.IF FoscCLK == 0x20;                      //条件汇编
.DEFINE CPUCLK 0x00;                      //CPUClk 选 Fosc
.ELSE
.DEFINE CPUCLK 0x02;                      //CPUClk 选 Fosc/4
.ENDIF                                    //结束条件汇编
Delay: .MACRO TIM                         //宏定义,有一个宏参数 TIM
R3 = TIM;
```

```
DelayLoop1#:
//隐含标号,程序编译时会将宏展开,为了避免标号重复定义,必须使用隐含标号
R4 = 0xFFFF;
DelayLoop2#:                        //隐含标号
R4 - = 1;
JNZ DelayLoop2#;
R3 - = 1;
JNZ DelayLoop1#;
.ENDM                               //结束宏定义
.CODE
.PUBLIC _main
_main:
CALL Init_IO;                       //调用过程
R1 = FoscCLK;                       //Fosc
R1| = CPUCLK;                       //CPUClk
[P_SystemClock] = R1;               //系统时钟选择设置
MainLoop:
R1 = 0x00FF;                        //LED 灭(输出低电平亮)
[P_IOA_Data] = R1;
Delay 5;                            //宏调用,用实参 5 代替宏定义中的 TIM
R1 = 0x00;                          //LED 亮
[P_IOA_Data] = R1;
Delay 18;                           //宏调用,用实参 18 代替宏定义中的 TIM
JMP MainLoop;
Init_IO: .PROC                      //过程定义
R1 = 0x00FF;
[P_IOA_Dir] = R1;                   //设置 IOA0～IOA7 为同相低电平输出
[P_IOA_Attrib] = R1;
R1 = 0;
[P_IOA_Data] = R1;
RETF;
.ENDP                               //结束过程定义
```

程序说明:

INCLUDE filename 伪指令用来通知汇编器把指定的文件包含在程序文件中一起进行汇编。其中,参量 filename 为要指定文件名(含扩展名),且可指明搜索文件所需的路径。例子中将 Hardware.inc 文件包含进来(路径由工程中的 DIRECTORIES 指定,如果没有指定,则在当前目录下查找)。

第4章

程序设计与集成开发环境

μ'nSP 单片机的汇编指令针对 C 语言进行了优化，所以其汇编的指令格式很多地方类似于 C 语言；其开发仿真环境 IDE 也直接提供了 C 语言的开发环境，C 函数和汇编函数可以方便地进行相互调用。另外，还介绍了 μ'nSP 集成开发环境以及程序的编辑、编译、链接、调试以及仿真等内容。

4.1 程序设计

4.1.1 μ'nSP IDE 的项目组织结构

项目提供用户程序及资源文档的编辑和管理，并提供各项环境要素的设置途径。因此，用户从编程到调程之前实际上都是围绕着项目操作。μ'nSP IDE 的项目文件管理的组织结构如图 4.1 所示。

新建项目包括 3 类文件：源文件(Source files)、头文件(Head files)和用来存放文档或项目说明的文件(External Dependencies)，其组织结构如表 4.1 所列。

表 4.1 μ'nSP IDE 新建项目的结果

自动生成文件			File 视窗建立元组	
名　称	文件名或扩展名	包含信息	Source Files	用于存放源文件，经编译生成扩展名为 obj 的目标文件
项目文件	.scs	当前项目中源文件的信息	Head Files	用于存放头文件，通常是一些要包含在源文件中的接口
资源文件	.rc	当前项目中资源文件的信息		
资源表[注]	Resource.asm		External Dependencies	用来存放文档记录或项目说明等文件

续表 4.1

自动生成文件			File 视窗建立元组	
名　称	文件名或扩展名	包含信息	Source Files	用于存放源文件，经编译生成扩展名为 obj 的目标文件
资源表头文件	Resource. inc		Resource 视窗建立 Resource 元组	
MAKE 文件	Makefile	当前项目中重新编辑的文件信息	用来存放项目的资源文件	

注：μ'nSP IDE 根据 Resource 视窗里的资源树结构建立起一个资源表，而此资源树的结构可通过用鼠标对各资源文件名的拖拽来改变。

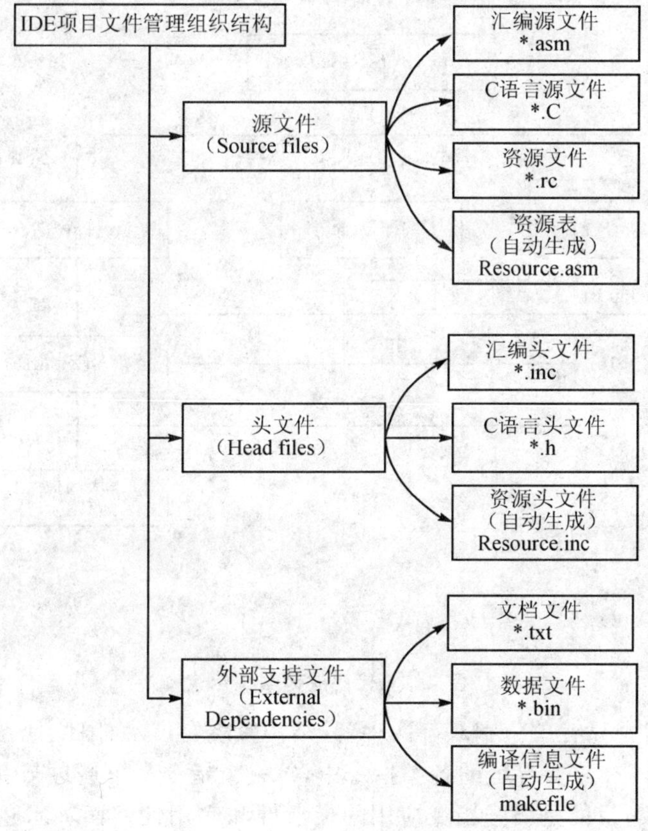

图 4.1　IDE 项目文件管理的组织结构

这里从编写调试代码的角度来看，需要反复提出的有如下一些重要的设置：

① 路径的设置：选择 tools→option→Directiories 菜单项，可以进行路径的设置。当项目中的文件或函数库不与项目文件在同一个目录时，需要对此进行设置。

② 链接库函数的加载：选择 Project→Setting→Link 菜单项，可以加载应用函数库。例如，在语音应用时，需要加载凌阳音频算法库 SACM25. lib。

μ'nSP IDE 开发系统提供了 SPCE061A 寄存器定义的汇编头文件 hardware. inc 以及 C 语言的头文件 hardware. h，对芯片设置时，需要将这些头文件加入项目中。在凌阳的语音算法函数库中所提供的 API 函数也用到 hardware. asm 中的函数。

4.1.2 汇编语言程序设计

C 语言编译器 gcc 把 C 语言代码编译为汇编代码。汇编编译器 Xasm16 把汇编代码编译成为目标文件。链接器将目标文件、库函数模块、资源文件连接为整体，形成一个可在芯片上运行的可执行文件。这样的一个代码流动过程如图 4.2 所示。

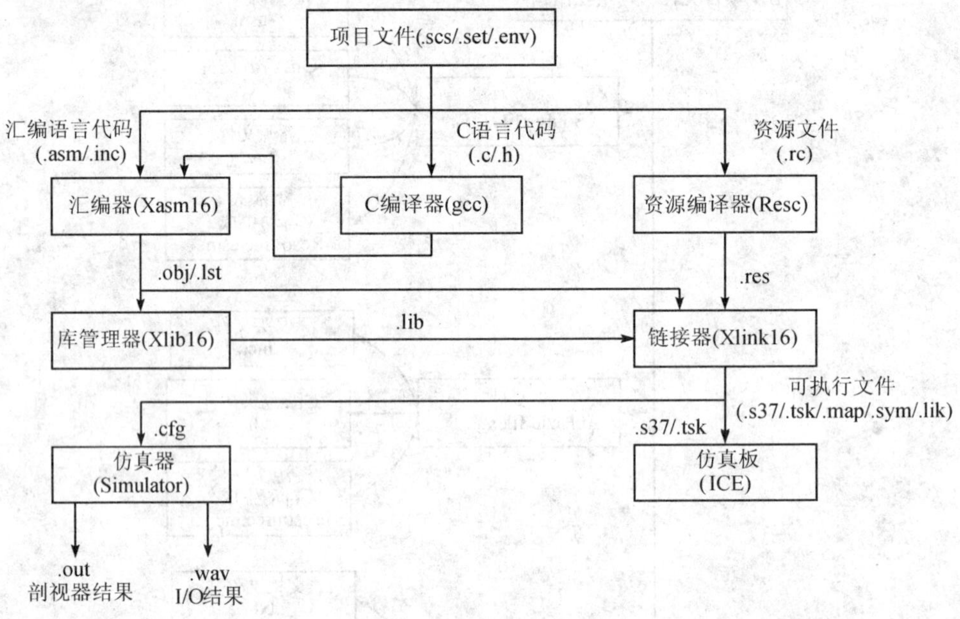

图 4.2 代码流动结构示意

μ'nSP 的汇编指令只有单字和双字两种，其结构紧凑，且最大限度地考虑了对高级语言中 C 语言的支持。另外，在需要寻址的各类指令中，每一个指令都可通过与 6 种寻址方式的组合而形成一个指令子集，目的是增强指令应用的灵活性和实用性。而算术逻辑运算类指令中的 16 位×16 位的乘法运算指令(Mul)和内积运算指令(Muls)，又提供了对数字信号处理应用的支持。此外，复合式的“移位算术逻辑操作”指令允许操作数在经过 ALU 的算术逻辑操作前可先由移位器进行各种移位处理，然后再经 ALU 的算术逻辑运算操作。灵活、高效是 μ'nSP 指令系统的显著特点。

4.1.3 一个简单的汇编代码

IDE 开发环境中提供的一个 1～100 累加的范例程序如下：

```
//*************************************************************/
// 名称：4_1
// 描述：计算 1～100 累加值
// 日期：2002/12/10
.RAM // 定义预定义 RAM 段
.VAR I_Sum; // 定义变量
.CODE //定义代码段
// 函数：main()
// 描述：主函数
//==============================================================
.PUBLIC _main;                      //对 main 程序段声明
_main:                              //主程序开始
R1 = 0x0001;                        //r1 = [1..100]
R2 = 0x0000;                        //寄存器清零
L_SumLoop:
R2 + = R1;                          //累计值存到寄存器 r2
R1 + = 1;                           //下一个数值
CMP R1,100;                         //判断是否加到 100
JNA L_SumLoop;                      //如果 r1 <= 100 跳到 L_SumLoop
[I_Sum] = R2;                       //在 I_Sum 中保存最终结果
L_ProgramEndLoop:                   //程序死循环
JMP L_ProgramEndLoop;
//*************************************************************/
// main.c 结束
//*************************************************************/
```

在此程序中，可以看到：

① 汇编必须有一个主函数的标号“_main”，而且必须声明此“_main”为全局型标号“.PUBLIC _main”。

② 程序代码没有定义实际的物理地址，而是以伪指令“.CODE”声明；此程序代码可以定位在任何一个程序存储区内。汇编代码在程序存储区中的定位则由 IDE 负责管理。

③ 程序用伪指令“.RAM”在数据存储区内声明了一个变量 R_Sum；我们无需关心 R_Sum 的实际物理地址，IDE 负责安排和管理数据变量在数据存储区的地址安排。

④ 变量名 R_Sum 实际上代表了变量的地址；在汇编中对变量进行读/写操作时，需要用[R_Sum]来表示变量中的实际内容。

下面将详细介绍汇编语言的编程方法。

4.1.4 汇编的语法格式

汇编指令就像是语言中的单词，这些单词是能让 μ'nSP 汇编器识别的汇编语言，并由此被编译成 CPU 所能识别和执行的机器码。很简单，μ'nSP 的汇编指令编写程序需按一定的语法规则和格式进行。

1. 数制、数据类型与参数

μ'nSP 的汇编器将十进制作为默认数制。十六进制数可用符号"0x"或"$"作为前缀，或用符号"H"作为后缀；其他数制的后缀见表 4.2。

表 4.2 μ'nSP 的数制及其后缀规定

数 制	后 缀	数 制	后 缀
二进制	B	十六进制	H
八进制	O 或 Q	ASCII 字符串	用双引号或单引号括起，如"5"或'5'
十进制	D 或不写		

μ'nSP 汇编指令中所用的基本数据类型为字型，在此基础之上发展的一些数据类型与字型一起列在表 4.3 中。

表 4.3 μ'nSP 汇编指令中的数据类型

数据类型	字长度/位数	无符号数值域	有符号数值域
字型(DW)	16	0～65 535	－32 768～＋32 767
双字型(DD)	32	0～4 294 967 295	－2 147 483 648～＋2 147 483 647
单精度浮点型(FLOAT)	32	无	以 IEEE 格式表示的 32 位浮点数
双精度浮点型(DOUBLE)	64	无	以 IEEE 格式表示的 64 位浮点数

汇编指令中的参数可以是常数或表达式。常数参数有数值型和字符串型两种。数值型参数将按当前数值的数制进行处理(默认为十进制)。如果用户强调参数用某种数制，则必须给数值加必要的前缀或后缀来表示清楚。

2. 连接运算符及其优先次序

在 μ'nSP 的汇编指令中可用一些运算符来连接常量数值，或者用一些修饰符对常量数值进行修饰，以便灵活编程以及 μ'nSP 汇编器的辨认或操作。表 4.4 列出了这些运算符或修饰符。

表 4.4 μ'nSP 汇编指令中的连接运算符及修饰符

运算符、修饰符	操作内容描述
!,&&,||	逻辑"非",逻辑"与",逻辑"或"
^或 XOR,& 或 AND,|或 OR	按位"非",按位"与",按位"或"
+、-	(一元操作修饰符)任意指定一个正、负操作数或表达式
*、/、+、-	无符号数乘法、除法、加法、减法
>>、<<①	把移位操作符前的数值或表达式向右、左移位;右移时最高位用 0 填充,左移时最低位用 0 填充
==,!=,>,<,>=,<=②	等于、不等于、大于、小于、大于等于、小于等于
IM6、A6 SEG、OFFSET②	(一元修饰符)引入一个 6 位(第 0~5 位)的数字表达式、地址表达式,引入22 位地址表达式中的 6 位(第 16~21 位)、16 位(第 0~15 位)常量数值,用来修饰一个可再分配的地址值的页域或偏移量域

注:① 移位操作符(>>、<<)后的数值表示的是移位位数。

② 修饰操作必须用空格起始及结束。修饰符与芯片的地址容量有关。

表 4.4 中的连接运算符必须依照约定的优先次序操作。表 4.5 列出了此优先次序,同一行运算符具有相同的优先次序。约定的优先次序可以用圆括弧强制改变。

表 4.5 运算符的优先次序

优先级别	运算符
最高 ↓ 最低	'!' '-','+'//一元操作符,用来指定正操作数和负操作数 '%','/','*' '-','+'//减/加符号 '>>','<<' '<','<=','>','>=' '!=','==' '^'或者'xor','&'或者'and','|'或者'or' '||','&&'

3. 地址表达式与标号

修饰符 SEG 与 OFFSET 常常应用在计算表的地址,例如,有如下一张 1~10 的平方表:

```
.CODE
Square_Table:
.DW 1,4,9,16,25,36,49,64,81,100
```

在编译链接过程中，链接器自动将以上 10 个数据放在程序存储区内，并且 Square_Table 就代表了此 10 个连续数据的起始 22 位的起始地址。那么 SEG Square_Table 就代表了 22 位地址的高 6 位，而 OFFSET Square_Table 则代表了 22 位地址的低 16 位。

SPCE061A 只有 32K 字的程序存储空间，所以其高 6 位的地址一定为 0。如果上面的 1～10的平方表应用在 SPCE061A 中，那么常量 Square_Table 与常量 OFFSET Square_Table 的值是相等的。

要想通过标号得到一段程序代码或表的实际物理地址，往往需要 SEG 和 OFFSET 这样的修饰符。

μ'nSP 汇编语言程序中所有标号的定义都是字母大小写区分的。全局标号原则上可以由任意数量的字母和数字字符组成，但只有前 32 位是有效的；它可以写在文件中的任何一列上，但必须以字母字符或下划线(_)开头，且标号名后须以冒号(：)来结束。

4. 程序注释与符号规定

程序注释行必须用双斜线(//)或分号(；)起始，可与程序指令在同一行、跟在指令后、指令的前一行或后一行。

μ'nSP 的汇编器规定伪指令不必区分字母的大小写，即书写伪指令时既可全用大写，也可全用小写，甚至可以大小写混用。但所有定义的标号包括宏名、结构名、结构变量名、段名及程序名则一律区分字母的大小写。

4.1.5 汇编语言的程序结构

程序最基本的结构形式有顺序、循环、分支、子程序 4 种结构。顺序结构不作讨论，这里从分支、循环、子程序出发，向读者介绍嵌套递归与中断程序的设计方法。

1. 分支程序设计

分支结构可分为双分支结构和多分支结构两种，如图 4.3 所示。在程序体中，根据不同的条件执行不同的动作，在某一确定的条件下，只能执行多个分支中的一个分支。

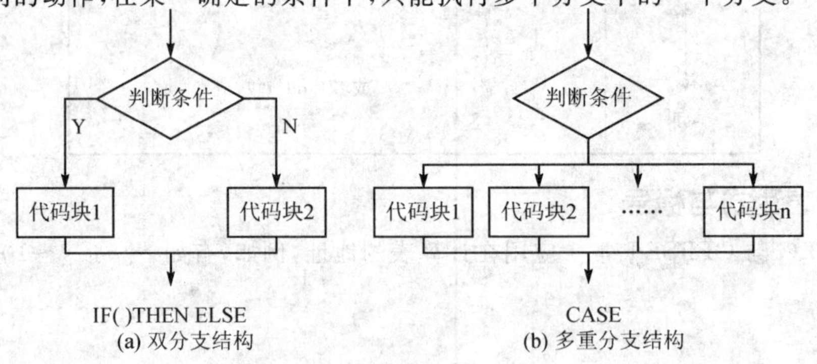

图 4.3 分支结构的两种形式

高级语言提供了 if…else 或 switch…case…case 的语句，使得分支结构的层次清晰，分支路径明确。然而在汇编语言中，只能依靠跳转语句实现这样的结构，那么遵循这单入口单出口的程序设计方法，显得尤其重要。图 4.4 表示一个两分支结构的汇编语言实现方式，图 4.5 给出了汇编语言实现多重分支的一种方式。

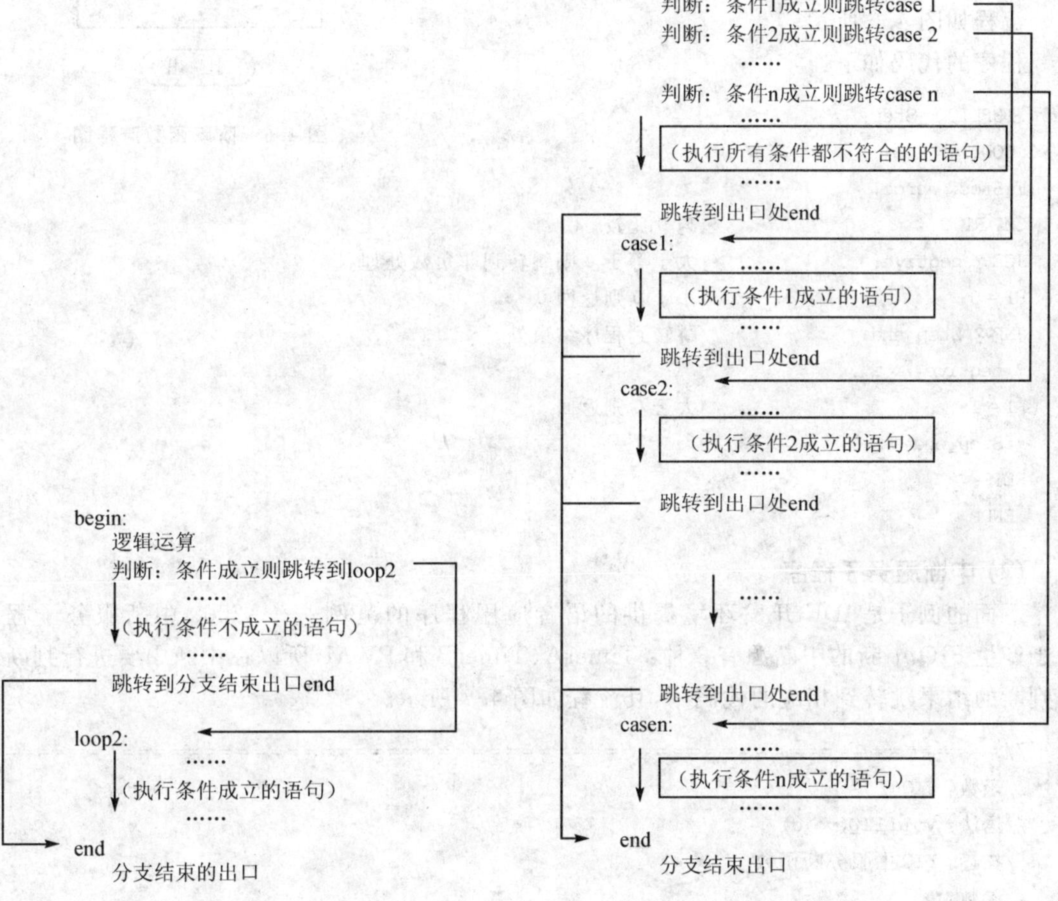

图 4.4　汇编语言实现分两分支路径的方式

图 4.5　汇编语言多重分支方式

在实际的程序开发过程中，我们不仅仅追求功能的实现，还要保证代码的稳定性、通用性、可读性等。汇编语言不具备高级语言的指令，所以在代码编写的过程中尽量使得结构清晰，功能明确。

下面用相应的例子来详细说明这两种分支结构。

(1) 阶跃函数

说明：这是一个典型的双分支结构，输入值大于等于0时返回1，输入值小于0时返回0。

入口参数：R1(有符号数)

出口参数：R1

子程序名：F_Step

流程如图4.6所示。

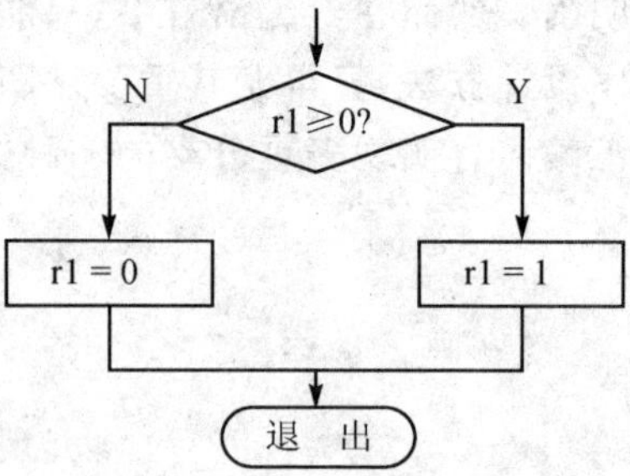

程序的代码如下：

图4.6 阶跃函数流程图

```
.PUBLIC F_Step;
.CODE
F_Step: .proc
CMP R1,0;                    //与0比较
JGE ? negtive;               //大于等于0则跳转到非负数处理
R1 = 0;                      //小于0则返回0
JMP ? Step_end;              //跳转到程序结束处
? negtive:
R1 = 1;                      //大于0则返回1
? Step_end:
RETF;
.ENDP
```

(2) 中断服务子程序

下面的例子是IDE开发环境提供的语音应用程序的范例——A2000中断服务子程序。由于产生FIQ中断的中断源有3种：TimerA、TimerB和PWM，所以在中断中要进行判断，根据判断的结果跳转到相应的代码中，其流程如图4.7所示。

```
//=================================================================
//函数：FIQ()
//语法：void FIQ(void)
//描述：FIQ中服务断函数
//参数：无
//返回：无
//=================================================================
.PUBLIC _FIQ;
_FIQ:
PUSH R1,R4 TO [sp];
R1 = 0x2000;
TEST R1,[P_INT_Ctrl];
```

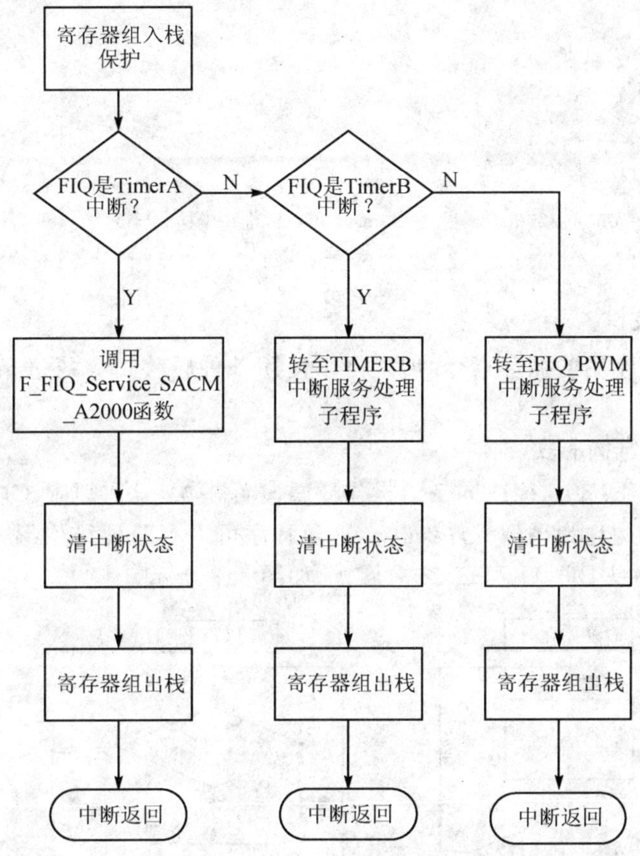

图 4.7　A2000 中断服务程序中采用的分支结构的程序设计

```
JNZ L_FIQ_TimerA;
R1 = 0x0800;
TEST R1,[P_INT_Ctrl];
JNZ L_FIQ_TimerB;
L_FIQ_PWM:
R1 = C_FIQ_PWM;
[P_INT_Clear] = R1;
POP R1,R4 from[sp];
RETI;
L_FIQ_TimerA:
[P_INT_Clear] = R1;
CALL F_FIQ_Service_SACM_A2000;      //调用 A2000 中断服务函数
POP R1,R4 FROM [sp];
```

```
RETI;
L_FIQ_TimerB:
[P_INT_Clear] = R1;
POP R1,R4 FROM [sp];
RETI;
//*****************************************************************/
void F_FIQ_Service_SACM_A2000(); 来自 sacmv25.lib 的 API 接口函数
//*****************************************************************/
```

2. 循环程序设计

汇编语言中没有专用的循环指令，但是可以使用条件转移指令通过条件判断来控制循环是继续还是结束。

(1) 循环程序的结构形式

在一些实际应用系统中，往往同一组操作要重复许多次，这种强制 CPU 多次重复执行一串指令的基本程序结构称为循环程序结构。循环程序可以有两种结构形式，一种是 WHILE_DO 结构形式，另一种是 DO_UNTIL 结构形式，如图 4.8 所示。

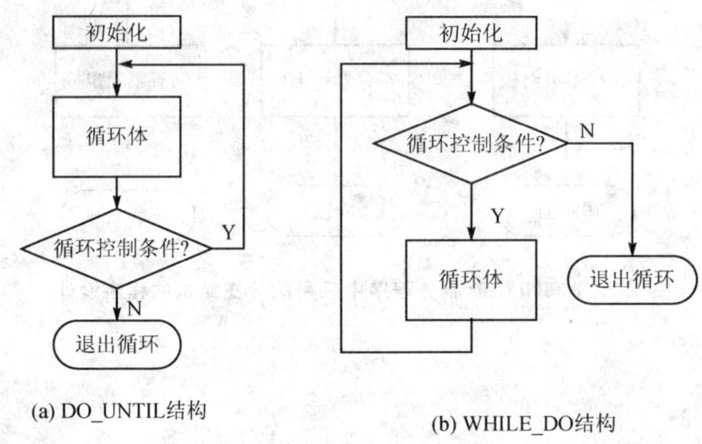

图 4.8 循环结构的两种方式

WHILE_DO 结构把对循环控制条件的判断放在循环的入口，先判断条件，满足条件就执行循环体；否则，退出循环。DO_UNTIL 结构则先执行循环体然后再判断条件，满足则继续执行循环操作，一旦不满足条件则退出循环。这两种结构可以根据具体情况选择使用。一般来说，如果有循环次数等于 0 的可能，则应选择 WHILE_DO 结构。不论哪一种结构形式，循环程序一般由 3 个主要部分组成：

① 初始化部分：为循环程序做准备，如规定循环次数、给各个变量和地址指针预置初值。

② 循环体：每次都要执行的程序段，是循环程序的实体，也是循环程序的主体。

③ 循环控制部分：这部分的作用是修改循环变量和控制变量，并判断循环是否结束，直到符合结束条件时，跳出循环为止。

下面是这两种循环结构的实例。

［**例 1**］ 数据搬运。

把内存中地址为 0x0000～0x0006 中的数据移到地址为 0x0010～0x0016 的内存中，流程如图 4.9 所示。

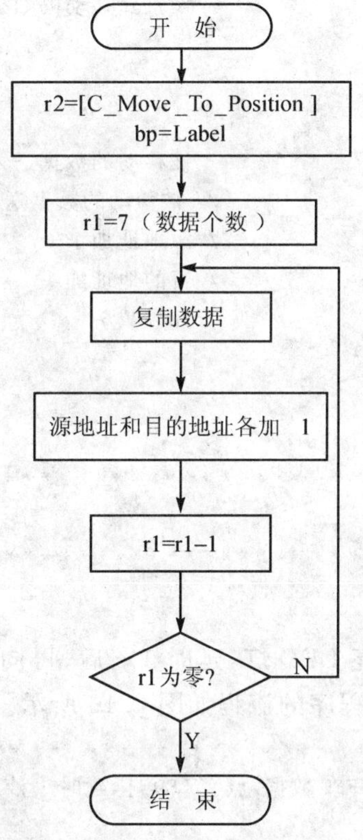

图 4.9 程序流程图

```
.//*****************************************************************/
// 描述：把内存中地址为 0x0000～0x0006 中的数据，移到地址为 0x0010～0x0016 中
// 日期：
//*****************************************************************/
.IRAM
Label:
.DW 0x0001,0x0002,0x0003,0x0004,0x0005,0x0006,0x0007;
.VAR C_Move_To_Position = 0x0010;          //定义起始地址；
```

```
.CODE
//================================================================
// 函数：main()
// 描述：主函数
//================================================================
.PUBLIC _main;
_main:
R1 = 7;                                    //设置要移动的数据的个数
R2 = [C_Move_To_Position];
BP = Label;
L_Loop:
R3 = [BP];                                 //被移动的数据送入 R3
[R2] = R3;                                 // 被移动的数据送往目的地址
BP + = 1;                                  //源地址加 1
R2 = R2 + 1;                               //目的地址加 1
R1 - = 1;                                  //计数减 1
JNZ L_Loop;
MainLoop:
jmp MainLoop;
//***************************************************************/
// main.c 结束
//***************************************************************/
```

[例 2] 延时程序。

向 B 口送 0xFFFF 数据，点亮 LED 灯，延时 1 s 后，再向 B 口送 0x0000 数据，熄灭 LED 灯。程序代码如下，其中，延时子程序的流程如图 4.10 所示。

```
//***************************************************************/
// 描述：延时程序，向 B 口送 0xFFFF 数据，点亮 LED 灯，延时 1 秒后，再向 B 口送 0x0000 数据
// 熄灭 LED 灯
// 日期：
//***************************************************************/
.DEFINE P_IOB_DATA 0x7005;
.DEFINE P_IOB_DIR 0x7007;
.DEFINE P_IOB_ATTRI 0x7008;
.CODE
//================================================================
// 函数：main()
// 描述：主函数
//================================================================
```

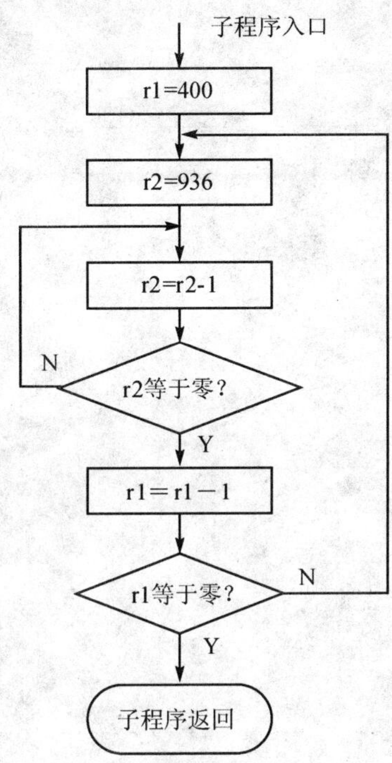

图 4.10　时间延时子程序流程图

```
.PUBLIC _main;
_main:
R1 = 0xFFFF;
[P_IOB_DIR] = R1;
[P_IOB_ATTRI] = R1;
R1 = 0x0000;
[P_IOB_DATA] = R1;              //设 B 口为同相的低电平输出
L_MainLoop:
R2 = 0xFFFF;
[P_IOB_DATA] = R2               //向 B 口送 0xFFFF;
CALL L_Delay;                   //调用 1 s 的延时子程序
R2 = 0x0000;
[P_IOB_DATA] = R2;              //向 B 口送 0x0000;
CALL L_Delay;                   //调用 1 s 的延时子程序
JMP L_MainLoop;
//==============================================================
//函数：L_Delay()
//语法：void L_Delay(int A,int B,int C)
```

```
//描述：延时子程序
//参数：无
//返回：无
//=============================================================
L_Delay：.PROC                //延时 1 s 的子程序
loop：
R1 = 200；
L_Loop1：
R2 = 1248；
nop；
nop；
L_Loop2：
R2 - = 1；
JNZ L_Loop2；
R1 - = 1；
JNZ L_Loop1；
RETF；
.ENDP
//************************************************************/
// main.c 结束
//************************************************************/
```

延时时间主要与两个因素有关：其一是循环体(内循环)中指令执行的时间；其二是外循环变量(时间常数)的设置。实际采用中断来延时，因为 SPCE061A 单片机有丰富的定时中断源，如 2 Hz、4 Hz、128 Hz 等。当然，一般的延时程序也可以采用指令延时；它是很方便的，在例 2 的延时程序中只要改变 r1 的值就可以很方便地改变延时时间，比如 r1=4，那么它的延时时间为 10 ms。

(2) 多重循环

多重循环是指在循环程序中嵌套有其他循环程序。多重循环程序设计的基本方法和单重循环程序设计是一致的，应分别考虑各重循环的控制条件及其程序实现，相互之间不能混淆。另外应该注意在每次通过外层循环再次进入内层循环时，初始化条件必须重新设置。多重循环体的结构如图 4.11 所示。

3. 子程序

在实际应用中，经常会遇到在同一程序中需要多次进行一些相同的计算和操作，如延时、算术运算等。如果每次使用时都再从头开始编写这些程序，则程序不仅繁琐，而且浪费内存空间，也给程序的调试增加难度。因此，可以采用子程序的概念，将一些重复使用的程序标准化，使之成为一个独立的程序段，需要时调用即可。我们就把这些程序段称作为子程序。

一般来说子程序的结构包括 3 个部分：① 子程序的定义声明和开始标号部分；② 子程序的实体内容部分，表明程序将进行怎样的操作；③ 子程序的结束标号部分。子程序的结构如图 4.12 所示。

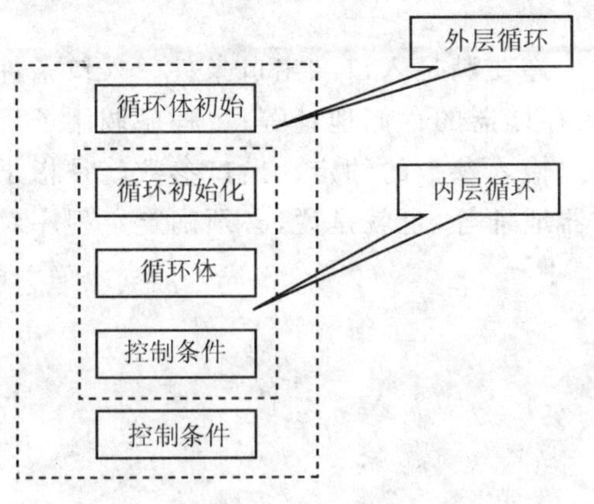

图 4.11　多重循环结构

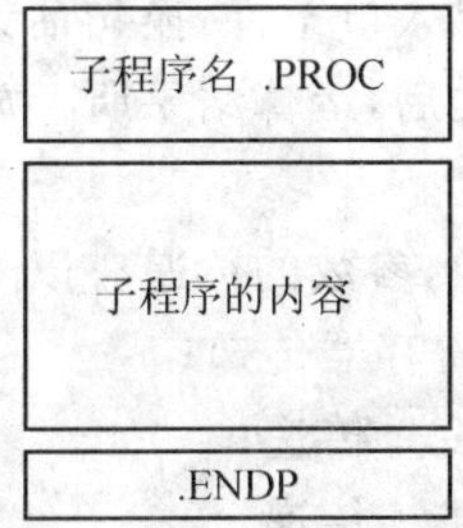

图 4.12　子程序结构

程序的调用包括主程序调用子程序，子程序调用子程序等。程序调用是通过调用指令 CALL 来实现的。程序执行过程中，当遇到调用子程序指令时，CPU 便会将下一条指令的地址压入堆栈暂时保护起来，然后转到被调用的子程序入口去执行子程序；当执行到 RETF 时返回，CPU 又将堆栈中的返回地址弹出送到 PC，继续执行原来的程序，其过程如图 4.13 所示。

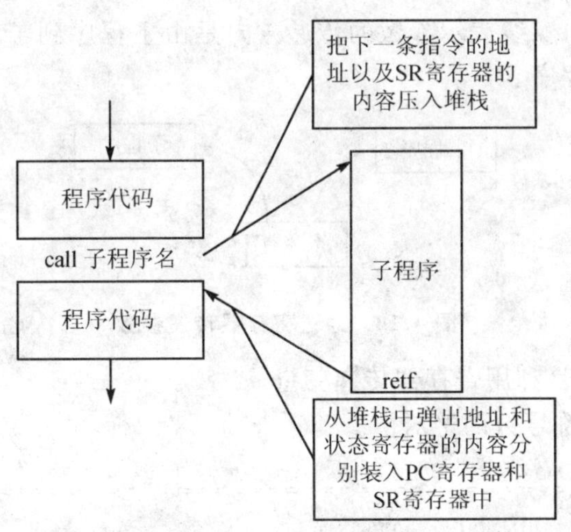

图 4.13　子程序调用过程

在程序调用过程中,需要注意到的问题是断点的现场保护。就是说,子程序将占用的资源是否与主程序冲突,子程序将会破坏什么寄存器的内容,这些寄存器是否是主程序持续使用的等。通常的做法是用堆栈对现场进行保护,在子程序开始就把子程序要破坏掉的寄存器的内容压栈保护,当子程序结束的时候,再弹栈恢复现场。

程序调用过程伴随着参数的传递,正确的参数传递要满足入口和出口条件。入口条件指执行子程序时所必需的有关寄存器内容或源程序的存储器的存储地址等;主程序调用子程序时必须先满足入口条件,换句话说就是满足子程序对输入参数的约定。出口参数就是指子程序执行完了之后,运算结果所存放的寄存器或存储器地址等,也就是说,必须确定主程序对输出参数的约定。

通常来说,参数的传递有以下几种情况:

① 通过寄存器传递;

② 通过变量传递;

③ 通过堆栈传递。

下面针对每一种情况进行具体讲解。

(1) 通过寄存器传递参数

寄存器传递参数是最常用的一种参数传递的方式。常用的传递参数的寄存器有4个,分别为R1～R4;在程序调用的过程中,寄存器中的值也会被带到被调用的子程序中供子程序使用。以主程序调用子程序为例,在调用子程序前,R1～R4这4个寄存器中可能暂存一些值,发生调用子程序以后,这些值仍被带到相应的子程序中继续参加子程序的运算;子程序运算结束后返回主程序,这些寄存器的新值也会被带到主程序中继续参加主程序的运算。这个过程也可以用图4.14来表示,实线表示参数的传递方向是由主程序到子程序,虚线表示参数的传递方向是由子程序到主程序。

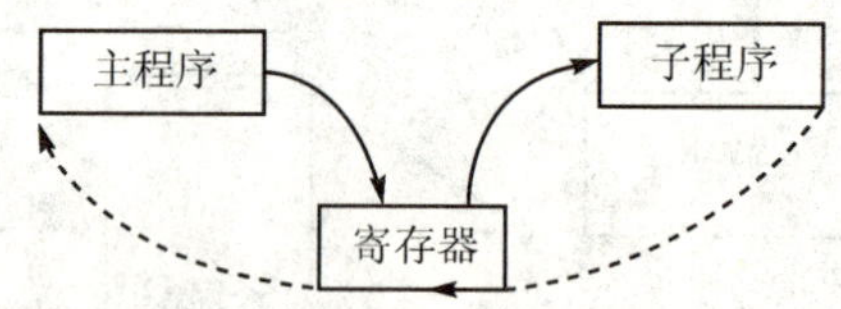

图4.14 通过寄存器传递参数

下面的范例程序,就是利用寄存器传递变量。

[**例3**] 求32位有符号数的绝对值。

```
//=========================================================
//函数：F_Abs_32()
//语法：void F_Abs_32(int A,int B)
//描述：求32位有符号数具对值
```

```
//参数：r3 有符号数低 16 位,r4 有符号数高 16 位
//返回：r1 绝对值结果的低 16 位,r2 绝对值结果的高 16 位
//===========================================================
.CODE
.PUBLIC F_Abs_32
F_Abs_32:
R1 = R3;                    //传送低 16 位
R2 = R4;                    //传送高 16 位
JMI ? neg;                  //如果为负则跳转到负数处理
RETF;                       //为正数则无需任何处理,返回
? neg:                      //负数处理
R1 ^= 0xFFFF;               //低 16 位取反
R2 ^= 0xFFFF;               //高 16 位取反
R1 + = 1;                   //低 16 位加 1
R2 + = 0,Carry;             //高 16 位加进位
RETF;
```

(2) 通过变量传递参数

通过变量进行的参数传递主要是通过全局型变量实现的。在汇编中,一个变量名就代表了一个实际寄存器的物理地址,可以直接对物理地址进行赋值和读取,但这种的方法会带来很多麻烦。用变量名代表一个实际的物理地址时就涉及某部分汇编代码是否认识该变量名的问题。

如果在某个汇编文件中定义了一个全局变量(.PUBLIC),那么此汇编文件中的所有汇编代码都能够使用这个变量。但是在其他的汇编文件中,仍不能直接使用这个变量。在这种情况下,需要在使用这个变量的汇编文件中将该变量声明成外部变量(.external),即可使用这个变量,同时该变量也起到了参数传递的作用。

传递过程如图 4.15 所示,实线表示参数的传递方向是由主程序到子程序,虚线表示参数的传递方向是由子程序到主程序。

(3) 通过堆栈传递参数

在 C 函数与汇编函数的相互调用过程中,主要通过堆栈来传递参数;而在函数返回时,则采用寄存器来传递返回值。主程序把要传递的参数压入堆栈,然后调用子程序;子程序从堆栈中寻找需要的参数进行处理。当子程序返回后,主程序需要进行弹栈处理,以恢复参数压入堆栈前的堆栈状态,如图 4.16 所示。事实上,IDE 开发环境中的 C 语言与汇编语言的相互调用,就是采用堆栈传递参数,寄存器返回参数的方式。SPCE061A 使用 BP 寄存器可以实现变址寻址方式,可以简洁地实现堆栈传递参数的过程。

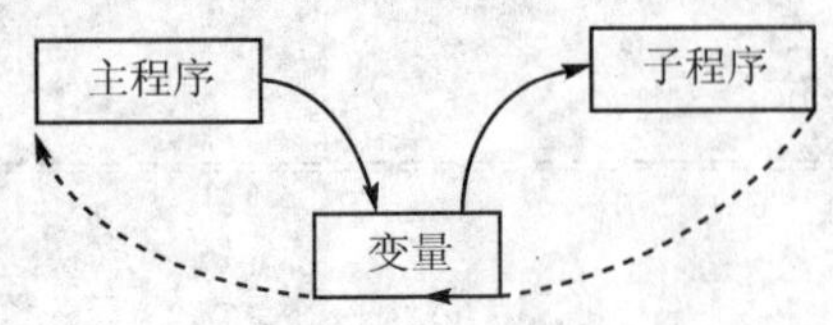

图 4.15 利用变量传递参数

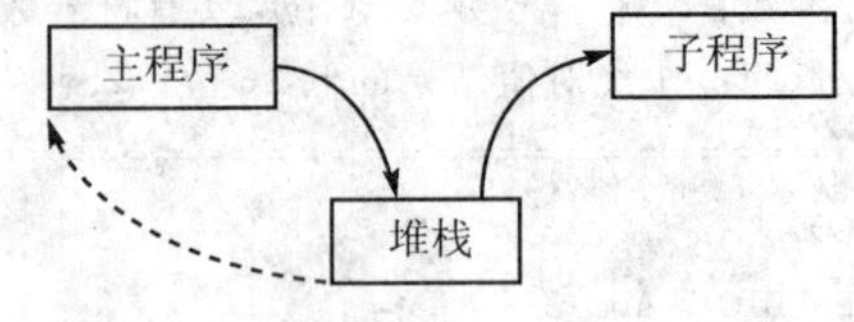

图 4.16 堆栈传递参数

4.2 C语言程序设计

是否具有对高级语言 HLL(High Level Language)的支持已成为衡量微控制器性能的标准之一。显然,在 HLL 平台上要比在汇编级上编程具有诸多优势:代码清晰易读,易维护,易形成模块化,便于重复使用从而增加代码的开发效率。

HLL 中又因 C 语言的可移植性最佳而成为首选。因此,支持 C 语言几乎是所有微控制器设计的一项基本要求。μ'nSP 指令结构的设计就着重考虑了对 C 语言的支持。

4.2.1 μ'nSP 支持的 C 语言算术逻辑操作符

在 μ'nSP 的指令系统算术逻辑操作符与 ANSI-C 算符大同小异,详见表 4.6。

表 4.6 μ'nSP 指令的算术逻辑操作符(#)

<table>
<tr><th>算术逻辑操作符</th><th>作 用</th></tr>
<tr><td>+、-、*、/、%</td><td>加、减、乘、除、求余运算</td></tr>
<tr><td>&&、||</td><td>逻辑“与”、“或”</td></tr>
<tr><td>&、|、^、<<、>></td><td>按位“与”、“或”、“异或”、左移、右移</td></tr>
<tr><td>>、≥、<、≤、==、!=</td><td>大于、大于或等于、小于、小于或等于、等于、不等于</td></tr>
<tr><td>=</td><td>赋值运算符</td></tr>
<tr><td>? :</td><td>条件运算符</td></tr>
<tr><td>,</td><td>逗号运算符</td></tr>
<tr><td>*、&</td><td>指针运算符</td></tr>
<tr><td>.</td><td>分量运算符</td></tr>
<tr><td>sizeof</td><td>求字节数运算符</td></tr>
<tr><td>[ ]</td><td>下标运算符</td></tr>
</table>

4.2.2 C语言支持的数据类型

μ'nSP 支持 ANSI－C 中使用的基本数据类型，如表 4.7 所列。

表 4.7 μ'nSP 对 ANSI－C 中基本数据类型的支持

数据类型	数据长度/位数	值 域
char	16	－32768～32767
short	16	－32768～32767
int	16	－32768～32767
long int	32	－2147483648～2147483647
unsigned char	32	0～65535
unsigned short	16	0～65535
unsigned int	16	0～65535
unsigned long int	32	0～4294967295
float	32	以 IEEE 格式表示的 32 位浮点数
double	64	以 IEEE 格式表示的 64 位浮点数

4.2.3 程序调用协议

由于 C 编译器产生的所有标号都以下划线(_)为前缀，因此，C 程序在调用汇编程序时要求汇编程序名也以下划线(_)为前缀。

模块代码间的调用遵循 μ'nSP 体系的调用协议(Calling Convention)。调用协议是指用于标准子程序之间一个模块与另一模块的通信约定，即使两个模块是以不同的语言编写而成也是如此。

调用协议是指这样一套法则：它使不同的子程序代码之间形成一种握手通信接口，并完成由一个子程序到另一个子程序的参数传递与控制，并定义出子程序调用、子程序返回值的常规规则。

调用协议包括以下一些相关要素：

① 调用子程序间的参数传递；

② 子程序返回值；

③ 调用子程序过程中所用堆栈；

④ 用于暂存数据的中间寄存器。

μ'nSP 体系的调用协议的内容如下：

1）参数传递

参数以相反的顺序(从右到左)被压入栈中。必要时,所有的参数都被转换成其在函数原型中被声明过的数据类型。但如果函数的调用发生在其声明之前,则传递在调用函数里的参数是不会进行任何数据类型转换的。

2）堆栈维护及排列

函数调用者应切忌在程序返回时调用程序压入栈中的参数弹出。

各参数和局部变量在堆栈中的排列如图 4.17 所示。

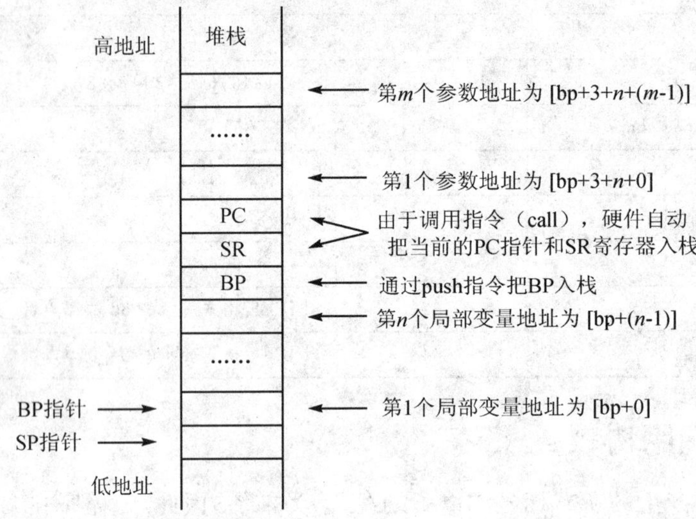

图 4.17　程序调用参数传递的堆栈调用

3）返回值

16 位的返回值存放在寄存器 R1 中。32 位的返回值存入寄存器对 R1、R2 中,其中,低字在 R1 中,高字在 R2 中。若要返回结构,则需在 R1 中存放一个指向结构的指针。

4）寄存器数据暂存方式

编译器会产生 prolog/epilog 过程动作来暂存或恢复 PC、SR 及 BP 寄存器。汇编器则通过 CALL 指令将 PC 和 SR 自动压入栈中,而通过 RETF 或 RETI 指令将其自动弹出栈来。

5）指　针

编译器认可的指针是 16 位的。函数的指针实际上并非指向函数的入口地址,而是一个段地址向量_function_entry;在该向量里由 2 个连续 word 的数据单元存放的值才是函数的入口地址。

1. 在 C 程序中调用汇编函数

在 C 中要调用一个汇编编写的函数,需要首先在 C 语言中声明此函数的函数原型;尽管不作声明也能通过编译并执行代码,但是会带来很多潜在的 bug。下面首先观察最简单的 C 调用汇编的堆栈过程。

[例 4] 无参数传递的 C 语言调用汇编函数。

```
//*************************************************************/
// 描述:无参数传递的C语言调用汇编函数
// 日期:
//*************************************************************/
void F_Sub_Asm(void); //声明要调用的函数的函数原型,此函数没有任何参数的传递
//=============================================================
// 函数:main()
// 描述:主函数
//=============================================================
int main(void){
while(1)
F_Sub_Asm();
return 0;
}
//*************************************************************/
//void F_Sub_Asm(void); 来自于 asm.asm。延时程序,无入口出口参数
// main.c 结束
//*************************************************************/
```

汇编函数如下:

```
//=============================================================
//函数:F_Sub_Asm()
//语法:void F_Sub_Asm(void)
//描述:延时程序
//参数:无
//返回:无
//=============================================================
.CODE
.PUBLIC _F_Sub_Asm
_F_Sub_Asm:
NOP;
RETF;
```

在 IDE 开发环境下运行可以看到调用过程堆栈变化十分简单,如图 4.18 所示。调用 F_Sub_Asm()前,BP 指向高地址 0x07FC,SP 指向低地址 0x07FB;调用 F_Sub_Asm()后,PC 断点(0x00008033)入栈。首先,0x8033 被压入高地址 0x07FB,SP 减 1,然后 0x0000 被压入低地

址 0x07FA,SP 减 1,此时 SP 指向 0x07F7 单元。现在,在 C 语言中常加入局部变量来观察调用过程。

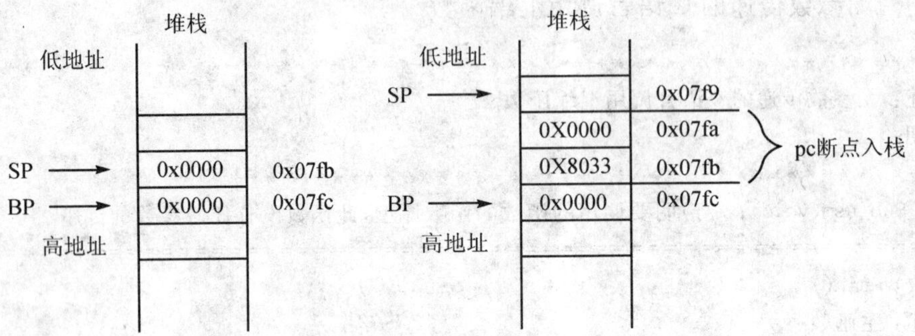

(a) 调用sub_asm前的堆栈情况　　(b) 调用sub_asm时堆栈发生的变化

图 4.18　最简单的程序调用的堆栈变化

[例 5]　C 语言中具有局部变量。

```
//**************************************************************/
// 描述：局部变量调用示意
// 日期：
//**************************************************************/
void F_F_Sub_Asm(void); //声明要调用的函数的函数原型,此函数没有任何参数的传递
//============================================================
// 函数：main()
// 描述：主函数
//============================================================
int main(){
int i = 1, j = 2, k = 3;
while(1){
F_F_Sub_Asm();
i = 0;
i + +;
j = 0;
j + +;
k = 0;
k + +;
}
return 0;
}
//**************************************************************/
```

```
// void F_F_Sub_Asm(void);来自于 asm.asm,延时子程序。无入口出口参数
// void F_Show(int A,int B);点亮 LED;A,LED 的位数(C_Dig),B,LED 的显示值
// main.c 结束
//*****************************************************************/
```

汇编函数如下：

```
.CODE
//===============================================================
//函数：F_F_Sub_Asm()
//语法：void F_F_Sub_Asm(void)
//描述：延时子程序
//参数：无
//返回：无
//===============================================================
.PUBLIC _F_F_Sub_Asm
_F_F_Sub_Asm:
NOP;
RETF;
```

图 4.19 中表示出了 C 语言中的局部变量(i,j,k)在堆栈中存放的位置。

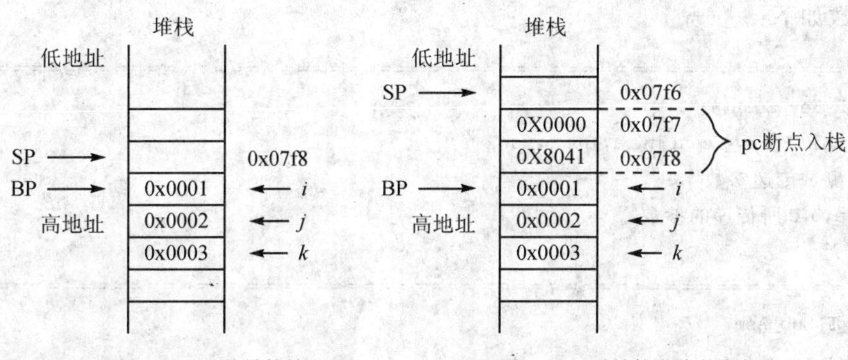

图 4.19 具有局部变量的 C 程序调用时的堆栈变化

[例 6] C 向汇编函数传递参数。

```
//*****************************************************************/
// 描述：C 向汇编函数传递参数
// 日期：
void F_Sub_Asm(int a,int b,int c); //声明要调用的函数的函数原型
```

```
//=============================================================
// 函数：main()
// 描述：主函数
//=============================================================
int main(){
int i = 1, j = 2, k = 3;
while(1){
F_Sub_Asm(i,j,k);
i = 0;
i + + ;
j = 0;
j + + ;
k = 0;
k + + ;
}
return 0;
}
//void F_Sub_Asm(int a,int b,int c); 来自于 asm.asm。测试传递参数,a,b,c 所传递的参数,无出口参数
// main.c 结束
```

汇编函数如下：

```
//=============================================================
//函数：F_Key_Scan()
//语法：void F_Key_Scan(int a,int b,int c)
//描述：测试传递参数
//参数：a,b,c 所传递的参数
//返回：无
//=============================================================
.PUBLIC _F_Sub_Asm
_F_Sub_Asm:
NOP;
RETF;;
```

C 语言环境中,利用堆栈进行参数传递的过程如图 4.20 所示。

通过以上 3 个例子,我们了解到 C 调用函数时是如何进行参数传递的。另外的一个问题就是关于函数的返回值是怎样实现的。函数的返回相对简单,在汇编子函数中返回时,寄存器 R1 里的内容就是此函数 16 位数据宽度的返回值。当要返回一个 32 位数据宽度的返回值时,则利用的是 R1 和 R2 里的内容,R1 为低 16 位内容,R2 为高 16 位的内容。下面的代码说明了这一过程。

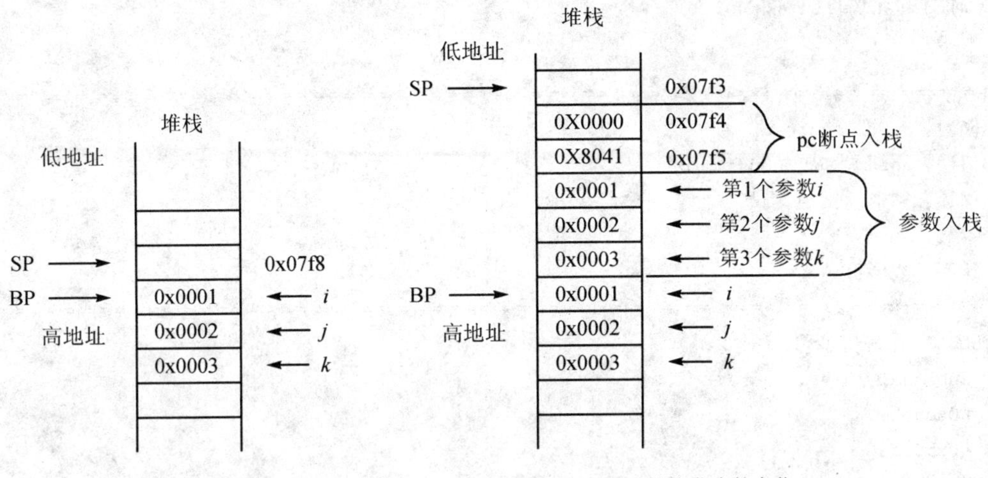

(a) 调用sub_asm前的堆栈情况　　(b) 调用sub_asm时堆栈发生的变化

图 4.20　利用堆栈的参数传递过程

[例 7]　函数的返回值。

```
// 描述：测试函数的返回值
// 日期：
int F_Sub_Asm1(void);           //声明要调用的函数的函数原型
long int F_Sub_Asm2(void);      //声明要调用的函数的函数原型
//==========================================================
// 函数：main()
// 描述：主函数
//==========================================================
int main(){
int i;
long int j;
while(1){
i = F_Sub_Asm1();
j = F_Sub_Asm2();
}
return 0;
}
//void F_Sub_Asm1(void); 来自于 asm.asm。此函数没有任何参数的传递,但返回整形值
//void F_Sub_Asm2(void); 来自于 asm.asm。此函数没有任何参数的传递,但返回一个长整型值
// main.c 结束
```

被调用的汇编代码如下：

```
.code
//==================================================================
//函数：F_Sub_Asm1()
//语法：void F_Sub_Asm1(void)
//描述：整形返回值测试
//参数：无
//返回：整形值
//==================================================================
.PUBLIC _F_Sub_Asm1
_F_Sub_Asm1:
R1 = 0xaabb;
R2 = 0x5555;
RETF;
//==================================================================
//函数：F_Sub_Asm2()
//语法：void F_Sub_Asm2(void)
//描述：长整型值返回值测试
//参数：无
//返回：一个长整型值
//==================================================================
.PUBLIC _F_Sub_Asm2
_F_Sub_Asm2:
R1 = 0xaabb;
R2 = 0xffcc;
RETF;
```

程序调用的结果是 i＝0xaabb;j＝0xffccaabb。

2. 在汇编程序中调用C函数

在汇编函数中要调用C语言的子函数,则应该根据C的函数原型所要求的参数类型,分别把参数压入堆栈再调用C函数。调用结束后还需进行弹栈,以恢复调用C函数前的堆栈指针。此过程很容易产生bug,所以要细心处理。下面的例子给出了汇编调用C函数的过程。

[例8] 汇编调用C的函数。

```
// 描述：汇编调用C的函数
// 日期：
.EXTERNAL _F_Sub_C
.CODE
.PUBLIC _main;
```

```
//=====================================================
// 函数：main()
// 描述：主函数
//=====================================================
_main:
R1 = 1;
PUSH R1 TO [SP];             //第 3 个参数入栈
R1 = 2;
PUSH R1 TO [SP];             //第 2 个参数入栈
R1 = 3;
PUSH R1 TO [SP];             //第 1 个参数入栈
CALL _F_Sub_C;
POP R1,R3 FROM [SP];         //弹出参数回复 SP 指针
GOTO _main;
RETF;
//void F_Sub_C(int i,int j,int k); 来自于 asm.c。延时程序,入口参数 i,j,k;返回 i
// main.asm 结束
```

C 语言子函数如下：

```
//=====================================================
//函数：F_Sub_C()
//语法：void F_Sub_C(int i,int j,int k)
//描述：延时程序
//参数：i,j,k
//返回：i
//=====================================================
int F_Sub_C(int i,int j,int k)
{
i++;
j++;
k++;
return i;
}
```

3. 编程举例

下面举一个 C 语言和汇编混合编程的例子。汇编中利用 2 Hz 中断进行计数,C 程序判断时间,在 IOA 口上以 2 s 的速率闪烁。

[例 9] C 语言与汇编混合编程举例。

```
// 描述：C 语言与汇编混合编程举例
```

```
// 日期
unsigned int TimeCount = 0;
//=====================================================================/
// 函数：main()
// 描述：主函数
//=====================================================================
int main()
{
TimeCount = 0;
F_InitIOA(0xFFFF,0xFFFF,0x0000);      //初始化 IOA 口
SystemInit();                         //系统初始化
while(1)
{
if(TimeCount<=4)
LightOff();                           //IOA 口 LED 熄灭
else if(TimeCount<=7)
LightOn();                            //IOA 口 LED 亮
else
TimeCount = 0;
}
}
// void SP_InitIOA(int A,int B,int C)；来自于 System.asm,IOA 初始化。A,方向向量单元
// B 数据单元,C 属性向量单元
// void SystemInit()；来自于 System.asm,IOA 初始化。无入口出口参数
// void LightOff()；来自于 System.asm。无入口出口参数
// void LightOff()；来自于 System.asm。无入口出口参数
// main.c 结束
//System.asm 汇编程序
.INCLUDE hardware.inc
.CODE
//函数：SystemInit()
//语法：void SystemInit(void)
//描述：系统初始化
//参数：无
//返回：无
.PUBLIC _SystemInit;                  //系统初始化
_SystemInit：.PROC
R1 = 0x0004                           //开 2Hz 中断
[P_INT_Ctrl] = R1
```

```
IRQ ON
RETF;
.ENDP;
//函数：F_InitIOA()
//语法：void F_InitIOA(void)
//描述：IO口初始化
//参数：无
//返回：无
.PUBLIC _F_InitIOA;                        //初始化 IOA 口
_F_InitIOA：.PROC
PUSH BP TO [SP];
BP = SP + 1;
R1 = [BP + 3];
[P_IOA_Dir] = R1;
R1 = [BP + 4];
[P_IOA_Attrib] = R1;
R1 = [BP + 5];
[P_IOA_Data] = R1;
POP BP FROM [SP];
RETF;
.ENDP;
//函数：LightOn()
//语法：void LightOn(void)
//描述：点亮 led
//参数：无
//返回：无
.PUBLIC _LightOn;                          //IOA 口 LED 点亮
_LightOn：.PROC
R1 =  0xFFFF;
[P_IOA_Data] = R1;
RETF;
.ENDP
//函数：LightOff()
//语法：void LightOff(void)
//描述：熄灭 led
//参数：无
//返回：无
.PUBLIC _LightOff;                         //IOA 口 LED 熄灭
_LightOff：.PROC
```

```
R1 = 0x0000;
[P_IOA_Data] = R1;
RETF;
.ENDP
//中断程序 ISR.ASM
.PUBLIC _IRQ5
.INCLUDE hardware.inc
.EXTERNAL _TimeCount;                    //计时
.TEXT
//函数：IRQ5()
//语法：void IRQ5(void)
//描述：IRQ5 中断服务程序
//参数：无
//返回：无
_IRQ5:
PUSH R1,R5 TO [SP]
R1 = 0x0008;
TEST R1,[P_INT_Ctrl];
JNZ L_IRQ5_4Hz;
L_IRQ5_2Hz:                              //2 Hz 中断
R1 = 0x0004
[P_INT_Clear] = R1;                      //清中断
R1 = [_TimeCount]                        //计数器 + 1
R1 + = 1
[_TimeCount] = R1
POP R1,R5 FROM [SP];
RETI;
L_IRQ5_4Hz:                              //4 Hz 中断
[P_INT_Clear] = R1;
POP R1,R5 FROM [SP];
RETI;
```

源程序共包含 C 主程序 main.c、汇编程序 System.asm、中断程序 ISR.ASM 这 3 个程序文件，完成硬件接口的子程序：系统初始化_SystemInit、初始化 IOA 口_F_InitIOA、IOA 口 LED 点亮_LightOn、IOA 口 LED 熄灭_LightOff、清看门狗_Clear_WatchDog 都定义为过程，写在 CODE 段，由 C 主程序调用；中断服务程序写在 TEXT 段。

4.2.4 利用嵌入式汇编实现对端口寄存器的操作

在 C 的嵌入式汇编中，使用端口寄存器名称时，需要在 C 文件中加入汇编的包含文件，如下所示：

asm("．include hardware. inc")；

那么，我们就可以使用端口寄存器的名称，而不必去使用端口的实际的地址。

(1) 写端口寄存器

现举例说明：若要设定 PortA 端口为输出端口，则需要对 P_IOA_Dir 赋值 0xFFFF，那么在 C 中的嵌入式汇编的实现方式如下(C 语言中有一个 int 型变量 i 传到 P_IOA_Dir 中)：

```
….
asm(".include hareware.inc");
….
int main(void){
int i;
….
asm("[P_IOA_Dir] = %0"
:
//没有输出参数
:"r"(i)
//只有输入参数，通过寄存器传递变量 i 的内容
);
…
}
```

如果需要对端口寄存器直接赋值一个立即数(比如对 P_IOA_Dir 赋值 0x1234)，那么内嵌式汇编为：

```
….
asm(".include hareware.inc");
….
int main(void){
….
asm("[P_IOA_Dir] = %0"
:
//没有输出参数
:"r"(0x1234)
//只有输入参数，通过寄存器传递立即数 0x1234
);
…
}
```

(2) 读端口寄存器

对端口寄存器进行读操作的方法与写类似，下面仍然以 P_IOA_Dir 为例进行说明。

要实现把端口的寄存器 P_IOA_Dir 的值读出并保存在 C 中的一个 int 变量 j 里,那么可以通过下面的方法来实现:

```
….
asm(".include hareware.inc");
….
int main(void){
int j;
….
asm("%0=[P_IOA_Dir]"
:"=r"(j)
//只有输出参数,而无输入参数
);
…
}
```

(3) 利用 gcc 编程举例

下面是一段 gcc 的代码,实现对 A 口的初始化:设定 A 口为同向输出高电平。

```
asm("[P_IOA_Attrib] = %0\n\t"
"[P_IOA_Data] = %0\n\t"
"[P_IOA_Dir] = %0\n\t"
:
:
"r"(0xffff)
);
```

上面代码通过 gcc 编译后的代码为:

```
R1 = (-1) // QImode move
// GCC inline ASM start
[P_IOA_Attrib] = R1
[P_IOA_Data] = R1
[P_IOA_Dir] = R1
// GCC inline ASM end
```

下面是一段 gcc 的代码,实现对 B 口的初始化:设定 B 口为具有上拉电阻的输入。

```
asm("[P_IOB_Attrib] = %0\n\t"
"[P_IOB_Data] = %1\n\t"
"[P_IOB_Dir] = %0\n\t"
:
:
```

```
"r"(0),
"r"(0xffff)
);
```

上面一段代码通过 gcc 编译后的汇编代码为：

```
R2 = ( - 1)
// QImode move
R1 = 0
// QImode move
// GCC inline ASM start
[P_IOB_Attrib] = R2
[P_IOB_Data] = R1
[P_IOB_Dir] = R2
// GCC inline ASM end
```

通过上述两段代码，SPCE061A 的 B 口成为输入，A 口成为输出。要实现把 B 口得到的数据从 A 口输出，这样的 gcc 需要先在 C 中建立个 int 型的中间变量，通过这个中间变量，写出两个 gcc 的代码来实现。

```
…
int temp;
…
asm(" %0 = [P_IOB_Data]"
:" = r"(temp)
);
asm("[P_IOA_Buffer] = %0"
:
:"r"(temp)
);
```

通过 gcc 后的代码如下所示，这里将看不到 temp 的影子，gcc 会进行优化处理。

```
R1 = [P_IOB_Data]
[P_IOA_Buffer] = R1
```

通过上述介绍就可以在 C 语言中直接对 SPCE061A 的硬件进行操作。在对硬件读/写语句较少的情况下，采用 C 调用汇编函数的方法显得有些臃肿，而使用嵌入式汇编则会使得代码高效简洁。

4.3 集成开发环境 IDE

μ'nSP 集成环境集程序的编辑、编译、链接、调试以及仿真等功能为一体，具有友好的交互界面、下拉菜单、快捷键和快速访问命令列表等，使编程、调试工作更加方便且高效。此外，它的软件仿真功能可以在不连接仿真板的情况下模拟硬件的各项功能来调试程序。

4.3.1 IDE 桌面

从桌面打开 IDE，进入 IDE 开发环境，如图 4.21 所示。这里将介绍 μ'nSP 开发环境的菜单、窗口界面以及项目的操作等，使读者对开发环境有一个总体了解，并能够动手实践。

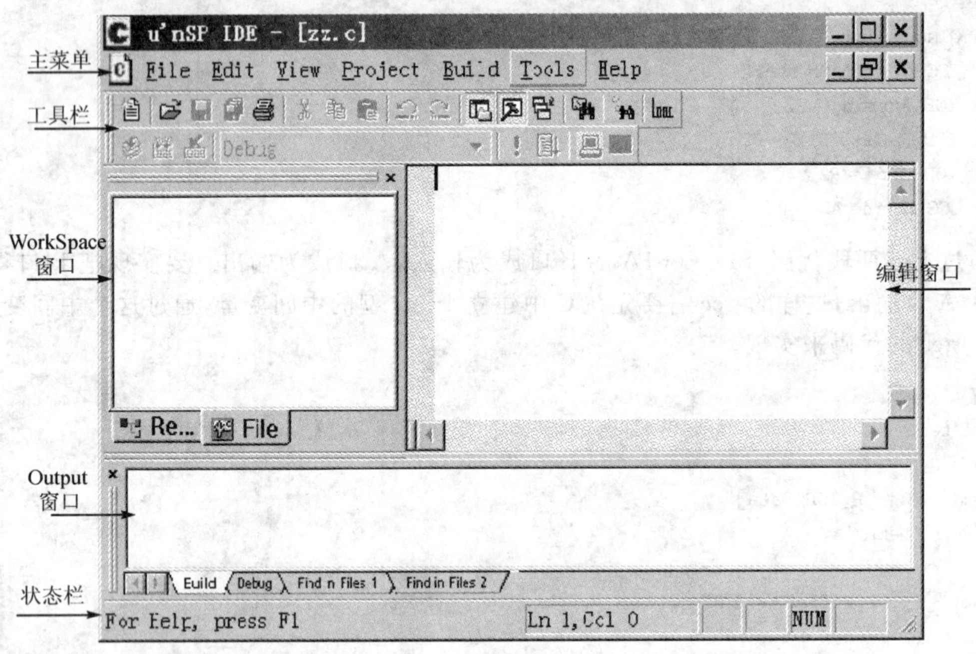

图 4.21 μ'nSP IDE 界面

4.3.2 界面菜单

标题栏下面是集成环境的主菜单，菜单栏中的菜单命令提供了开发、调试和保存应用程序所需要的工具。μ'nSP IDE 菜单栏共有 7 项，即 File(文件)、Edit(编辑)、View (视图)、Project (项目)、Build (编辑)、Tools(工具)和 Help(帮助)。每个菜单项含有若干个子菜单命令，执行不同的操作。

菜单中的命令分为两种类型，一类是可以直接执行的命令，这类命令的后面没有任何信息(如保存项目)；另一类在命令名后面带省略号(如打开项目)，需要通过打开对话框来执行。下面介绍菜单栏各项的内容及作用。

1. File

File（文件）下拉菜单的内容及功能如表 4.8 所列。文件下拉菜单界面如图 4.22 所示。

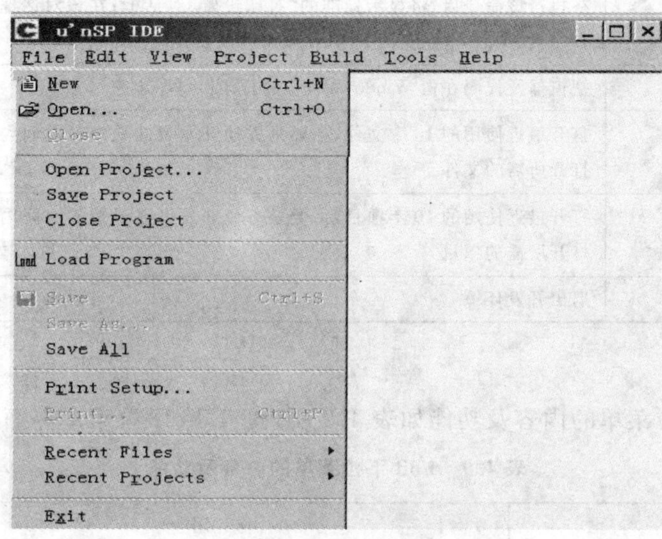

图 4.22　File 下拉菜单界面

表 4.8　File 下拉菜单的内容及功能

内　容	作　用	热　键
New（新建）	新建项目和各种文件	Ctrl + N
Open(打开）	打开项目或各种文件	Ctrl + O
Close（关闭）	关闭文件窗口	
Open Project（打开项目）	用来关闭当前的项目，装入新的项目。执行该命令后打开一个对话框，可以在该对话框中，输入要打开项目名称	
Save Project(保存项目）	保存当前项目及其所有文件	
Close Project(关闭项目）	关闭当前项目	
Load Program(下载程序）	将程序下载到仿真板或本机内存中	
Save（保存）	保存当前的文件	Ctrl + S
Save As（另存）	用于改变存盘文件的名称。执行该命令后，将弹出一个对话框，可以在这个对话框中输入存盘的文件名	
Save All(全部保存）	保存目前所有的文件和项目	

续表 4.8

内　容	作　用	热　键
Print Setup(打印设置)	在执行该命令后,将显示标准的"打印设置"对话框;在该对话框中设置打印机、页面方向、页面大小、纸张来源以及其他打印选项	
Print…(打印)	把窗体及代码在由 Windows 设定的打印机打印出来	Ctrl + P
Recent File(近期文件)	打开最近使用的10个文件,主要是方便开发者在最短的时间内找到并打开所需的文件	
Recent Project(近期项目)	打开最近使用的10个项目,主要是方便开发者在最短的时间内找到并打开所需的项目	
Exit(退出)	退出开发环境	

2. Edit

Edit(编辑)下拉菜单的内容及功能如表4.9所列。Edit下拉菜单界面如图4.23所示。

表4.9　Edit下拉菜单的内容及功能

内　容	作　用	热　键
Undo(撤销键入)	取消最近的编辑操作	Ctrl + Z
Redo(重复键入)	恢复撤销键入之前的编辑内容	Ctrl + U
Cu t(剪切)	删除选中的文件内容或文件,可以复制	Ctrl + X
Copy(复制)	复制选中的文件内容或文件	Ctrl + C
Paste(粘贴)	粘贴到指定的位置	Ctrl + V
删除(Delete)	删除选中的文件内容或文件	Del
Select All(全选)	选中所有的文件内容或文件	Ctrl + A
Find…(查找)	查找文件内容或文件	Ctrl + F
Find in File(在指定文件内查找)	在指定文件内查找文件内容或文件	
Find Next(查找下一个)	用来查找并选择在"查找"对话框的"查找内容"框中指定文本的下一次出现位置	F3
Find Previous(查找前一个)	用来查找并选择在"查找"对话框的"查找内容"框中指定的文本的上一次出现位置	Ctrl + F3
Replace…(替换)	替换指定的文本,执行该命令后,将显示一个对话框;在对话框的两个栏内分别输入要查找的文本和替换文本,即可一个一个地替换或一次全部替换	Ctrl + H
Go to…(定位)	定位到某一行或列	Ctrl + G

续表 4.9

内　容	作　用	热　键
Bookmark(标记)	在指定的位置设置标记	Alt + F2
NextBookmark(下一个标记)	光标指到下一个标记处	F2
Previous(前一个标记)	光标指到前一个标记处	Ctrl + F2
Clear All Bookmark(清除所有标记)	清除文件内所有标记	Shift + F2
Breakpoints(断点)	设置光标所在处为断点	Alt + F9
External Editor(外部编译器)	目前基本不用	Ctrl + E

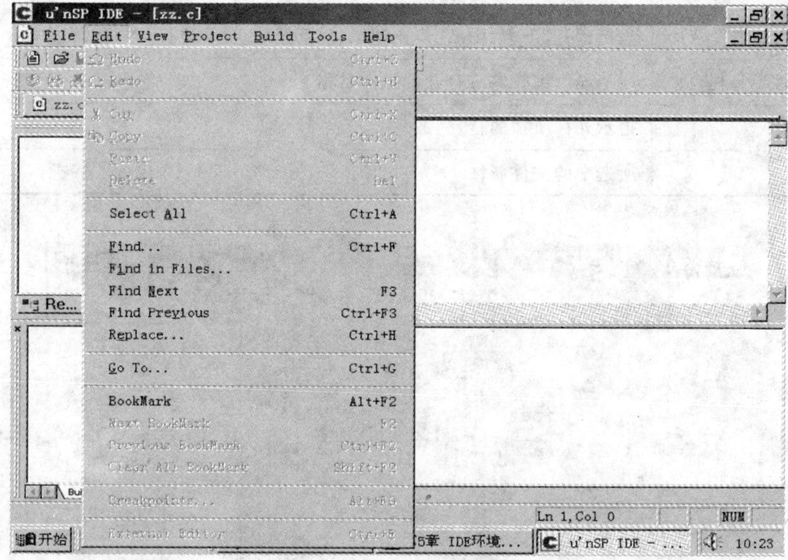

图 4.23　Edit 下拉菜单界面

3. View

View(视图)下拉菜单的内容及功能如表 4.10 所列。View 下拉菜单界面如图 4.24 所示。

表 4.10　View 下拉菜单的内容及功能

内　容	作　用	热　键
Full Screen(全屏)	编辑窗口为全屏	
Workspace(工作区)	单击后弹出 Workspace 窗口	Alt + 0
Output(输出)	单击后弹出 Output 窗口	Alt + 1

续表 4.10

内 容	作 用	热 键
Command(命令)	单击后弹出 Command 窗口	Alt ＋ 2
Debug Windows（调试窗口）	调试时使用，其包括： ① 变量表 Watch 窗口； ② 寄存器 Register 窗口； ③ 内存 Memory 窗口； ④ 反汇编窗口 Disassemble 窗口	 Alt ＋ 3 Alt ＋ 4 Alt ＋ 5 Alt ＋ 6
Main Toolbar（常用工具栏）	包括新建、打开、保存、全存、打印、剪切、复制、粘贴、查找、撤销等工具	
Build Toolbar(编辑工具栏)	包括编译、编辑、停止编辑、运行、下载、本机仿真、连接仿真板调试	
Debug Toolbar(调试工具栏)	包括运行、下载、中断、停止调试、重新开始、单步执行、各调试窗口	
FileTabs Bar(文件标签栏)	用于显示编辑窗口打开的文件名称	
Status Bar(状态栏)	提示光标所在的行、列数	
Properties(属性)	所选中的文件属性	

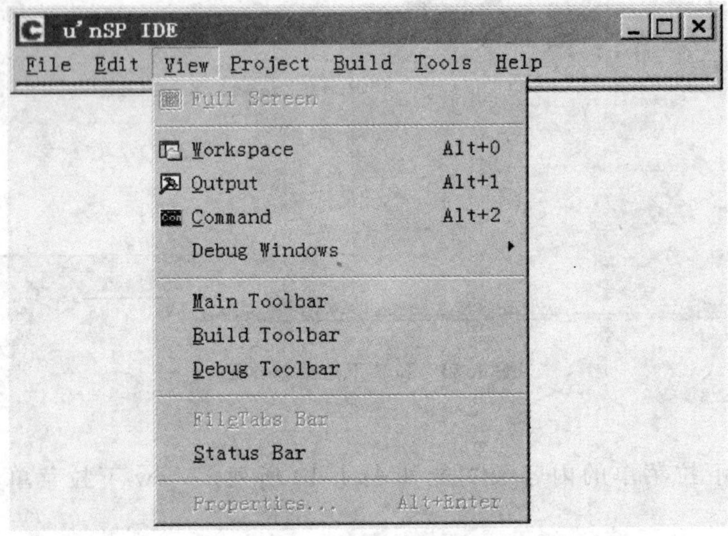

图 4.24 View 下拉菜单界面

4. Project

Project(项目)下拉菜单的内容及功能如表 4.11 所列。Project 下拉菜单界面如图 4.25 所示。

表 4.11 Project 下拉菜单的内容及功能

内 容	作 用	热 键
Add to Project(加到项目)	包括向项目中加源文件和资源文件	
Setting(项目选项设置)	包括 General、Option、Link、Section、Hardware、Device 属性页设置	Alt + F7

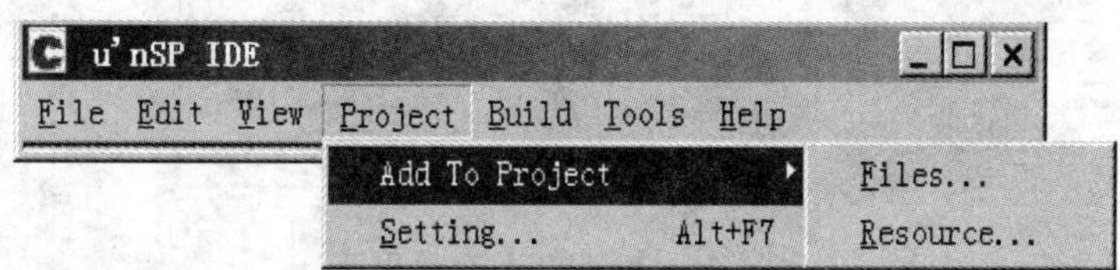

图 4.25 Project 下拉菜单界面

5. Build

Build(编译)下拉菜单的内容及功能如表 4.12 所列。Build 的下拉菜单界面如图 4.26 所示。

表 4.12 Build 下拉菜单的内容及功能

内 容	作 用	热 键
Compile(编译)	编译目前文件	Ctrl + F7
Build(编辑)	编译后链接文件	F7
Stop Build(停止编辑)	停止编辑目前文件	Ctrl + Break
Build All(编辑所有文件)	编辑该项目中的所有文件	
Clean(清除)	清除刚编辑过的文件	
Start Debug(开始调试)	调试刚编辑过的文件包括下载、单步调试等	
Execute(执行)	运行文件	
Profile…(分析)	详细分析软件执行效率	

6. Tools

Tools(工具)下拉菜单的内容及功能如表 4.13 所列。Tools 的下拉菜单界面如图 4.27 所示。

表 4.13 Tools 下拉菜单的内容及功能

内 容	作 用
Option(选项)	包括编辑窗口格式设置、库文件的路径设置
Lib Maker(制作库文件)	将所需的 Obj 文件转换成库文件,方便开发时用

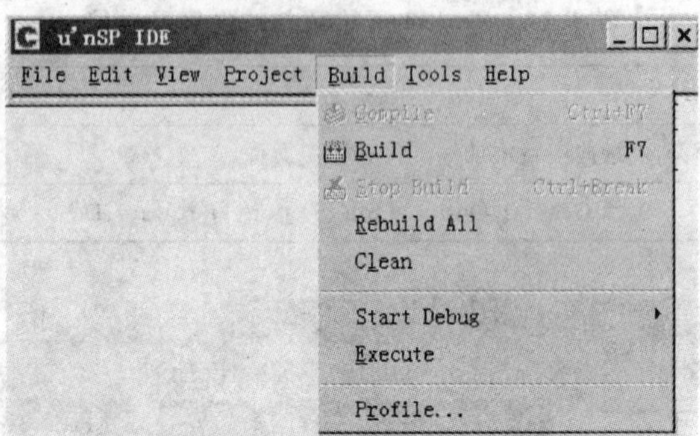

图 4.26 Build 下拉菜单界面

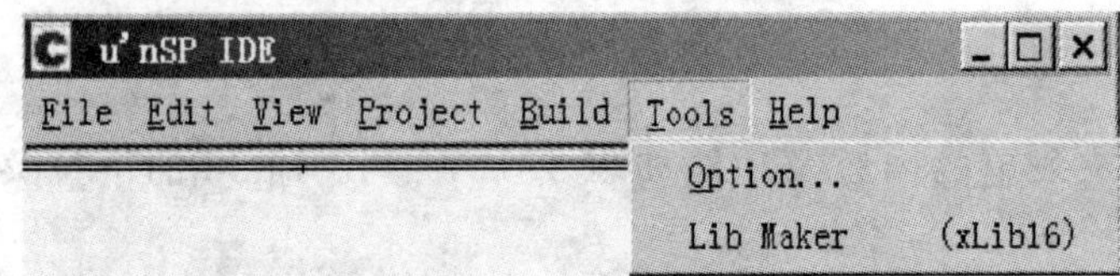

图 4.27 Tools 下拉菜单界面

7. Help

Help(帮助)下拉菜单的内容及功能如表 4.14 所列。Help 的下拉菜单的界面如图 4.28 所示。

表 4.14 Help 下拉菜单的内容及功能

内　容	作　用
Help Topics(帮助主题)	介绍 IDE 环境
关于 IDE(About IDE)	IDE 的版本号、开发公司、所占空间

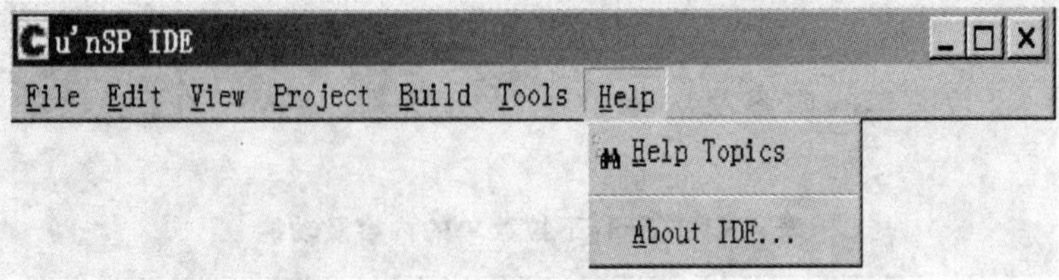

图 4.28 Help 下拉菜单界面

8. Debug

在调试模式下,菜单栏多出一个调试菜单。调试下拉菜单界面如图 4.29 所示。Debug 下拉菜单的内容及功能如表 4.15 所列。

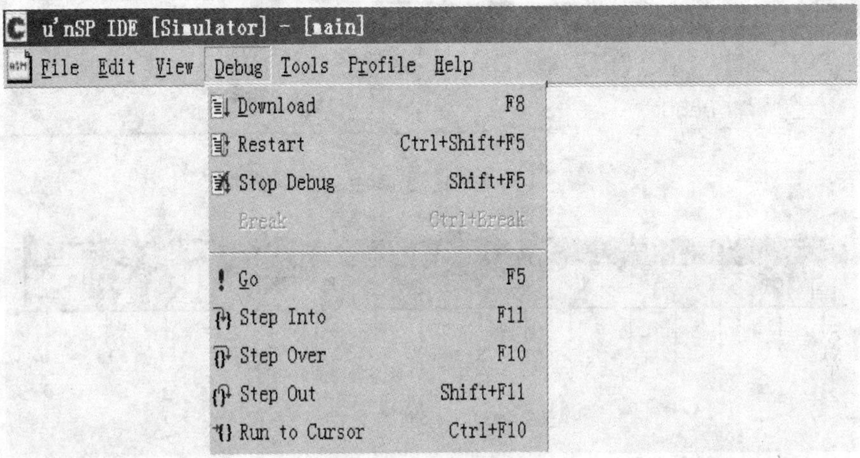

图 4.29 Debug 下拉菜单界面

表 4.15 Debug 下拉菜单的内容及功能

内 容	作 用	热 键
Download (下载)	将程序文件编译连接生成可执行文件	F8
Restart 复位(重新开始)	在调试模式下,重新运行程序	Ctrl+Shift+F5
Stop Debug (停止调试)	退出调试模式	Shift+F5
Break(中断)	停止程序运行	Ctrl+ Break
Go (运行)	在调试模式下运行程序	F5
Step Into (单步进入)	单步运行时进入子程序	F11
Step Over	单步运行时不进入子程序	F10
Step Out (单步跳出)	单步运行在子程序中时,跳出子程序	Shift+F11
Run to Cursor(运行到光标处)	在调试模式下,程序全速运行到光标处停止	Ctrl+ F10

4.3.3 工具栏

μ'nSP IDE 提供了 3 种工具栏,包括标准、编辑和调试;每种工具栏都有固定和浮动两种形式。

固定形式的标准工具栏位于菜单栏的下面,以图标的形式提供了部分常用菜单命令的功

能。只要用鼠标单击代表某个命令的图标按钮，就能直接执行相应的菜单命令。工具条中有38个图标，代表38种操作，大多数图标都有与之等价的菜单命令。图4.30～图4.33是浮动形式的标准、编辑和调试工具栏。表4.16列出了工具栏中各图标的作用。

图4.30　工具栏

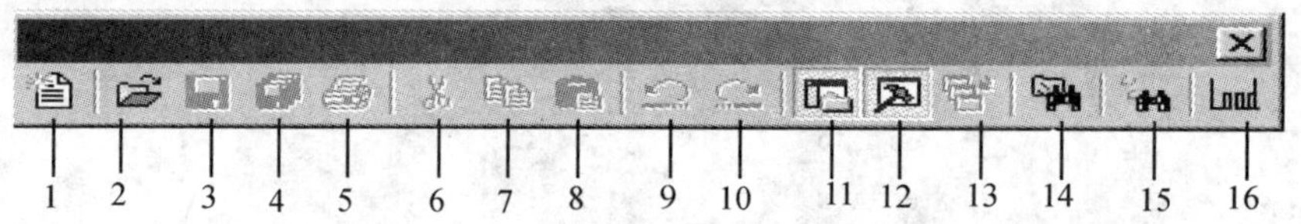

图4.31　标准工具栏

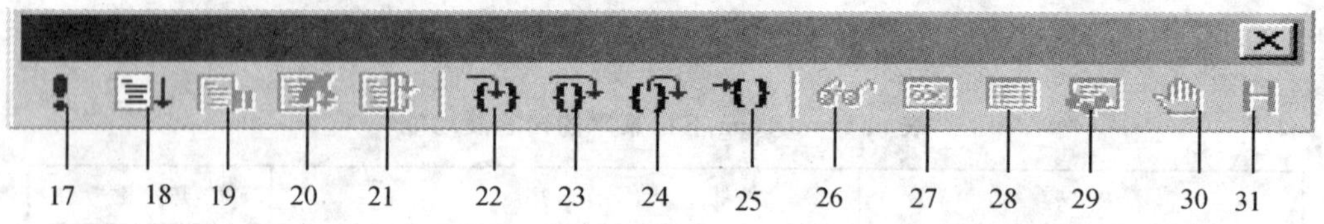

图4.32　调试工具栏

图4.33　编辑工具栏

表4.16　工具栏一览表

编　号	名　称	作　用
1	新建	新建项目和文件，相当于File菜单中的New命令
2	打开	打开项目和文件，相当于File菜单中的Open命令
3	保存	保存文件，相当于File菜单中的Save命令

续表 4.16

编 号	名 称	作 用
4	全存	保存所有文档，相当于 File 菜单中的 Save All 命令
5	打印	打印当前文件，相当于 File 菜单中的 Print 命令
6	剪切	删除并复制选中的文件内容或文件，相当于 Edit 菜单中的 Cut 命令
7	复制	复制选中的文件内容或文件，相当于 Edit 菜单中的 Copy 命令
8	粘贴	粘贴选中的文件内容或文件，相当于 Edit 菜单中的 Paste 命令
9	撤销键入	取消当前的操作
10	重复键入	对撤销的反操作
11	Workspace 窗口	打开或关闭 Workspace 窗口，相当于 View 菜单中的 Workspace 命令
12	Output 窗口	打开或关闭 Output 窗口，相当于 View 菜单中的 Output 命令
13	窗体布局窗口	打开窗体布局窗口
14	在文件中查找	打开“在文件中查找”对话框，相当于 File 菜单中的 Find in File 命令
15	帮助主题	打开“帮助主题”窗口，相当于 Help 菜单中的 Help Topics 命令
16	打开可执行文件	打开可执行文件(. s37 或. tsk)
17	运行	在调试模式下运行程序，相当于 Debug 菜单中的 Go 命令
18	下载	下载可执行文件，相当于 Debug 菜单中的 Download 命令
19	中断	停止正在运行程序，相当于 Debug 菜单中的 Break 命令
20	停止调试	退出调试模式，相当于 Debug 菜单中的 Stop Debug 命令
21	重新开始(复位)	在调试模式下，重新运行程序
22	单步进入	单步运行时，进入子程序，相当于 Debug 菜单中的 Step Into 命令
23	Step Over	单步运行时，不进入子程序，相当于 Debug 菜单中的 Step Over 命令
24	单步跳出	单步运行在子程序中时，跳出子程序，相当于 Debug 菜单中的 Step Out 命令
25	运行到光标处	在调试模式下，程序全速运行到光标处停止，相当于 Debug 菜单中的 Run to Cursor 命令
26	变量表窗口	在调试模式下，打开变量表窗口，相当于 View 菜单中的 Watch 命令
27	寄存器窗口	在调试模式下，打开寄存器窗口，相当于 View 菜单中的 Registers 命令
28	内存窗口	在调试模式下，打开内存窗口，相当于 View 菜单中的 Memory 命令
29	反汇编窗口	在调试模式下，打开反汇编窗口，相当于 View 菜单中的 Disassembly 命令
30	断点	在调试模式下，打开设置断点的对话框，相当于 Edit 菜单中的 Breakpoints 命令

续表 4.16

编 号	名 称	作 用
31	历史缓冲区	在仿真模式下,打开历史缓冲区窗口
32	编译	编译文件,相当于 Build 菜单中的 Compile 命令
33	编辑	编辑文件,相当于 Build 菜单中的 Build 命令
34	停止编辑	停止编辑文件,相当于 Build 菜单中的 Stop Build 命令
35	运行	在调试模式下,运行程序,相当于 Debug 菜单中的 Go 命令
36	下载	下载可执行文件,相当于 Debug 菜单中的 Download 命令
37	本机调试(使用仿真器)	在本机上调试
38	仿真板上调试(使用在线仿真)	结合仿真板调试

4.3.4 窗 口

前面介绍的标题栏、菜单栏和工具栏所在的窗口称为主窗口,实际上,除主窗口外,μ'nSP IDE 编程环境中还有其他一些窗口,如下:

1) Workspace 窗口

2) Edit 窗口

3) Output 窗口

4) Debug 窗口

① 变量表 Watch 窗口;

② 寄存器 Register 窗口;

③ 内存 Memory 窗口;

④ 反汇编窗口 Disassemble 窗口;

⑤ 历史缓冲区窗口。

5) 其他窗口

① 命令窗口;

② 转存窗口。

4.3.5 项目建立

1. 新建项目的方法步骤

① 选择 File→New 菜单项,则弹出 New 对话框,如图 4.34 所示。

② 在该对话框中选择 Project 标签,在 File 文本框中键入项目的名称;在 Location 文本框

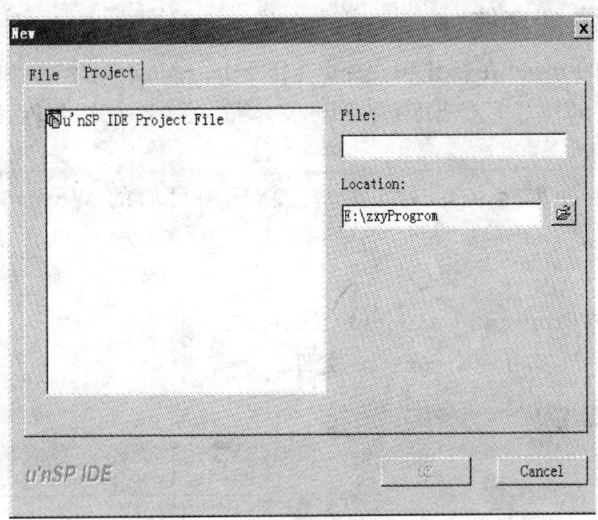

图 4.34 新建项目/文件对话框

中输入项目的存取路径或利用右端的浏览按钮制定项目的存储位置。

③ 单击 OK 按钮，则项目建立完成。

新建项目的需求：

按照设计的应用程序的要求建立项目。新建项目后的 Workspace 界面如图 4.35 所示。例如：

项目名称：Example1

项目位置：E:\ZxyProgram\ Example1

结果：生成了新项目 Example1。

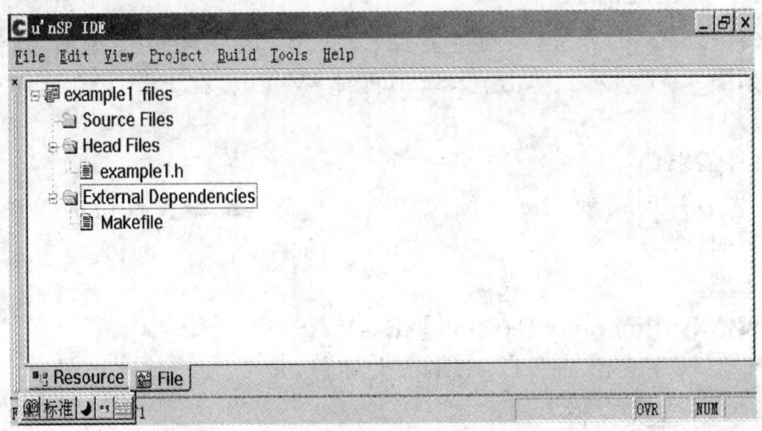

图 4.35 新建项目后的 Workspace 界面

2. 在项目中新建C文件

新建C文件(.C)的方法：在新建项目下，选择File→New菜单项，则弹出New对话框，如图4.36所示。单击μ'nSP IDE C File，在File文本框内键入文件名称，再单击OK。

新建C文件的需求：

用C语言做程序时需要建立C文件类型。新建项目后的Workspace界面如图4.37所示。例如：

文件名称：Exa1

文件位置：E:\ZxyProgram\Example1\Exa1.c

结果：Source File下多出一个Exa1.c文件。

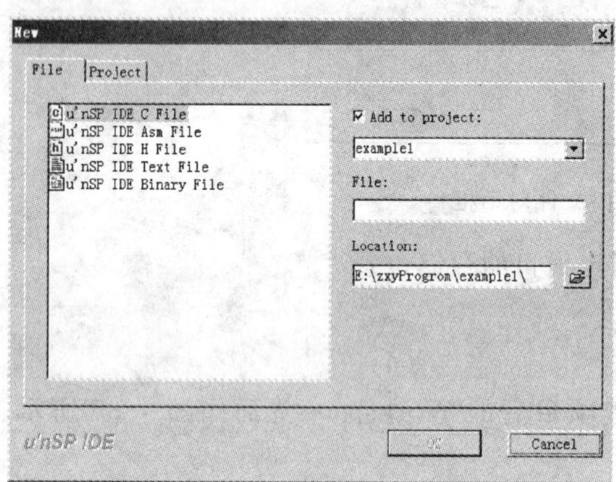

图4.36 新建文件/项目对话

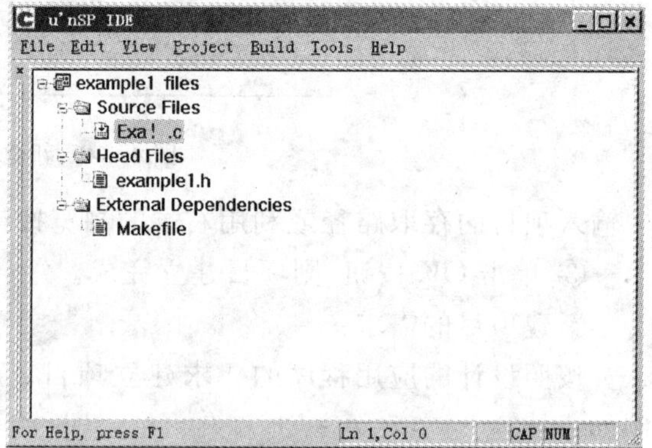

图4.37 新建C文件后的Workspace界面

3. 在项目中新建汇编文件

新建汇编文件(.asm)的方法：在新建项目下，选择File→New菜单项，则弹出新建文件/项目的对话框，如图4.37所示。单击μ'nSP IDE ASM File，在File文本框内写入文件名称，再单击OK。

新建汇编文件需求：

用汇编语言做程序时需要建立汇编文件类型。新建汇编文件后的Workspace界面如图4.38所示。例如：

文件名称：Exa1

文件位置：E:\ZxyProgram\ Example1\Exa1.ASM

结果：Source File下多出一个Exa1.asm文件。

4. 在项目中新建头文件

新建头文件(.H)的方法：在新建项目下，选择File→New菜单项，则弹出新建文件/项目

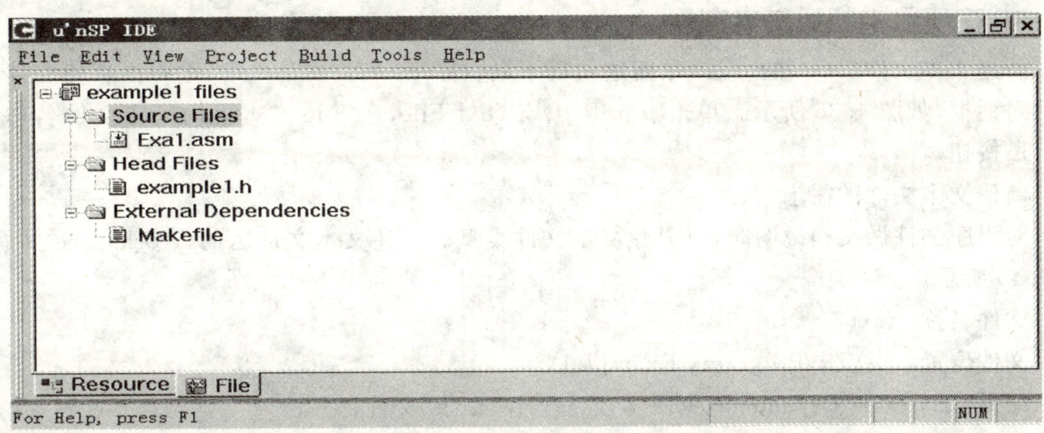

图 4.38 新建汇编文件后的 Workspace 界面

的对话框，如图 4.36 所示。单击 μ'nSP IDE H File，在 File 文本框内写入文件名称，单击 OK 按钮。

新建头文件需求：

多个文件共享的文件可以建成头文件。新建头文件后的 Workspace 界面如图 4.39 所示。例如：

文件名称：head

文件位置：E:\ZxyProgram\ Example1\

结果：Head File 下多出一个 head. h 文件。

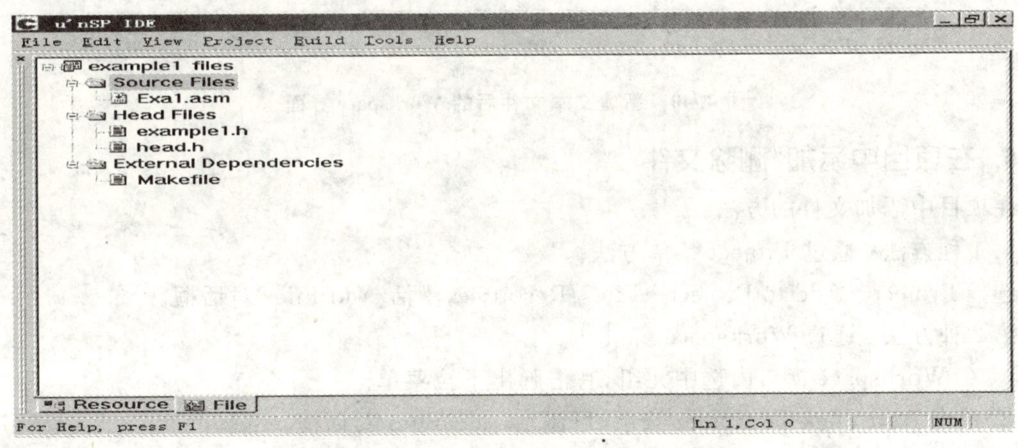

图 4.39 新建头文件后的 Workspace 界面

5. 在项目中新建文本文件

新建文本文件(.txt)的方法:在新建项目下,选择 File→New 菜单项,则弹出新建文件/项目的对话框,如图4.36所示。单击 μ'nSP IDE Text File,在 File 文本框内写入文件名称,单击 OK 按钮。

新建文本文件的需求:

对程序文件做文档说明时,可以建文本文件类型。新建文本文件后的 Workspace 界面如图4.40所示。例如:

文件名称:text

文件位置:E:\ZxyProgram\ Example1\

结果:External Dependencies 下多出一个 text.txt 文件。

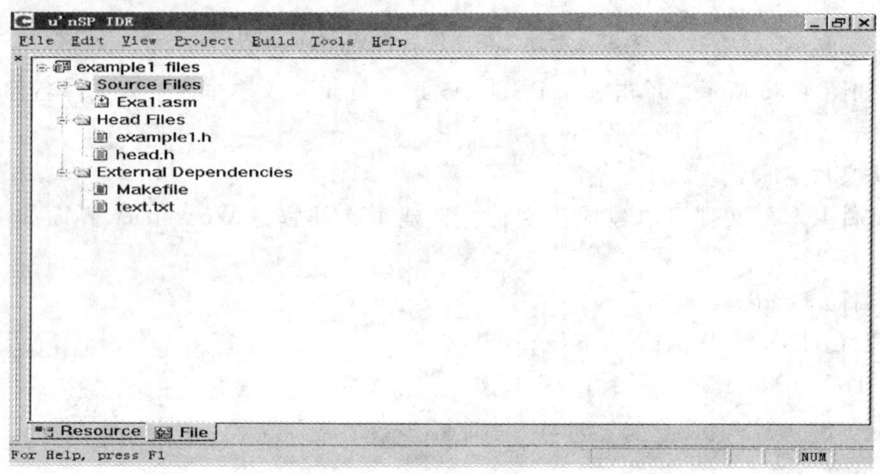

图 4.40 新建文本文件后的 Workspace 界面

6. 在项目中添加/删除文件

在项目中添加文件的方法:

第1种方法:通过 Project 菜单方法。

选择 Project→Add to Project→Files/Resource,激活 Add Files 对话框。

第2种方法:通过 Workspace 窗口。

① 在 Workspace 窗口内选中元组,右击弹出下拉菜单。

② 单击 Add Files To Folder 选项,可激活 Add Files 对话框。

③ 在文本框中键入将添加的文件,单击"打开"按钮,即可将添加的文件加到所选的元组中。

删除文件步骤:

① 在 File 视窗或 Resource 视窗里选中元组中的某个文件。

② 右击则弹出的下拉菜单,选中 Remove 选项,则该文件会从元组中被删除。

7. 在项目中使用资源

在项目里的资源元组中添加资源文件时,该资源文件的存储路径及名称会自动被记入项目中的.rc 文件中,并以 RES_ * 的默认文件名格式被赋予一个新的文件名(此处"*"是指资源文件在其存储路径上的文件名);同时,添入的资源文件还会被安排一个文件标识符 ID。

8. 项目选项的设置

项目选项的设置是针对不同目标而对开发环境的各个要素进行的设置。

9. 项目的编译

项目中的文件编写结束后,要对项目中的程序进行编译,并将编译出来的二进制代码与库中的各个模块连接成一个完整的、地址统一的可执行目标文件和符号表文件,供用户调试使用,其中,要使用编译器、汇编器、链接器等工具。

(1) 应用举例

用 C 语言实现计算 1+2+…+100 的结果。

```
//***************************************************************//
EX1
//***************************************************************//
int main(){
int i, Sum = 0;
for (i = 0;i< = 100;i + + )
Sum = Sum  +  i;                    //Sum 为累加结果
while(1)
{                                   //程序死循环
                                    //使用变量 Watch 窗口观察 Sum 的值
 }
}
```

(2) 方法步骤

① 新建项目,项目名称 EX1。

② 该项目下新建 C 文件,文件名称 EX1。

③ 在 C 文件中键入范例源代码,如图 4.41 所示。

④ 保存项目。

⑤ 编译(单击 Build/Compile 菜单命令)该程序,(如图 4.42 所示)检查是否有语法错误。如果无错,继续;否则,改错。

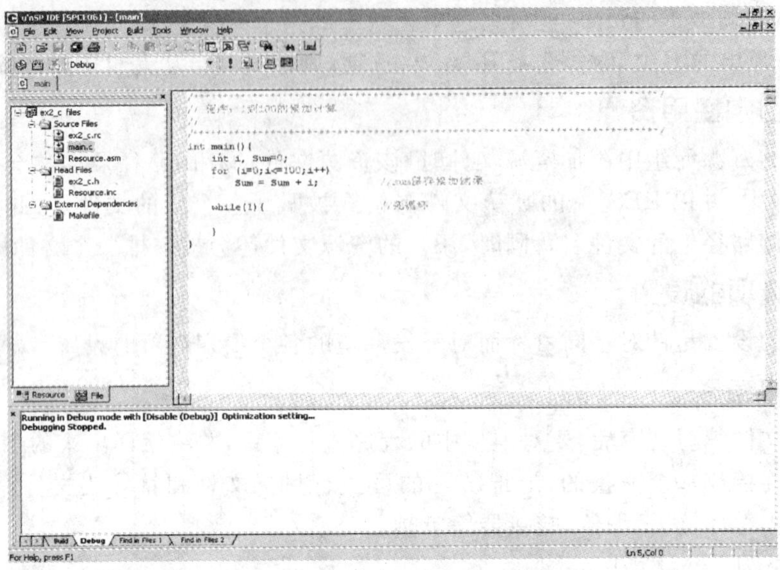

图 4.41　C 文件范例程序界面

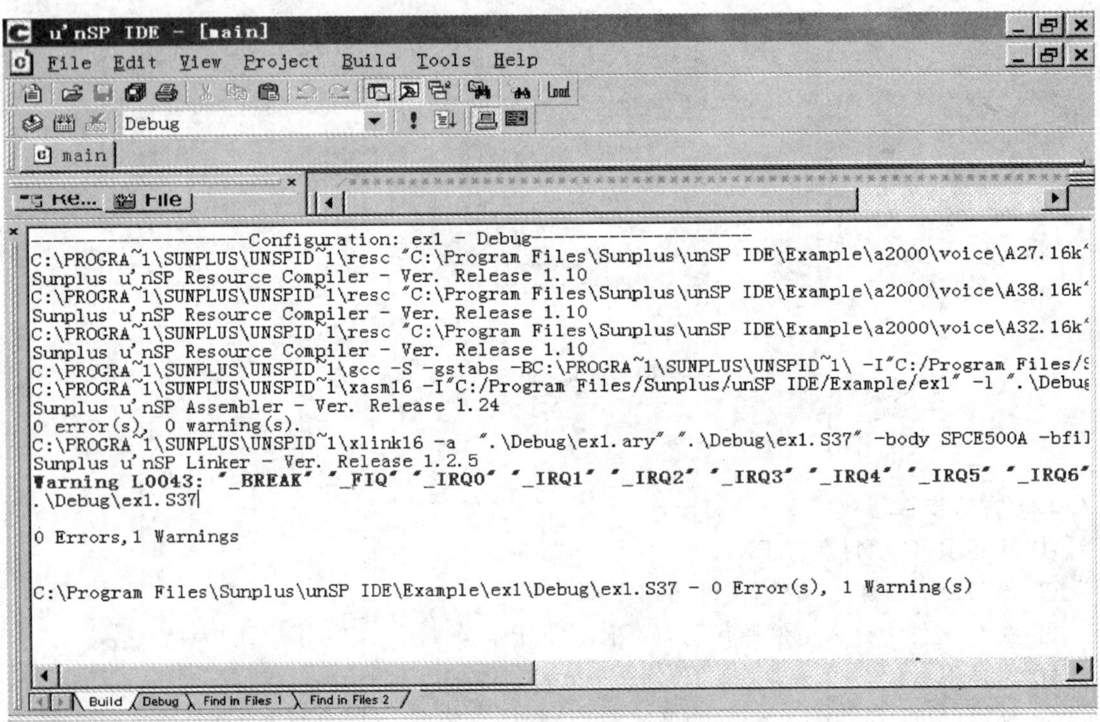

图 4.42　C 文件程序编译后界面(注意输出窗口)

⑥ 编辑(单击 Build/ Build 菜单命令)该程序,如图 4.43 所示。如果无错,继续;否则,改错。

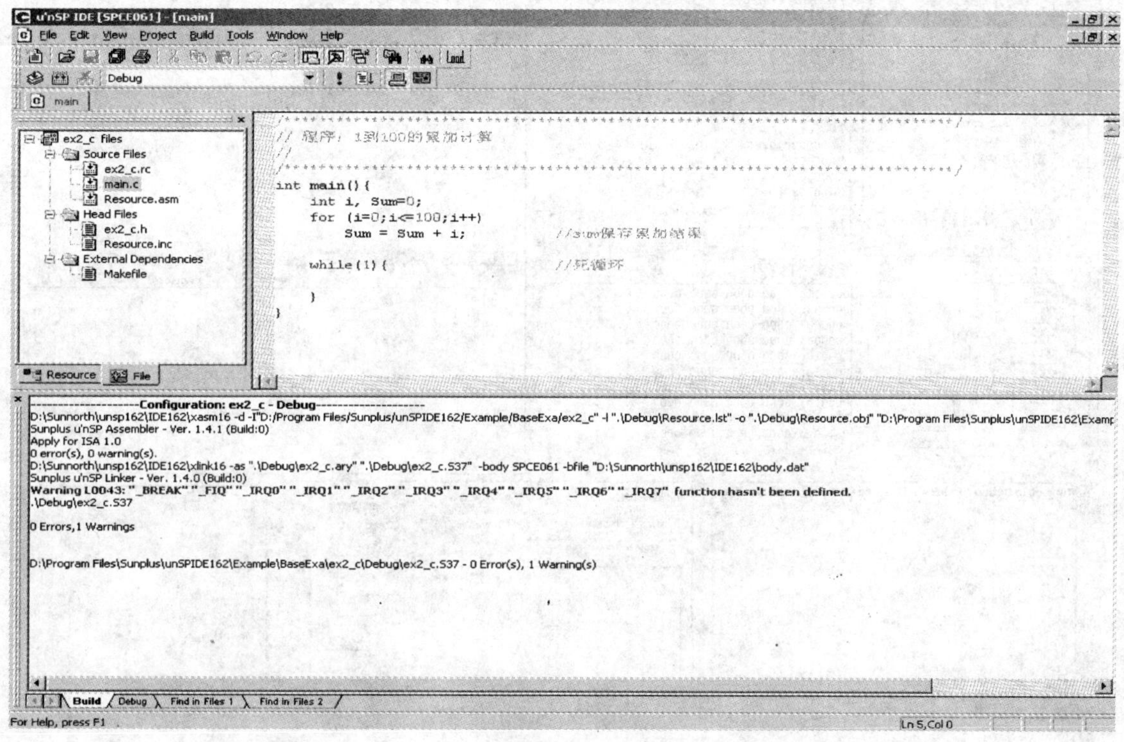

图 4.43 C 文件程序编辑后输出窗口界面

⑦ 将程序下载到本机中进行调试(单击编辑工具栏中 Download 命令按钮),进入调试状态,如图 4.44 所示。

⑧ 在调试状态下,打开寄存器、变量等调试窗口,单步执行,仔细观察寄存器和变量的变化。图 4.45 为程序执行到死循环后变量和寄存器结果。

```
//***************************************************************//
EX1     END
//***************************************************************//
//      用简单汇编语言程序实现计算 1 + 2 + … + 100 的结果
//***************************************************************//
EX2
//***************************************************************//
.RAM                                //定义 RAM 段
.VAR   R_Sum;                       //定义变量 R_Sum 保存累加结果
```

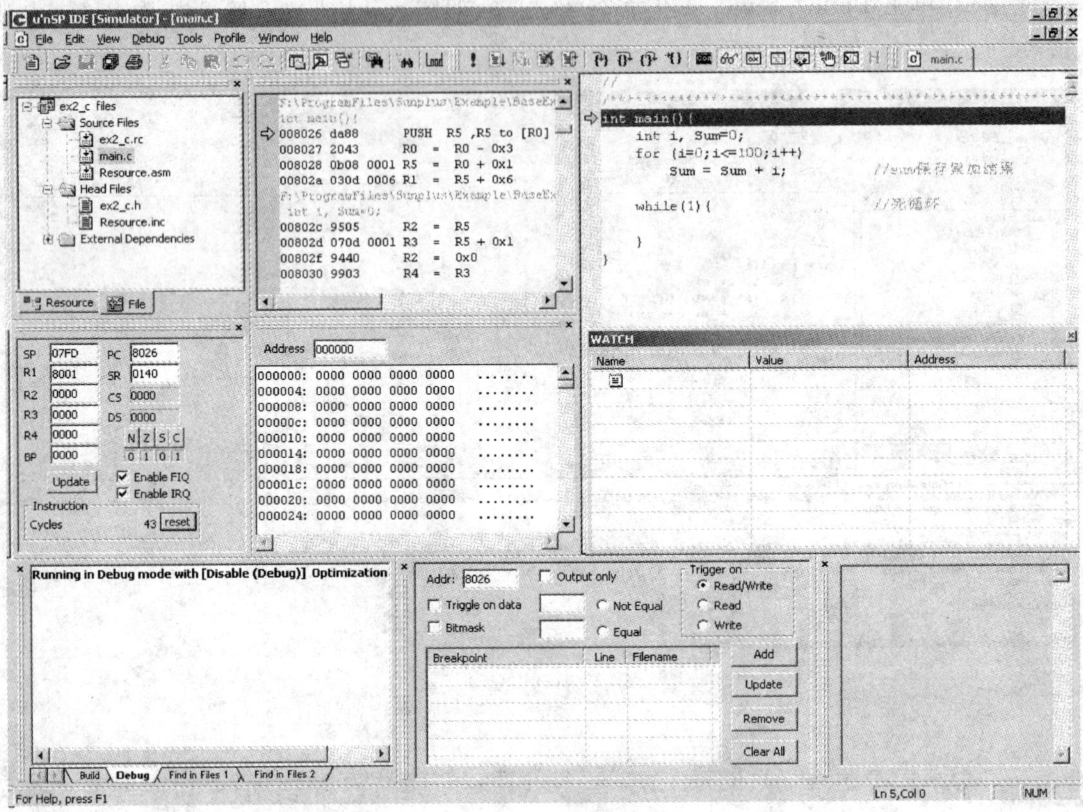

图 4.44　C 文件程序 Download 后的调试界面

```
.CODE                                   //定义 CODE 段
.PUBLIC  _main;                         //对 MAIN 的声明
_main:
        R1 = 0x0001;                    //r1 = [1..100]
        R2 = 0x0000;                    //
L_SumLoop:
        R2 + = R1;                      //累加值放到 R2 中
        R1 + = 1;                       //下一个被加数
        CMP  R1,100;                    //被加数是否为 100
        JNA L_SumLoop;                  //如果 r1 <= 100 返回到 L_SumLoop
        [R_Sum] = R2;                   //将最终累加结果保存到 R_Sum 中

L_ProgramEndLoop:                       //程序死循环
        JMP     L_ProgramEndLoop;
```

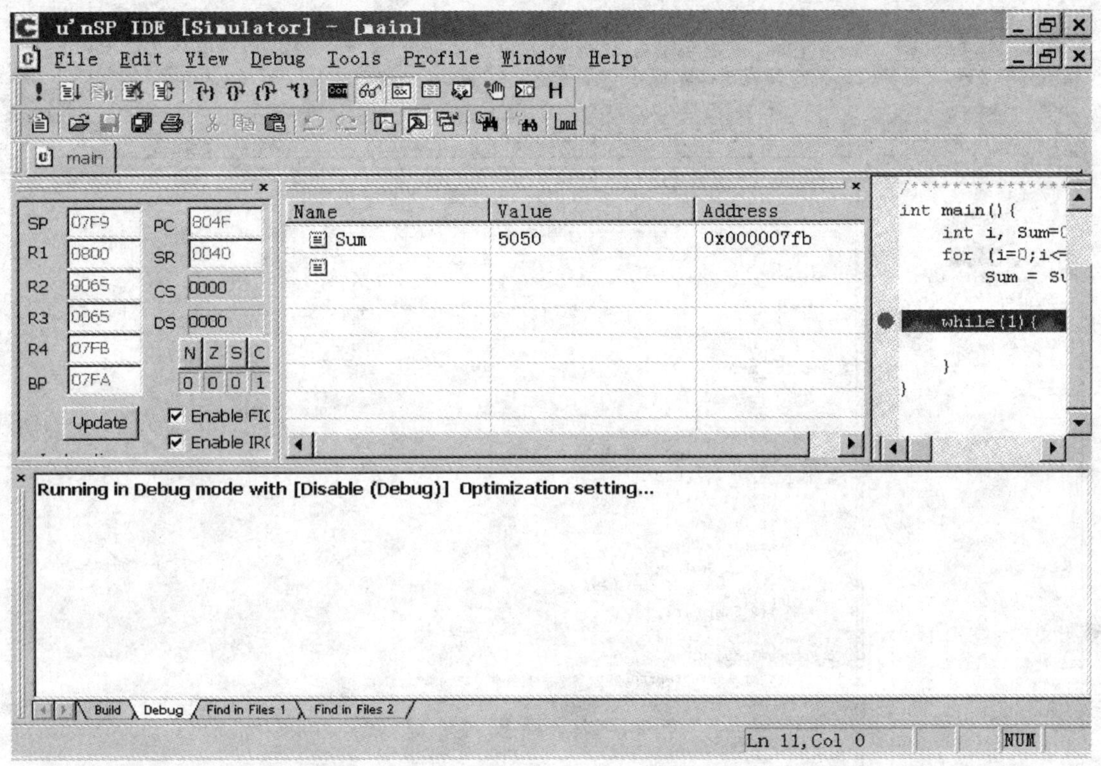

图 4.45　调试状态下，打开寄存器、变量等调试窗口图

//**//

方法步骤：

① 新建项目，项目名称 EX2。

② 该项目下新建汇编文件，文件名称 EX2。

③ 在汇编文件中键入范例源代码(如图 4.46 所示)。

④ 保存项目。

⑤ 编译调试该程序(编译调试步骤与例 1 相同，不再赘述)。

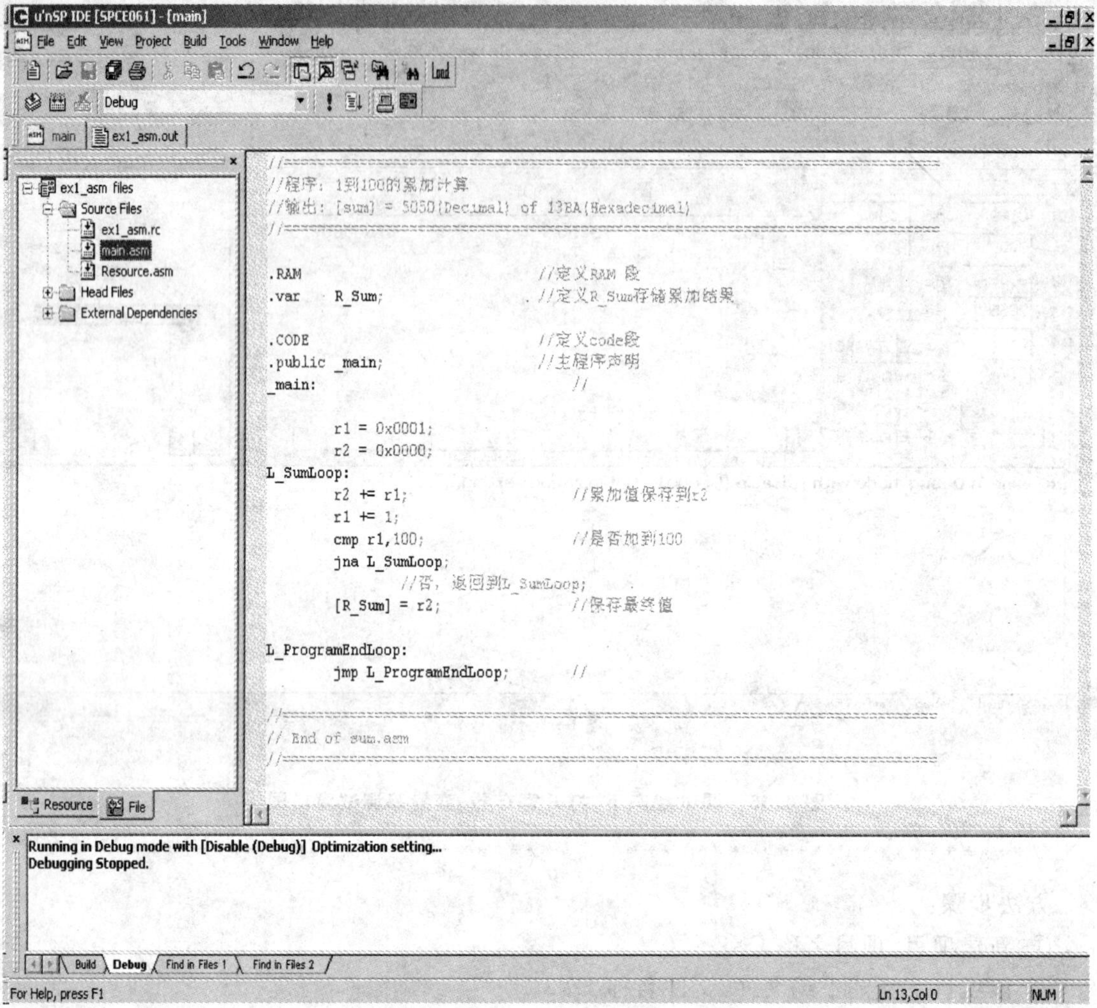

u'nSP IDE [SPCE061] - [main]

File Edit View Project Build Tools Window Help

Debug

main | ex1_asm.out

- ex1_asm files
  - Source Files
    - ex1_asm.rc
    - main.asm
    - Resource.asm
  - Head Files
  - External Dependencies

Resource | File

```
//==========================================================================
//程序: 1到100的累加计算
//输出: [sum] = 5050(Decimal) of 13BA(Hexadecimal)
//==========================================================================

.RAM                                //定义RAM 段
.var    R_Sum;                      //定义R_Sum存储累加结果

.CODE                               //定义code段
.public _main;                      //主程序声明
_main:                                  //

        r1 = 0x0001;
        r2 = 0x0000;
L_SumLoop:
        r2 += r1;                       //累加值保存到r2
        r1 += 1;
        cmp r1,100;                     //是否加到100
        jna L_SumLoop;
                //否, 返回到L_SumLoop;
        [R_Sum] = r2;                   //保存最终值

L_ProgramEndLoop:
        jmp L_ProgramEndLoop;           //

//==========================================================================
// End of sum.asm
//==========================================================================
```

Running in Debug mode with [Disable (Debug)] Optimization setting...
Debugging Stopped.

Build | Debug | Find in Files 1 | Find in Files 2

For Help, press F1 | Ln 13,Col 0 | NUM

图 4.46　汇编文件范例程序界面

第5章

竞赛中各类常用模块

参加各类竞赛还需要了解外围各模块的性能和作用。本章主要介绍竞赛常用的直流电源设计、语音模块、各类显示器件、常用电机电路、各类传感器模块、A/D与D/A转换器、信号放大电路、按键模块等常用模块的性能、技术指标、原理、制作和应用等。

5.1 直流电源设计

5.1.1 直流稳压电源的原理

实验常用直流稳压电源由电源变压器、整流器、滤波器、稳压器等部分组成，其组成框图如图5.1所示。

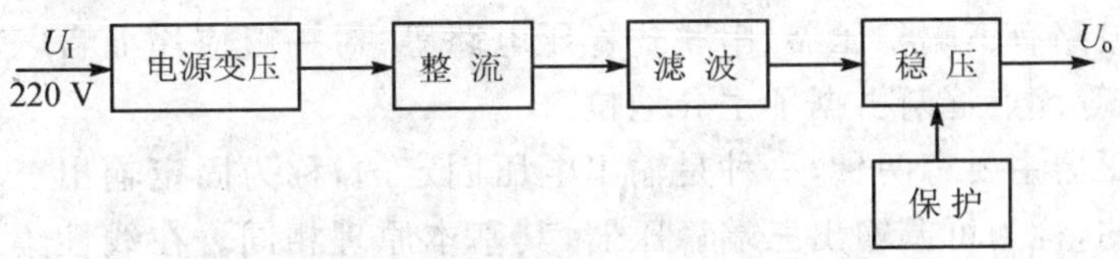

图5.1 直流稳压电源的组成框图

1) 交流电压变换部分

电源变压器的主要任务是将电网电压变为所需的交流电压，同时还可以起到隔离直流电源与电网的作用。

2) 整流部分

整流电路的作用是将变换后的交流电压转换为单方向的脉动电压。由于这种电压存在着很大的脉动成分(称为纹波)，因此一般还不能直接用来给负载供电；否则，纹波的变化会严重影响负载电路的性能指标。常见的整流二极管有1N4007、1N5148等，桥堆有RS210等。

3) 滤波部分

滤波部分的作用是对整流部分输出的脉动直流电进行平滑，使之成为含交变成分很小的直流电压。换言之，滤波部分实际上是一个性能较好的低通滤波器，且其截止频率一定低于整流输出电压的基波频率。常见的电路有RC滤波、LC滤波、π型滤波等，其中常用的选RC滤波器。常见的整流滤波电路如图5.2所示。

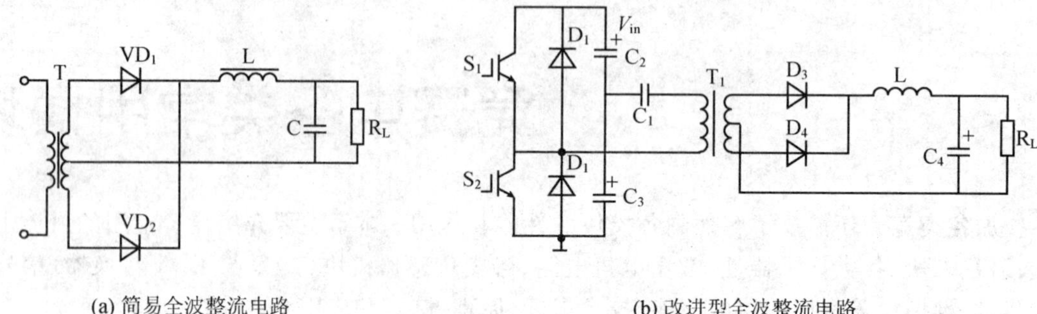

(a) 简易全波整流电路

(b) 改进型全波整流电路

图5.2 常见的整流滤波电路

4) 稳压部分

尽管经过整流滤波后电压接近于直流电压，但是其电压值的稳定性很差，受温度、负载、电网电压波动等因素的影响很大，因此还必须有稳压电路，以维持输出直流电压的基本稳定。

5.1.2 三端固定式稳压器

常见的稳压电路有三端稳压器、串联式稳压电路等；对一般应用而言，三端稳压器因其使用简单、保护完善等优点逐渐占据了主导地位。

常用三端稳压器主要有两种，一种是输出电压固定的，称为固定输出三端稳压器；另一种是输出电压可调的，称为可调输出三端稳压器，其基本原理相同。在线性集成稳压器中，三端稳压器仅有3个引出端子，具有外接元件少、使用方便、性能稳定、价格低廉等优点。三端稳压器的通用产品有78系列(正电源)和79系列(负电源)，输出电压由具体型号中的后面两个数字代表，一般有5 V、6 V、8 V、9 V、12 V、15 V、18 V、24 V等输出电压；各厂家在78(79)前面冠以不同的英文字母代号，其输出电流以插入78(79)和电压数字之间的字母来表示。插入L表示0.1 A、M表示0.5 A，无字母表示1.5 A，如78L05表示5 V、0.1 A。常见的封装形式有TO-3金属和TO-220的塑料封装，金属封装形式输出电流可达5 A，如图5.3所示。

三端固定式稳压器的基本应用电路如图5.4所示，只要将输入电压加至其输入端，公共端接地，即可在输出端得到标称电压。值得注意的是，79系列的负压稳压器的输入端应加上负输入电压，公共端接地，方可在输出端得到标称负输出电压。

在实际应用电路中，芯片输入端、输出端与地之间除分别接入大容量滤波电容外，通常还需要在输入、输出脚并接0.1～10 μF电容Ci、Co到地，其中，Ci用以抑制芯片自激震荡，Co则

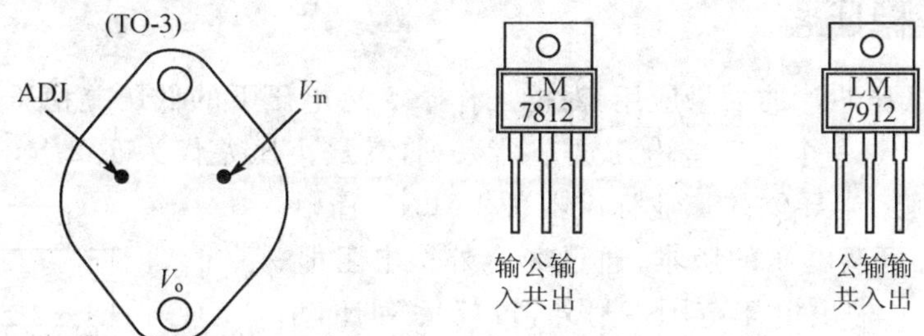

(a) TO-3封装可调稳压引脚配置　(b) 220封装正输出引脚配置　(c) 220封装负输出引脚配置

图 5.3　三端稳压器常见封装

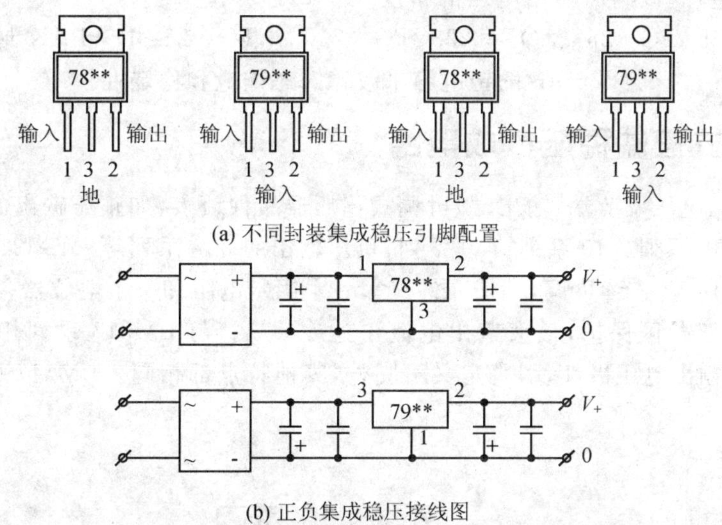

图 5.4　三端固定式稳压器应用电路

用以减少高频噪声。Ci 和 Co 的具体取值应随芯片的输出电压高低和应用电路方式不同而异。此外，还常在三端稳压器的输入/输出端并接保护二极管，防止因意外使输出端的大电容存储的电压反极性加到输出、输入端之间而损坏芯片。

V_{in}和V_{out}之间的关系：以 7805 为例，该三端稳压器的固定输出电压是 5 V，而输入电压大于 7 V，这样输入/输出之间有 2～3 V 及以上的压差，使调整管保证工作在放大区；但压差取得过大又会增加集成块的功耗。所以，两者应兼顾，既保证在最大负载电流时调整管不进入饱和，又不至于功耗偏大。原始电压距目标电压过高时，应考虑增加中间值稳压块，以降低末级稳压块的功耗和热量。

5.1.3 低压差稳压器

随着3.3 V等低压芯片的大量应用，对能工作于5 V电压下的低压差稳压器的需求显得尤为迫切起来。1117是一个低压差电压调节器系列，其最小压差仅为1.2 V，负载电流可达800 mA；它与美国国家半导体的工业标准器件LM317有相同的引脚排列，且有可调电压的版本，通过2个外接电阻即可实现1.25～13.8 V输出电压范围。另外，1117系列还包括1.8 V、2.5 V、2.85 V、3.3 V和5 V的固定电压输出型号供选择，其输出值标示于器件表面如图5.5所示。

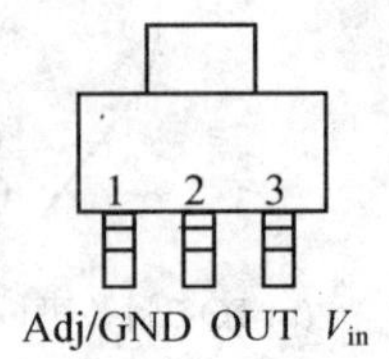

图5.5 LM1117外观

1117同样提供电流限制和热保护。电路包含1个齐纳调节的带隙参考电压，以确保输出电压的精度在±1%以内。1117系列具有LLP、TO-263、SOT-223、TO-220和TO-252 D-PAK封装，使用时要注意，其输出端需要一个至少10 μF的钽电容来改善瞬态响应和稳定性。

5.1.4 可调式三端稳压集成电路

三端（输入端、电压调节端、输出端）可调式稳压器品种繁多，如正压输出的317(217/117)系列、123系列、138系列、140系列、150系列；负压输出的337系列等。LM317系列稳压器输出范围为1.25～37 V，连续可调，外接元件只需一个固定电阻和一个电位器；其芯片内部含有过流、过热和安全工作区保护，最大输出电流可达1.5 A。与LM317系列相比，负压输出的LM337系列除了输出电压极性、引脚定义不同外，其他特点都相同。LM317引脚图及应用电路如图5.6所示。

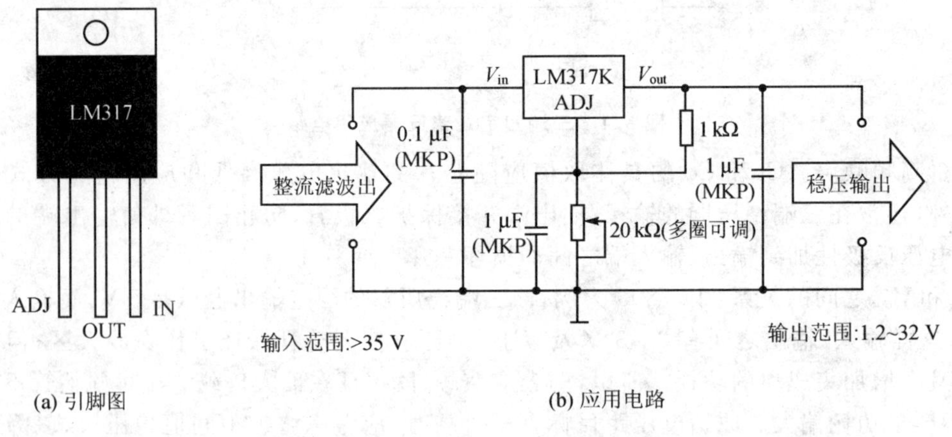

图5.6 LM317引脚及应用电路

5.1.5 正负输出稳压电源

正负输出稳压电源能同时输出两组数值相同、极性相反的恒定电源压，由输出电压极性不同的两片集成稳压 78××和 79××构成，电路十分简单。同理，换集成稳压芯片为 LM317 和 LM337，即可组成正负输出电压可调的稳压电源，其最高输出电压要受输入电压的影响和制约，电路如图 5.7 所示。

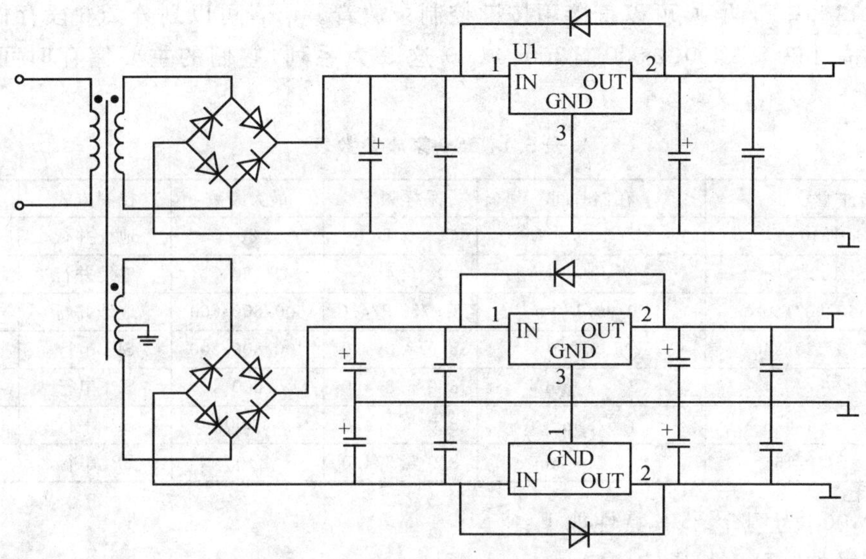

图 5.7 正负输出稳压电源电路简图

5.2 语音模块

5.2.1 ISD 系列的特性及结构

以前，数码语言的开发设计不但结构设计复杂、编程录制麻烦、开发生产成本高，而且音质欠佳，难以实用。现在，一切都发生了彻底的改变，除了凌阳 16 位单片机的语音资源外，ISD 数码语音电路也带来了变革。

ISD 系列语音电路是美国 ISD(Information Storage DevICe)公司的新专利产品，它打破了传统的先 A/D 再 D/A 的模式，采用多电平直接模拟量存储技术；每个采样值直接存储在片内闪烁存储器中，因此能够非常真实、自然地再现语音、音乐、音调和效果声，避免了一般固体录音电路因量化和压缩造成的量化噪声和金属声。它可在断电情况下保存 100 年(典型值)，反复录音 10 万次，直接存储模拟信号技术也使存储密度大大提高。ISD 系列由振荡器、语音

存储单元、前置放大器、自动增益控制电路、抗干扰滤波器、输出放大器组成。一个最小的录放系统仅由一个麦克风、一个喇叭、两个按钮、一个电源、少数电阻电容组成。电路以其音质自然、使用方便、单片存储、反复录放、低功耗、抗断电等众多优点在语音应用领域确立了其不可争辩的霸主地位,在通信设备、智能仪表、治安报警、语音报站、报数报价、语音讲解、语音记录、语音复读、教学仪器、智能玩具、电子礼品等场合获得了广泛的应用。

ISD家族包括从10 s～16 min的一系列芯片,以FLASHRAM闪烁存储器为IC介质,控制方式有并口和串口两种,可以直接用按键控制录放音。语音可以划分256段存储。ISD语音电路主要有1 200、1 400、2 500、3 300、4 000这5大系列,它们的主要储存时间及性能如表5.1所列。

表5.1　ISD家族参数表

器件型号	存储时间	采样频率	最大断数	控制方式	电　压
ISD1210	10 s	6.4	80	地址并行	5 V
ISD1420	20 s	6.4	160	地址并行	5 V
ISD2560/90/120	60/90/120 s	8.0/5.3/4.0	600/600/600	地址并行	5 V
ISD33060/120/240	60/120/240 s	8.0/8.0/4.0	400/800/800	SPI串行	3 V
ISD4002-2/3/4	2/3/4 min	8.0/5.3/4.0	600	SPI串行	3 V
ISD4003-4/6/8	4/6/8 min	8.0/5.3/4.0	1200	SPI串行	3 V
ISD-8/12/16	8/12/16 min	8.0/5.3/4.0	2400	SPI串行	3 V

以ISD4002为例介绍,其特性如下:

- 内置微控制器串行通信接口;
- 3 V单电源工作(极限电压约为3.8 V);
- 多段信息处理;
- 工作电流25～30 mA,维持电流1 μA;
- 不耗电信息保存100年(典型值);
- 高质量、自然的语音还原技术;
- 10万次录音周期(典型值);
- 自动静噪功能;
- 片内免调整时钟,可选用外部时钟。

使用注意:芯片设计是基于所有操作必须由微控制器控制的,操作命令可通过串行通信接口(SPI或Microwire)送入。

电源(V_{CCA}、V_{CCD}):为使噪声最小,芯片的模拟和数字电路使用不同的电源总线,并且分别引到外封装的不同引脚上;模拟和数字电源端最好分别走线,尽可能在靠近供电端处相连,而去耦电容应尽量靠近器件。

地线(V_{SSA}、V_{SSD}):芯片内部的模拟和数字电路也使用不同的地线。

5.2.2 常用音频功率放大器

LM386 是美国国家半导体公司生产的音频功率放大器，主要应用于低电压消费类产品。为使外围元件最少，电压增益内置为 20；但在 1 脚和 8 脚之间增加一只外接电阻和电容，便可将电压增益调为任意值，直至 200。输入端以地为参考，同时输出端被自动偏置到电源电压的一半，在 6 V 电源电压下，它的静态功耗仅为 24 mW，使得 LM386 特别适用于电池供电的场合。

LM386 有塑封 8 引线双列直插式和贴片式两种封装形式。

AN7114 在 V_{vv}=6.0 V，THD=10%，R_L=8 Ω 条件下，输出功率可达 0.6 W，噪声输出 3 mV。

极限参数：V_{cc}=11 V，耗散功率（不带散热器）为 1.2 W，带散热器的条件下可达 2.25 W，工作温度为 −20～70℃，适合于小型便携式收录音机及音响设备作功率放大器。AN7114 引脚图如图 5.8 所示，典型应用电路如图 5.9 所示。

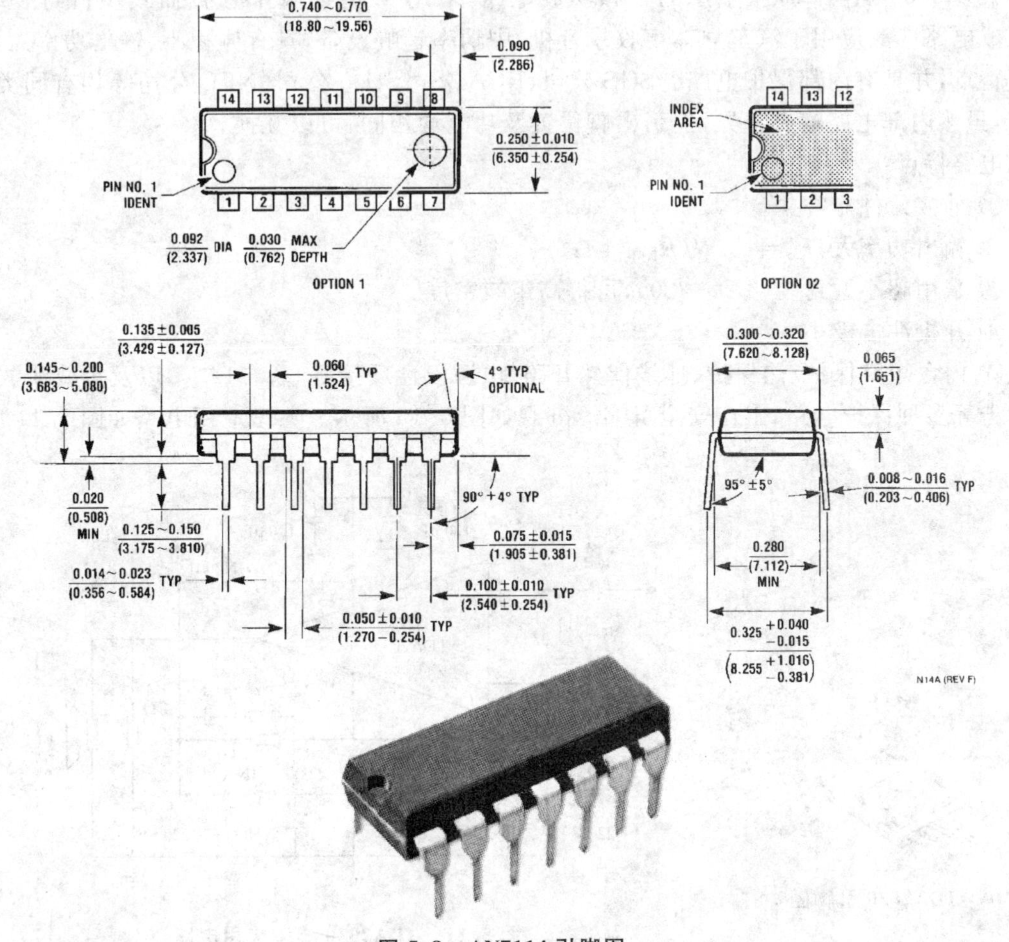

图 5.8 AN7114 引脚图

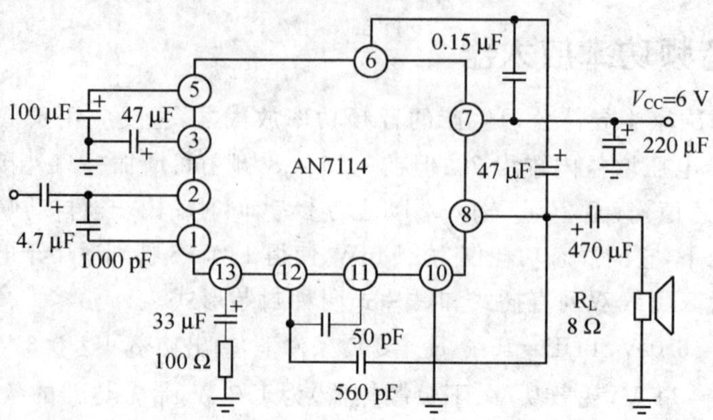

图 5.9　AN7114 典型应用电路

TDA2030 是德律风根生产的音频功放电路，采用 V 型 5 脚单列直插式塑料封装结构。该集成电路广泛应用于汽车立体声收录音机、中功率音响设备，具有体积小、输出功率大、失真小等特点，并具有内部保护电路。SGS 公司、RCA 公司、日立公司、NEC 公司等均有同类产品生产，虽然内部电路略有差异，但引出脚位置及功能均相同，可以互换。

电路特点：

① 外接元件非常少。

② 输出功率大，$P_o = 18$ W($R_L = 4$ Ω)。

③ 采用超小型封装(TO－220)，可提高组装密度。

④ 开机冲击极小。

⑤ 内含短路保护、热保护、地线偶然开路、电源极性反接($V_{smax} = 12$ V)以及负载泄放电压反冲击等多种保护电路，工作安全可靠。外观如图 5.10 所示。典型应用电路如图 5.11 所示。

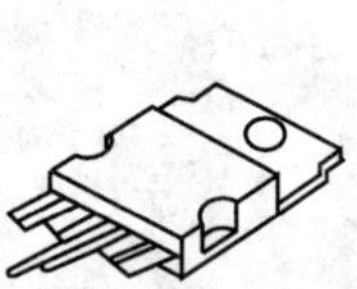

图 5.10　TDA2030 引脚图

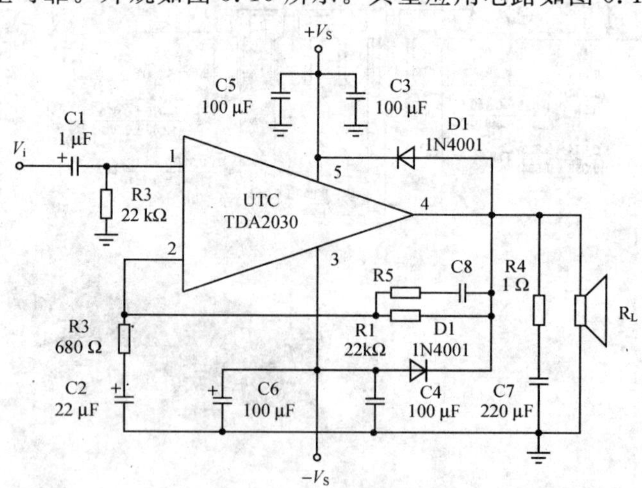

图 5.11　TDA2030 典型应用电路

5.3 显示模块

5.3.1 数码管 LED 模块

LED(Light Emitting Diode)即发光二极管，是一种固态的半导体器件。LED 的心脏是一个半导体的晶片，晶片的一端附在一个支架上，一端是负极，另一端连接电源的正极，使整个晶片被环氧树脂封装起来。在 P 型半导体和 N 型半导体之间有一个过渡层，称为 PN 结。在某些半导体材料的 PN 结中，注入的少数载流子与多数载流子复合时会把多余的能量以光的形式释放出来，从而把电能直接转换为光能。这种利用注入式电致发光原理制作的二极管叫发光二极管，通称 LED。

发光二极管芯片的适当连接(包括串联和并联)和适当的光学结构，可构成发光显示器的发光段或发光点。由这些发光段或发光点可以组成数码管、符号管、米字管、矩阵管、电平显示器管等。通常把数码管、符号管、米字管共称笔画显示器，而把笔画显示器和矩阵管统称为字符显示器。基本的半导体数码管是由 7 个条状发光二极管芯片按图 5.12 排列而成的;可实现 0～9 的显示。其具体结构有反射罩式、条形七段式及单片集成式多位数字式等。

1. LED 显示器分类

① 按字高分：笔画显示器字高最小有 1 mm(单片集成式多位数码管字高一般在 2～3 mm)，其他类型笔画显示器最高可达 12.7 mm(0.5 in)，甚至达数百毫米，如图 5.12 所示。

② 按颜色分，有红、橙、黄、绿、蓝等数种。

③ 按结构分，有反射罩式、单条七段式及单片集成式。

④ 按各发光段电极连接方式分，有共阳极和共阴极两种。

所谓共阳方式是指笔画显示器各段发光管的阳极(即 P 区)是公共的，而阴极互相隔离。

所谓共阴方式是笔画显示器各段发光管的阴极(即 N 区)是公共的，而阳极是互相隔离的，如图 5.13 所示。

多位数码管没有统一标准，引脚定义较乱，同为共阳或共阴管，生产厂家不同，引脚定义也不一样。使用前一定要阅读产品资料或使用万用表检测，确定引脚定义。最方便的是直接用数字万用表的二极管挡检测，注意，红表笔是电源的正极，黑表笔是电源的负极。

数码管要正常显示就要用驱动电路来驱动其各个段码，从而显示出我们要的数字，因此根据数码管的驱动方式的不同，可以分为静态式和动态式两类。

① 静态显示驱动：静态驱动也称直流驱动，指每个数码管的每一个段码都由一个单片机的 I/O 端口进行驱动，或者使用如 BCD 码二-十进制译码器进行驱动。静态驱动的优点是编程简单，显示亮度高;缺点是占用 I/O 端口多，如驱动 5 个数码管静态显示则需要 5×8=40 根

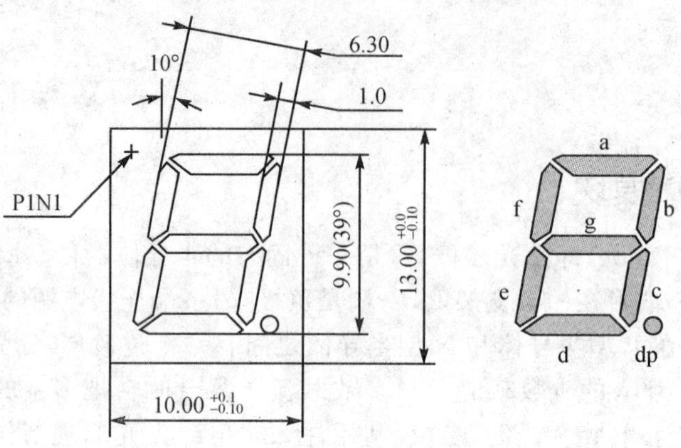

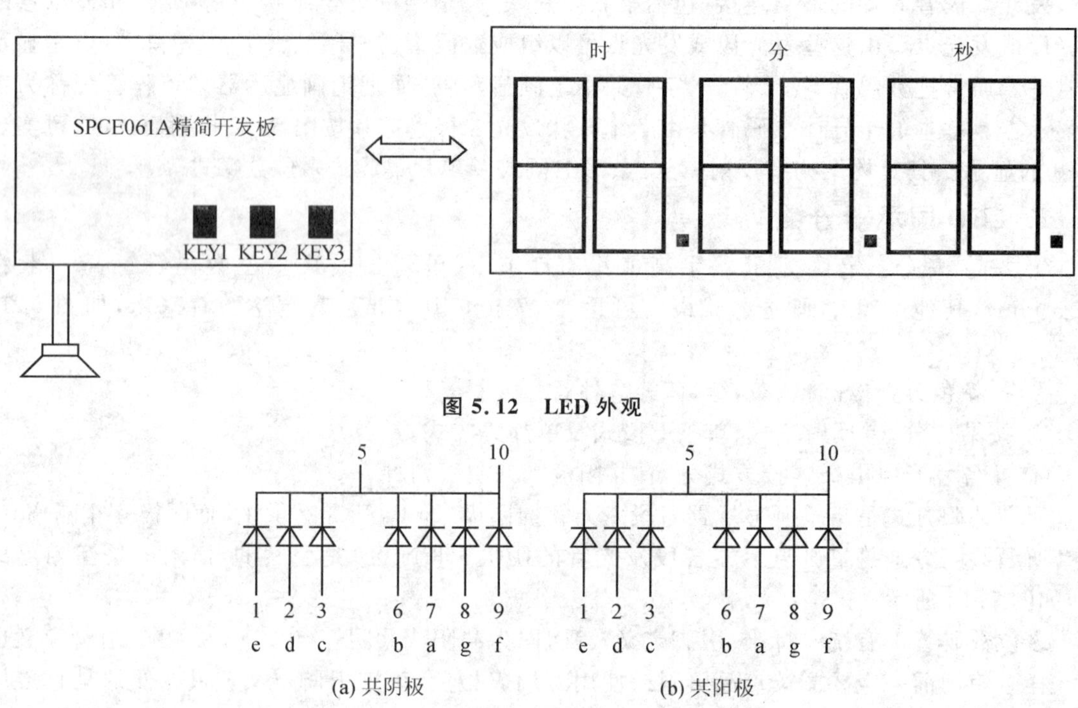

图 5.12　LED 外观

图 5.13　共阴及共阳极接法

I/O 端口来驱动(要知道一个凌阳 16 位单片机的 I/O 端口才 32 个),实际应用时大都使用译码驱动器进行驱动,而硬件电路的复杂性会有所增加。

② 动态显示驱动:数码管动态显示接口是单片机中应用最为广泛的一种显示方式,是将所有数码管的 8 个显示笔划"a～g、dp"的同名端连在一起,另外为每个数码管的公共极 COM

增加位选通控制电路，位选通由各自独立的 I/O 线控制。当单片机输出字形码时，所有数码管都接收到相同的字形码，但究竟是哪个数码管显示出字形取决于单片机对位选通 COM 端电路的控制，所以只要将需要显示的数码管的选通控制打开，该位就显示出字形，没有选通的数码管就不会亮。通过分时轮流控制各个数码管的 COM 端来使各个数码管轮流受控显示，这就是动态驱动。在轮流显示过程中，每位数码管的点亮时间为 1～2 ms；由于人的视觉暂留现象及发光二极管的余辉效应，尽管实际上各位数码管并非同时点亮，但只要扫描的速度足够快，给人的印象就是一组稳定的显示数据，不会有闪烁感。动态显示的效果和静态显示是一样的，但能够节省大量的 I/O 端口，而且功耗更低。

2. 数码管使用的电流与电压

驱动电流：静态时，推荐使用 10～15 mA；动态时，16/1 动态扫描时，平均电流为 4～5 mA，峰值电流为 50～60 mA。

驱动电压：查引脚排布图，看一下每段的芯片数量是多少？数码管为红色时，可使用 1.9 V乘以每段芯片串联的个数得出最低电压值；数码管为绿色时，使用 2.1 V 乘以每段芯片串联的个数求得；而蓝色数码管则要乘上 3.6 V 电压求其最低驱动电压值。

3. 恒流驱动与非恒流驱动对数码管的影响

1）显示效果

由于发光二极管基本上属于电流敏感器件，其正向压降的离散性很大，并且还与温度有关，为了保证数码管具有良好的亮度均匀度，就需要使其具有恒定的工作电流，且不能受温度及其他因素的影响。要求较高的显示场合还要控制驱动芯片在温度变化时能够自动调节输出电流的大小，以实现色差平衡和温度补偿。

2）安全性

即使是短时间的电流过载也可能对发光管造成永久性的损坏，采用恒流驱动电路可防止由于电流故障所引起的数码管的大面积损坏。另外，采用的超大规模集成电路还具有级联延时开关特性，可防止反向尖峰电压对发光二极管的损害。

4. 为什么数码管亮度不均匀

亮度一致性的问题是一个行业内的常见问题。有两个大的因素影响亮度一致性，一是使用原材料芯片的选取，二是使用数码管时采取的控制方式。

① 原材料芯片的 VF、亮度和波长是一个正态分布，即使筛选过芯片，VF、亮度和波长已在一个很小的范围了，生产出来的产品还是在一个范围内，结果就是亮度不一致。

② 要保证数码管亮度一样，在控制方式选取上也有差别，最理想的驱动是恒流控制，使流过每一个发光二极管的电流都是相同的，这样发光二极管看起来亮度就是均匀的。如恒压控制会导致 V_F不相同，则发光二极管分到的电流不相同，产生亮度差异。当然以上两个条件是相辅相成的。

5.3.2 液晶LCD模块

液晶显示模块是一种将液晶显示器件、连接件、集成电路、线路板、背光源、结构件装配在一起的组件，英文名称叫 LCD Module，简称 LCM，中文称为“液晶显示模块”。液晶显示模件虽然应用已很广泛，但对很多人来说，使用、装配时仍感到困难，特别是点阵型液晶显示模件，使用者更是会感到无从下手；特殊的连接方式和所需的专用设备也需要了解和具备，因此液晶显示器件的用户希望有人代劳，将液晶显示屏与控制、驱动集成电路装在一起，形成一个功能组件，用户只需用传统工艺即可将其装配成一个整机系统。通常所说的“模块”主要是指点阵液晶屏装配的点阵液晶显示模块。由段式液晶显示模件与专用的集成电路组装成一体的功能部件，只能显示数字和一些标识符号。段式液晶显示模件大多应用在便携、袖珍设备上，由于它们被做成某种通用的、特定的功能而使其价格低廉。

1. 种　类

常见的数显液晶显示模块有以下几种：

1) 计数模块

这是一种由不同位数的七段型液晶显示模件与译码驱动器，或再加上计数器装配成的计数显示部件，具有记录、处理、显示数字的功能。目前，市场上常见到的主要产品有由 CD4055 译码驱动器驱动的单位液晶显示模块。

功能：虽说都叫“计数模块“，但其中大部分并不能直接计数。它们的输入端口有的是 BCD 码接口形式，有的是 BCD 码加选通端输入接口形式，还有的是可直接与串行、并行口相接的接口形式等；如需要计算或记录一串数字，还必须配置相应的电路，当然也有将计数电路配在模块上的产品。

结构：液晶显示模件有不同的安装方法和安装结构。因此，选用时要注意其结构特点，一般来说，这种计数模块大都由斑马导电橡胶条、塑料（或金属）压框和 PCB 板将液晶显示模件与集成电路装配在一起而成；其外引线端有焊点式、插针式、线路板插脚式几种。

电源：一台设备应该尽量使用统一的电源，常见的液晶显示器件的计数模块有单电源型和双电源型，也有 5 V 和 9 V 等不同电压规格。

2) 计量模块

这是一种由多位段型液晶显示模件和具有译码、驱动、计数、A/D 转换功能的集成电路片组装而成的模块。由于所用的集成电路具有 A/D 转换功能，所以可以将输入的模拟量电信号转换成数字量显示出来。任何物理量、甚至化学量（如酸碱度等）都可以转换为模拟电量，所以只要配上一定的传感器，这种模块就可以实现任何量值的测量和显示，使用起来十分方便。计量模块所用的集成电路型号主要有 ICL7106、ICL7116、ICL7126、ICL7136、ICL7135、ICL7129 等，这些集成电路的功能、特性决定了计量模块的功能和特性。作为计量产品，按规定必须进行计量鉴定，经计量部门批准在产品上贴有计量合格证。

3）计时模块

计时模块将液晶显示模件用于计时历史最久，将一个液晶显示模件与一块计时集成电路装配在一起就是一个功能完整的计时器；由于它没有成品钟表的外壳，所以称之为计时模块。计时模块和计数模块虽然外观相似，但它们的显示方式不同，计时模块显示的数字是由两位一组的数字组成的，而计数模块每位数字均是连续排列的。由于不少计时模块还具有定时、控制功能，因此这类模块可广泛装配到一些家电设备中，如收录机、CD机、微波炉、电饭煲等。

4）液晶点阵字符模块

它是由点阵字符液晶显示器件和专用的行、列驱动器、控制器及必要的连接件、结构件装配而成的，可以显示数字和西文字符。这种点阵字符模块本身具有字符发生器，显示容量大，功能丰富。一般在模块控制、驱动器内具有已固化好192个字符字模的字符库CGROM，还具有让用户自定义建立专用字符的随机存储器CGRAM，允许用户建立8个5×8点阵的字符。

5）点阵图形液晶模块

这种模块也是点阵模块的一种，特点是点阵像素连续排列，行和列在排布中均没有空格，因此，可以显示连续、完整的图形；由于它也是由X-Y矩阵像素构成的，所以除显示图形外，也可以显示字符。

常见液晶模块外观如图5.14所示。

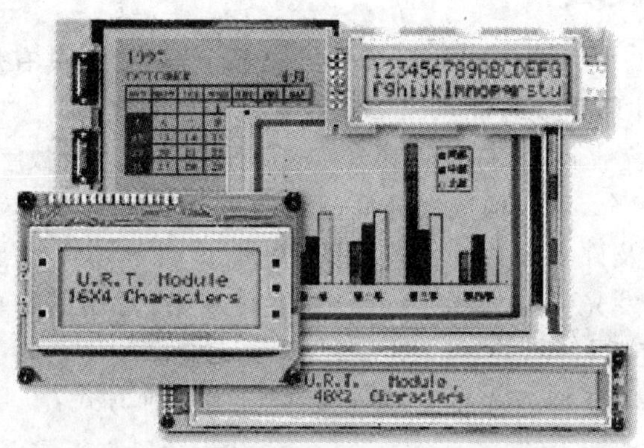

图5.14 常用液晶模块外观

2. 类 型

1）行、列驱动型

这是一种必须外接专用控制器的模块，只装配有通用的行、列驱动器，这种驱动器实际上只有对像素的一般驱动输出端，而输入端一般只有4位以下的数据输入端、移位信号输入端、锁存输入端、交流信号输入端等，如HD44100、IID66100等。此种模块必须外接控制电路，如HD61830、SEDl330等，才能与计算机连接。该种模块数量最多，最普遍。虽然需要采用自配控制器，但它也给用户留下了可以自行选择不同控制器的自由。

2）行、列驱动——控制型

这是一种可直接与计算机接口，依靠计算机直接控制驱动器的模块。这类模块所用的列驱动器具有I/O总线数据接口，可以将模块直接挂在计算机的总线上，省去了专用控制器，因此，对整机系统降低成本有好处。对于像素数量不大，整机功能不多，对计算机软件的编程又很熟悉的用户非常适用。不过它会占用你系统的部分资源。

3）行、列控制型

这是一种内藏控制器型点阵图形模块，也是比较受欢迎的一种类型。这种模块不仅装有如第1类的行、列驱动器，而且装配有如T6963C等的专用控制器。这种控制器是液晶驱动器与计算机的接口，以最简单的方式受控于计算机，接收并反馈计算机的各种信息，经过自己独立的信息处理实现对显示缓冲区的管理，并向驱动器提供需要的各种信号、脉冲，操纵驱动器实现模块的显示功能。这种控制器具有自己专用的指令，并具有自己的字符发生器CGROM。用户必须熟悉这种控制器的说明书，才能进行操作。这种模块使用户摆脱了对控制器的设计、加工、制作等一系列工作，又使计算机避免了对显示器的繁琐控制，节约了主机系统的内部资源。

5.3.3 LED点阵模块

LED点阵式显示器与由单个发光二极管连成的显示器相比，具有焊点少、连线少，所有亮点在同平面、亮度均匀、外形美观等优点。

LED点阵管可以代替数码管、符号管和米字管，不仅可以显示数字，也可显示所有西文字母和符号。如果将多块组合，可以构成大屏幕显示屏，用于汉字、图形、图表等的显示，广泛用于机场、车站、码头、银行及许多公共场所的指示、说明、广告等场合。点阵管根据内部LED尺寸的大小、数量的多少及发光强度、颜色等可分为多种规格，常用的有单、双色∮3、∮3.75、∮5—8×8等规格，采用双列直插封装，外观如图5.15所示。

点阵LED一般采用动态扫描式显示，实际运用分为3种方式：

① 点扫描；

② 行扫描；

③ 列扫描。

若使用第1种方式，则其扫描频率必须大于16×64=1024 Hz，周期小于1 ms。若使用第2和第3种方式，则频率必须大于16×8=128 Hz，周期小于7.8 ms才可符合视觉暂留要求。此外，一次驱动一列或一行(8颗LED)时，需外加驱动电路提高电流；否则，LED亮度会不足。估算时应注意每个LED的平均电流不应超过20 mA，其等效电路如图5.16所示。图5.17是一个典型LED点阵显示器驱动电路。

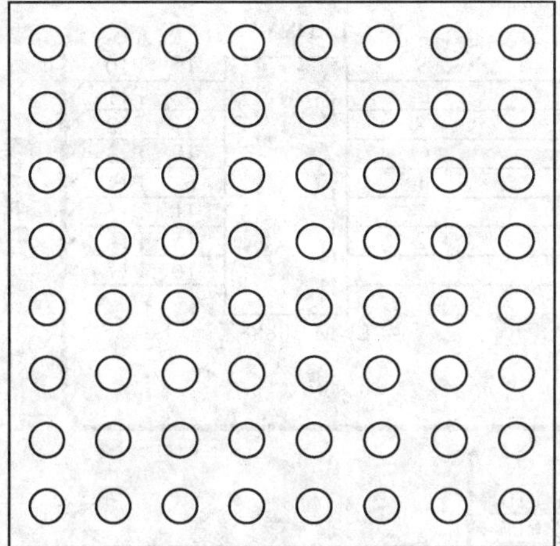

(a) 外观

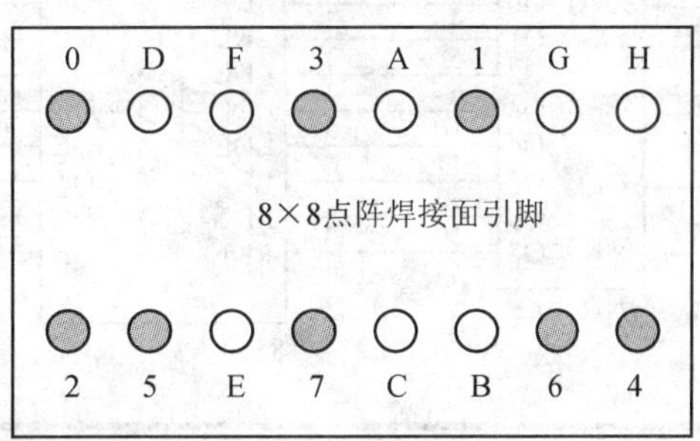

(b) 引脚图

图 5.15　点阵 LED 外观及引脚图

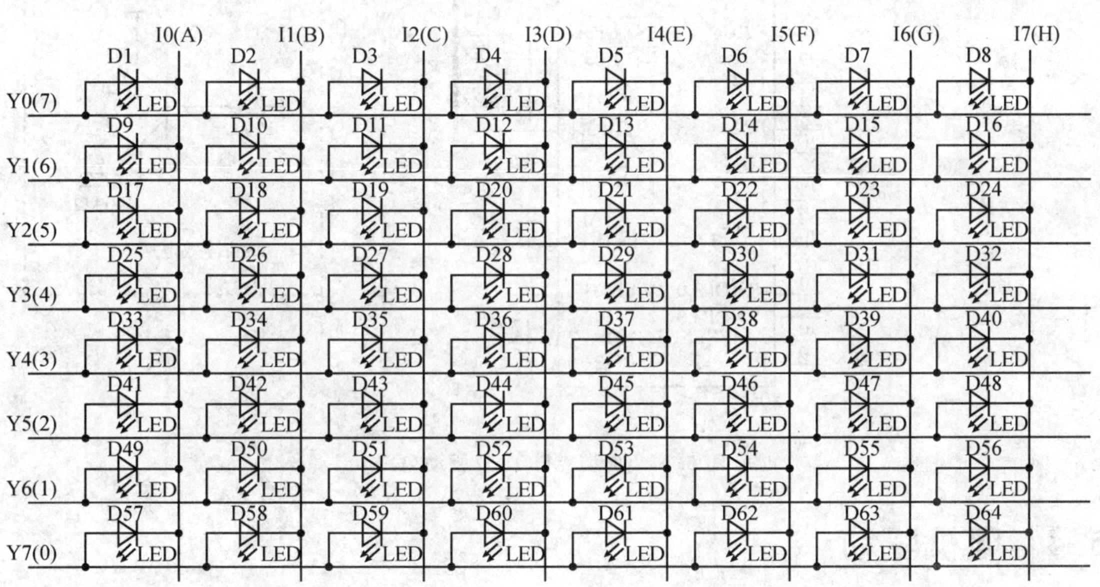

图 5.16　点阵 LED 等效电路

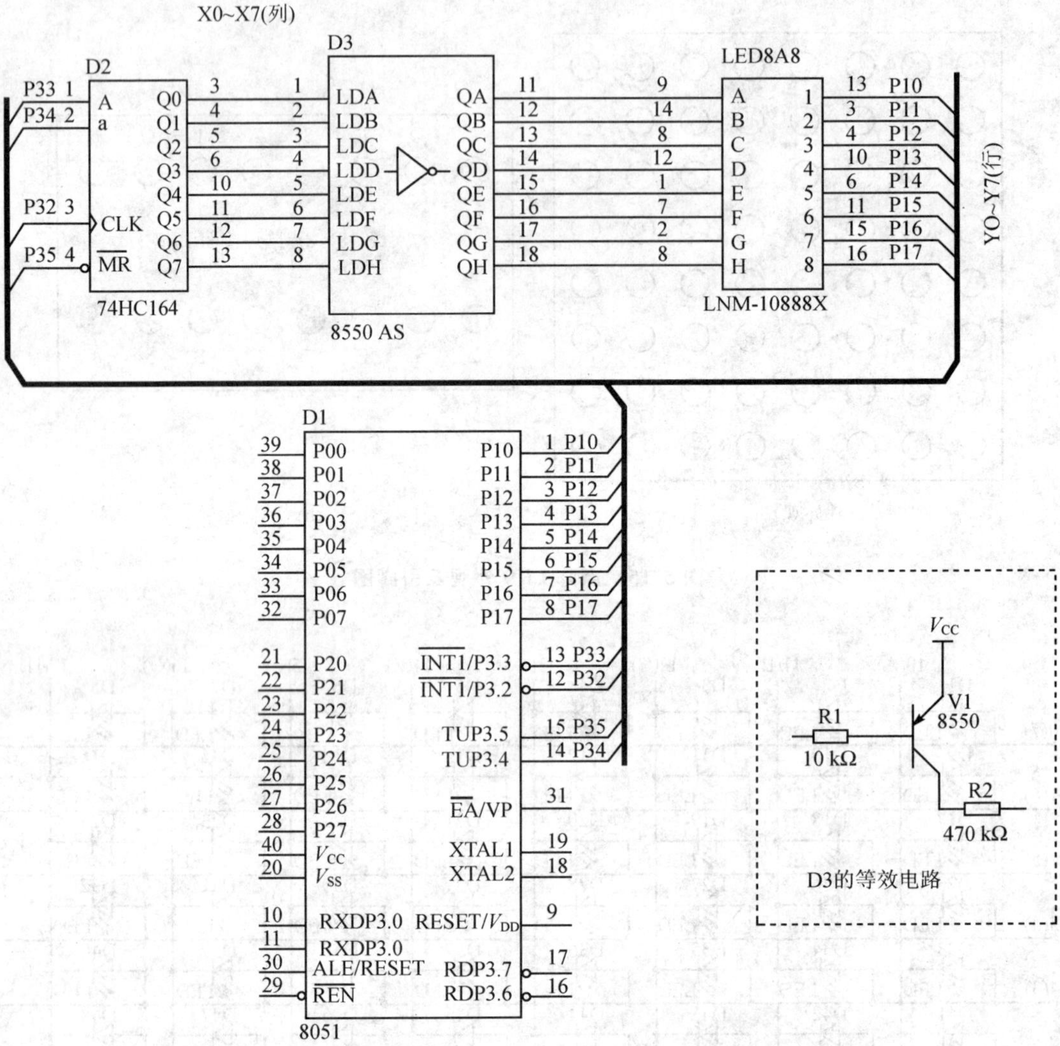

图 5.17　典型点阵 LED 驱动电路

5.4　电机驱动

5.4.1　直流电机桥驱动电路

长期以来，直流电机以其良好的线性特性、优异的控制性能等特点成为大多数变速运动控制和闭环位置伺服控制系统的最佳选择。特别是随着单片机在控制领域、高开关频率、全控型第二代电力半导体器件(GTR、GTO、MOSFET、IGBT 等)的发展,以及脉宽调制(PWM)直流调速技术的应用,直流电机的应用日益广泛。为适应小型直流电机的使用需求,各半导体厂商推出了直流电机控制专用集成电路,构成基于微处理器控制的直流电机伺服系统。但是,专用集成电路构成的直流电机驱动器的输出功率有限,不适合大功率直流电机驱动需求。因此,采用 N 沟道增强型场效应管构建 H 桥,实现大功率直流电机驱动控制。该驱动电路能够满足各种类型直流电机需求,并具有快速、精确、高效、低功耗等特点,可直接与微处理器接口,可应用 PWM 技术实现直流电机调速控制。

直流电机驱动控制电路分为光电隔离电路、电机驱动逻辑电路、驱动信号放大电路、电荷泵电路、H 桥功率驱动电路 4 部分。H 桥式直流电机驱动电路原理如图 5.18 所示。当 Q1 和 Q2 的 B 为低电平时,Q1、Q4 导通,电机正转。反之,当 Q2、Q3 的 B 为低时,电机反转,如图 5.19 所示。

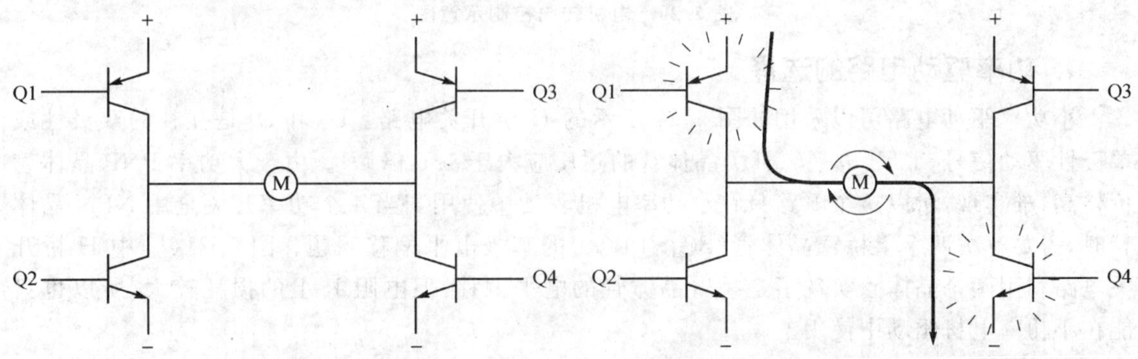

图 5.18 H 桥式直流电机驱动电路　　**图 5.19 电机控制示意图**

驱动电机时,保证 H 桥上两个同侧的三极管不同时导通非常重要。如果三极管 Q1 和 Q2 同时导通,那么电流就会从正极穿过两个三极管直接回到负极。此时,电路中除了三极管外没有其他任何负载,因此,电路上的电流就可能达到最大值(该电流仅受电源性能限制),甚至烧坏三极管。基于上述原因,在实际驱动电路中通常要用硬件电路方便地控制三极管的开关。图 5.20 就是基于这种考虑的改进电路,它在基本 H 桥电路的基础上增加了 4 个“与门”和 2 个“非门”。4 个“与门”同一个使能导通信号相接,这样,用这一个信号就能控制整个电路的开关。而 2 个“非门”通过提供一种方向输入,可以保证任何时候在 H 桥的同侧腿上都只有一个三极管能导通,如图 5.20 所示。

在大功率驱动系统中,驱动回路与控制回路电气隔离,会减少驱动控制电路对外部控制电路的干扰。隔离后的控制信号经电机驱动逻辑电路产生电机逻辑控制信号,分别控制 H 桥的上下臂。由于 H 桥由大功率 N 沟道增强型场效应管构成,不能由电机逻辑控制信号直接驱动,因此,必须经驱动信号放大电路和电荷泵电路对控制信号进行放大,然后驱动 H 桥功率驱动电路来驱动直流电机。

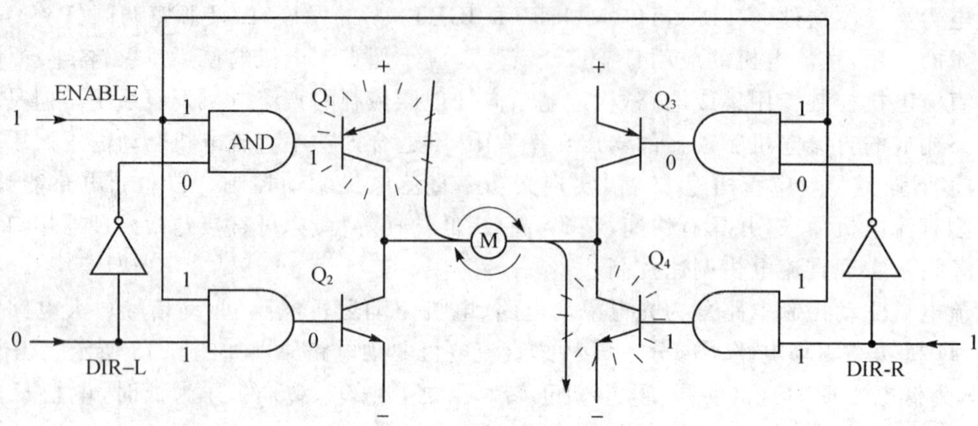

图 5.20　电机转向控制示意图

1. 功率驱动电路的选择

小功率驱动电路可以采用如图 5.21 所示的 H 桥开关电路。U_A 和 U_B 是互补的双极性或单极性驱动信号，TTL 电平。开关晶体管的耐压应大于 1.5 倍 U_S。由于大功率 PNP 晶体管价格高、难实现，所以这个电路只在小功率电机驱动中使用。当 4 个功率开关全用 NPN 晶体管时，需要解决两个上桥臂晶体管（BG_1 和 BG_3）的基极电平偏移问题。图 5.21(b)中 H 桥开关电路利用两个晶体管实现了上桥臂晶体管的电平偏移，但电阻 R 上的损耗较大，所以也只能在小功率电机驱动中使用。

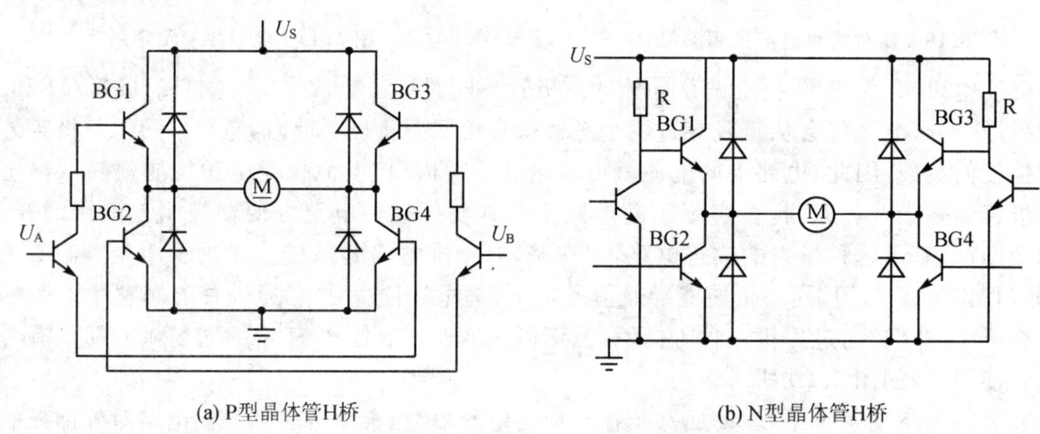

图 5.21　电机 H 桥开关电路

当驱动功率比较大时，一般桥臂电压也比较高，如直接取工频电压，单相 220 V 或三相 380 V。为了安全和可靠，希望驱动回路（主回路）与控制回路绝缘，此时，主回路必须采用浮地前置驱动。如图 5.22 所示的浮地前置驱动电路都是互相独立的，并由独立的电源供电。前置驱动电路中采用了光电耦合，使控制信号 U_A、$\overline{U}_A$、U_B、$\overline{U}_B$ 分别与各自的前置驱动电路电气绝缘，于是控制信号对主回路浮地(或不共地)。

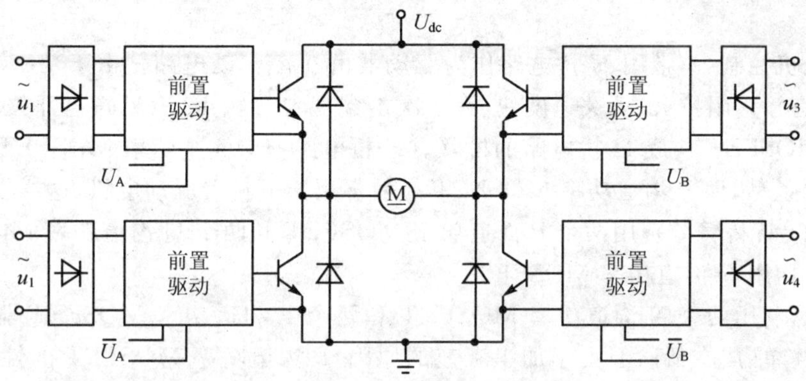

图 5.22 大功率驱动电路

2. 直流电机驱动控制电路总体结构

直流电机驱动控制电路分为光电隔离电路、电机驱动逻辑电路、驱动信号放大电路、电荷泵电路、H 桥功率驱动电路 4 部分。

可以看出，电机驱动控制电路的外围接口简单，其主要控制信号有电机运转方向信号 Dir、电机调速信号 PWM 及电机制动信号 Brake。Vcc 为驱动逻辑电路部分提供电源，Vm 为电机电源，M＋、M－为直流电机接口。

3. H 桥功率驱动原理

直流电机驱动使用最广泛的就是 H 型全桥式电路，它方便地实现直流电机的四象限运行，分别对应正转、正转制动、反转、反转制动。

H 型全桥式驱动电路的 4 只开关管都工作在斩波状态。S1、S2 为一组，S3、S4 为一组，这两组状态互补，当一组导通时，另一组必须关断。当 S1、S2 导通时，S3、S4 关断，电机两端加正向电压实现电机的正转或反转制动；当 S3、S4 导通时，S1、S2 关断，电机两端为反向电压，电机反转或正转制动。

实际控制中，需要不断地使电机在四个象限之间切换，即在正转和反转之间切换，也就是在 S1、S2 导通且 S3、S4 关断到 S1、S2 关断且 S3、S4 导通这两种状态间转换。这种情况理论上要求两组控制信号完全互补，但是由于实际的开关器件都存在导通和关断时间，绝对的互补控制逻辑会导致上下桥臂直通短路，为了避免这个现象且保证各个开关管动作的协同性和同步性，两组控制信号理论上要求互为倒相，而实际必须相差一个足够长的死区时间。这个校正过程既可通过硬件实现，即在上下桥臂的两组控制信号之间增加延时，也可通过软件实现。

4. 直流电机驱动控制电路设计

由直流电机驱动控制电路框图可以看出驱动控制电路结构简单，主要由4部分电路构成，其中光电隔离电路较简单，在此不再介绍，下面对直流电机驱动控制电路的其他部分进行详细介绍。

在直流电机控制中，常用H桥电路作为驱动器的功率驱动电路。由于功率MOSFET是压控元件，具有输入阻抗大、开关速度快、无二次击穿现象等特点，满足高速开关动作需求，因此常用功率MOSFET构成H桥电路的桥臂。H桥电路中的4个功率MOSFET分别采用N沟道型和P沟道型，而P沟道功率MOSFET一般不用于下桥臂驱动电机，这样就有两种可行方案：一种是上下桥臂分别用两个P沟道功率MOSFET和两个N沟道功率MOSFET；另一种是上下桥臂均用N沟道功率MOSFET。

相对来说，利用两个N沟道功率MOSFET和两个P沟道功率MOSFET驱动电机的方案，控制电路简单、成本低。但由于加工工艺的原因，P沟道功率MOSFET的性能要比N沟道功率MOSFET的差，且驱动电流小，多用于功率较小的驱动电路中。而N沟道功率MOSFET，一方面载流子的迁移率较高、频率响应较好、跨导较大；另一方面能增大导通电流、减小导通电阻、降低成本，减小面积。综合考虑系统功率、可靠性要求以及N沟道功率MOSFET的优点，这里采用4个相同的N沟道功率MOSFET的H桥电路，它具备较好的性能和较高的可靠性，并具有较大的驱动电流，分立元件的H桥驱动电路如图5.23所示。

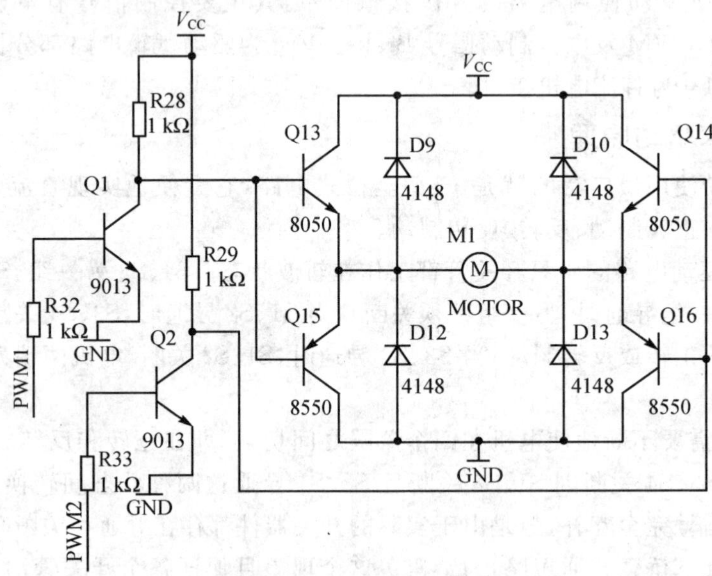

图5.23 分立元件的H桥驱动电路

实际使用的时候，用分立元件制作 H 桥是很麻烦的，好在现在市面上有很多封装好的 H 桥集成电路，接上电源、电机和控制信号就可以使用了，在额定的电压和电流内使用非常方便可靠，比如常用的 L293D、L298N、TA7257P、SN754410 等。

5.4.2 步进电机及其细分驱动

(1) 步进电机

步进电机是一种将电脉冲转化为角位移的执行机构，通俗一点讲，当步进驱动器接收到一个脉冲信号时，它就驱动步进电机按设定的方向转动一个固定的角度(及步进角)。可以通过控制脉冲个数来控制角位移量，从而达到准确定位的目的；同时，可以通过控制脉冲频率来控制电机转动的速度和加速度，从而达到调速的目的。按结构步进电机可分 3 种：永磁式(PM)、反应式(VR)和混合式(HB)。永磁式步进一般为两相，转矩和体积较小，步进角一般为 7.5°或 15°。反应式步进一般为三相，可实现大转矩输出，步进角一般为 1.5°，但噪声和振动都很大，在发达国家早已被淘汰。混合式步进是指混合了永磁式和反应式的优点，它又分为两相和五相：两相步进角一般为 1.8°，而五相步进角一般为 0.72°，这种步进电机的应用最为广泛。

步进电机的运行要有一个电子装置进行驱动，这种装置就是步进电机驱动器，它是把控制系统发出的脉冲信号加以放大以驱动步进电机。步进电机的转速与脉冲信号的频率成正比，控制步进脉冲信号的频率，可以对电机精确调速；控制步进脉冲的个数，可以对电机精确定位，如图 5.24 所示。

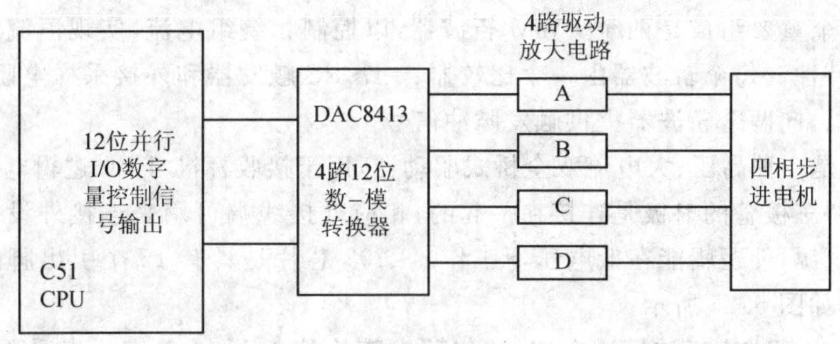

图 5.24 步进电机高精度细分控制电路框图

(2) 细分驱动

步进电机通过细分驱动器的驱动后步距角变小了，如驱动器工作在 10 细分状态时，其步距角只为电机固有步距角的十分之一。也就是，当驱动器工作在不细分的整步状态时，控制系统每发一个步进脉冲，电机转动 1.8°；而用细分驱动器工作在 10 细分状态时，电机只转动了 0.18°。细分功能完全是驱动器靠精确控制电机的相电流所产生的，与电机无关。

步进电机的细分技术实质上是一种电子阻尼技术，其主要目的是提高电机的运转精度，实现步进电机步距角的高精度细分。其次，细分技术的附带功能是减弱或消除步进电机的低频振动。低频振荡是步进电机(尤其是反应式电机)的固有特性，而细分是消除它的唯一途径，如果步进电机有时要在共振区工作(如走圆弧)，则选择细分驱动器是唯一的选择。

驱动器细分后的主要优点为：完全消除了电机的低频振荡；提高了电机的输出转矩，尤其是对三相反应式电机，其力矩比不细分时提高约30%～40%；提高了电机的分辨率，由于减小了步距角、提高了步距的均匀度，这是不言而喻的。

市场常见的驱动芯片有ULN2003、L297+298、TA8435H和TA1836等。

1）简便的L297+L298方案

L297是步进电动机控制器(包括环形分配器)。L298是双H桥式驱动器。这种结合方式的优点是所需的元件很少，从而使得装配成本低，可靠性高和占空间少，并且通过软件开发可以简化和减轻微型计算机的负担。另外，L297和L298都是独立的芯片，所以应用是十分灵活的。

L297芯片是一种硬件环分集成芯片，可产生四相驱动信号，用于计算机控制的两相双极或四相单极步进电机。L297能产生3种相序信号，对应于3种不同的工作方式，即半步方式(HALF STEP)、基本步距(FULL STEP)及整步一相、两相激励方式。脉冲分配器内部是一个3-bit可逆计数器，加上一些组合逻辑可产生每周期8步格雷码时序信号，这也就是半步工作方式的时序信号，此时HALF/FULL信号为高电平。若HALF/FULL取低电平，则得到基本步距工作方式，即双四拍全阶梯工作方式。

L297另一个重要组成是两个PWM斩波器，以控制相绕组电流，实现恒流斩波控制以获得良好的矩频特性。每个斩波器由一个比较器、一个RS触发器和外接采样电阻组成；并设有一个公用振荡器，向两个斩波器提供触发脉冲信号。

L298芯片是一种高压、大电流双全桥式驱动器，用于接收标准TTL逻辑电平信号和驱动电感负载。每桥三极管的射极是连接在一起的，相应外接线端可用来连接外设传感电阻。可安置另一输入电源，使逻辑能在低电压下工作。L298芯片是具有15个引出脚的直插式封装集成芯片，引脚如图5.25所示。

由于L297内部带有斩波恒流电路，绕组相电流峰值由*U*ref确定。当采用两片L297通过L298分别驱动步进电机的两绕组，且通过两个D/A转换器改变每相绕组的*U*ref时，即组成了步进电机细分驱动电路。另外，为了有效地抑制电磁干扰，提高系统的可靠性，在单片机与步进电动机驱动回路中利用光电耦合器件组成隔离电路即可切断单片机与步进电动机驱动回路之间电的直接联系，实现了单片机与驱动回路系统地线的分别连接，防止处于大电流感性负载下工作的驱动电路产生的干扰信号以及电网负载突变产生的干扰信号通过线路串入单片机，影响单片机的正常工作。L297与L298典型应用电路如图5.26所示。

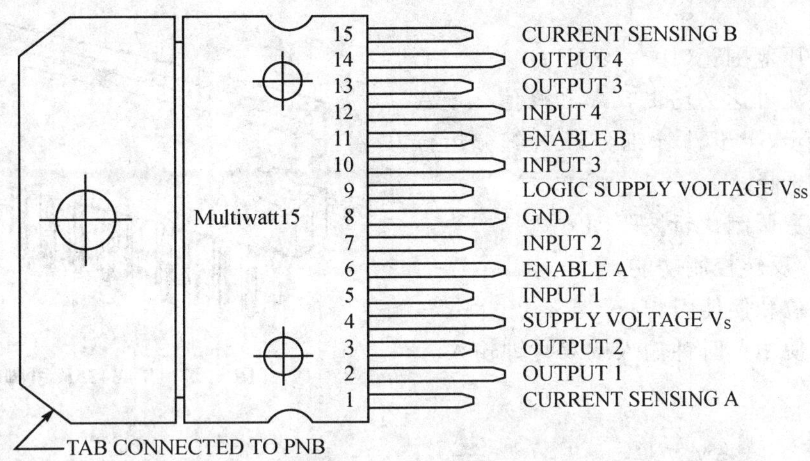

图 5.25　L298 引脚图

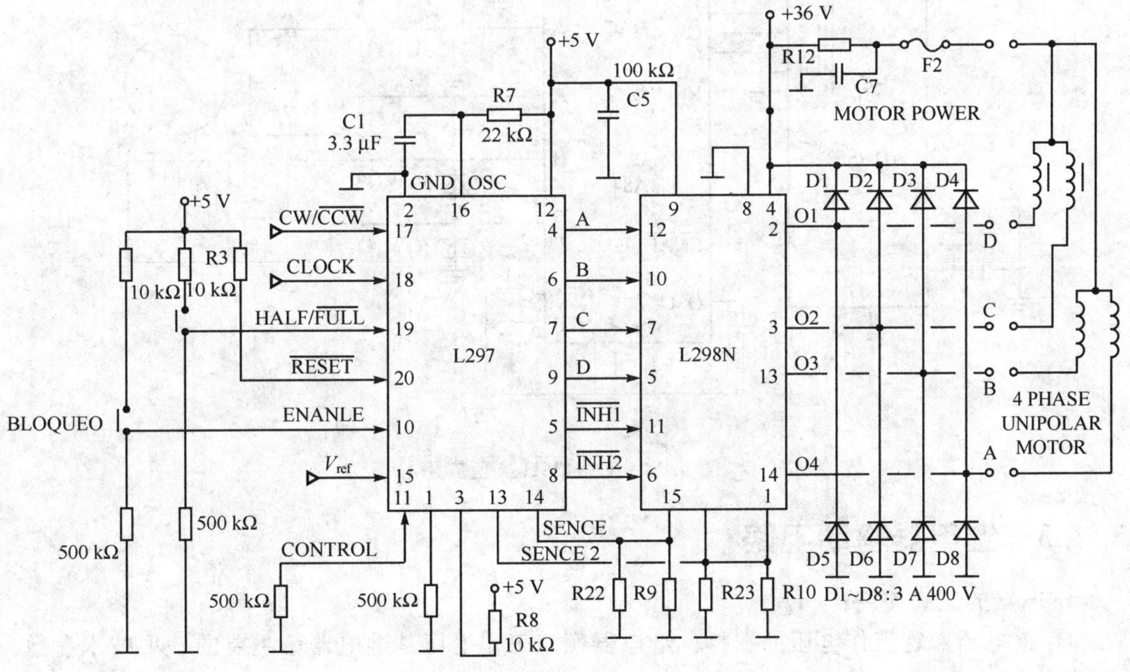

图 5.26　L297 与 L298 典型应用电路

2）TA8435H

TA8435H 是东芝公司生产的单片正弦细分二相步进电机驱动专用芯片，该芯片可以驱动二相步进电机，且电路简单，工作可靠，引脚如图 5.27 所示，应用电路如图 5.28 所示。其特点如下：

➢ 工作电压范围宽(10～40 V)；
➢ 输出电流可达平均1.5 A和峰值2.5 A；
➢ 具有整步、半步、1/4细分、1/8细分运行方式可供选择；
➢ 采用脉宽调制式斩波驱动方式；
➢ 具有正/反转控制功能；
➢ 带有复位和使能引脚；
➢ 可选择使用单时钟输入或双时钟输入。

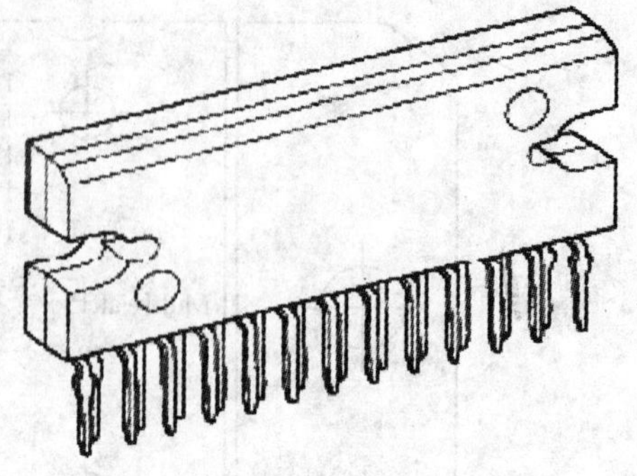

图5.27 TA8435H引脚图

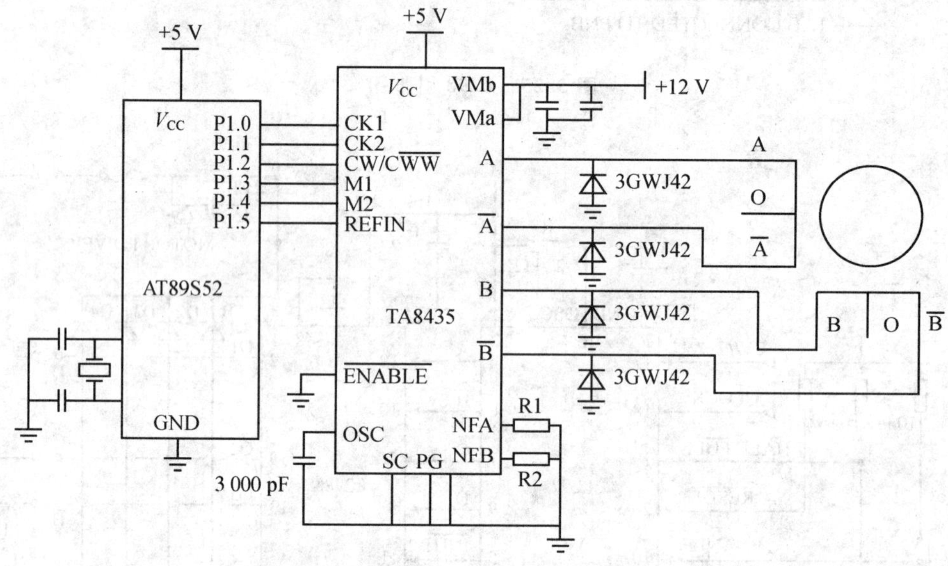

图5.28 TA8435H典型应用

5.4.3 继电器驱动电路

继电器的正确使用：

① 继电器额定工作电压的选择。继电器额定工作电压是继电器最主要的一项技术参数。在使用继电器时，应该首先考虑所在电路(即继电器线圈所在的电路)的工作电压，继电器的额定工作电压应等于所在电路的工作电压。一般所在电路的工作电压是继电器额定工作电压的75%。注意，所在电路的工件电压千万不能超过继电器额定工作电压；否则，继电器线圈容易烧毁。另外，有些集成电路，如NE555电路是可以直接驱动继电器工作的；而有些集成电路，如COMS电路输出电流小，需要加一级晶体管放大电路方可驱动继电器，这就应考虑晶体管

输出电流大于继电器的额定工作电流，如图 5.29 所示。

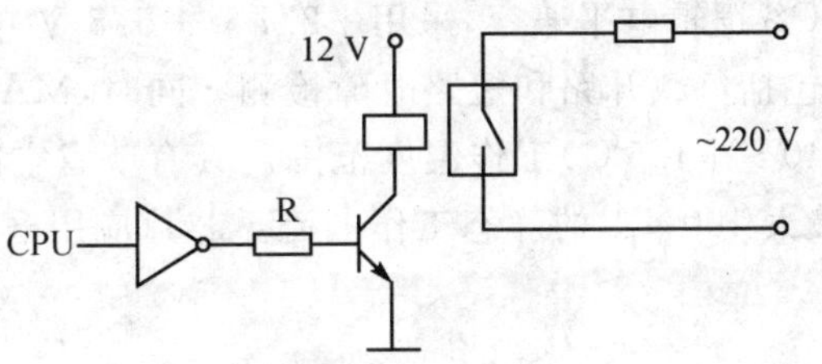

图 5.29　COMS 电路

② 触点负载的选择。触点负载是指触点的承受能力。继电器的触点在转换时可承受一定的电压和电流，所以在使用继电器时，应考虑加在触点上的电压和通过触点的电流不能超过该继电器的触点负载能力。例如，有一个继电器的触点负载为 28 V(DC)×10 A，表明该继电器触点只能工作在直流电压为 28 V 的电路上；触点电流为 10 A，则超过 28 V 或 10 A，会影响继电器正常使用，甚至烧毁触点。

③ 继电器线圈电源的选择。这是指继电器线圈使用的是直流电(DC)还是交流电(AC)。通常，初学者在进行电子制作活动中，都是采用电子线路，而电子线路往往采用直流电源供电，所以必须采用线圈是直流电压的继电器。继电器组成的 H 桥电机驱动如图 5.30 所示。

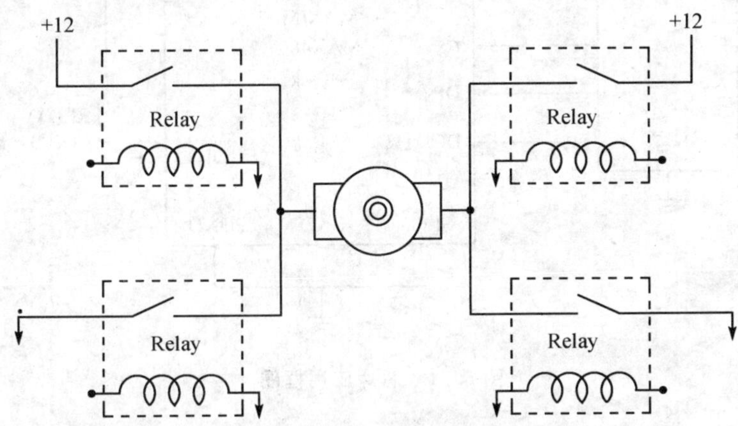

图 5.30　继电器组成的 H 桥电机驱动

应用时如需驱动多只继电器，可考虑采用多通道专用驱动芯片完成，如美信公式产品 MAX4896 等。

MAX4896 为 8 通道继电器驱动器，内置过流等多重保护功能，可驱动锁定/非锁定或双线圈继电器，并具有空载和短路故障检测；每路独立的开漏输出具有 3 Ω(典型)导通电阻，确保 $V_S \geq 4.5$ V 时吸收 200 mA(8 通道全开)的负载电流，单通道驱动电流可达 410 mA。

芯片内置过压保护钳位，能够处理感性负载驱动中常见的电压下冲瞬变。结温超过 +160 ℃时，热关断电路关闭所有输出(OUT)。MAX4896 的复位输入允许用户通过单根控制线同时关断所有输出。

MAX4896 具有 10 MHz SPI/QSPI/MICROWIRE 兼容串行接口。该串行接口与 TTL/

CMOS逻辑电平兼容，采用+2.7～+5.5 V单电源供电。此外，SPI输出数据可用于诊断功能，包括负载开路和短路故障检测。同时，MAX4896还提供扩展级(-40～+85 ℃)和汽车级(-40～+125℃)工作温度范围。具有节省空间的5 mm×5 mm、20引脚、TQFN封装形式以及最大100 μA的静态工作电流。芯片应用框图如图5.31所示。

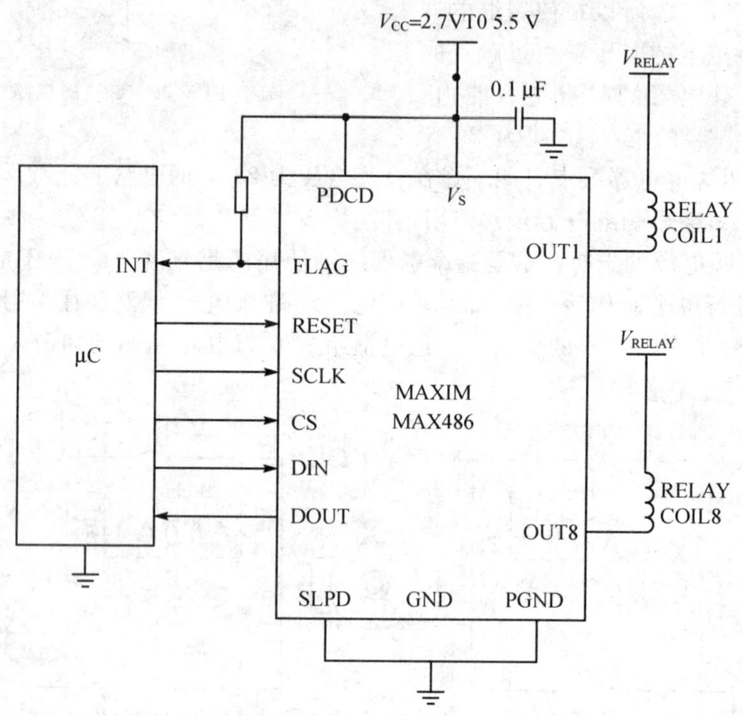

图5.31 芯片应用框图

5.5 传感器

5.5.1 传感器的定义及分类

国际电工委员会(IEC，International Electrotechnical Committee)给出的传感器的定义为：传感器是测量系统中的一种前置部件，它将输入变量转换成可供测量的信号。目前，普遍使用的传感器都是输出电学信号，所以传感器一般可以认为是一种能把被检测的物理量或化学量转变成便于利用的电信号的器件。

传感器本身种类繁多、原理各异，检测对象也五花八门，所以分类目前尚无统一规定，这里列举几种常用的分类方式：

1）按被检测量分类

按被检测量的类型进行分类，可分为物理量传感器、化学量传感器、生物量传感器等；又可细分为光传感器、温度传感器、湿度传感器、磁传感器、压力传感器等。

2）按物理原理分类

按传感器的物理原理分类，可分为压阻式、压电式、电感式、电容式、应变式、霍尔式等。

3）按能量的传递方式分类

按能量的传递方式，可分为有源传感器和无源传感器两大类。

4）按输出信号类型分类

按传感器输出是模拟信号还是数字信号，可分为模拟传感器和数字传感器。

5）按转换过程是否可逆分类

按转换过程可逆与否，可分为双向传感器和单向传感器等。

各种传感器，由于原理、结构、使用环境、条件、目的不同，其技术指标也不可能相同，但是有些一般要求却基本上是共同的，包括：可靠性、静态精度、动态性能、量程、抗干扰能力、通用性、轮廓尺寸、成本、能耗、对被测对象的影响等。

传感器的功能是“一感二传”，即感受被测信息并传送出去。很多传感器要在动态条件下工作，精度不够、动态性能不好或出现故障，则整个相关系统就无法正常工作。某些系统中或设备上往往装上许多传感器，若有一个传感器失灵，就会影响全局。所以传感器的工作可靠性、静态精度和动态性能是最基本的要求。

抗干扰能力也是十分重要的，因为使用现场总会存在这样那样的干扰，总会出现各种意想不到的情况，因此要求传感器应有这方面的适应能力；同时还应包括在恶劣环境下使用的安全性。通用性主要是指传感器应可用于各种不同的场合，以免每种场合要搞一种设计，造成浪费。

5.5.2 温度传感器

温度是表征物体冷热程度的物理量。目前，世界上较普遍使用的温度标准主要有摄氏温标、华氏温标和绝对温标。

一般常用的温度敏感元器件主要有以下几种：

1）金属热电阻

根据金属电阻率随温度变化而变化制成，多用铂、铜等。铂热电阻稳定性和测量精度很高，但价格较贵，一般情况下多采用铜热电阻。

2）热敏电阻

金属氧化物、碳化硅、陶瓷等半导体材料，经烧结成形后也能呈现电阻随温度变化而变化的特性，这种半导体被称为半导体热电阻，常称热敏电阻。特点是温度灵敏度高，体积小，热惯性小，工作寿命长，价格便宜，测量线路较简单；但是非线件大、稳定性和一致件较差。测量时往往需要外加温度补偿电路，一般不适于高精度温度测量和控制。

3）热电偶

根据物体的热电效应制成，可将温度变化转变为电势变化。热电偶测温范围很宽，但在实际应用时，必须将冷端的温度固定，在补偿条件下也能达到较高的精度。

4）PN结

晶体二极管或三极管的PN结的结电压随温度变化而变化。为了得到好的线性度和改善工艺引起的互换性差，一般都将PN结结成对管形式（如图5.32所示），特点是尺寸小，灵敏度高，热时间常数小，在小范围内有较好的线性。

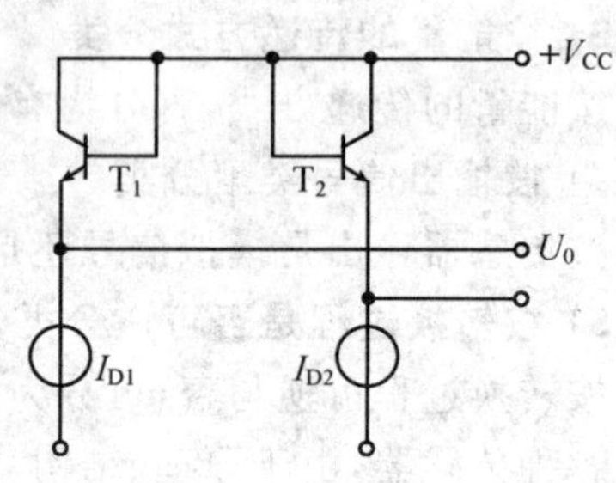

图5.32 PN结对管

集成温度传感器分为两类：若输出电流I_O与温度成正比，则称为电流型集成温度传感器；若输出电压U_O与温度成正比，则称为电压型集成温度传感器。

LM35/45系列温度传感器是电压型集成温度传感器，其输出电压U_O与摄氏温度成正比，无需外部校正，精度可达0.5℃。外形及引脚如图5.33所示。

LM 35/45电压型集成温度传感器内部电路由PN结对管、基准电压和运算放大电路3部分组成，如图5.34所示。

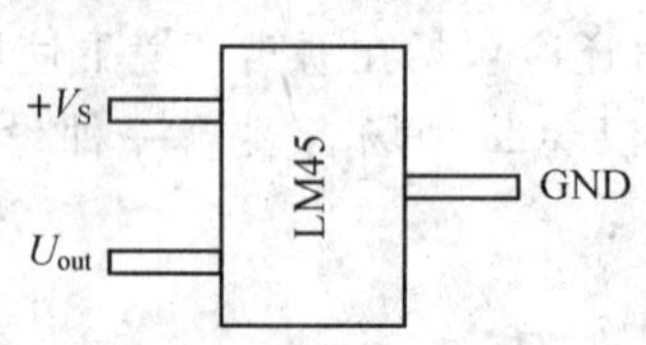

图5.33 LM45集成温度传感器外观

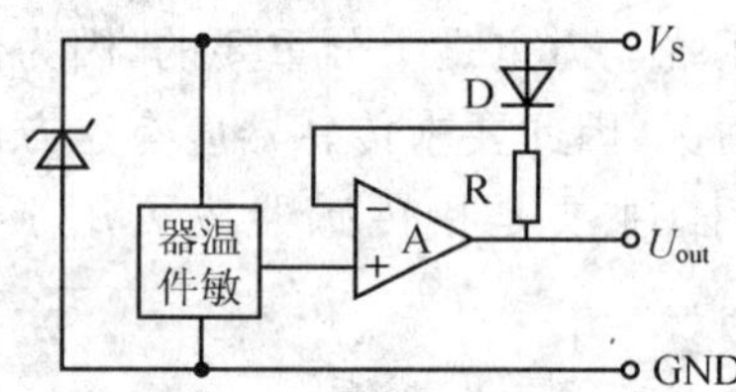

图5.34 LM35/45内部电路框图

图5.35为搭建的温度/频率变换电路。传感器采用LM45型，集成芯片LM131为电压/频率变换器件。传感器LM45将不同的温度转换为相应的、不同的电压量输出，该电压量再输入到LM131的7脚，由LM131的3脚输出相应的频率值。4N28为光电耦合器，起到隔离输入输出的作用，同时也容易满足电平转换。图中，W_1电位器（5 kΩ）用作调解，在100℃的条件下，调整W_1，使输出f为1 000 Hz即可。按图示元件数据，其测量温度范围为+25～100℃，相应的频率输出为25～1000 Hz。

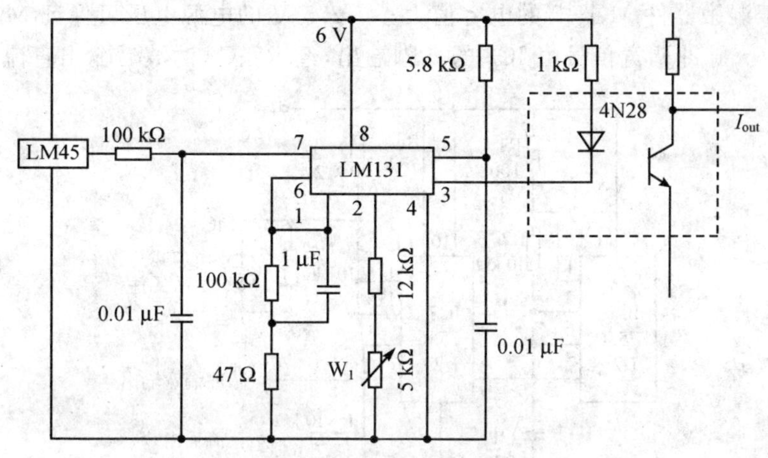

图 5.35 温度/频率转换电路

5.5.3 湿度传感器

湿度就是指空气中所含有的水蒸气量。潮湿空气可以看成是水蒸气和干燥空气的混合气体。常用的湿度表示方法有绝对湿度、相对湿度和露点温度。

湿敏器件主要特性参数有：湿度量程、相对湿度特性曲线、干湿灵敏度、响应时间、湿滞回线、湿滞回差等；常用的有氧化铝湿度传感器和半导体陶瓷湿度传感器。

湿敏器件的图形符号如图 5.36 所示。对于半导体陶瓷湿敏器件，其图形符号代表电阻元件。对于多孔 Al_2O_3 湿敏器件，其图形符号代表电阻 R_p 和电容 C_p 的并联电路（即等效阻抗）。图 5.36 中 A－A 端为测量电极，B－B 端为加热清洗电极。湿敏器件加热情洗电极内部实际上是一组电加热丝，通电后产生热量，可排除湿敏器件感湿层中的水分子。为了不使感湿层因极化而降低干湿灵敏度，在一般情况下，加热清洗电极时应加以交流电压驱动，或用脉冲电压驱动。

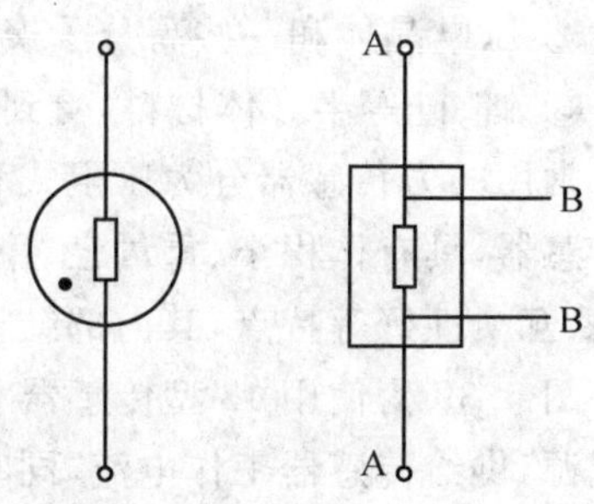

图 5.36 湿敏器件的图形符号

通过对湿敏器件阻抗（电阻、电容或者它们的并联电路）的测量，可以测得环境的湿度。阻抗式湿度传感器必须在交流电压下工作（对频率和幅值有一定的要求），所以电路中要设置低频振荡电路。

图 5.37 为使用 MC－2 等电容式湿度传感器（多孔 Al_2O_3）的湿度检测电路。电路由 2 个时基电路组成。第 1 个时基电路 IC1 及其外围电路组成多谐振荡器。R1、R2、C1 提供 20 ms 的脉冲触发第 2 个时基电路。第 2 个时基电路 IC2 及其外围电路是一个可变脉宽发生器，其

脉冲宽度取决于湿敏器件 MC－2 的电容值大小。2.5 V 的电源电压可保证 MC－2 的工作电压不超过 1.0 V。脉冲调宽信号由 IC2 的 9 脚输出，经 R5、C3 滤波后输出直流电压。

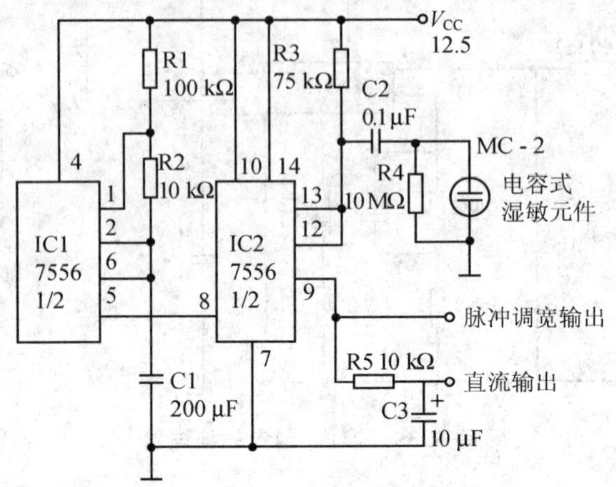

图 5.37 湿度检测电路

5.5.4 力传感器

力是经常需要测量的一个物理量。常用的力敏感元件主要有以下几种：

① 金属电阻应变片，当受到力作用时，产生形变，从而造成电阻变化。

② 压电晶体和一些高分子聚合物材料，依靠压电效应原理工作。

③ 锗、硅等半导体材料，受到作用力时电阻率变化，从而造成电阻值变化。

常用的力传感器分为压阻式和压电式两种。43 系列力传感器是一种小型固态压阻式压力传感器，具有体积小、重量轻、稳定性好、量程范围宽、在 0～50℃工作范围内有温度补偿、精度高、互换性好等特点，其内部结构框图及封装、引脚排列如图 5.38 所示。

图 5.39 为使用 43 型传感器和运放搭建的力测量电路。由 R1、VR 运放 A1 和 R2 等组成恒流源，供给传感器工作电流，同时还可以在一定范围内调节传感器的灵敏度。恒流源的电流 $I_0=V_R/R_2$，可以通过 R_2 调整其大小。两块 CP227 运放（A2、A3）承担第 1 级差动放大，CA3420 运放（A4）承担第 2 级放大并输出。43 型系列满量程输出为 100 mV，要求的相应输出为 0～5 V，以此来确定放大的倍数。W_1 为调零电位器，在零压力时调节使输出为 0 V，调节电位器 W_2，在满量程时使输出为 5 V。

5.5.5 光电传感器

光电传感器是利用光电效应原理将光信号转换成电信号的传感器件。光电元件受光照时，有电信号输出；无光照射时，无电信号输出。将有无输出转换成“通”与“断”的开关信号的

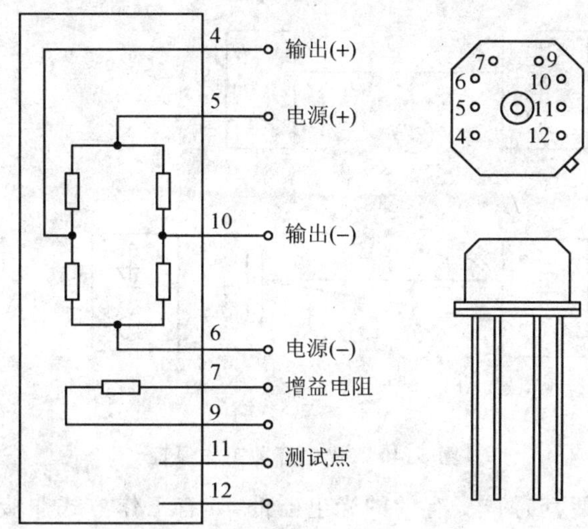

图 5.38 内部框图及引脚排列

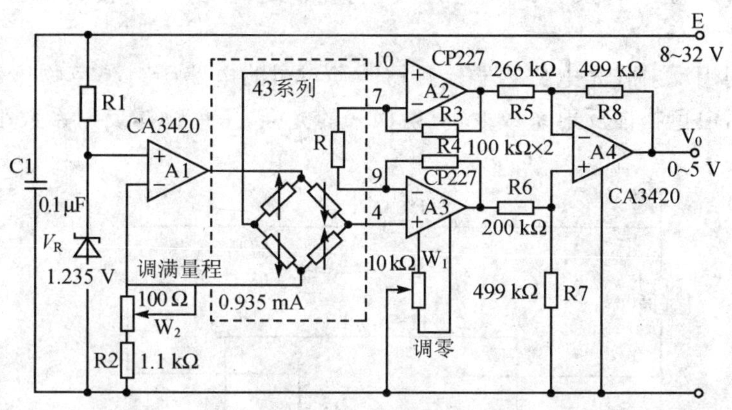

图 5.39 力测量电路

光电传感器，被称为开关式光电传感器，简称光电开关。如果光电开关的检测距离较近，如几个毫米至几十毫米，并且采用直流供电，这种光电开关就称作光电断路器。

光电开关主要是由红外发光二极管及光电三极管等组成。光电开关可分为两类：透射型及反射型。透射型的工作原理如图 5.40(a)所示，发射机与接收机相对安放，当有被测物体在两者中间时，发射机发出的红外线光束被切断，接收机因接收不到红外线而发出一个信号。反射则又分为反射镜反射(简称反射型)及被测物反射(简称散射型)，其工作原理如图 5.40(b)、(c)所示。反射型的发射与接收部分合为一体，红外线由发射部分发出，通道反射镜反射回来，由接收器接收。如果被测物体遮挡光束而使接收部分收不到红外线，则发出一个信号。散射型是依靠被测物体遮挡红外线光束时，接收器接收到物体反射的红外线而发出信号。

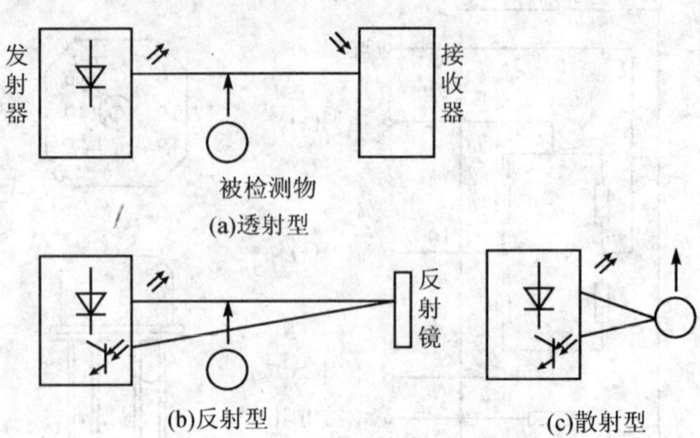

图 5.40　光电开关工作原理

光电开关是目前较便宜、简单、有效的光电器件，具有工作方式非接触、寿命长、可靠性高、响应速度快、体积小、重量轻、精度高等优点。

ITR20001/T 就是一种反射式光电开关，响应速度快，灵敏度较高，反射距离在 20 mm 左右。

图 5.41 为利用反射式光电传感器检测物体黑与白的电路图。黑色物体和白色物体对光的反射系数不同，白色物体反射系数大，反射回来的光强，黑色物体反射系数小，反射回来的光

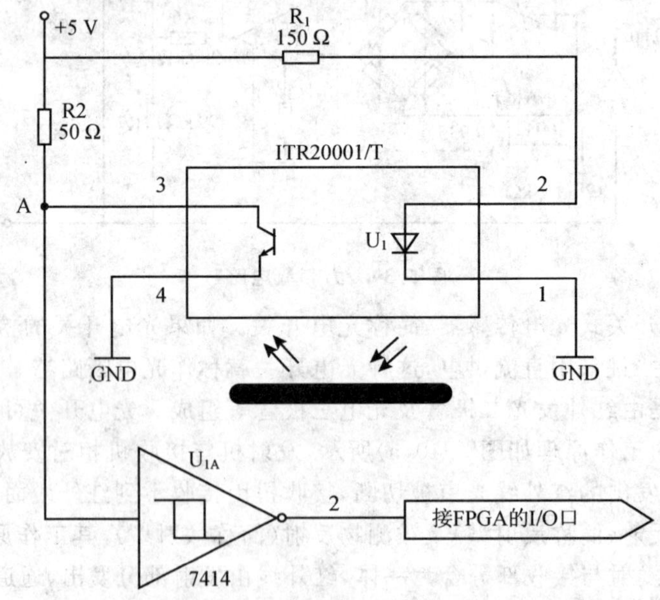

图 5.41　光电检测电路

弱。调节反射式光电传感器与被检测对象之间的距离，使白色物体反射回来的光能够激励光敏三极管，而黑色物体反射回来的光不足以激励光敏三极管，则可以通过光敏三极管的导通和关断来实现对黑白物体的分辨。电路工作过程如下：当被测物体是黑色物体时，红外光电二极管 U_1 发射出的光被反射回来得弱，光敏三极管不导通，A 点此时为高电平；通过反相器 7414，FPGA 接收到的信号是低电平。当被测物体是白色物体时，红外光电二极管 U_1 发射出的光被反射回来得强，光敏三极管导通，A 点此时为低电平；通过反相器 7414，FPGA 接收到的信号是高电平。通过检测 FPGA 的输入电平，即可判断被测物体是黑色还是白色。

在使用光电传感器时，如要改变发光器的强度，除了选择另外的发光器型号外，还可以考虑改变加在发光器的限流电阻或者在发光器和光敏器件外面加上聚光装置。另外，由于不同材料的物体表面对光线的反射能力不同，在具体使用反射式光电传感器时，应实际现场调试安装的距离和位置。

5.5.6 霍尔传感器

1. 概 述

霍尔传感器是利用半导体的霍尔效应原理工作的传感器件。霍尔效应原理是：将半导体基片置于磁场 B 之中静止不动（如图 5.42 所示），当有电流 I 流过时，载流子（图中以电子为例）受到磁场作用使运动轨迹发生横向偏移（如图中虚线所示），基片一侧电子密集呈现负电荷，另一侧电子稀疏呈现正电荷，之间形成的电场 E_H 称为霍尔电场，电势 U_H 称为霍尔电势，这种现象就是霍尔效应。

霍尔电势

$$U_H = K_H \frac{IB}{d}$$

式中，I 是通过基片的电流，B 是外磁场的磁感应强度，d 是半导体基片的厚度，K_H 称为霍尔系数

$$K_H = \frac{1}{n\mathrm{e}}$$

式中，n 是基片材料中的载流子密度，e 是电子电量（1.6×10^{-19} C）。

由此可知，当半导体基片的材料确定以后，K_H 也就随之确定。当基片厚度 d 再确定以后，霍尔电压 U_H 与 IB 的乘积成正比，据此可以在 I 或 B 一者确定的情况之下对另一者进行测量。

霍尔元件一般采用的材料有锑化铟（InSb）、砷化铟（InAs）、砷化镓（GaAs）等。锑化铟元件的输出信号较大，易受温度的影响；砷化铟元件的输出信号比锑化铟小，但温度系数小，线性较好；砷化镓元件的温度特性好，但成本较高。

霍尔元件一般都是在单晶薄片两端焊上两根控制电流引线，在另两端焊上两根输出引线，

如图 5.43 所示(aa′为控制电流引线,bb′为霍尔电压输出引线)。

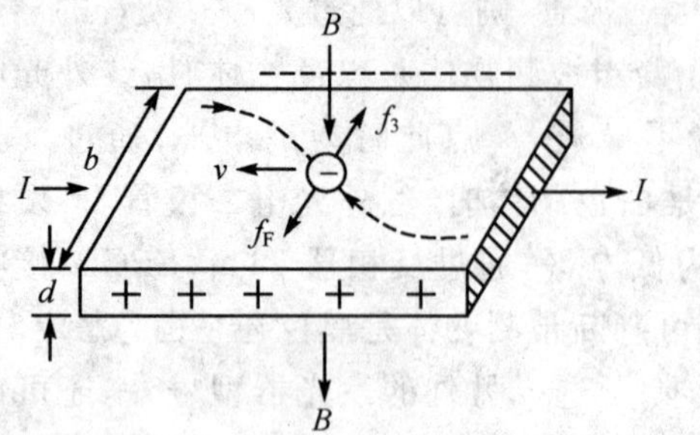

图 5.42 霍尔效应原理

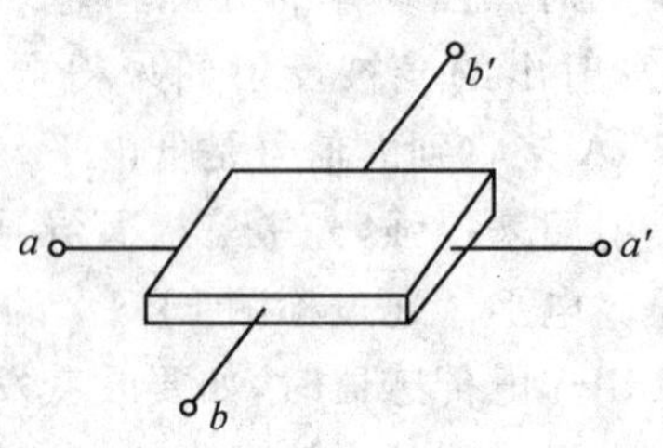

图 5.43 霍尔元件示意图

集成霍尔传感器利用硅集成电路工艺将霍尔元件与测量电路集成在一起,实现了材料、元件、电路三位一体,分为线性霍尔传感器和开关型霍尔传感器。

开关型霍尔传感器是将与磁信息有关的物理量以开关形式输出,又称霍尔开关。它主要由稳压电路、霍尔元件、放大器、整形电路、开路输出 5 部分组成,如图 5.44 所示。

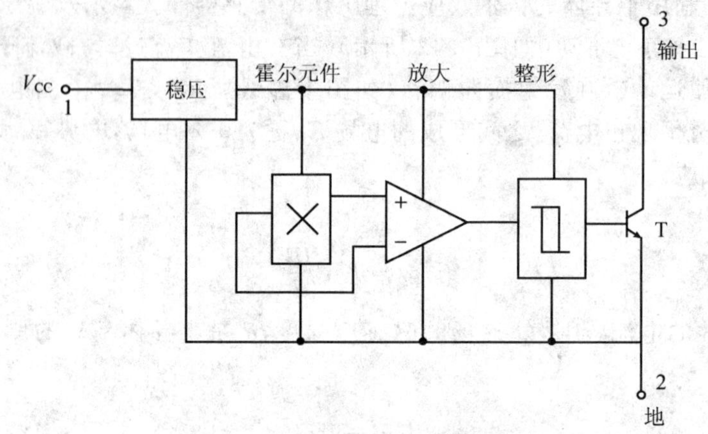

图 5.44 霍尔开关内部结构框图

稳压电路可使传感器在较宽的电源电压范围内工作,开路输出便于传感器与各种逻辑电路接口。

UGN-3020 霍尔开关的外形及电路示意图如图 5.45 所示,开关特性曲线如图 5.46 所示。

由图 5.46 可知,当外加磁感应强度高于 B_{OP}时,输出电平由高变低,传感器处于开状态;当外加磁感应强度低于 B_{RP}时,输出电平由低变高,传感器处于关状态。

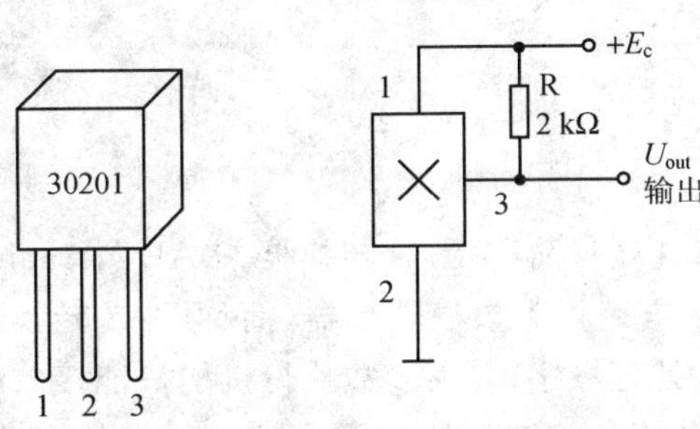

图 5.45　UGN－3020 霍尔开关外形及电路图

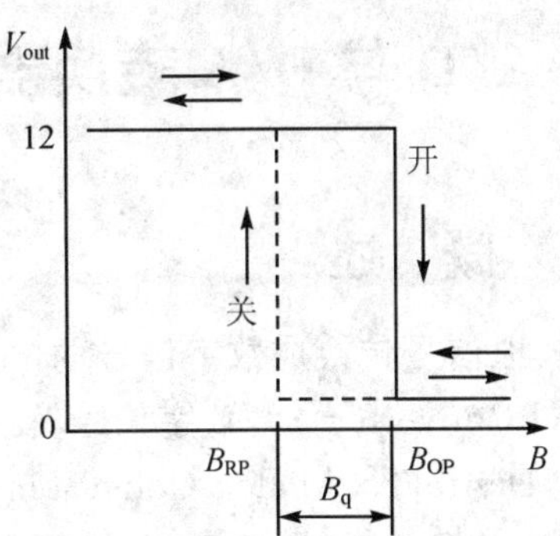

图 5.46　霍尔开关开关特性曲线

2. 霍尔转速测量装置电路

霍尔传感器测量转速装置如图 5.47 所示，在非磁材料的圆盘边缘上粘贴有一块磁钢，将圆盘固定在被测转轴上，开关型霍尔传感器固定在圆盘外缘附近。圆盘每旋转一周，霍尔传感器便输出一个脉冲，用频率计测量此脉冲便可计算出被测轴转速。

设频率计的频率为 f，粘贴的磁钢数目为 x，则转轴转速为

$$n = \frac{60f}{x}$$

这样，只要知道 f 和 x，便可计算出转速 n（单位为 r/min）。一般为了方便计算，x 一般取能被 60 整除的数，如对于大的圆盘，一般取 $x=60$，这样 $n=f$，即是频率计的示数；若圆盘面积小，则可粘贴 6 块磁钢，这样 $n=10f$，也比较容易读数和计算。

将霍尔传感器按图 5.47 安装以后，将霍尔传感器的 1 脚和 3 脚间接 2 kΩ 的电阻，将其输出端接到数字式频率计的输入端（如图 5.48 所示），即可根据频率计的示数得出被测轴的转速。

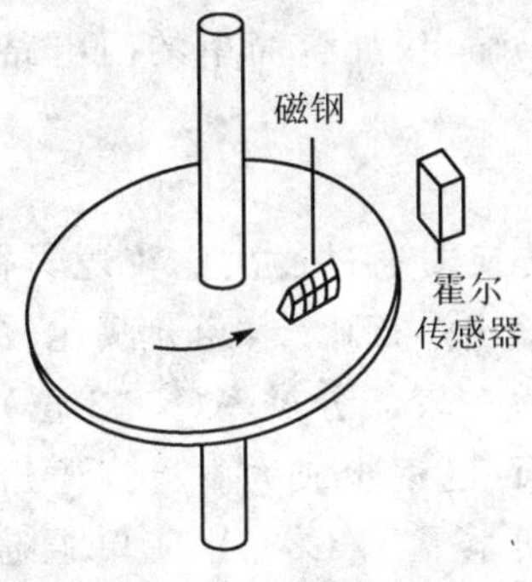

图 5.47　转速测量装置示意图

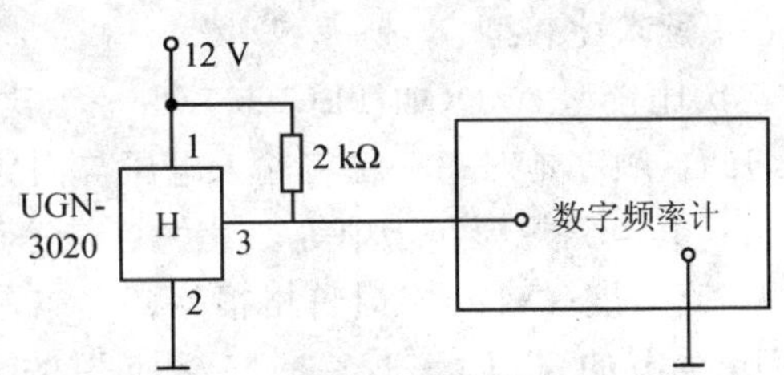

图 5.48　转速测量电路

5.6 A/D与D/A转换器

5.6.1 概　述

将模拟信号转换成数字信号的电路，称为模数转换器(简称A/D转换器或ADC，Analog to Digital Converter)；将数字信号转换为模拟信号的电路称为数模转换器(简称D/A转换器或DAC，Digital to Analog Converter)。计算机只能处理数字量，大多数执行机构只能接收模拟量，因此A/D转换器和D/A转换器已成为信息系统和控制系统中不可缺少的接口电路。为确保系统处理结果的精确度，A/D和D/A转换器必须具有足够的转换精度；要实现快速变化信号的实时检测与控制，A/D和D/A转换器还要具有较高的转换速度。转换精度与转换速度是衡量A/D与D/A转换器的重要技术指标。随着集成技术的发展，现已研制和生产出许多单片的和混合集成型的A/D和D/A转换器，它们具有愈来愈先进的技术指标。

5.6.2 A/D转换器的分类

下面简要介绍几种常用类型的A/D转换器基本原理及特点：积分型、逐次逼近型、并行比较型/串并行型、Σ-Δ调制型、电容阵列逐次比较型、压频转换型。

(1) 积分型

积分型A/D(如TLC7135)工作原理是将输入电压转换成时间(脉冲宽度信号)或频率(脉冲频率)，然后由定时器/计数器获得数字值。其优点是用简单电路就能获得高分辨率，但缺点是由于转换精度依赖于积分时间，因此转换速率极低。初期的单片A/D转换器大多采用积分型，TLC7135是积分型A/D的代表，其精度高，抗干扰性能好，价格低，应用十分广泛。

TLC7135的主要性能特点为：

输入阻抗达1 MΩ以上；对被测电路几乎没有影响；自动校零；有精确的差分输入电路；自动判别信号极性；有超、欠压输出信号；采用位扫描与BCD码输出，配合简单的门电路可实现数码管显示。

(2) 逐次比较型

逐次比较型A/D(如TLC0831)由一个比较器和D/A转换器通过逐次比较逻辑构成；从MSB开始，顺序地对每一位将输入电压与内置D/A转换器输出进行比较，经n次比较而输出数字值。其电路规模属于中等。其优点是速度较高，功耗低；在较低分辨率(<12位)时价格便宜，但高精度(>12位)时价格很高。现在，逐次比较型A/D已逐步成为主流。德州仪器公司(TI)推出的TLC0831/2是广泛应用的8位A/D转换器。TLC0831是单通道输入；TLC0832是双通道输入，并且可以软件配置成单端或差分输入。串行输出可以方便地与标准的移位寄存器及微处理器接口。TLC0831可以外接高精度基准，以提高转换精度；TLC0832

的基准输入在片内与 V_{CC} 连接。TLC0831/2 的操作非常类似 TLC0834/8(更多输入通道),为以后升级提供便利。

(3) 并行比较型/串并行比较型

并行比较型 A/D(如 TLC5510)采用多个比较器,仅作一次比较而实现转换,又称 Flash(闪速)型。由于转换速率极高,n 位的转换需要 $2n-1$ 个比较器,因此电路规模也极大,价格也高,只适用于视频 A/D 转换器等速度要求特别高的领域。串/并行比较型 A/D 结构上介于并行比较型和逐次比较型之间,最典型的是由 2 个 $n/2$ 位的并行型 A/D 转换器配合 D/A 转换器组成,用两次比较实现转换,所以称为 Half Flash(半闪速)型。还有分成 3 步或多步来实现 A/D 转换的叫做分级(Multistep/Subrangling)型 A/D,而从转换时序角度又可称为流水线(Pipelined)型 A/D;现代的分级型 A/D 中还加入了对多次转换结果作数字运算而修正特性等功能,这类 A/D 速度比逐次比较型高,电路规模比并行型小。

TLC5510 是 CMOS、8 位、20MSPS 的 A/D 转换器,采用半闪速结构(semi - flash architecture),单 5 V 工作电源且功耗只有 100 mW(典型值)的功率。内含采样和保持电路,具有高阻抗方式的并行接口和内部基准电阻。

(4) Σ - Δ(Delta - Sigma)调制型

Σ - Δ 型 A/D(如 AD7705)由积分器、比较器、1 位 D/A 转换器和数字滤波器等组成。原理上近似于积分型,将输入电压转换成时间(脉冲宽度)信号,用数字滤波器处理后得到数字值。电路的数字部分基本上容易单片化,因此容易做到高分辨率;主要用于音频和测量。

AD7705 是 A/D 公司出品的适用于低频测量仪器的 A/D 转换器,能将从传感器接收到的很弱的输入信号直接转换成串行数字信号输出,而无需外部仪表放大器。采用 Σ - Δ 的 ADC 可实现 16 位无误码的良好性能,片内可编程放大器可设置输入信号增益。通过片内控制寄存器调整内部数字滤波器的关闭时间和更新速率,可设置数字滤波器的第 1 个凹口。在 +3 V 电源和 1 MHz 主时钟时,AD7705 的功耗仅为 1 mW。AD7705 是基于微控制器(MCU)、数字信号处理器(DSP)系统的理想电路,能够进一步节省成本、缩小体积、减小系统的复杂性。它应用于微处理器(MCU)、数字信号处理(DSP)系统、手持式仪器、分布式数据采集系统。

(5) 电容阵列逐次比较型

电容阵列逐次比较型 A/D 在内置 D/A 转换器中采用电容矩阵方式,也可称为电荷再分配型。一般的电阻阵列 D/A 转换器中,多数电阻的阻值必须一致,在单芯片上生成高精度的电阻并不容易。如果用电容阵列取代电阻阵列,可以用低廉成本制成高精度单片 A/D 转换器。现在的逐次比较型 A/D 转换器大多为电容阵列式的。

(6) 压频变换型

压频变换型(Voltage - Frequency Converter)(如 AD650)是通过间接转换方式实现模数转换的,其原理是首先将输入的模拟信号转换成频率,然后用计数器将频率转换成数字量。从理论上讲,这种 A/D 的分辨率几乎可以无限增加,只要采样的时间能够满足输出频率分辨率要求的累积脉冲个数的宽度。优点是分辨率高,功耗低,价格低,但是需要外部计数电路共同完成 A/D 转换。

5.6.3 A/D 转换器的主要技术指标

1) 分辨率(Resolution)

指数字量变化一个最小量时模拟信号的变化量,定义为满刻度与 2^n 的比值。分辨率又称精度,通常以数字信号的位数 n 来表示。常见 A/D 的精度为 8 位、10 位、12 位、16 位、24 位等,位数越大,精度越高。

2) 转换速率(Conversion Rate)

指完成一次从模拟量到数字量转换所需的时间的倒数,也就是每秒钟能够完成的转换次数。积分型 A/D 的转换时间是毫秒级,属低速 A/D;逐次比较型 A/D 的转换时间是微秒级,属中速 A/D;全并行/串并行型 A/D 可达到纳秒级。采样时间则是另外一个概念,是指两次转换的间隔。为了保证转换的正确完成,采样速率 (Sample Rate)必须小于或等于转换速率。因此,有人习惯将转换速率在数值上等同于采样速率也是可以接受的。常用单位是 ksps 和 Msps,表示每秒采样千/百万次(kilo/Million samples per second)。

3) 量化误差 (Quantizing Error)

由于 A/D 的有限分辨率而引起的误差,即有限分辨率 A/D 的阶梯状转移特性曲线与无限分辨率 A/D(理想 A/D)的转移特性曲线(直线)之间的最大偏差。通常是一个或半个最小数字量对应的模拟变化量,表示为 1 LSB、1/2 LSB。

4) 偏移误差(Offset Error)

输入信号为零时输出信号不为零的值,可外接电位器调至最小。

5) 满刻度误差(Full Scale Error)

满度输出时对应的输入信号与理想输入信号值之差。

6) 线性度(Linearity)

实际转换器的转移函数与理想直线的最大偏移,不包括以上 3 种误差。

其他指标还有:绝对精度(Absolute Accuracy),相对精度(Relative Accuracy),微分非线性,单调性和无错码,总谐波失真(Total Harmonic Distortion 缩写 THD)和积分非线性。

5.6.4 D/A 转换器的分类

D/A 转换器的内部电路构成无太大差异,一般按输出是电流还是电压、能否作乘法运算等进行分类。大多数 D/A 转换器由电阻阵列和 n 个电流开关(或电压开关)构成。按数字输入值切换开关,产生比例于输入的电流(或电压)。此外,也有为了改善精度而把恒流源放入器件内部的。一般说来,由于电流开关的切换误差小,大多采用电流开关型电路。电流开关型电路如果直接输出生成的电流,则为电流输出型 D/A 转换器;如果在电流输出端上加一级电压放大器,就成了电压输出型 D/A 转换器。此外,电压开关型电路为直接输出电压型 D/A 转换器。

1) 电压输出型

电压输出型 D/A 转换器(如 TLC5620)虽有直接从电阻阵列输出电压的,但一般采用内置输出放大器以降低输出阻抗。直接输出电压的器件仅用于高阻抗负载,由于无输出放大器部分的延时,故常作为高速 D/A 转换器使用。

2) 电流输出型

电流输出型 D/A 转换器(如 THS5661A)很少直接利用电流输出,大多外接电流-电压转换电路得到电压输出。电流到电压的转换有两种方法:一是只在输出引脚上接负载电阻而进行电流-电压转换,二是外接运算放大器。用负载电阻进行电流-电压转换的方法虽可在电流输出引脚上出现电压,但必须在规定的输出电压范围内使用,并且输出阻抗高,所以一般采用外接运算放大器的方法来实现电流到电压的转换。此外,大部分 CMOS D/A 转换器当输出电压不为零时不能正确动作,所以必须外接运算放大器。当外接运算放大器进行电流-电压转换时,电路构成基本上与内置放大器的电压输出型相同,这时由于在 D/A 转换器的电流建立时间上加入了运算放大器的延时,使响应变慢。此外,这种电路中运算放大器因输出引脚的内部电容而容易起振,有时必须作相位补偿。

3) 乘算型

D/A 转换器(如 AD7533)中有使用恒定基准电压的,也有在基准电压输入上叠加交流信号的,后者输出数字输入和基准电压输入相乘的结果,因而称为乘算型 D/A 转换器。乘算型 D/A 转换器一般不仅可以进行乘法运算,而且可以作为使输入信号数字化地衰减的衰减器及对输入信号进行调制的调制器使用。

4) 一位 D/A 转换器

一位 D/A 转换器与前述转换方式全然不同,它将数字值转换为脉冲宽度调制或频率调制的输出,然后用数字滤波器做平均化而得到一般的电压输出(又称位流方式),常用于音频等场合。

5.6.5 D/A 转换器的主要技术指标

1) 分辨率(Resolution)

指最小模拟输出量(对应数字量仅最低位为“1”)与最大量(对应数字量的所有有效位为“1”)之比。

2) 建立时间(Setting Time)

是将一个数字量转换为稳定模拟信号所需时间,也可以认为是转换时间。D/A 中常用建立时间来描述其速度,而不是 A/D 中常用的转换速率。一般地,电流输出 D/A 建立时间较短，电压输出D/A则较长。

其他指标还有线性度(Linearity)，转换精度，温度系数/漂移等。

5.6.6 常用A/D、D/A器件

目前生产A/D、D/A的主要厂家有ADI、TI等。

1. ADI公司的相关器件

ADI公司生产的各种模数转换器(ADC)和数模转换器(DAC)(统称数据转换器)一直保持市场领导地位，包括高速、高精度数据转换器和目前流行的微转换器系统。

(1) 带信号调理、1 mW功耗、双通道16位A/D转换器：AD7705

AD7705是ADI公司出品的适用于低频测量仪器的A/D转换器。它能将从传感器接收到的很弱的输入信号直接转换成串行数字信号输出，而无需外部仪表放大器。它采用Σ-Δ的ADC，实现16位无误码的良好性能，片内可编程放大器可设置输入信号增益。通过片内控制寄存器调整内部数字滤波器的关闭时间和更新速率，可设置数字滤波器的第1个凹口。在+3 V电源和1 MHz主时钟时，AD7705功耗仅是1 mW。AD7705是基于微控制器(MCU)、数字信号处理器(DSP)系统的理想电路，能够进一步节省成本、缩小体积、降低系统的复杂性；可应用于微处理器(MCU)、数字信号处理(DSP)系统、手持式仪器、分布式数据采集系统。

(2) 3 V/5 V CMOS信号调节AD转换器：AD7714

AD7714是一个完整的用于低频测量应用场合的模拟前端，用于直接从传感器接收小信号并输出串行数字量。它使用Σ-Δ转换技术实现高达24位精度的代码且不会丢失。输入信号加至位于模拟调制器前端的专用可编程增益放大器。调制器的输出经片内数字滤波器进行处理。数字滤波器的第1次陷波通过片内控制寄存器来编程，此寄存器可以调节滤波的截止时间和建立时间。AD7714有3个差分模拟输入(也可以是5个伪差分模拟输入)和一个差分基准输入，单电源工作(+3 V或+5 V)。因此，AD7714能够为含有多达5个通道的系统进行所有的信号调节和转换。AD7714很适合于灵敏的基于微控制器或DSP的系统；它的串行接口可进行3线操作，通过串行端口可用软件设置增益、信号极性和通道选择。AD7714具有自校准、系统和背景校准选择，也允许用户读/写片内校准寄存器。CMOS结构保证了很低的功耗，省电模式使待机功耗减至15 μW(典型值)。

(3) 微功耗8通道12位AD转换器：AD7888

AD7888是高速、低功耗的12位A/D转换器，单电源工作，电压范围为2.7～5.25 V，转换速率高达125 ksps，输入跟踪-保持信号宽度最小为500 ns，单端采样方式。AD7888包含8个单端模拟输入通道，每一通道的模拟输入范围均为0～Vref。该器件转换满功率信号可至3 MHz。AD7888具有片内2.5 V电压基准，可用于模/数转换器的基准源。引脚REF in/REF out允许用户使用这一基准，也可以反过来驱动这一引脚；向AD7888提供外部基准，外

部基准的电压范围为 1.2 V～V_{DD}。CMOS 结构确保正常工作时的功率消耗为 2 mW(典型值),省电模式下为 3 μW。

(4) 微功耗、满幅度电压输出、12 位 DA 转换器: AD5320

AD5320 是单片 12 位电压输出 D/A 转换器,单电源工作,电压范围为+2.7～5.5 V,片内高精度输出放大器提供满电源幅度输出。AD5320 利用一个 3 线串行接口,时钟频率可高达 30 MHz,能与标准的 SPI、QSPI、MICROWIRE 和 DSP 接口标准兼容。AD5320 的基准来自电源输入端,因此提供了最宽的动态输出范围。该器件含有一个上电复位电路,保证 D/A 转换器的输出稳定在 0 V,直到接收到一个有效的写输入信号。该器件具有省电功能以降低器件的电流损耗,5 V 时典型值为 200 nA。在省电模式下,提供软件可选输出负载。通过串行接口的控制,可以进入省电模式。正常工作时的低功耗性能,使该器件很适合手持式电池供电的设备。5 V 时功耗为 0.7 mW,省电模式下降为 1 μW。

(5) 24 位智能数据转换系统 MicroConvertersTM: ADuC824

ADuC 824 是 MicroConvertersTM 系列的最新成员,是 ADI 公司率先推出的带闪烁电可擦可编程存储器(Flash/EEPROM)的 Σ-Δ 转换器。它的独特之处在于将高性能数据转换器、程序和数据闪烁存储器及 8 位微控制器集中在一起。为满足工业、仪器仪表和智能传感器接口应用要求选择高精度数据转换时,ADuC824 是一种可选的、完整的高精度数据采集片上系统。

2. TI 公司的相关器件

美国德州仪器公司是一家国际性的高科技产品公司,是全球最大半导体产品供应商之一,1998 年半导体产品销量名列全球第五,其中 DSP 产品销量全球排名第一,模拟产品位于全球第一。

(1) TLC548/549

TLC548 和 TLC549 是以 8 位开关电容逐次逼近 A/D 转换器为基础而构造的 CMOS A/D转换器,是能通过 3 态数据输出与微处理器或外围设备串行接口。TLC548 和 TLC549 仅用输入/输出时钟和芯片选择输入作数据控制。TLC548 的最高 I/O CLOCK 输入频率为 2.048 MHz,而 TLC549 的 I/O CLOCK 输入频率最高可达 1.1 MHz。

TLC548 和 TLC549 的使用与较复杂的 TLC540 和 TLC541 非常相似;不过,TLC548 和 TLC549 提供了片内系统时钟,它通常工作在 4 MHz 且不需要外部元件。片内系统时钟使内部器件的操作独立于串行输入/输出端的时序,并允许 TLC548 和 TLC549 像许多软件和硬件所要求的那样工作。I/O CLOCK 和内部系统时钟一起,可以实现高速数据传送,对于 TLC548 为每秒 45 500 次转换,对于 TLC549 为每秒 40 000 次的转换速度。

TLC548 和 TLC549 的其他特点包括通用控制逻辑、可自动工作或在微处理器控制下工作的片内采样保持电路、具有差分高阻抗基准电压输入端、易于实现比率转换(ratio metric conversion)、定标(scaling)以及与逻辑和电源噪声隔离的电路。整个开关电容逐次逼近转换器电路的设计允许在小于 17 μs 的时间内以最大总误差为±0.5 最低有效位(LSB)的精度实现转换。

(2) TLV5616

TLV5616 是一个 12 位电压输出数模转换器(DAC),有灵活的 4 线串行接口,可以无缝连接 TMS320、SPI、QSPI 和 MicroWire 串行口。数字电源和模拟电源分别供电,电压范围 2.7~5.5 V。输出缓冲是 2 倍增益 rail-to-rail 输出放大器,输出放大器是 AB 类,以提高稳定性和减少建立时间。rail-to-rail 输出和关电方式非常适宜单电源、电池供电应用。通过控制字可以优化建立时间和功耗比。

(3) TLV5580

TLV5580 是一个 8 位 80MSPS 高速 A/D 转换器,以最高 80 MHz 的采样速率将模拟信号转换成 8 位二进制数据。数字输入、输出与 3.3 V TTL/CMOS 兼容。由于采用 3.3 V 电源和 CMOS 工艺改进的单管线结构,因而功耗低。该芯片的电压基准使用非常灵活,有片内和片外部基准,满量程范围是(1~1.6) V_{pp},取决于模拟电源电压。使用外部基准时,可以关闭内部基准,降低芯片功耗。

5.6.7 A/D 选型原则

A/D 转换是控制系统的重要环节,负责将传感器输出的模拟量转换为控制器可以处理的数字量。合理选择 A/D 转换芯片对于确保控制系统的控制精度有着重要意义,如今市场上有多种 A/D 转换芯片可供选择,在实际的选型中应从转换精度、转换速度、模拟信号输入通道数、成本及供货来源等方面综合考虑。

首先应考虑的是能否选用本身带有 A/D 转换功能的单片机。如果单片机内有 A/D 部件,且精度能满足要求,则可大大简化系统复杂度。如果无法选择该类型的单片机,必须外置 A/D 接口时,要选择合适的 A/D 转换芯片。不同的 A/D 转换芯片对单片机接口电路的要求也不同,必须依芯片对控制电路的要求设置,A/D 接口电路必须满足这些要求。

确定使用 A/D 转换器后,按下列原则选择 A/D 转换芯片:

根据计算机接口特征,考虑所选择 A/D 转换器的输出方式。比如 A/D 转换器是并行输出还是串行输出;是二进制码输出还是 BCD 码输出;是用外部时钟、内部时钟还是不用时钟;有无转换结束状态信号;与 TLL、CMOS 电路的兼容性;与单片机接口是否容易连接等。

根据系统的精度要求,确定对 A/D 转换器的精度要求,再根据它来确定 A/D 转换器的位数。常用的有 8~16 位,其中,13 位以上为高分辨率 A/D,9~12 位为中分辨率 A/D,8 位及以下为低分辨率 A/D,其实 10 位以下的 A/D 产生的误差就比较大了;但选择 10 或 11 位就能满足多数场合的应用。

根据信号对象的变化率及转换精度要求,确定 A/D 转换速度,以保证系统的实时性要求。对于快速信号要估计孔径误差,以确定是否需要加采样/保持电路。因为对快速信号采集时,为了保证有小的孔径误差因而常常有很高的转换速度，这大大提高了 A/D 转换器的成本；而且有时找不到高速的 A/D 转换芯片，故对快速信号的采集必须考虑采样保持电路。

根据环境条件选择 A/D 转换芯片的一些环境参数要求，如工作温度、功耗、可靠性等性能，其他还要考虑到成本、资源、是否是流行芯片等因素。

总之，在设计实际的 A/D 转换电路时，不仅要考虑以上原则，还要考虑符合整个系统的实际应用要求。

5.6.8 A/D 与 D/A 的程序设计

A/D、D/A 的程序设计相对简单，关键在于相关寄存器的正确设置。选定一款 A/D、D/A 芯片后，首先要查阅器件手册，熟悉各个寄存器中每个数据位的作用和意义，然后按照接口的要求读/写各个寄存器，达到正确配置的目的，最后启动转换。通常情况下会有一个标志位或一个引脚用来标志转换结束。MCU 可以通过轮询或中断的方式来获知转换是否完成。

由于电路中存在不可避免的干扰，A/D 单次转换的结果通常是不准确的，不能直接用于其他任务。数字滤波是 A/D 转换程序设计中的核心，下面介绍几种数字滤波算法及其优缺点。

(1) 限幅滤波法(又称程序判断滤波法)

A、方法

根据经验判断，确定两次采样允许的最大偏差值(设为 A)，每次检测到新值时判断：如果本次值与上次值之差≤A，则本次值有效；如果本次值与上次值之差＞A，则本次值无效，放弃本次值，用上次值代替本次值。

B、优点

能有效克服因偶然因素引起的脉冲干扰。

C、缺点

无法抑制那种周期性的干扰。

平滑度差。

(2) 中位值滤波法

A、方法

连续采样 N 次(N 取奇数)，把 N 次采样值按大小排列，取中间值为本次有效值。

B、优点

能有效克服因偶然因素引起的波动干扰；

对温度、液位变化缓慢的被测参数有良好的滤波效果。

C、缺点

对流量、速度等快速变化的参数不宜。

(3) 算术平均滤波法

A、方法

连续取 N 个采样值进行算术平均运算。

N 值较大时：信号平滑度较高，但灵敏度较低。

N 值较小时：信号平滑度较低，但灵敏度较高。

N 值的选取：一般流量，$N=12$；压力：$N=4$。

B、优点

适用于对一般具有随机干扰的信号进行滤波，这样信号的特点是有一个平均值，信号在某一数值范围附近上下波动。

C、缺点

对于测量速度较慢或要求数据计算速度较快的实时控制不适用；

比较浪费RAM。

(4) 递推平均滤波法(又称滑动平均滤波法)

A、方法

把连续取 N 个采样值看成一个队列，队列的长度固定为 N，每次采样到一个新数据放入队尾，并扔掉原来队首的一次数据(先进先出原则)。把队列中的 N 个数据进行算术平均运算，就可获得新的滤波结果。

N 值的选取：流量，$N=12$；压力：$N=4$；液面，$N=4\sim12$；温度，$N=1\sim4$。

B、优点

对周期性干扰有良好的抑制作用，平滑度高；

适用于高频振荡的系统。

C、缺点

灵敏度低；

对偶然出现的脉冲性干扰的抑制作用较差；

不易消除由于脉冲干扰所引起的采样值偏差；

不适用于脉冲干扰比较严重的场合；

比较浪费RAM。

(5) 中位值平均滤波法(又称防脉冲干扰平均滤波法)

A、方法

相当于“中位值滤波法”+“算术平均滤波法”；连续采样 N 个数据，去掉一个最大值和一个最小值，然后计算 $N-2$ 个数据的算术平均值。

N 值的选取：3～14。

B、优点

融合了两种滤波法的优点；

对于偶然出现的脉冲性干扰，可消除由于脉冲干扰所引起的采样值偏差。

C、缺点

测量速度较慢,和算术平均滤波法一样;

比较浪费 RAM。

(6) 限幅平均滤波法

A、方法

相当于“限幅滤波法”+“递推平均滤波法”;每次采样到的新数据先进行限幅处理,再送入队列进行递推平均滤波处理。

B、优点

融合了两种滤波法的优点;

对于偶然出现的脉冲性干扰,可消除由于脉冲干扰所引起的采样值偏差。

C、缺点

比较浪费 RAM。

(7) 一阶滞后滤波法

A、方法

取 a=0～1,本次滤波结果=(1－a)×本次采样值+a×上次滤波结果。

B、优点

对周期性干扰具有良好的抑制作用;

适用于波动频率较高的场合。

C、缺点

相位滞后,灵敏度低;

滞后程度取决于 a 值大小;

不能消除滤波频率高于采样频率的 1/2 的干扰信号。

(8) 加权递推平均滤波法

A、方法

是对递推平均滤波法的改进,即不同时刻的数据加不同的权。通常是,越接近现时刻的数据,权取得越大。给予新采样值的权系数越大,则灵敏度越高,但信号平滑度越低。

B、优点

适用于有较大纯滞后时间常数的对象和采样周期较短的系统。

C、缺点

对于纯滞后时间常数较小,采样周期较长,变化缓慢的信号不能迅速反应系统当前所受干扰的严重程度,滤波效果差。

(9) 消抖滤波法

A、方法

设置一个滤波计数器,将每次采样值与当前有效值比较:如果采样值=当前有效值,则计数器清零;否则,计数器+1,并判断计数器是否≥上限 N(溢出)。如果计数器溢出,则将本次值替换当前有效值，并清零计数器。

B、优点

对于变化缓慢的被测参数有较好的滤波效果；

可避免在临界值附近控制器的反复开/关跳动或显示器上数值抖动。

C、缺点

对于快速变化的参数不宜；

如果在计数器溢出的那一次采样到的值恰好是干扰值，则会将干扰值当作有效值导入系统。

为了进一步提高滤波效果，有时可以把2种或2种以上不同滤波功能的数字滤波器组合起来组成复合数字滤波器，或称多级数字滤波器。

例如，防脉冲干扰平均值滤波就是一种应用实例，由于这种滤波方法兼顾了中值滤波和算术平均值滤波的优点，所以无论对缓慢变化的信号，还是对快速变化的信号，都能获得较好的滤波效果。

此外，也可采用双重滤波的方法，即把采样值经过低通滤波后，再经过一次高通滤波。这样，结果更接近理想值，这实际上相当于多级RC滤波器。

笔者认为，数字滤波是A/D程序设计的关键。不同的系统应选用不同的滤波方法，滤波方法的选择是否得当，将直接影响整个系统的性能。

5.7 信号放大电路

运算放大器是电子系统设计中最基本的器件，几乎所有大型半导体制造商的产品线中都有运算放大器这个产品。运算放大器可以起到放大器、缓冲器、比较器、差分放大器、线路驱动器、积分器、电平转换器、峰值检波器、滤波器、光电二极管放大器等很多功能，其应用已经渗透到了消费电子、医疗器械、汽车电子、通信产品和各类音视频产品之中，可以说，几乎每个电子产品都离不开运算放大器。

运算放大器是整个模拟电路设计的基石，选择一个恰当的放大器对于达到系统设计指标至关重要。一个放大器的参数有上百个，设计者必须非常清楚哪些放大器参数对系统设计最重要。设计者必须根据系统对功耗、成本、信号摆幅、信号噪声、信号之间的匹配、信号的边沿速率和带宽、信号稳定时间、负载驱动特性、系统精度、应用环境和抗干扰性、环路稳定性、反馈类型等要求，对放大器进行精心选择。对模拟电路设计者来讲，放大器的选型是一个基本功，选择一个适合的放大器必须建立在设计者对系统特性和参数真正理解的基础之上。

5.7.1 运算放大器的技术指标

选择一款运算放大器通常从静态指标和动态指标两方面着手。

1. 静态技术指标

① 输入失调电压 V_{IO}(input offset voltage)：输入电压为零时，将输出电压除以电压增益，即为折算到输入端的失调电压。V_{IO}是一个表征运放内部电路对称性的指标。

② 输入失调电流 I_{IO}(input offset current)：在零输入时，差分输入级的差分对管基极电流之差，用于表征差分级输入电流不对称的程度。

③ 输入偏置电流 I_B(input bias current)：运放两个输入端偏置电流的平均值，用于衡量差分放大对管输入电流的大小。

④ 输入失调电压温漂 $dV_{IO/}dT$：在规定工作温度范围内，输入失调电压随温度的变化量与温度变化量之比值。

⑤ 输入失调电流温漂 dI_{IO}/dT：在规定工作温度范围内，输入失调电流随温度的变化量与温度变化量之比值。

⑥ 最大差模输入电压 V_{idmax}(maximum differential mode input voltage)：运放两个输入端所能承受的最大差模输入电压；超过此电压时则差分对管出现反向击穿现象。

⑦ 最大共模输入电压 V_{icmax}(maximum common mode input voltage)：在保证运放正常工作条件下，共模输入电压的允许范围。共模电压超过此值时，输入差分对管饱和，放大器失去共模抑制能力。

2. 动态技术指标

① 开环差模电压放大倍数 A_{vd}(open loop voltage gain)：运放在无外加反馈条件下，输出电压与输入电压的变化量之比。

② 差模输入电阻 r_{id}(input resistance)：输入差模信号时，运放的输入阻抗。

③ 共模抑制比 K_{CMR}(common mode rejection ratio)：与差分放大电路中的定义相同，是差模电压增益 A_{vd}与共模电压增益 A_{vc}之比，常用分贝数(dB)来表示。

$$K_{CMR}=20\lg(A_{vd}/A_{vc})$$

④ -3 dB 带宽 f_H(-3 dB band width)：运算放大器的差模电压放大倍数 A_{vd}在高频段下降 3 dB 所定义的带宽 f_H。

⑤ 单位增益带宽 f_C(BW·G)(unit gain band width)：A_{vd}下降到 1 时所对应的频率，定义为单位增益带宽 f_C。

⑥ 转换速率 S_R(压摆率)(slew rate)：反映运放对于快速变化的输入信号的响应能力。转换速率 S_R的表达式为

$$S_R=\left|\frac{dV_o}{dt}\right|_{max}$$

⑦ 等效输入噪声电压 V_n(equivalent input noise voltage)：输入端短路时，输出端的噪声电压折算到输入端的数值。这一数值往往与一定的频带相对应。

5.7.2 运算放大器的分类

1. 分　类

1) 通用型集成运算放大器

通用型集成运算放大器是指它的技术参数比较适中,可满足大多数情况下的使用要求。通用型集成运算放大器又分为Ⅰ型、Ⅱ型和Ⅲ型,其中Ⅰ型属低增益运算放大器,Ⅱ型属中增益运算放大器,Ⅲ型为高增益运算放大器。I型和II型基本上是早期的产品,其输入失调电压在2 mV左右,开环增益一般大于80 dB。

2) 高精度集成运算放大器

高精度集成运算放大器是指那些失调电压小,温度漂移非常小,以及增益、共模抑制比非常高的运算放大器。这类运算放大器的噪声也比较小。其中,单片高精度集成运算放大器的失调电压可小到几微伏,温度漂移小到几十微伏每摄氏度。

3) 高速型集成运算放大器

高速型集成运算放大器的输出电压转换速率很大,有的可达2～3 kV/μs。

4) 高输入阻抗集成运算放大器

高输入阻抗集成运算放大器的输入阻抗十分大,输入电流非常小。这类运算放大器的输入级往往采用MOS管。

5) 低功耗集成运算放大器

低功耗集成运算放大器工作时的电流非常小,电源电压也很低,整个运算放大器的功耗仅为几十微瓦。这类集成运算放大器多用于便携式电子产品中。

6) 宽频带集成运算放大器

宽频带集成运算放大器的频带很宽,其单位增益带宽可达千兆赫以上,往往用于宽频带放大电路中。

7) 高压型集成运算放大器

一般集成运算放大器的供电电压在15 V以下,而高压型集成运算放大器的供电电压可达数十伏。

8) 功率型集成运算放大器

功率型集成运算放大器的输出级,可向负载提供比较大的功率输出。

LM324(原理如图5.49所示)是通用型四运算放大器集成电路,可在收录机和音响系统中用作音调控制电路,也可广泛用于通信、仪器仪表中。LM324内部包含4组形式完全相同的运算放大器,除电源共用外,4组运放相互独立。每一组运算放大器可用图5.49所示的符号来表示,有5个引出脚,其中“+”、“−”为两个信号输入端,V_+、V_-为正、负电源端,V_o为输出端。两个信号输入端中,V_{i-}(−)为反相输入端,表示运放输出端V_o的信号与该输入端的相位相反；V_{i+}（＋）为同相输入端，表示运放输出端 V_o 的信号与该输入端的相位相同。

由于 LM324 具有电源电压范围宽、静态功耗小、可单电源使用、价格低廉等优点，因此，广泛应用在各种电路中。下面介绍其应用实例。

2. 应　用

(1) LM324 作反相交流放大器

电路如图 5.50 所示。此放大器可代替晶体管进行交流放大，可用于扩音机前置放大等。电路无需调试。放大器采用单电源供电，由 R1、R2 组成 $1/2V_+$ 偏置，C1 是消振电容。

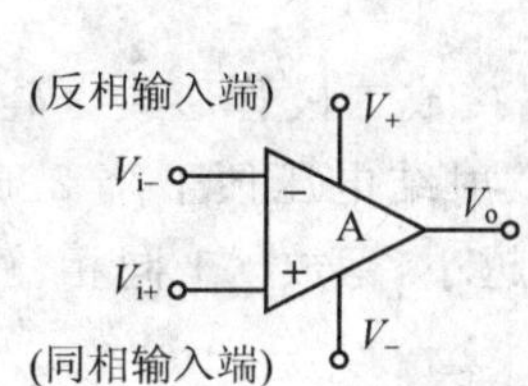

图 5.49　LM324 原理图

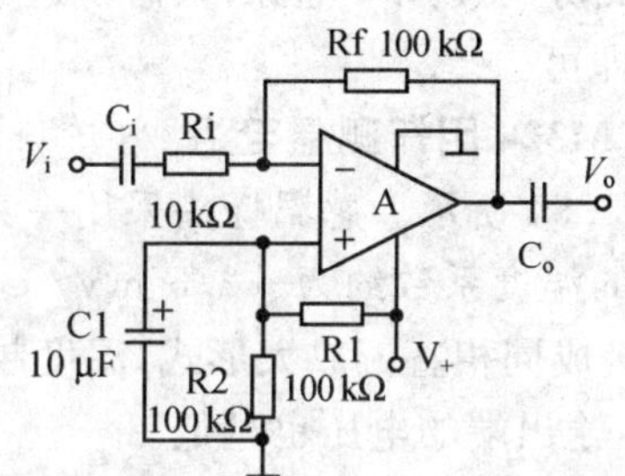

图 5.50　LM324 作反相交流放大器电路

放大器电压放大倍数 A_v 仅由外接电阻 R_i、R_f 决定：$A_v=-R_f/R_i$。其中，负号表示输出信号与输入信号相位相反。按图中所给数值，$A_v=-10$。此电路输入电阻为 R_i，一般情况下先取 R_i 与信号源内阻相等，然后根据要求的放大倍数再选定 R_f。C_o 和 C_i 为耦合电容。

(2) LM324 作同相交流放大器

如图 5.51 所示。同相交流放大器的特点是输入阻抗高。其中，R_1、R_2 组成 $1/2V_+$ 分压电路，通过 R_3 对运放进行偏置。电路的电压放大倍数 A_v 也仅由外接电阻决定：$A_v=1+R_f/R_4$，电路输入电阻为 R_3。R_4 的阻值范围为几千欧姆到几十千欧姆。

(3) LM324 作交流信号三分配放大器

此电路可将输入交流信号分成 3 路输出，3 路信号可分别用作指示、控制、分析等用途。而对信号源的影响极小。因运放 Ai 输入电阻高，运放 A1～A4 均把输出端直接接到负输入端，信号输入接至正输入端，相当于同相放大状态时 $R_f=0$ 的情况，故各放大器电压放大倍数均为 1，与分立元件组成的射极跟随器作用相同，电路如图 5.52 所示。

R_1、R_2 组成 $1/2V_+$ 偏置，静态时 A1 输出端电压为 $1/2V_+$，故运放 A2～A4 输出端亦为 $1/2V_+$；通过输入输出电容的隔直作用，取出交流信号，形成 3 路分配输出。

(4) LM324 用作有源带通滤波器

许多音响装置的频谱分析器均使用此电路（如图 5.53 所示）作为带通滤波器，以选出各个不同频段的信号；显示时利用发光二极管点亮的多少来指示出信号幅度的大小。这种有源带通滤波器的中心频率为 $f_o=\frac{1}{2\pi c}\sqrt{\frac{1}{R_3}\left(\frac{1}{R_1}+\frac{1}{R_2}\right)}$。在中心频率 f_o 处的电压增益 $A_o=B_3/2B_1$，品质因数 $Q_o=\frac{1}{2}\sqrt{R_3\left(\frac{1}{R_1}+\frac{1}{R_2}\right)}$，3 dB 带宽为 $B=1/(\pi\times R_3\times C)$。也可根据设计确定的 Q、f_o、A_o 值去求出带通滤波器的各元件参数值。$R_1=Q/(2\pi f_o A_o C)$，$R_2=Q/((2Q^2-A_o)\times 2\pi f_o C)$，$R_3=2Q/(2\pi f_o C)$。式中，当 $f_o=1$ kHz 时，C 取 0.01 μF。此电路亦可用于一般的选频放大。

此电路亦可使用单电源，只需将运放正输入端偏置在 $1/2V_+$，并将电阻 R_2 下端接到运放正输入端即可。

(5) LM324 用作测温电路

如图 5.54 所示。感温探头采用一只硅三极管 3DG6，把它接成二极管形式。硅晶体管发射结电压的温度系数约为－2.5 mV/℃，即温度每上升 1℃，发射结电压便下降 2.5 mV。运放 A1 连接成同相直流放大形式，温度越高，晶体管 BG1 压降越小，运放 A1 同相输入端的电压就越低，输出端的电压也越低。

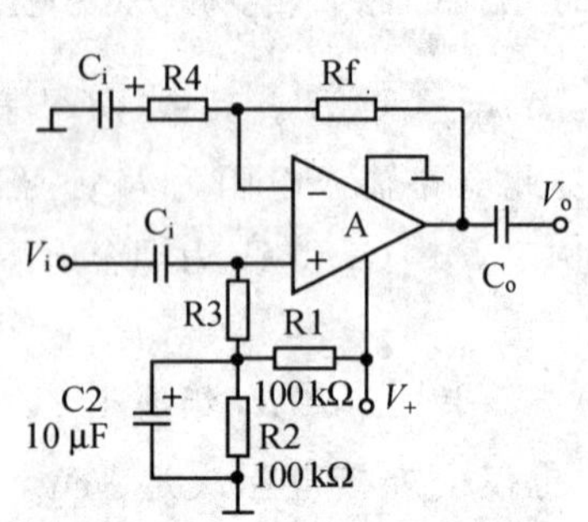

图 5.51 LM324 作同相交流放大器

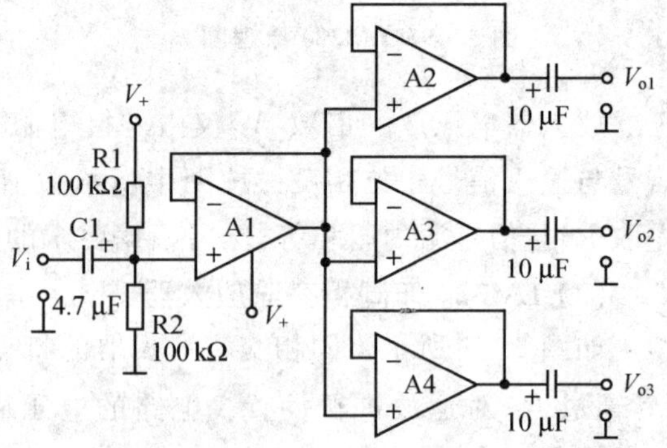

图 5.52 LM324 作交流信号三分配放大器

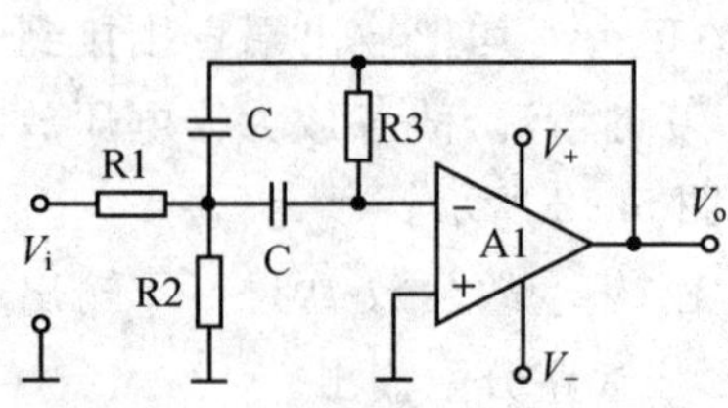

图 5.53 LM324 作有源带通滤波器

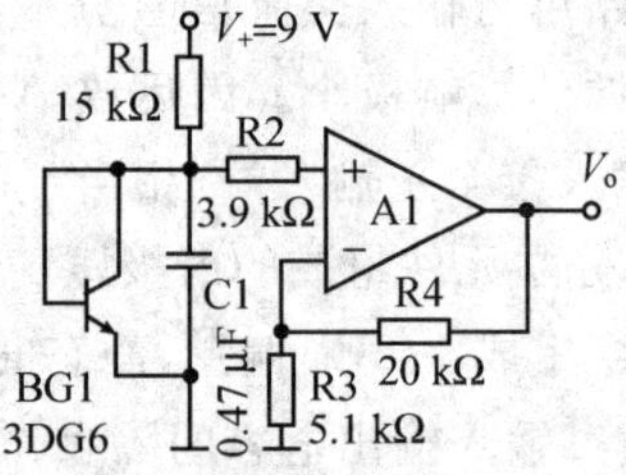

图 5.54 LM324 应用作测温电路

这是一个线性放大过程。在 A1 输出端接上测量或处理电路，便可对温度进行指示或进行其他自动控制。

(6) LM324 用作比较器

如图 5.55 所示，当去掉运放的反馈电阻时，或者说反馈电阻趋于无穷大时(即开环状态)，理论上认为运放的开环放大倍数也为无穷大(实际上是很大，如 LM324 运放开环放大倍数为 100 dB，即 10 万倍)，此时运放便形成一个电压比较器，其输出不是高电平(V_+)就是低电平(V_- 或接地)。当正输入端电压高于负输入端电压时，运放输出低电平。

图 5.55 中使用两个运放组成一个电压上下限比较器，电阻 R_1、R'_1 组成分压电路，为运放 A1 设定比较电平 U_1；电阻 R_2、R'_2 组成分压电路，为运放 A2 设定比较电平 U_2。输入电压 U_1 同时加到 A1 的正输入端和 A2 的负输入端之间，当 $U_i > U_1$ 时，运放 A1 输出高电平；当 $U_i < U_2$，则当输入电压 U_i 越出$[U_2, U_1]$区间范围时，LED 点亮，这便是一个电压双限指示器。

若选择 $U_2 > U_1$，则当输入电压在$[U_2, U_1]$区间范围时，LED 点亮，这是一个窗口电压指示器。

此电路与各类传感器配合使用，稍加变通便可用于各种物理量的双限检测、短路、断路报警等。

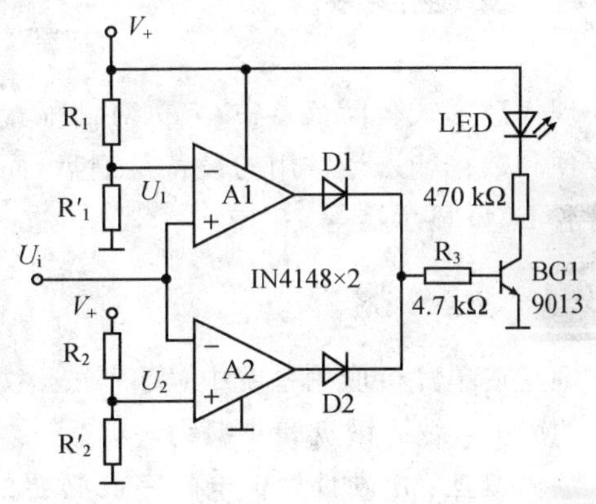

图 5.55 LM324 用作比较器

(7) LM324 应用作单稳态触发器

如图 5.56 所示，此电路可用在一些自动控制系统中。电阻 R_1、R_2 组成分压电路，为运放 A1 负输入端提供偏置电压 U_1，作为比较电压基准。静态时，电容 C_1 充电完毕，运放 A1 正输入端电压 U_2 等于电源电压 V_+，故 A1 输出高电平。当输入电压 U_i 变为低电平时，二极管 D1 导通，电容 C_1 通过 D1 迅速放电，使 U_2 突然降至低电平，此时因为 $U_1 > U_2$，故运放 A1 输出低电平。当输入电压变高时，二极管 D1 截止，电源电压 R_3 给电容 C_1 充电，当 C_1 上充电电压大于 U_1 时，即 $U_2 > U_1$，A1 输出又变为高电平，从而结束了一次单稳触发。显然，提高 U_1 或增大 R_2、C_1 的数值，都会使单稳延时时间增长，反之则缩短。

如果将二极管 D1 去掉，则此电路具有加电延时功能。刚加电时，$U_1 > U_2$，运放 A1 输出低电平，随着电容 C_1 不断充电，U_2 不断升高，当 $U_2 > U_1$ 时，A1 输出才变为高电平，如图 5.57 所示。

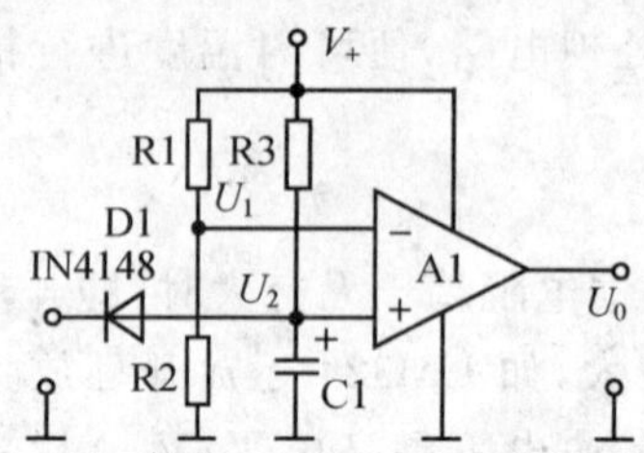

图 5.56 LM324 用作单稳态触发器

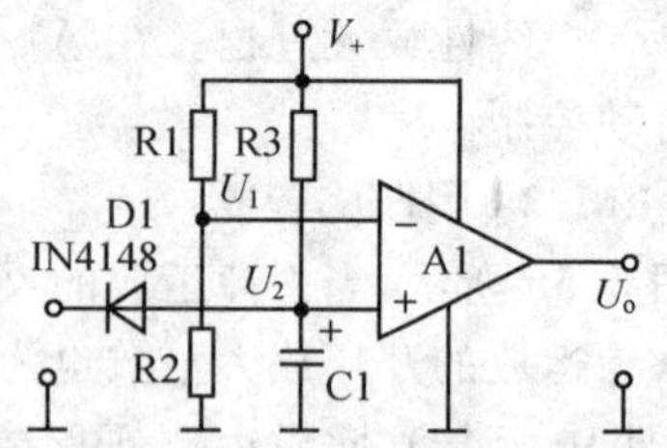

图 5.57 LM324 用作单稳态触发器 2

5.8 按键模块

现代数字式智能仪器中,人机对话配置是不可缺少的组成部分,一般来说,人对仪器状态的干预和数据输入最常用的设备是键盘,而仪器输出运行状态及运行结果最常用的是 LED 数码管和 LCD 显示器等。

5.8.1 键 盘

键盘在单片机应用系统中,实现输入数据、传送命令的功能,是人工干预的主要手段。键盘分两大类:编码键盘和非编码键盘。

编码键盘:由硬件逻辑电路完成必要的键识别工作与可靠性措施。每按一次键,键盘自动提供被按键的读数,同时产生终端脉冲通知微处理器,一般还具有反弹跳和同时按键保护功能。这种键盘易于使用,但硬件比较复杂,对于主机任务繁重的情况,采用可编程键盘管理接口芯片构成编码式键盘系统是很实用的方案。

非编码键盘:只简单地提供键盘的行列与矩阵,其他操作(如按键的识别、决定按键的读数等)仅靠软件完成,故硬件较为简单,但占用 CPU 较多时间。为追求低成本,在 CPU 任务不是十分繁重的时候常被采用;分为独立式按键结构、矩阵式按键结构。

设计键盘时,首先要确定键盘的编码方案:采用编码键盘或非编码键盘。随后,确定键盘工作方式:采用中断或查询方式输入键操作信息。然后,设计硬件电路。非编码键盘系统中,键闭合和键释放的信息获取,键抖动的消除,键值查找及一些保护措施的实施等任务,均由软件来完成。由于机械触点的弹性作用,一个按键开关在闭合和断开的瞬间均有一连串的抖动,抖动时间的长短由按键的机械特性决定,一般为 5～10 ms,这是一个很重要的参数。抖动过程引起电平信号的波动,有可能令 CPU 误解为多次按键操作,从而引起误处理。消除抖动有硬件防抖和软件去抖两种方法,后者更常见。软件去抖通常采用延时的方法:在第 1 次检测到有键按下时,执行一段大约延时 10 ms 的子程序后,再确认电平是否仍保持闭合状态电平;如果保持闭合状态电平,则确认真正有键按下,进行相应处理工作,消除了抖动的影响。这种消除抖动影响的软件措施是切实可行的。

5.8.2 显　示

单片机系统中 LED 数码管是最常用的显示设备。数码管要正常显示，就要用驱动电路来驱动数码管的各个段码，从而显示出我们要的数字，因此根据数码管驱动方式的不同，可以分为静态式和动态式两类。

静态显示驱动：静态驱动也称直流驱动。静态驱动是指每个数码管的每一个段码都由一个单片机的 I/O 端口进行驱动，或者使用如 BCD 码二-十进制译码器译码进行驱动。静态驱动的优点是编程简单，显示亮度高；缺点是占用 I/O 端口多，如驱动 5 个数码管静态显示则需要 5×8=40 根 I/O 端口来驱动，要知道一个 89S51 单片机可用的 I/O 端口才 32 个，实际应用时必须增加译码驱动器进行驱动，增加了硬件电路的复杂性。

动态显示驱动：数码管动态显示接口是单片机中应用最为广泛的一种显示方式，动态驱动是将所有数码管的 8 个显示笔划 a～g 及 dp 的同名端连在一起，另外为每个数码管的公共极 COM 增加位选通控制电路。位选通由各自独立的 I/O 线控制，当单片机输出字形码时，所有数码管都接收到相同的字形码，但究竟是那个数码管会显示出字形，取决于单片机对位选通 COM 端电路的控制，所以只要将需要显示的数码管的选通控制打开，该位就显示出字形，没有选通的数码管就不会亮。分时轮流控制各个数码管的 COM 端，就使各个数码管轮流受控显示，这就是动态驱动。在轮流显示过程中，每位数码管的点亮时间为 1～2 ms，由于人的视觉暂留现象及发光二极管的余辉效应，尽管实际上各位数码管并非同时点亮，但只要扫描的速度足够快，给人的印象就是一组稳定的显示数据，不会有闪烁感，动态显示的效果和静态显示是一样的，能够节省大量的 I/O 端口，而且功耗更低。

数码管有两种显示方式，即静态显示和动态显示。静态显示的优点是显示效果好，编程简单，但由于输出的每一位都需要锁存，使用的硬件较多；动态显示方式中，各位数码管的 a～h 端并连在一起，每一时刻只有一位数码管被点亮，各位依次轮流被点亮，硬件电路简单，但由于需要不停地进行刷新显示，降低了 CPU 的效率，而且编程的工作量很大。

5.8.3 通用接口芯片及程序设计

为了解决非编码键盘和动态显示中 CPU 效率降低和编程复杂的问题，很多公司推出了键盘显示接口芯片。早期的 8279 以及后来的 ZLG7289 和 CH451 等都是很优秀的芯片，在单片机系统中被广泛使用。本小节着重介绍这些芯片的性能和使用方法。

Intel 公司研制的 8279 是早期单片机系统中常用的键盘、显示器接口电路芯片。该芯片能自动完成对显示的刷新，同时还可以对键盘自动扫描，识别闭合键的键号，使用非常方便。8279 用 A0 来区分信息特征，当 A0 为 0 时，CPU 从 8279 读出的是状态，写入的是命令，且每个命令也有自己的特征；当 A0=1 时，读出和写入的都是数据。8279 内部有两个缓冲区，即一个 8 字节的 FIFO(First In First Out)键盘 RAM 和一个 16 字节的显示 RAM，显示数据时只要将待显示数据的段码写入显示 RAM 即可；当有键闭合时，8279 自动执行去抖、得到键值、等待按键释放等操作，最后，将键值存入 FIFO RAM 中，程序只需从 FIFO 中读取键值即可，编程十分简单，具体实验线路如图 5.58 所示。

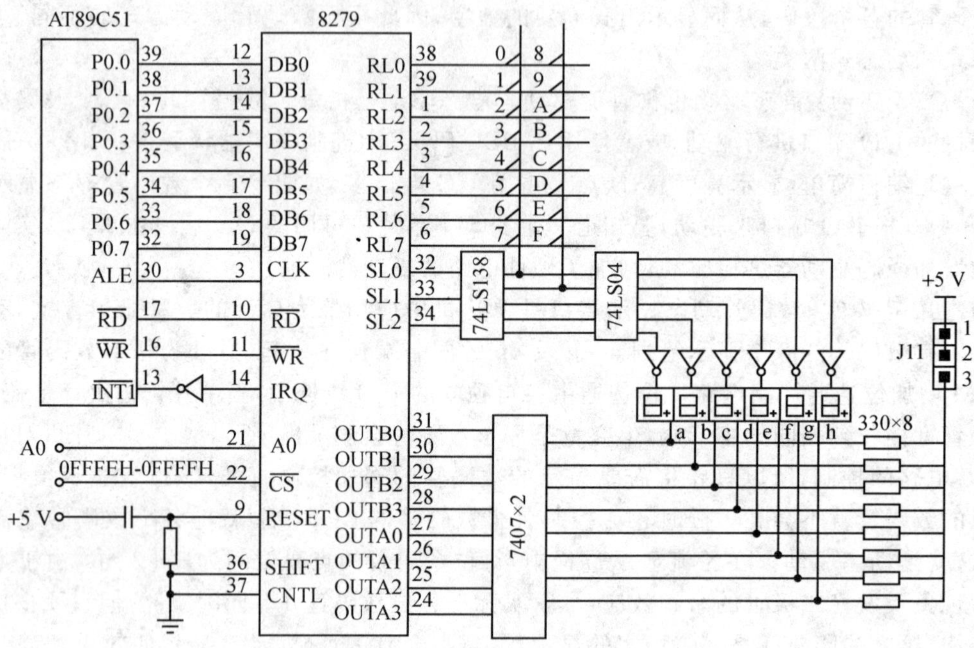

图 5.58　键盘显示芯片 8297 典型连线图

为了使 8279 具有合适的键盘、显示功能，首先要对芯片初始化。可适当地挑选 8279 的控制字，例如，使 8279 具有 8 位显示、右端输入、编码键盘、双键锁定时可选控制字 10H，这时每次按键都将产生键特征码，并且存放在 FIFOROM 中，同时使 8279 的 IRQ 引脚变为高电平，可作为向 CPU 申请中断信号；如果 CPU 是中断开放的，则转向中断服务程序，可在中断服务程序中读取特征码。每当 CPU 读取 FIFOROM 中的数据后，8279 自动撤消 IRQ 信号，IRQ 引脚变为低电平。CPU 返回主程序后，可由键码来决定程序的流向。

CH451 是一个整合了数码管显示、键盘扫描控制以及 μP 监控的多功能外围芯片，内置 RC 振荡电路，可以直接动态驱动 8 位数码管或者 64 位 LED，具有 BCD 译码或不译码功能，可实现数据的左移、右移、左循环、右循环、各数字独立闪烁等控制功能。CH451 内置大电流驱动级，段电流不小于 30 mA，字电流不小于 160 mA，并有 16 级亮度控制功能；在键盘控制方面，该器件内置 64 键键盘控制器，可实现 8×8 矩阵键盘扫描，并内置去抖动电路，可提供按键中断与按键释放标志位等功能；在外部接口方面，CH451 可选择简洁的 1 线串行接口或高速 1 线串行接口，且内置上电复位，可提供高电平有效复位和低电平有效复位两种输出，同时内置看门狗电路 WatchDog。

1. CH451 的操作命令

CH451 的操作命令均为 12 位,其中高 4 位为标识码,低 8 位为参数,各操作命令如下:

空操作:0000xxxxxxxxB(x 可为任意值,下同)

空操作命令对 CH451 不产生任何影响,可以在多个 CH451 级联的应用中透过前级 CH451 向后级 CH451 发送操作命令而不影响前级 CH451 的状态。例如,要将操作命令 001000000001B 发送给两级级联电路中的后级 CH451(后级 CH451 的 DIN 引脚连接到前级 CH451 的 DOUT 引脚),只要在该操作命令后添加空操作命令 000000000000B 再发送,那么,该操作命令将经过前级 CH451 到达后级 CH451,而空操作命令留给了前级 CH451。另外,为了在不影响 CH451 的前提下变化 DCLK 以清除看门狗计时器,也可以发送空操作命令。在非级联的应用中,空操作命令可只发送高 4 位。

1) 芯片内部复位:001000000001B

内部复位命令可将 CH451 的各个寄存器和各种参数复位到默认的状态。芯片上电时,CH451 均被复位,此时各个寄存器均复位为 0,各种参数均恢复为默认值。

2) 字数据移位:0011000000[D1][D0]B

字数据移位命令共有 4 个:开环左移、右移,闭环左移、右移。D0 为 0 时为开环,为 1 时为闭环,D1 为 0 时左移,为 1 时为右移。开环左移时,DIG0 引脚对应的单元补 00H,此时不译码方式显示为空格,BCD 译码方式时显示为 0;开环右移时,DIG7 引脚对应的单元补 00H;而在闭环时,DIG0 与 DIG7 头尾相接,闭环移位。

3) 设定系统参数:010000000[WDOG][KEYB][DISP]B

该命令用于设定 CH451 的系统级参数,如看门狗使能 WDOG、键盘扫描使能 KEYB、显示驱动使能 DISP 等。各个参数均可通过 1 位数据来进行控制,将相应的数据位置为 1 可启用该功能;否则,关闭该功能(默认值)。

4) 设定显示参数:0101[MODE][LIMIT][INTENSITY]B

此命令用于设定 CH451 的显示参数,如译码方式 MODE(1 位)、扫描极限 LIMIT(3 位)、显示亮度 INTENSITY(4 位)等。译码方式 MODE 为 1 时选择 BCD 译码方式,为 0 时选择不译码方式。CH451 默认工作于不译码方式,此时 8 个数据寄存器中字节数据的位 7~位 0 分别对应 8 个数码管的小数点和段 G~段 A。当数据位为 1 时,对应的数据段(或发光管)点亮;数据位为 0 时,熄灭。CH451 工作于 BCD 译码方式主要应用于数码管驱动,单片机只要给出二进制数的 BCD 码,便可由 CH451 将其译码并直接驱动数码管以显示对应的字符。BCD 译码方式是对数据寄存器中字节数据的位 4~位 0 进行兼容 BCD 的译码,可用于控制段驱动引脚 SEG6~SEG0 的输出,它们对应于数码管的段 G~段 A;同时可用字节数据的位 7 控制段来驱动引脚 SEG7 的输出以对应数码管的小数点;字节数据的位 6 和位 5 不影响 BCD 译码的输出,它们可以是任意值。将位 4~位 0 进行 BCD 译码可显示以下 28 个字符,其中 00000B~01111B 分别对应于 0~F、10000B~11010B 分别对应于空格、加号、减号、等于号、左方括号、右方括号、下划线、H、L、P、小数点、其余值为空格。

扫描极限 LIMIT 控制位 001B～111B 和 000B(默认值),可分别设定扫描极限 1～7 和 8。显示亮度 INTENSITY 控制位的 0001B～1111B 和 0000B(默认值),则用于分别设定显示驱动占空比 1/16～15/16 和 16/16,以实现 16 级显示亮度控制。

5) 设定闪烁控制：0110[D7S][D6S][D5S][D4S][D3S][D2S][D1S][D0S]B

设定闪烁控制命令用于设定 CH451 的闪烁显示属性,其中,D7S～D0S 分别对应 8 个字驱动 DIG7～DIG0。闪烁属性 D7S～D0S 分别通过 1 位数据控制,将相应的数据位置为 1 可使能闪烁显示;否则,正常显示,不闪烁(默认值)。

6) 加载字数据：1[DIG_ADDR][DIG_DATA]B

加载字数据命令用于将字节数据 DIG_DATA(8 位)写入 DIG_ADDR(3 位)指定的数据寄存器中。DIG_ADDR 的 000B～111B 分别用于指定数据寄存器的地址 0～7,并分别对应于 DIG0～DIG7 引脚驱动的 8 个数码管。DIG_DATA 为待写入的字节数据。

7) 读取按键代码：0111xxxxxxxxB

读取按键代码命令用于获得 CH451 最近检测到的有效按键的按键代码,是唯一的具有数据返回的命令。CH451 通常从 DOUT 引脚输出按键代码,按键代码总是 7 位数据,最高位是状态码,位 5～位 0 是扫描码。读取按键代码命令的位数据 B7～B0 可以是任意值,所以控制器可以将该操作命令缩短为 4 位数据 B11～B8。例如,CH451 检测到有效按键并中断时,如按键代码是 5EH,则先向 CH451 发出读取按键代码命令 0111B,然后再从 DOUT 获得按键代码 5EH。

2. 串行接口应用电路

CH451 与 MCS-51 单片机的连接的应用如图 5.59 所示,其中,DOUT 引脚最好连接到单片机的中断输入引脚,这样可用中断方式响应按键。如果连接到非中断输入引脚,则应该使用查询方式确定 CH451 是否检测到有效按键,同时还可向单片机提供复位信号 RESET,并带 WatchDog 功能。CH451 的段驱动引脚串接的电阻 R_1(200 Ω)用于限制和均衡段驱动电流。在 5 V 电源电压下,串接 200 Ω 电阻通常对应 13 mA 段电流。CH451 具有 64 键的键盘扫描功能,为了防止键被按下后在 SEG 信号线与 DIG 信号线之间形成短路而影响数码管显示,一般应在 CH451 的 DIG0～DIG7 引脚与键盘矩阵之间串接限流电阻,其阻值可以从 1 kΩ～10 kΩ。

P1.6 与 DIN 连接可用于输入串行数据,串行数据输入的顺序是低位在前,高位在后。另外,在上电复位后,CH451 默认选择 1 线串行接口,如需选择 4 线串行接口,则应在 DCLK 输出串行时钟之前,先在 DIN 上输出一个低电平脉冲,以通知 CH451 为 4 线串行接口。将 P1.7 与 DCLK 连接可提供串行时钟,以使 CH451 在其上升沿从 DIN 输入数据,并在其下降沿从 DOUT 输出数据。LOAD 用于加载串行数据,CH451 一般在其上升沿加载移位寄存器中的 12 位数据,以作为操作命令进行分析并处理。也就是说,LOAD 的上升沿是串行数据帧的帧

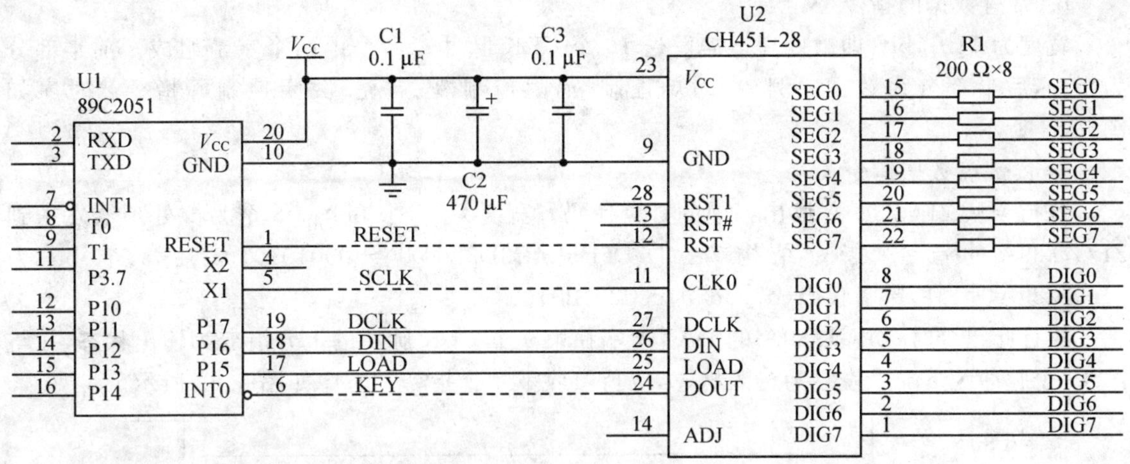

图 5.59 CH451 应用

完成标志，此时无论移位寄存器中的 12 位数据是否有效，CH451 都会将其当作操作命令来处理。应注意的是，在级联电路中，单片机每次输出的串行数据必须是单个 CH451 的串行数据的位数乘以级联的级数。

广州周立功单片机发展有限公司设计了一种新型键盘及数码管控制芯片 ZLG7289A。它是具有 SPI 串行接口功能的、可同时驱动 8 位共阴极数码管（或 64 只独立 LED）的智能显示驱动芯片。该芯片同时可接多达 64 个键的键盘矩阵，只用单片机即可完成 LED 显示、键盘接口的全部功能。ZLG7289A 内部含有译码器，可直接接受 BCD 码或 16 进制码，并同时具有 2 种译码方式。此外，还有多种控制指令，如消隐、闪烁、左移、右移等指令。ZLG7289A 具有片选信号，可方便地实现多于 8 位的显示或多于 64 个键的键盘接口。

1）ZLG7289A 技术特点

- 串行接口，无须外围元件可直接驱动 LED；
- 各位独立控制译码/不译码及消隐、闪烁功能；
- 左移、右移指令；
- 具有段寻址指令，方便控制独立 LED；
- 64 键键盘控制器，内含去抖动电路。

2）指令介绍及时序图

ZLG7289A 的指令结构可以分为 3 种类型：纯指令、带有数据的指令和读键盘数据指令。

ZLG7289A 内部含有译码器，可直接接受 BCD 码或 16 进制码，并同时具有两种译码方式。

a. 不带数据的纯指令

指令宽度为 8 个 bit，即微处理器须发送 8 个 CLK 脉冲。例如，复位指令，测试指令，左、右移指令，循环左、右移指令。时序如图 5.60 所示。

b. 带有数据的指令

宽度为 16 个 bit，即微处理器需发送 16 个 CLK 脉冲。命令由两个字节组成。前半部分为指令，后半部分为数据。例如，闪烁控制、消隐控制、段点亮、关闭控制等指令。时序如图 5.61 所示。

c. 读键盘数据指令

该指令从 ZLG7289A 读出当前的键盘代码。宽度为 16 个 bit，前 8 个为微处理器发送到 ZLG7289A 的指令（指令结构为：D7D6D5D4D3D2D1D0 = 00010101），后 8 个 bit 为 ZLG7289A 返回的键盘代码(d7d6d5d4d3d2d1d0)。

执行此指令时，ZLG7289A 的 DATA 端在第 9 个 CLK 脉冲的上升沿变为输出状态，并与第 16 个脉冲的下降沿恢复为输入状态，等待接收下一个指令。时序如图 5.62 所示。

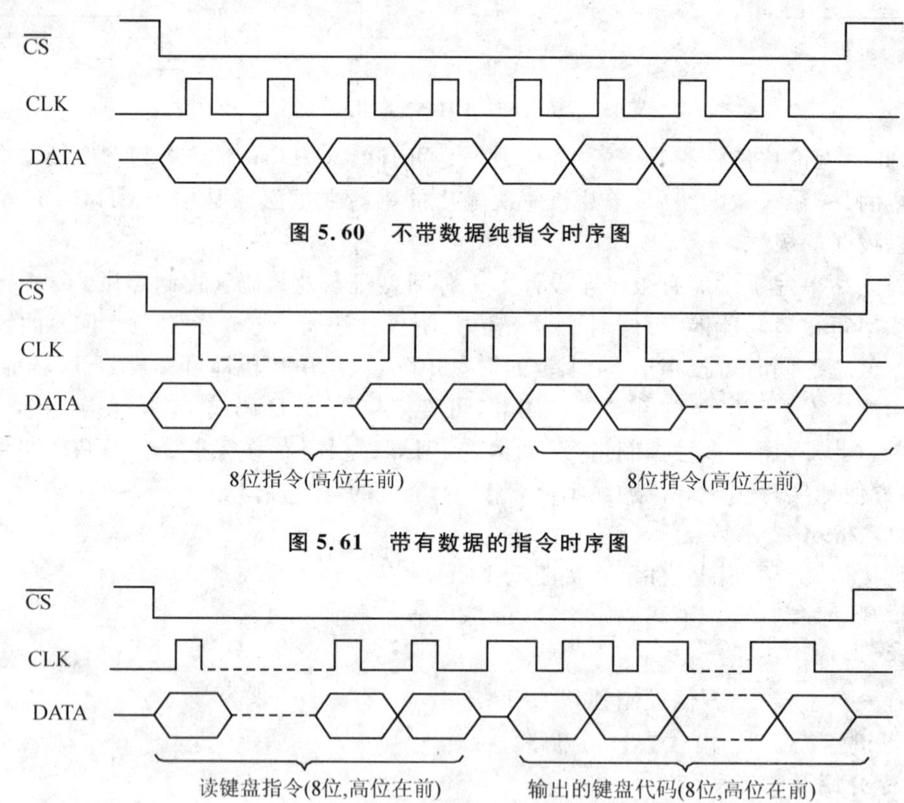

图 5.60　不带数据纯指令时序图

图 5.61　带有数据的指令时序图

图 5.62　读取键盘指令

3）应用电路

图 5.63 为 ZLG7289A 的电路应用原理图。单片机 AT89C51 的引脚 P0.1～P0.4 分别接到 ZLG7289A 的$\overline{CS}$、CLK、DIO、$\overline{KEY}$端。ZLG7289A 应连接共阴极数码管。应用中用不到的

键盘和数码管可以不接。省去键盘和数码管不会影响其他部分电路的正常工作。若想增加按键，只需将 ZLG7289A 的 18～23 引脚拉出，分别接到按键上即可。在按键电路中，应有下拉电阻，以提高驱动能力。

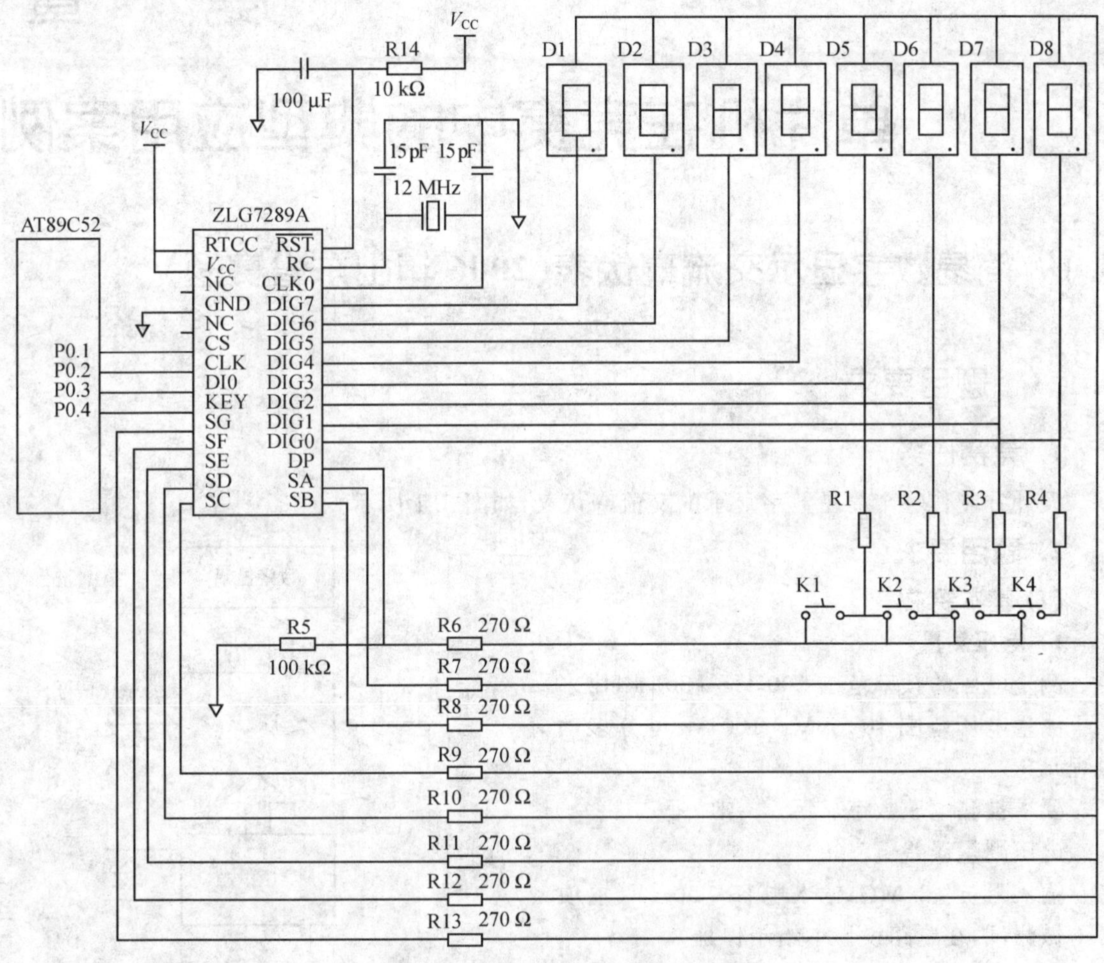

图 5.63 ZLG7289A 的应用电路

ZLG7289A 需要一个外接晶体振荡电路供系统工作，典型值为 $f_{osc}=12$ MHz，$C=15$ pF。ZLG7289A 的 $\overline{RET}$ 复位端在一般应用情况下可以直接和 V_{CC} 相连，在需要较高可靠性的情况下，可以连接一个外部复位电路或直接由微处理器控制。在上电或 $\overline{RET}$ 端由低电平变为高电平后，ZLG7289A 大约要经过 10～15 s 的时间才会进入正常工作状态。

芯片可直接驱动 LED 数码管显示，电流较大，且为动态扫描方式。为提高电路抗干扰能力、减小电源噪声干扰，应用时可在电源的正负极并入一个 100 μF 的电容。

第 6 章

单片机在竞赛中的典型应用案例

6.1 简易数字显示交流毫伏表(2006 年山东省赛题)

6.1.1 题目要求

1. 竞赛任务

设计并制作一个简易数字显示的交流毫伏表,如图 6.1 所示。

2. 题目要求

(1) 基本要求

1) 电压测量

测量电压的频率范围 100 Hz～500 kHz。

测量电压范围 100 mV～100 V(可分多档量程)。

要求被测电压数字显示。

电压测量误差±5%。

输入阻抗≥1 MΩ,输入电容≤50 pF(本项可不做测试,在电路设计中给予保证)。

具有超量程自动闪烁功能。

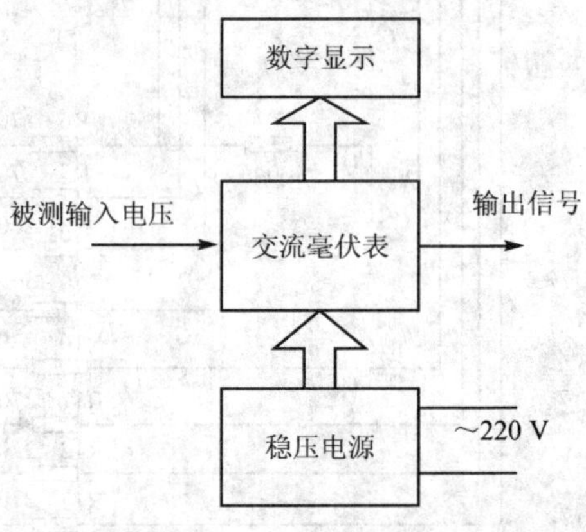

图 6.1 简易数字显示交流毫伏表示意图

2) 输　出

① 输出正弦波电压,电压值 $1V_{rms}$(指正弦交流信号的有效电压值,等于峰值电压/$\sqrt{2}$),波形无明显失真。

② 输出电压值误差≤±10%。

③ 输出电压频率范围 10 Hz～200 kHz。

④ 输出电压频率可预置。

⑤ 输出电压频率误差≤±5%。

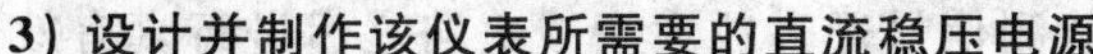

3）设计并制作该仪表所需要的直流稳压电源

(2) 发挥部分

① 将测量电压的频率范围扩展为 10 Hz～1 MHz。

② 将测量电压的范围扩展到 10 mV～200 V。

③ 交流毫伏表具有自动量程转换功能。

④ 电压输出频率可步进调节，频率步进值可预置为 1Hz、10 Hz、100 Hz、1 kHz。

⑤ 其他。

3. 评分标准

	项　目	满　分
基本要求	设计与总结报告：方案比较、设计与论证、理论分析与计算、电路图及有关设计文件、测试方法与仪器、测试数据及测试结果分析	50
	完成第①项	20
	完成第②项	20
	完成第③项	5
	工艺	5
	合计	50
发挥部分	完成第①项	10
	完成第②项	10
	完成第③项	10
	完成第④项	10
	完成第⑤项	10
	合计	50

6.1.2 获奖作品选编

本系统采用“双芯”控制，即以凌阳 SPCE061 单片机和 89c51 单片机为进程控制和任务调度核心——利用 SPCE061 单片机控制交流毫伏表测量，利用 89c51 作为信号发生器的控制器件；“两芯”独立工作，系统性能稳定。该系统实现了题目要求的基本部分和发挥部分，并有所创新。

1. 总体设计方案

(1) 设计思路

本系统分为 3 部分制作：直流稳压电源，交流毫伏表和正弦信号产生。其中，交流毫伏表制作部分，以凌阳SPCE061作为控制核心，待测信号通过放大衰减电路之后进行真有效值转换，转换成直流信号，经放大后输入A/D转换并输入单片机，液晶显示其示数(具体流程如图6.2所示)；正弦信号产生部分，则以89c51单片机来进行控制，采用直接数字频率合成技术(DDS)，通过键盘控制步进幅度，产生题目要求的正弦信号。

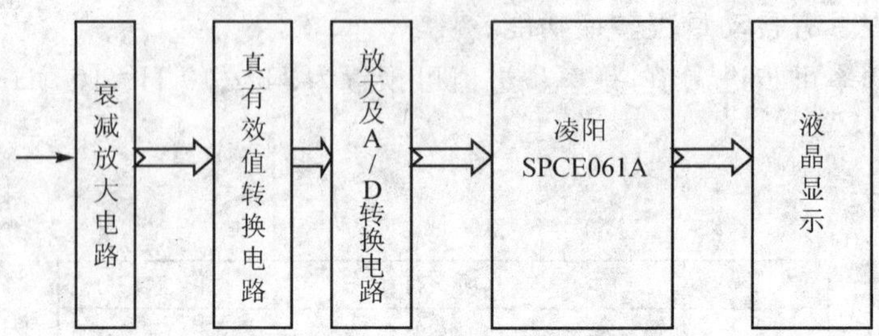

图6.2　交流毫伏表系统流程图

(2) 方案比较、设计与论证

1) 直流稳压电源模块

直流稳压电源模块一般由电源变压器、整流电路、滤波电路及稳压电路组成。整流滤波电路采用桥式整流滤波电路，稳压电路采用集成稳压芯片。该设计电路简单，准确性高，如图6.3所示。

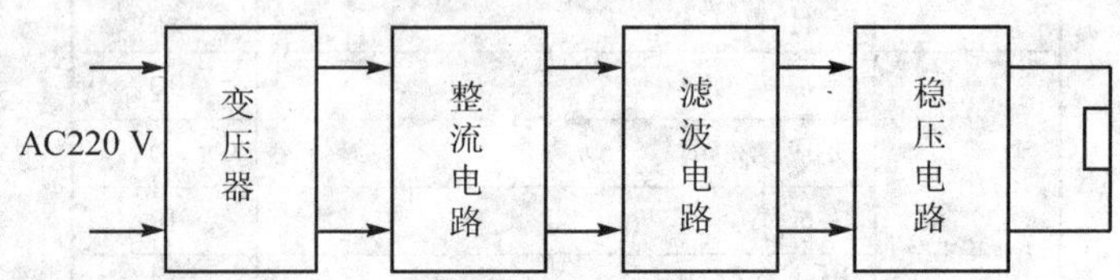

图6.3　稳恒电源模块

2) 控制模块

方案一：采用89c51作为中央处理器。它是一个8位、片内具有256字节的数据存储器、4 KB的程序存储器，拥有基于复杂指令集(CISC)的单片机内核；其速度不快，12个振荡周期才执行一个单周期指令，但其端口结构为准双向并行口，可兼有外部并行总线，故使其扩展性能非常强大。该中央处理器体积小，价位低，I/O口性能稳定，适合作高频信号发生源的控制芯片，用汇编语言编程可使芯片运行速度快。

方案二：采用凌阳公司的SPCE061A芯片(如图6.4所示)，片内有32K字Flash和2K字RAM，集成功能比较好，使片内可存储量增加，控制能力增强。同时，具有易扩展、可利用C语言进行编程、编程简单、逻辑性强、功耗低、结构简单、中断处理能力强等特点，而且其处理速度高，市场价位不高，总体来看，系统性价比很高。

方案三：采用数字信号处理器(DSP)。DSP作为一种微处理器，其设计的出发点和通用

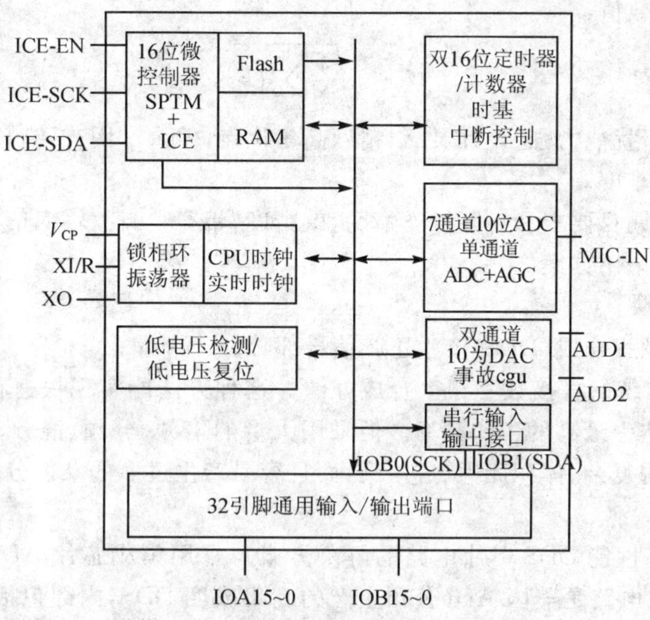

图 6.4 61 单片机内部框图

CPU 以及 MCU 等处理器是不同的。DSP 是为完成实时数字信号处理任务而设计的，算法的高效实现是 DSP 器件的设计核心。DSP 在体系结构设计方面的很多考虑都可以追溯到算法自身的特点。

方案四：采用凌阳单片机和 89c51 相结合的技术。两者相互取长补短，优化整个系统。

根据性能、价格等因素比较得出，方案四比较合适。采用凌阳 16 位单片机控制信号检测，采用 89c51 单片机控制信号源最为合适，这样既提高了处理速度，提高了稳定性，又可以更好地达到预期的效果。

3）交流信号整流方案

方案一：对信号进行精密整流并积分，得到正弦电压的平均值，再进行 ADC 采样，利用平均值和有效值之间的简单换算关系，计算出有效值并显示。这里只用了简单的整流滤波电路和单片机就可以完成交流信号有效值的测量，但此方法对非正弦波的测量会引起较大的误差。

方案二：采用集成芯片 RMS－DC 变换器 AD637。AD637 主要应用于便携测试仪表，是同类芯片中精度最高、频带最宽的，恰好符合题目中高精度、高频带的要求，而且具有灵敏度好、测量速度快、测量面广、功耗低等特点。采用 AD637 只需将被测的信号加到它的输入端上，不必考虑被测信号波形的参数及失真，就可以得到它的有效值，无须软件处理，测试非常方便。

方案三：利用高速 ADC 对电压进行采样，将一周期内的数据输入单片机并计算其均方根

值,即可得出电压有效值:

$$U = \sqrt{\frac{1}{N}\sum_{i=1}^{n} U_i^2}$$

此方案具有抗干扰能力强、设计灵活、精度高等优点,但调试困难,高频时采样困难而且计算量大,增加了软件难度。

综上所述,根据题目要求和实际操作情况,就精度、带宽、功耗、输入信号电平、波峰因数和稳定时间因素考虑,采用方案二。

4) 信号产生模块

利用直接数字频率合成(DDS)产生正弦信号部分。

方案一:采用传统的直接数字频率合成办法。这种方法能实现快速频率变换,具有低相位噪声以及所有方法中最高的工作频率。但采用大量的倍频、分频、混频和滤波环节,导致直接频率发成器的结构复杂、体积庞大、成本高,而且容易产生过多的杂散分量,难以达到较高的频谱纯度。

方案二:采用高性能DDS单片电路的解决方案。采用集成芯片AD9850芯片来产生正弦波。AD9850集成电路是美国ADI公司生产的高集成度DDS,内部包括可编程DDS系统、高性能DAC及高速比较器,能实现全数字编程控制的频率合成器和时钟发生器。接上精密时钟源,AD9850可产生一个频谱纯净、频率和相位都可编程控制的模拟正弦波输出。该电路简单,体积小,使用方便,性能稳定,频率准确度高,功耗低,而且可以实现相位和频率可调。

方案三:采用压控振荡器或分立模块组成。如采用模拟分离元件或单片压控函数发生器MAX038,可产生正弦波、方波、三角波;通过调整外部元件可改变输出频率,但采用模拟器件由于元件分散性太大,即使使用单片函数发生器,参数也与外部器件有关,外界的电阻电容对参数影响很大,因而产生的频率稳定性差,正弦波频率准确度不高,调整不方便,抗干扰性差,成本也高,电路复杂,灵活性差。

综上所述,基于题目要求的性能指标和实际的性价比,方案二比较符合要求。利用该方案可以产生频谱纯净,频率范围宽,频率可调的正弦波。

5) 显示模块

方案一:采用LED或字符型LCD显示。LED可以用移位寄存器74164或者专用芯片MAX7219驱动,字符型LCD也可以采用74LS164通过同步串口驱动。优点是控制比较简单,而且串行显示只占用很少的I/O口。但也有一个很大的缺点,即只能显示一些简单的ASCII码字符,显示的信息量十分有限,对于本系统较复杂的功能不太适合。

方案二:采用点阵型LCD显示。点阵型LCD虽然占用的I/O口资源较多,控制也较复杂,但其功能却是强大的,信息量丰富且直观易懂。而且液晶显示功耗低,体积小,质量轻,寿命长,不产生电磁辐射污染等。

经过综合考虑我们选择方案二,不需要很复杂的电路就可以实现并扩展非常强大的显示功能。

6）键盘模块

对于键盘模块，最主要的工作就是去除抖动。

方案一：RC电路去抖。此方案简单易行，只需要普通的电阻和电容。而且连接简单，一般的去抖要求也能达到。所以成为使用非常广泛的消抖方法。

方案二：RS触发器去抖。此方案需要双稳态RS触发器。RS双稳态触发器是一种逻辑门电路，利用有效键值才能使其触发的原理达到消抖的目的。该方法使用也比较广泛。

方案三：用去抖芯片MAX8616去抖。新型开关去抖技术是利用开关去抖集成电路，减少了元器件数目、功耗以及电路板面积。但是，该方案需要专门的集成器件，使用比较复杂，而且价格高，一般要求下不应该使用。

方案四：软件去抖。软件消抖是通过编程的方法消除抖动的，主要原理是判断按键是否是有效按下。其方法是先读取一次键值，判断是否按下，若按下，则调用一段延时子程序，然后再读取一次键值。如果键仍然是按下的，则说明按键是有效信号；否则，则为无效信号。软件去抖可以节省硬件使用。

综上所述，为了节省硬件空间，采用方案四，并采用专门为防抖动设计的4×4的小型按键，再利用软件控制键盘，很好地去除键盘抖动。

2. 硬件部分

(1) 系统原理框图

系统原理如图6.5所示。

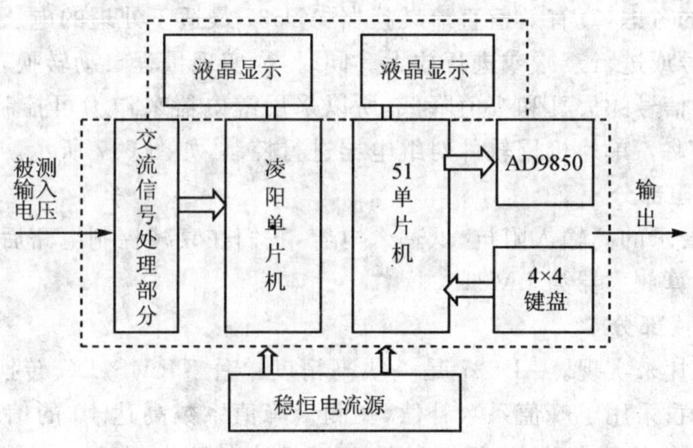

图6.5 系统原理框图

(2) 稳恒电源

该系统的稳恒电源能同时输出两组数值相同、极性相反的恒定电压。图6.6为正、负输出电压固定的稳压电源，由输出极性不同的集成稳压器MC7812、MC7805、MC7912及MC7905

构成，电路简单，加上偏置电压后可以输出稳定的直流电压。

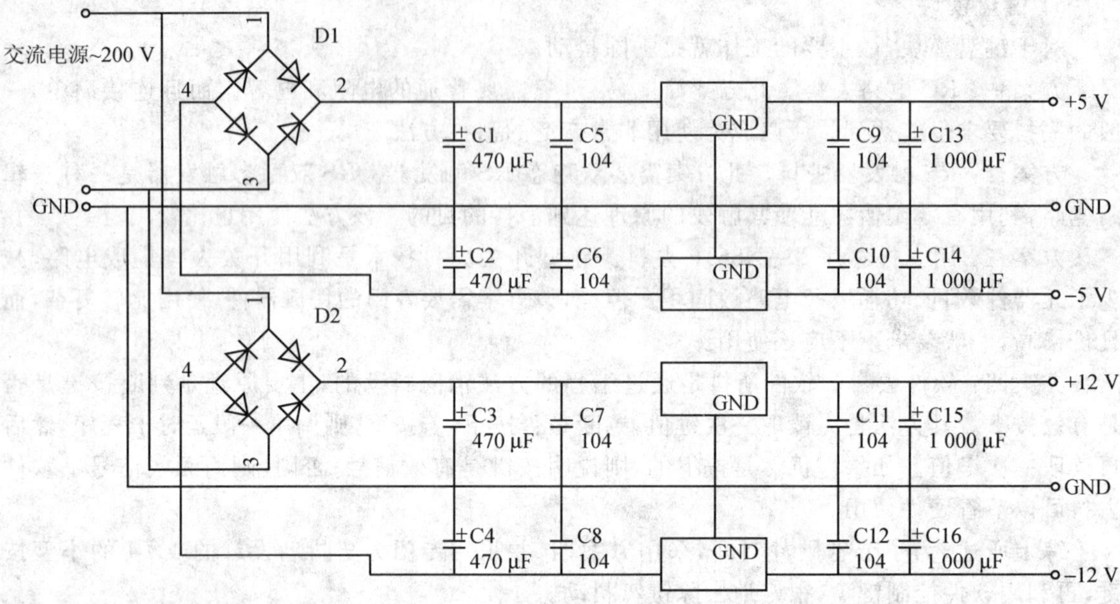

图6.6　稳压电源电路图

下面介绍数字显示交流毫伏表部分。

1）衰减放大电路

基于测试范围的考虑，真有效值直流转换器AD637最适于处理的电压范围为0.2～2 V，所以需要将待测信号或进行衰减或进行放大。同时，为实现量程自动转换，考虑到本系统是测量小信号，为了减小信号的失真和幅值降低，所以采用继电器来作为可控制器件；因为继电器的内阻很小，可以忽略。单片机用软件对继电器进行控制，如图6.7所示。

2）提高输入电阻部分

为了实现题目要求的高输入阻抗、低输入电容，我们在衰减控制电路后端又加了一级运算跟随器，此跟随的运算放大器为LM318。

3）真有效值转换部分

采用AD637芯片来实现。AD637是一块高精度单片TRMS/DC转换器，可以计算各种复杂波形的真有效值；采用了峰值系数补偿，在测量峰值系数高达10的信号时附加误差仅为1%。精度优于0.5%，外围电路少，频带宽，对于一个有效值为1 V的信号，它的3 dB带宽为8 MHz，频带宽度在2 V输入时可达8 MHz。在实际应用中唯一的外部调整元件为绝对值平方的平均电容CAV，其影响到求平均值时间、低频精度、输出波纹水平及输出稳定时间。使用前须利用外部调整元件来减小有源整流器的非线性误差，电路如图6.8所示。

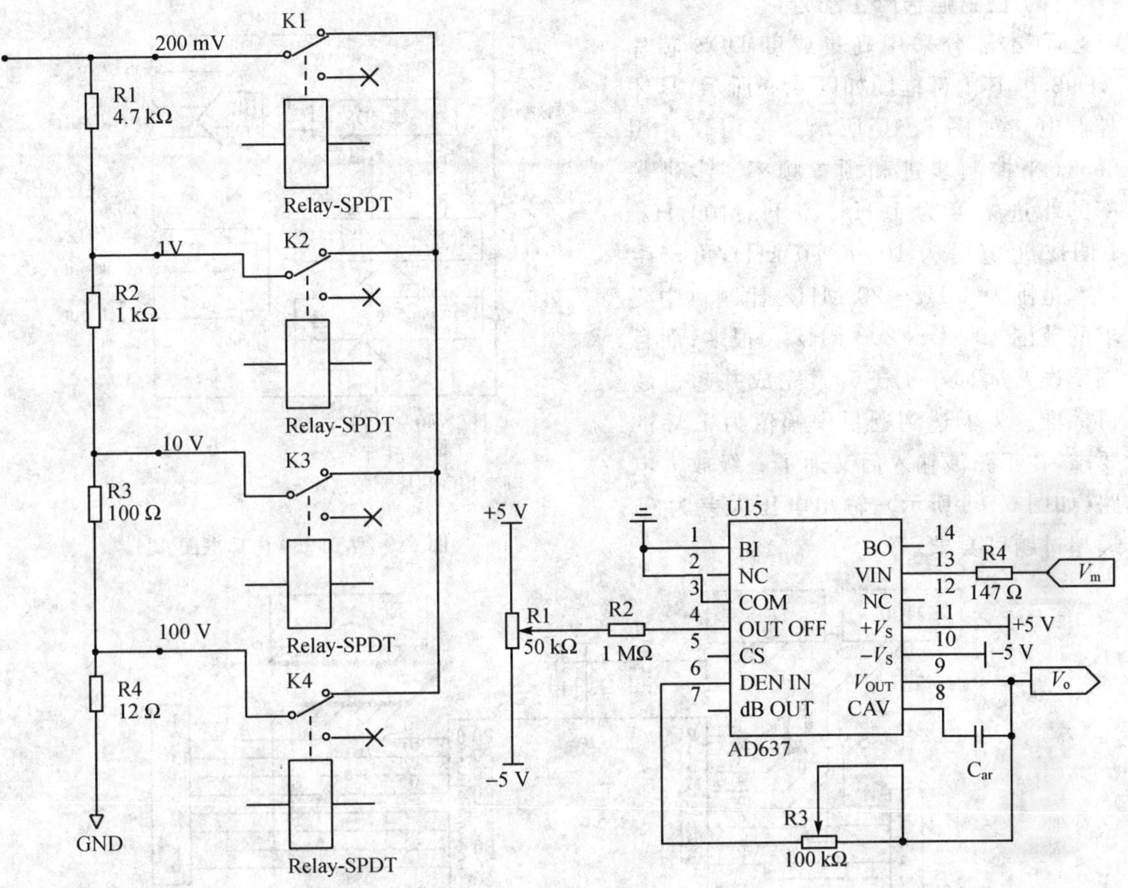

图 6.7 衰减、控制选择电路

图 6.8 真有效值转换原理图

4）A/D 转换部分

根据题目的要求，精度要求到毫伏，所以采用 10 位的 A/D 转换器，这样精度可以达到 2 mV。凌阳公司的 SPCE061A 芯片集成了 10 位的 A/D 转换器，外围电路很少，使用的 I/O 口少，也减少了信号的干扰，使性能更加稳定。

5）液晶显示部分

采用两片 DM12232F 型液晶显示模块，有大量的字库和图形显示功能，方便实用，使显示更加美观。利用凌阳单片机进行控制，其信息量丰富，直观易懂，也减轻了控制器的负担。

6）语音播报部分

为了更加直观形象地显示所测量的数据，本系统添加了实时语音模块，对测试的结果进行语音播报。这是本系统的一大特色。

(4) 正弦信号产生部分

① 本部分采用高集成度DDS芯片AD9850，其内部框图如图6.9所示，具体控制电路如图6.10所示。采用软件用89c51来控制步进和预置频率。步进频率的步进幅度为1 Hz、10 Hz、100 Hz、1 kHz，上电后为10.000 0 kHz，可产生频率范围为1 Hz～20 MHz，比题目中要求的范围10 Hz～200 kHz大很多；而且频率误差远远小于±5%，完成并超过题目标准。为了达到题目中幅值为1 V的要求，在正弦波输入后又加了一级放大电路(如图6.11所示)，输出电压误差为0，远超过题目要求。

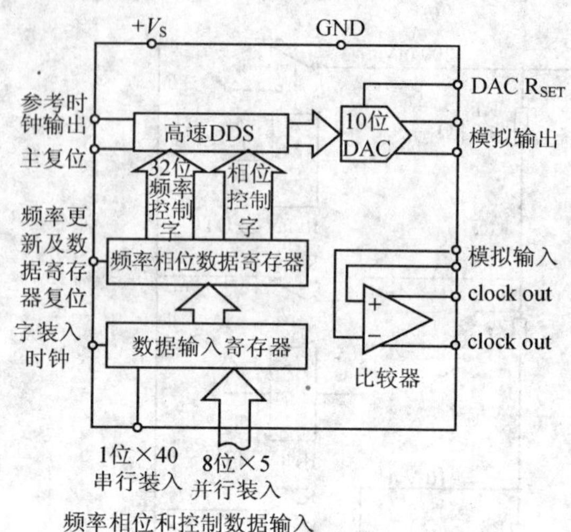

图6.9 AD9850内部框图

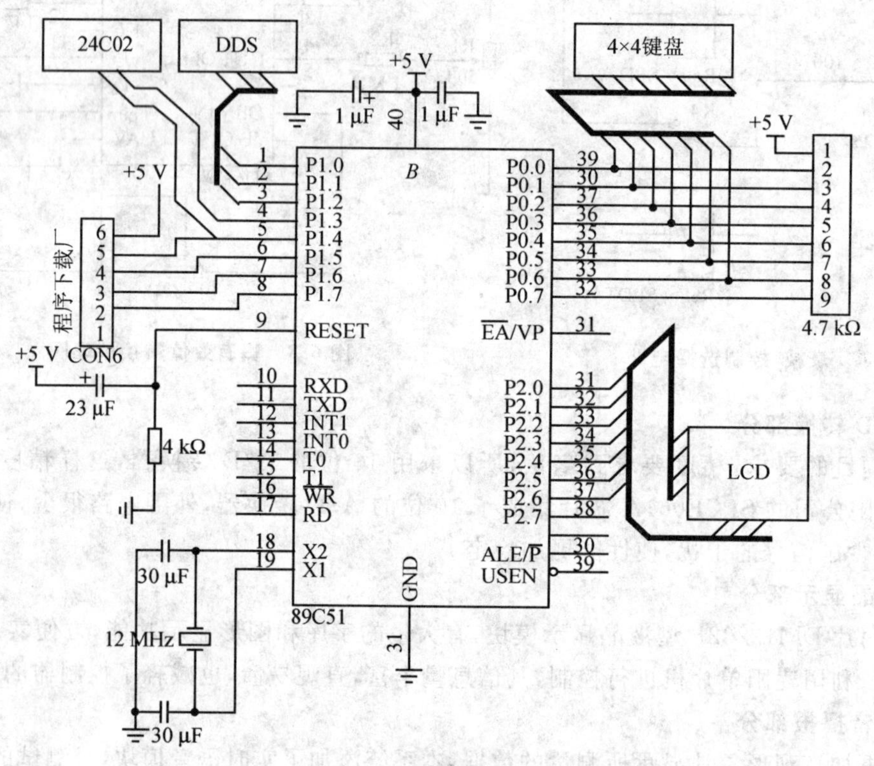

图6.10 系统原理图

② 本系统采用键盘控制步进频率，通过液晶显示器来显示测量结果。键盘按键分布如表 6.1 所列。

89c51 控制该液晶和键盘模块，易于操作，也可以直观形象地显示示数。

图 6.11　放大电路

3. 软件设计部分

(1) 数字显示交流毫伏表

本系统采用软件实现自动量程转换，具体流程如图 6.12 所示。

表 6.1　键盘分布

列值 / 行值	第一列键值	第二列键值	第三列键值	第四列键值
第一行键值	0	1	2	3
第二行键值	4	5	6	7
第三行键值	8	9	1 Hz	10 Hz
第四行键值	100 Hz	1 kHz	确定	—

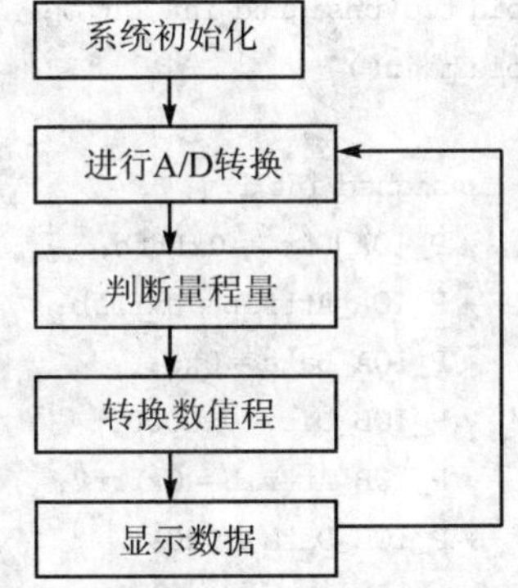

图 6.12　流程图

具体程序如下：

```
//IOB0～IOB8 AD 数据输入口；
//ioa4 信号线

//7-14 引脚接 IOA8-15
//5,4,6 引脚接 IOA0-2
//19,20 接 5V,0V
#include <SPCE061V004.h>
#define P_IOA_Data
(volatile unsigned int *)0x7000
#define P_IOA_Buffer
(volatile unsigned int *)0x7001
#define P_IOA_Dir
(volatile unsigned int *)0x7002
#define P_IOA_Attrib
(volatile unsigned int *)0x7003
#define P_IOB_Data
(volatile unsigned int *)0x7005
#define P_IOB_Buffer
(volatile unsigned int *)0x7006
#define P_IOB_Dir
(volatile unsigned int *)0x7007
#define P_IOB_Attrib
(volatile unsigned int *)0x7008
#define P_Watchdog_Clear
(volatile unsigned int *)0x7012
#define P_aaa        0xffeb

unsigned int ad_sum;
```

```
unsigned int ad_value;
unsigned int ad_jizhi = 0;
unsigned int ad_value1;
unsigned int * imz;
unsigned int pp[100] = {'0'};
unsigned int mmz;
unsigned int result;
void zhaunhuan(unsigned int zuasc);
void fenxi(unsigned int uasc);
void delaym(unsigned int mz);
void adc1();
void toq(unsigned int zhto);
void main()
{
    unsigned int i,j;
    *P_IOA_Dir = 0xfffb;
    *P_IOA_Attrib = 0xfffb;
    *P_IOA_Data = 0x0;
    *P_IOB_Dir = 0x0000;
    *P_IOB_Attrib = 0xffff;
    *P_IOB_Data = 0x0;
    while(1)
    {
      *P_IOB_Buffer = 0x0800;
     adc();
     ad_value& = 0x03ff;
     toq(ad_value);
     fenxi(result);
     imz = pp;
     lcd();
     delaym(300);

    }
}
void delaym(unsigned int mz)
{
     unsigned int i;
     while(mz--)
         {
             for(i = 0;i<0xff;i++)
             {
                  *P_Watchdog_Clear = 1;
             }
         }
}
void adc()
{
//   unsigned int i;
//    *P_IOA_Buffer = 0x0000;
//   for(i = 0;i<0x0f;i++)
//   {
//           *P_Watchdog_Clear = 1;
//   }
//    *P_IOA_Buffer = 0x0010;
   ad_value = *P_IOB_Data;
   ad_value>> = 6;

//   for(i = 0;i<0x0f;i++)
//   {
//           *P_Watchdog_Clear = 1;
//   }
}

void wr_lcd(int zi)
{
 *P_IOA_Buffer = zi;
delayms();//(150);
zi& = 0xfffb;//&P_aaa;
 *P_IOA_Buffer = zi;
}

void delayms()
{
int i = 100;
while(i--);
}
```

(2) 正弦信号产生部分

本部分在显示平台上采用了 2×8 的显示界面，操作平台是 4×4 键盘，所以在软件设计上采用了菜单形式进行显示，使整个平台更加美观、简洁，操作起来方便、易懂。具体流程如图 6.13 所示，具体程序如下：

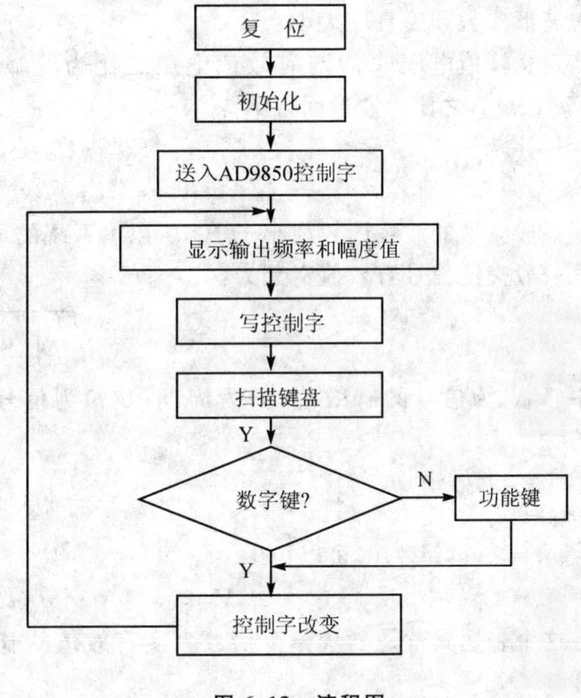

图 6.13 流程图

```
ORG 0000H
MOV R0,＃00H
DJNZ R0,$
AJMP MAIN
ORG 0100H
MAIN:MOV SP,＃60H

MOV 30H,＃00H
MOV 31H,＃00H
MOV 32H,＃033H
MOV 33H,＃033H
MOV 34H,＃033H
START:
MOV R0,＃05H
MOV R1,＃30H
CLR P1.0
DD:CLR P1.1
NOP
NOP
MOV P2,@R1
NOP
SETB P1.1
INC R1
DJNZ R0,DD
NOP
NOP
SETB P1.0
NOP
;MOV R2,＃00H
;DJNZ R2,$
AJMP $
END
```

4. 理论分析与计算

(1) 数字显示交流毫伏表部分

AD637 作为数字显示交流毫伏表部分的主要芯片，可以实现真有效值转换，能以最简单的方式接入电路而实现真有效值转换的最佳指标；它可以处理波峰因数为 10 的波形，而不必考虑波形参数和失真度大小。

定义峰值电压(U_P)与有效值电压之比为波峰因数(K_P)，而有效值电压与平均值电压($\mathrm{Avg}[v(t)]$)之比为波形因数 K_f：

$$K_P = U_P / U_{RMS}$$

$$K_f = U_{RMS} / \mathrm{Avg}[v(t)]$$

一般波形的波峰因数都小于10，所以本系统的可以测试波形范围很宽。

一般交流信号有效值定义为：

$$V_{RMS} = \sqrt{\frac{1}{T}\int_0^T v^2(t)\mathrm{d}t}$$

式中，V_{RMS}为信号的有效值；T 为周期；$v(t)$为信号的波形，是一个函数，但不一定是周期性的。

$$V_{RMS}^2 = \frac{1}{T}\int_0^T v^2(t)\mathrm{d}t$$

令 $V_{RMS}^2 = \mathrm{Avg}[v^2(t)]$，可以得出

$$V_{RMS} = \{\mathrm{Avg}[v^2(t)]\}/V_{RMS}$$

这个表达式就是测量一个信号真实有效值的基础，也是真有效值直流转换器 AD637 的原理。

(2) 正弦信号产生部分

1) AD9850

AD9850 具有 40 字节的寄存器，其中，32 字节用于频率控制，5 字节用于相位控制，1 字节用于电源休眠功能，2 字节厂家保留测试控制。频率调谐和相位调制字通过一个并行装载的格式装入 AD9850 中，并行转载的格式由连续的 8 字节控制字组成。第 2 个 8 字节到第 5 字节组成 32 位的频率调制字，最大的控制寄存器的更新频率为 23 MHz，其输出信号的频率由下式确定：

$$f_{DDS} = \Delta f \times f_{CLK} / 2^{32}$$

式中，f_{DDS}为输出信号频率，Δf 为 32 字节频率控制字的值，f_{CLK}为工作时钟。

2) 放大电路

$$U_2 = \frac{R_2}{R_1}U_1$$

式中，U_2 是输出电压，U_1 是 AD9850 产生的正弦信号。

5. 测试方法与仪器

(1) 测试仪器与设备

- tektronix TDS2012 示波器；
- 4 位半电压表 MY-65；
- 低频信号发生器 TD1631；
- 高频信号发生器；
- SS2323 可跟踪支流稳定电源。

(2) 测试过程与方法

1) 控制模块测试

控制模块的调试就是下载编译好的程序，观察所得结果是否为要控制的结果。若不是，则进行分析、查找原因，修改相关电路与程序，完成调试。

调试 89c51 控制芯片时，考虑到本系统的稳定性和仿真器的保护，我们采用仿真器连续调试。调试成功之后，用烧写器把程序烧烤到芯片中，长时间上电运行，保证系统长时间稳定运行。

调试 SPCE061A 芯片时，我们使用在一定时间后将芯片用凌阳公司提供的配套自检程序调试，保证芯片的稳定性。

2) 交流毫伏表部分测试

使用低、高频信号发生器和示波器先进行每个模块的调试，再整合所有模块调试，同时，每次测量 2～3 组数据并进行对比，找出系统可能存在的不稳定因素，调整，直至系统达到最佳状态。

3) 正弦信号产生部分测试

采用 100 MHz 双踪数字示波器，对 AD9850 产生的正弦信号进行测试。通过键盘来操纵步进幅度。如果显示波形与所要求的波形不符，则通过仿真软件改变 89c51 的程序，不断调试直到达到题目要求。

4) 显示模块测试

对于显示模块的调试，即液晶显示，具体的是下载液晶显示程序，看是否能正常显示。如果不能，则改变原程序调试，直到可以正常、准确显示数据。

5) 软件测试

软件的测试就是通过“编译—分析—调整—再编译”等过程不断调试，直到运行结果是所要的，则调试成功。

6) 整机测试

系统组装完成后，调试转换程序中的参数，从总体上对整个系统进行统调，看实现的功能效果如何，检验算法及校正数据，以消除误差，使整个系统达到性能稳定。

对于交流毫伏表部分，输入不同信号，记录下多组相关数据，调节整机，使其达到最佳状态。

对于正弦信号产生部分，通过调节相应的功能键，记录相关数据，调节整机，使其达到最佳状态。

6. 测试数据与测试结果分析

1）交流毫伏表部分测试数据及结果分析

详见表6.2。

表6.2　交流毫伏表测试数据

输　入	10.00 mV	100.0 mV	1.000 V	10.00 V	100.0 V	200.0 V
检测输出	11.02 mV	99.8 mV	1.002 V	10.02 V	99.2 V	200.4 V

结果分析：经过分析测量，本系统可以实现设计要求，误差控制在题目要求范围内，证明选取的题目实现方案正确可行，能够很好地满足题目基本部分及发挥部分的要求。

2）正弦信号产生部分测试数据及结果分析

通过改变控制字来调节产生不同频率的信号，具体测试数据见表6.3。

结果分析：经过不断测试，理论值与测试值在误差范围内是吻合的，而且误差相当小。这也就是说，正弦信号发生器是成功的，它很好地完成了题目中的基本要求和发挥部分的要求，并且所得结果远远超过基本部分要求的指标。

表6.3　正弦信号产生部分测试数据

理论频率	10 Hz	100 Hz	1 kHz	10 kHz	100 kHz	1 MHz	5 MHz	10 MHz
控制字	000001AD	000010C6	0000A7C9	0006 8DB8	00418937	028F5D2A	0CCCCCCC	19999999
输出频率	10.0005 Hz	99.9999 Hz	999.9999 Hz	10.0000 kHz	10.00002 kHz	999.9999 kHz	5.00000 MHz	9.99999 MHz
误差	0.005%	0.0001%	0.00001%	近似为0	近似为0	近似为0	近似为0	近似为0

7. 总　结

本系统完成了题目基本部分和发挥部分的全部内容，在完成的项目中大部分指标优于题目要求。主要特色：

- 本系统实现了题目中的基本部分要求和发挥部分的要求。
- 交流毫伏表可测电压范围和可测电压频率远超过指标，并且性能十分稳定，误差小。
- 数字显示交流毫伏表，可以自动进行量程转换。
- 数字显示交流毫伏表可以进行语音播报，更加直观形象地显示所测量的结果。
- 正弦信号产生部分频带宽为1 Hz～20 MHz，比题目中要求的电压频率范围性能超出很多；系统性能十分稳定，几乎没有误差。

6.2 自动控制升降旗系统(2006年山东省赛题)

6.2.1 题目要求

1. 竞赛任务

设计一个自动控制升降旗系统,能够自动控制升旗和降旗,升旗时,在旗杆的最高端自动停止;降旗时,在最低端自动停止。

自动控制升降旗系统中旗帜的升降由电动机驱动,该系统有两个控制按键,一个是上升键,一个是下降键。

2. 题目要求

(1) 基本要求

① 按下上升按键后,国旗匀速上升,同时流畅地演奏国歌;上升到最高端时自动停止上升,国歌停奏;按下下降按键后,国旗匀速下降,降旗的时间不放国歌,下降到最低端时自动停止。

② 能在指定的位置上自动停止。

③ 为避免误动作,国旗在最高端时,按上升键不起作用;国旗在最低端时,按下降键不起作用。

④ 升降旗的时间均为43 s,与国歌的演奏时间相等,同时,旗从旗杆的最下端上升到顶端。降旗不演奏国歌,同时,旗从旗杆的最上端下降到底端。

⑤ 数字即时显示旗帜所在的高度,以cm为单位,误差不大于2 cm。

⑥ 测量电压的频率范围100 Hz~500 kHz。

(2) 发挥部分

增设一个开关,由开关控制是否是半旗状态,该状态由一个发光二极管显示。

① 半旗状态(根据《国旗法》)。升旗时,按上升键,奏国歌,国旗从最低端上升到最高端之后,国歌停奏,然后自动下降到总高度的2/3处停止;降旗时,按下降键,国旗先从2/3高度处上升到最高端,再自动从最高端下降到底之后自动停止,国歌停奏。

② 不论旗帜是在顶端还是在底端,关断电源之后重新合上电源,旗帜所在的高度数据显示不变。

③ 要求升降旗的速度可调整,旗杆高度不变的情况下,升降旗时间的调整范围是30~120 s,步进1 s,此时国歌停奏。

④ 具有无线遥控升、降旗及停止功能。

说明:旗帜用大于100 g的重物代替。

3. 评分标准

	项　目	满分/分
基本要求	设计与总结报告： 方案比较、设计与论证，理论分析与计算，电路图及有关设计文件，测试方法与仪器，测试数据及测试结果分析	50
	完成第①项	10
	完成第②项	10
	完成第③项	10
	完成第④项	10
	完成第⑤项	10
发挥部分	完成第①项	10
	完成第②项	10
	完成第③项	10
	完成第④项	10
	其他创新	10

6.2.2 获奖作品选编

本设计以凌阳16位单片机最小系统为控制核心，用C语言编程，其外围电路包括步进电机模块、液晶显示模块、语音识别、录放音模块、键盘输入模块、功率驱动电路、音频放大电路、无线电控制模块。系统充分运用SPCE061A独特的语音功能、32K字的Flash及其丰富的I/O口，不仅完全实现了题目中的基本要求，也实现了发挥部分，并在此基础上有所创新，如显示升降进度动画、语音控制、无线电遥控。

1. 系统总体设计方案

为了实现国旗的升降、国歌的同步播放、国旗高度的即时显示、键盘控制、语音控制、无线电控制等，我们决定采用模块的方式构成整个系统。系统整体设计方案如图6.14所示。

本系统的设计可以划分为以下几个部分，下面对每个设计方案分别进行论证与比较。

1) 控制器的选择

方案一：采用普通的MCS－51作为控制元件。其端口结构为准双向并行口，可兼有外部并行总线，故其扩展性能非常强大。51的内部硬件可用特殊功能寄存器对其进行编辑，但功能较少，因此须增加较多的外围电路来实现本系统的功能，这使得电路复杂、可靠性降低。

方案二：采用凌阳SPCE061A单片机作为总的控制元件。凌阳SPCE061A在设计方面提供了极大的方便，它的优点在于将众多的功能集于一体，如电源电路、音频电路以及复位电

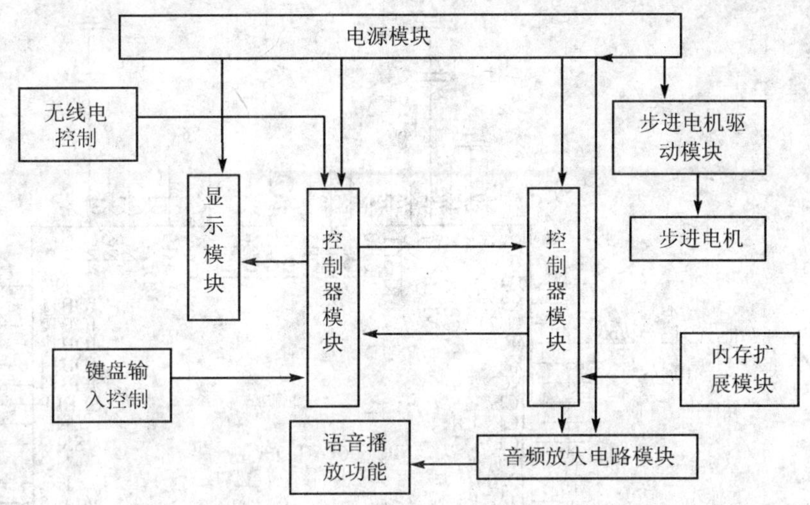

图 6.14　系统整体设计方案图

路等，并且有方便的程序仿真和下载测试；不但简化了外部电路的设计，而且提高了可靠性。

根据本题要求实现功能多的特点，尤其是要实现语音识别功能，显然方案二具有更大的优越性，所以选择第 2 种方案。

凌阳 16 位单片机最小系统框图如图 6.15 所示。主 SPCE061A 在升降旗系统上 I/O 口分配如表 6.4 所列。从 SPCE061A 在升降旗系统上 I/O 口分配如表 6.5 所列。

表 6.4　主 SPCE061A 的 I/O 口分配表

A 口	功 能	B 口	功 能
IOA0～IOA4	CH451 键盘接口	IOB0～IOB1	SPR4096 数据接口
IOA8～IOA10	液晶串行接口	IOB2	外部无线电中断
IOA11	升降半旗指示灯	IOB4～IOB7	步进电机接口
IOA12～IOA15	无线电控制接口	IOB8～IOB11	从机反馈接口
		IOB12～IOB16	主机命令输出接口

表 6.5　从 SPCE061A 的 IO 口分配

B 口	功 能
IOB0～IOB1	SPR4096 数据接口
IOB8～IOB11	主机反馈接口
IOB12～IOB15	从机命令输出接口

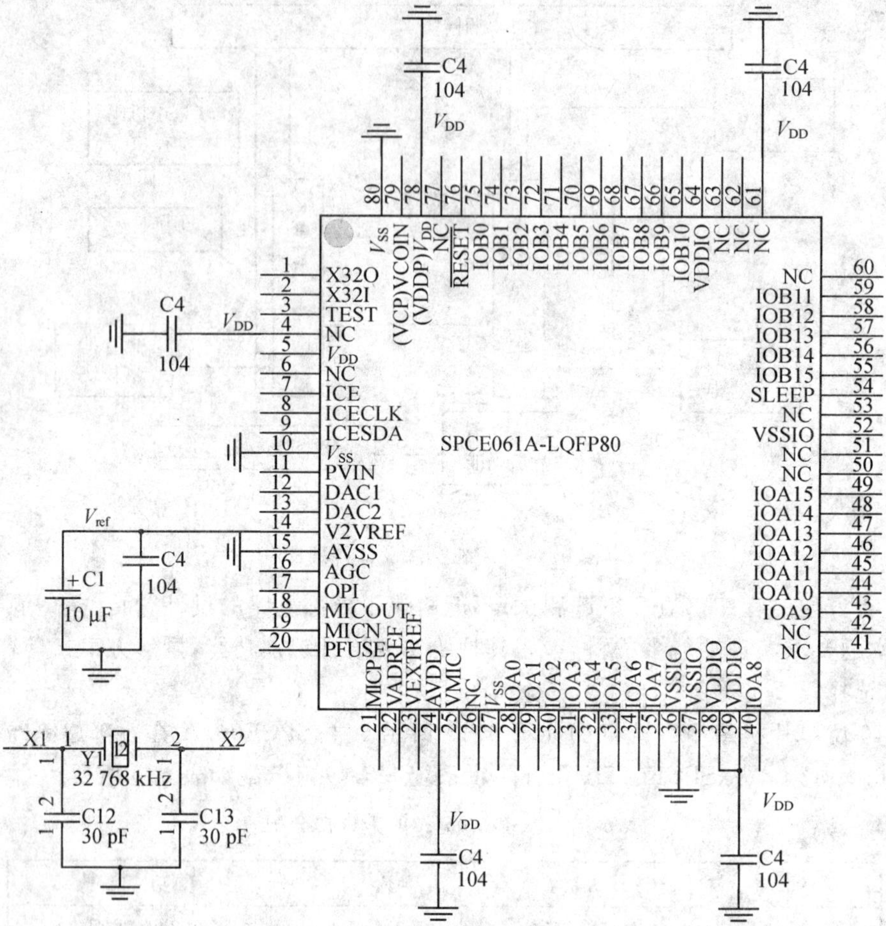

图 6.15　16 位单片机最小系统框图

2）电机模块

方案一：采用直流减速电机。上电即转动，掉电后惯性较大，停机时还会转动一定的角度才会停下来；转矩小，无抱死功能，如要求准确停在一个位置，其闭环算法复杂。

方案二：采用步进电机控制。步进电机是实现数字化操纵的重要器件，是控制脉冲信号达到控制步进电机的步距角和速度的开环控制元件，在速度、定位等控制领域应用广泛，具有精确度高、转矩大、步进角度小，没有积累误差等特点。上电后自锁能力强，外表在 80～90℃下可以正常工作。其最大的优点是以开环的形式实现闭环的控制，性价比很高。

方案三：采用伺服电机，在高起动转矩、大转矩、低惯量的系统中经常使用。

本题的特点是根据键盘输入的数据来确定电机的转动速度，从而实现精确控制。综上所述，我们采用方案二。

3）内存扩展模块

由于SPCE061A单片机中只有32K字的存储空间，不能存储多首国歌，故必须拓展存储空间。

方案一：通过SPR4096模块来实现。它有4 MB的存储空间，能够很好地实现存储多首国歌的功能。这类芯片可以将语音数据烧录入芯片，然后根据语音的相应索引号进行播放。

方案二：用ISD4003语音录放芯片。该芯片可以进行8 min的长时语音录放，能够非常真实、自然地再现语音、音乐、音调和效果声，避免了一般固体录音电路因量化和压缩造成的量化噪声和金属声。

由于专用的录音芯片只能进行简单的录放音，不能实现复杂的功能，而利用凌阳单片机的语音功能加上SPR4096的特性，可以很好地实现选择国歌的功能，满足拓展要求，所以这里采用方案一。

4）国旗升降与国歌同步

方案一：用两个单片机控制。主单片机控制步进电机的上升下降，并发出工作指令命令，从单片机播放国歌，从而实现同步功能。这样可以在使从单片机控制音频播放的同时处理其他数据，实现资源的有效利用，为其他功能的拓展做准备。

方案二：用一个单片机控制步进电机的运动。利用录放音模块来控制歌曲的播放，以达到同步的目的。

由于该系统实现的功能比较多，用到的数据输入输出口也相对较多，并且用单片机可以选择歌曲，实现键盘或者无线控制，相比硬件有着不可比拟的优势。故选择方案一。

5）显示模块

方案一：用LED显示，把测量所得的高度通过数码管显示。数码管亮度高，体积小，重量轻。但是动态显示要求单片机定时地对显示器件扫描，如不调用显示程序，就会立即停止显示；且显示信息简单、有限，在本题目中应用受到很大的限制。

方案二：采用OCMJ4X8C(128×64)图形汉字两用液晶作为主要显示工具。液晶显示功耗低，轻便防振。接口电路简单，可以和单片机直接相连，采用液晶显示界面友好清晰，显示信息丰富。为了避免占用大量I/O口，这里决定采用串行，缺点是价格较高，编程较难。

考虑到本题显示信息比较复杂，且要实现扩展功能中的自演示国旗升降，这些只需要一片LCD就可以实现，故选择方案二。

6）键盘模块

方案一：在单片机控制系统中，当其控制对象比较少时，往往只需要几个功能按键，因此用相互独立的键盘接口方法及每个按键接一根输入线，各工作状态互不影响。此方法线路简单，程序编写较容易，易于实现。

方案二：采用4×4矩阵键盘。由于61A单片机内有下拉电阻，所以I/O可以直接接4×

4 键盘,单片机扫描读取。优点是电路简单,接口方便,但占用了较多 I/O 口,而且必须编写去抖程序,容易误码。

方案三:采用 4×4 矩阵键盘,并且使用数码管驱动及键盘控制芯片 CH451。CH451 是一个整合了数码管显示驱动、键盘扫描控制以及 μP 监控的多功能外围芯片。CH451 内置 RC 振荡电路,可以进行 64 键的键盘扫描;通过可以级联的串行接口与单片机等交换数据;并且提供上电复位和看门狗等监控功能。

方案四:采用并行键盘控制芯片 8279。8279 是总线型数码管和键盘管理芯片,对于 61 单片机来说,编程比较麻烦,而且是并行工作方式,占用相当多的 I/O 口,这是最大的缺点。

本题中除了需要用到较少的按键之外,还需要尽量减少 I/O 口的使用,综上所述,我们采用方案三。

7) 电机驱动模块

方案一:利用继电器的打开和闭合,控制电机的转速和方向,从而带动国旗的升降。

方案二:利用达林顿管对电机进行驱动。它将两只三极管适当地连接在一起,以组成一只等效的、新的三极管。这等于效三极管的放大倍数是二者之积。在电路设计中,达林顿接法常用于功率放大器和稳压电源中。

方案三:采用芯片 L298N 对电机进行驱动。L298N 芯片可以驱动一个四相电机,输出电压最高可达 50 V,可以直接通过电源来调节输出电压;可以直接用单片机的 I/O 口提供信号;而且电路简单,单片机 CPU 负载小,控制实时性好,使用比较方便。

以上 3 种方案中,方案一用继电器控制直流电机是典型的弱电控制强电的方法,电路规模小;但是继电器反应时间较长,不符合精确控制的目的。方案二可以充分利用电源电压,有效提高功率。方案三中 L298N 能稳定地驱动步进电机,且价格不高,故选用 L298N 驱动电机。而使用 L298N 时,可以用 L297 来提供时序信号,节省单片机 I/O 口的使用;也可以直接用单片机模拟出时序信号,由于控制并不复杂,故选用后者。我们最终决定采用方案三。

8) 音频放大电路模块

方案一:利用 LM386 芯片。LM386 是一种音频集成功放,具有自身功耗低、电压增益可调整、电源电压范围大、外接元件少和总谐波失真小等优点,广泛应用于录音机和收音机之中。

方案二:利用 BA532 芯片。BA532 芯片输出功率高达 6.8 W,常用于汽车录音机、收音机、磁带中。

由于 LM386 芯片电路简单,自身功耗低,本身稳定,我们最终选择方案一。

9) 无线电控制模块

方案一:采用自制的无线电发射和接收电路进行无线收发。这个方案虽然思路简单,但是硬件电路的连接与调试十分复杂,装置工作时的稳定性难以保证。

方案二:采用无线电发射和接收装置进行无线收发,如芯片 SR - YK02M4. 这种装置电路简单,性能稳定。

考虑到系统的稳定性，我们采用方案二。

10）语音识别模块

方案一：选择专门的语音识别芯片，如美国 SENSORY 公司 RSC 系列语音识别芯片。这类芯片功能强大，价格很高。本系统用到的语音识别功能简单，不需要太高级的芯片。

方案二：利用 61 单片机进行存储和放音。凌阳 61 单片机是 16 位单片机，具有 DSP 功能，有很强的信息处理能力，最高时钟可达 49 MHz，具备运算速度高的优势等，这些都为语音的播放、录放、合成和辨识提供了条件。

因此我们选择方案二。

11）最终方案

经过仔细的分析和论证，决定了系统各模块的最终方案如下：

- 控制器模块：采用凌阳 SPEC061A 单片机。
- 电机模块：57BYG 步进电机。
- 内存扩展模块：内存扩展芯片 SPR4096。
- 显示模块：OCMJ4X8C（128×64）图形汉字两用液晶，串行输出方式。
- 键盘模块：4×4 矩阵键盘和键盘控制芯片 CH451。
- 电机驱动模块：L298N 芯片。
- 语音识别模块：凌阳自带。
- 无线电控制模块：SR－YK02M4 芯片。

系统基本框图如图 6.16 所示。

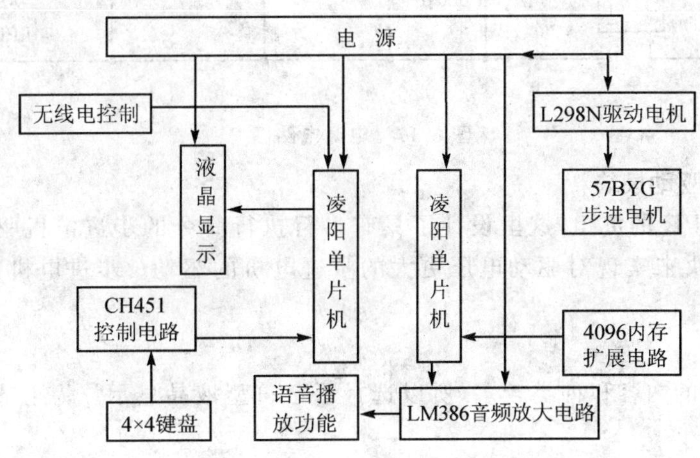

图 6.16 系统基本框图

2. 系统硬件部分设计

(1) 电源部分

单片机需要在+5 V的电压下工作，这里采用目前比较流行的稳压管技术。利用7805、7812等稳压管获得+5 V、±12 V的电压，从而满足单片机以及其他电路的供电要求。

另外，采用了电流扩大电路(利用TIP32C芯片)，稳定的电路很好地给步进电机供应足够电流以达到相应功率的要求。

电源电路如图6.17所示。

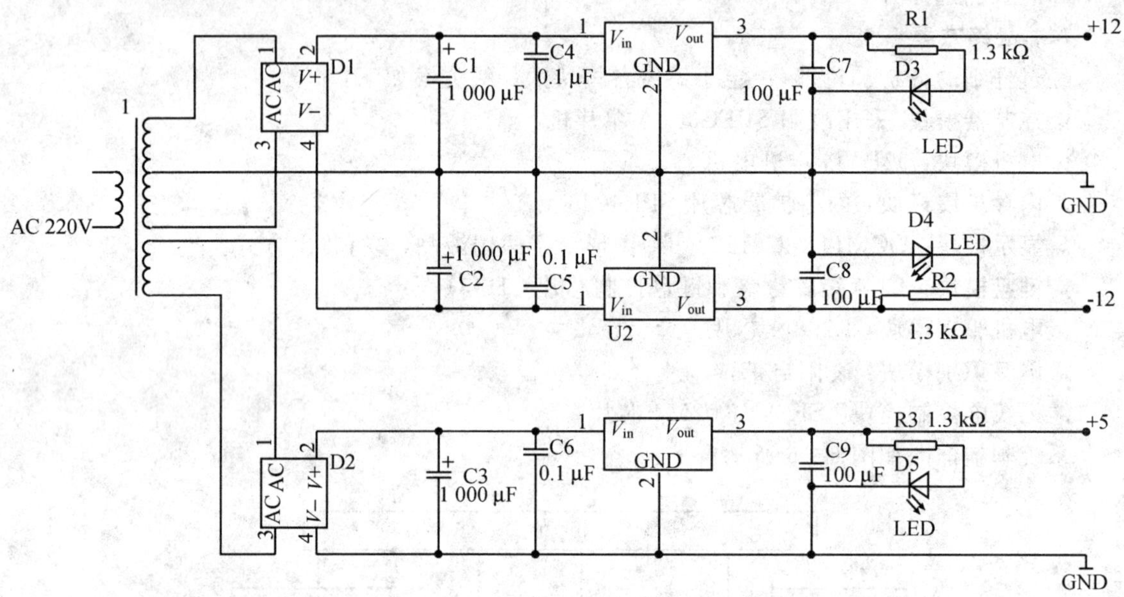

图6.17 电源电路图

(2) 步进电机驱动模块

为了减轻主CPU的负担，这里设计了具有自行执行命令的步进电机驱动电路单元；由5 V电源通过该模块来实现对驱动电压更大的步进电机的驱动。步进电机驱动模块电路如图6.18所示。

(3) 显示模块

考虑到要显示的内容和种类较多，所以选择了字符型液晶显示。为了节省I/O口，这里采用串行传输。

LCD并口传输电路如图6.19所示，串口传输电路如图6.20所示。

(4) 键盘模块

键盘设计较为独特，采用了编码和扫描相结合的方式；利用CH451的特性，在和扫描方式

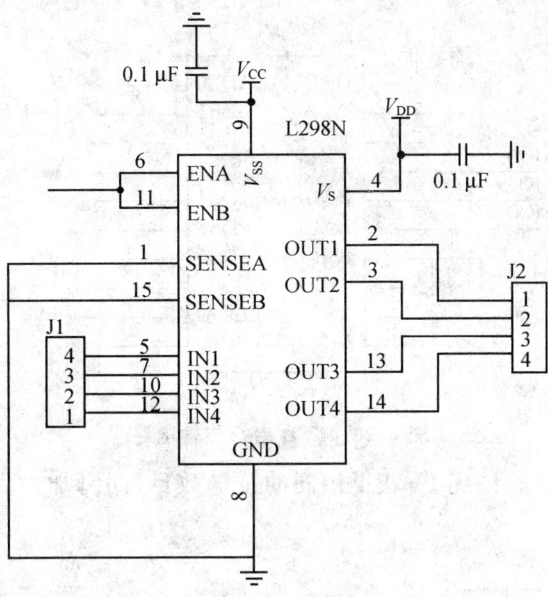

图 6.18 步进电机驱动模块电路图

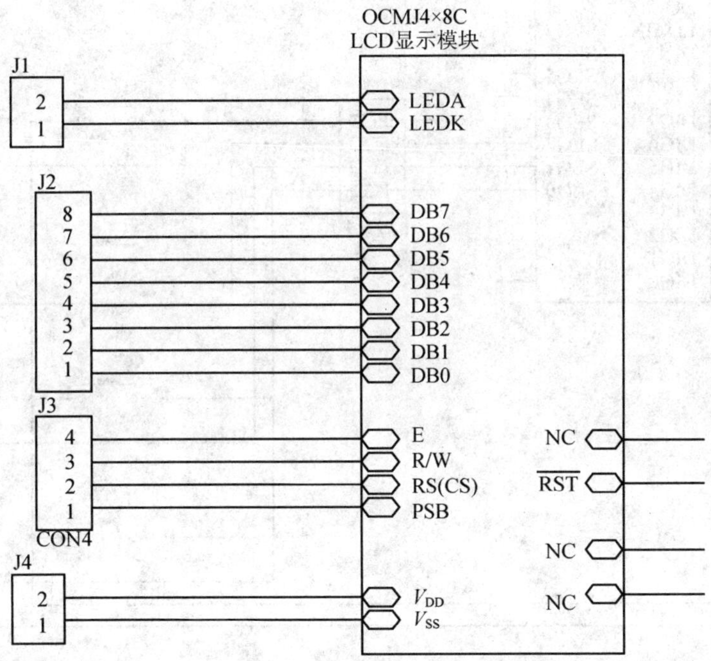

图 6.19 LCD 并口传输电路图

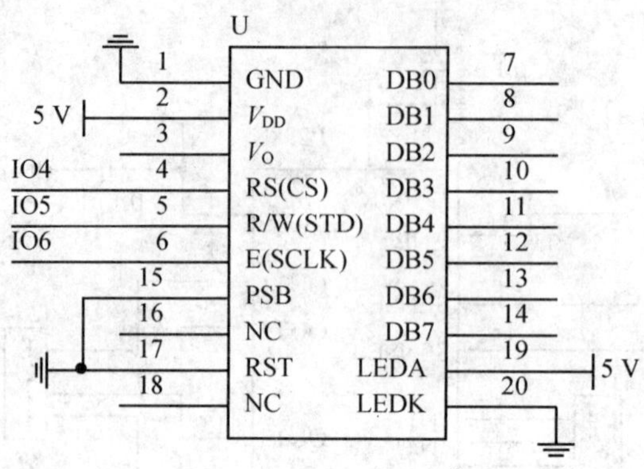

图 6.20　LCD 串行传输电路

需要几乎相同数量的 I/O 的情况下，获得相同的按键数目，同时却大大节省了 CPU 时间。键盘电路如图 6.21 所示。

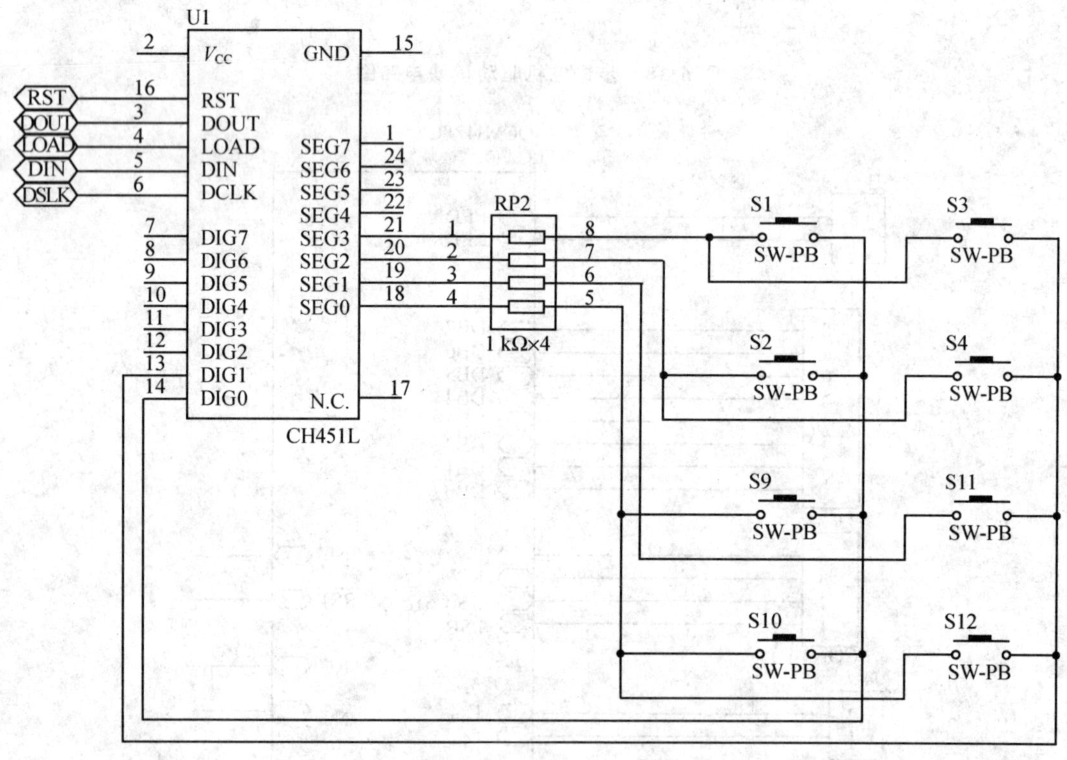

图 6.21　键盘电路

(5) 音频放大电路

音频放大电路采用 LM386 芯片,20 倍的放大功能可以有效弥补凌阳单片机音量不足的缺陷,如图 6.22 所示。

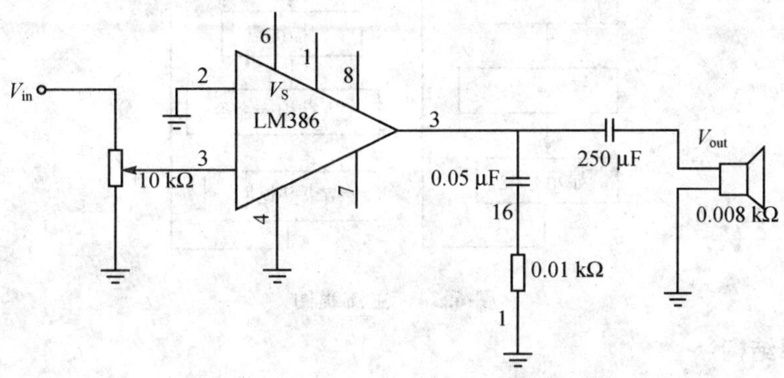

图 6.22 音频放大电路

(6) 内存扩展电路

内存扩展采用 SPR4096 芯片,如图 6.23 所示。

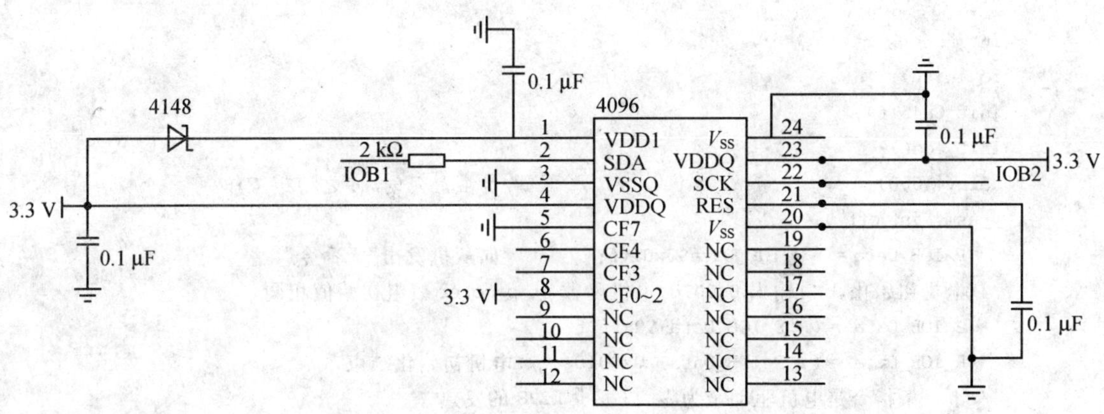

图 6.23 内存扩展电路

3. 系统软件部分设计

(1) 开发软件及编程语言

使用凌阳公司的在线调试与编程软件 unSP IDE2.0.0,采用 C 语言对单片机进行编程实现各项功能。C 语言功能丰富,表达能力强,目标程序效率高,可移植性好,既具有高级语言的优点,又具有低级语言的许多特点,应用十分广泛。

(2) 主程序流程图

本程序以菜单显示为主线,整体工作流程如图 6.24 所示。

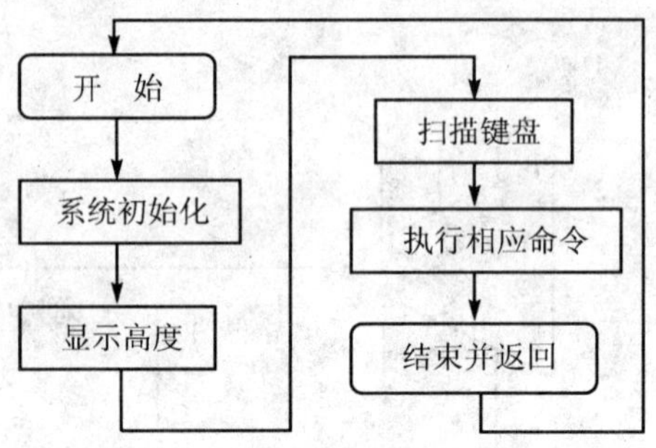

图 6.24 主流程图

(3) 主程序结构

系统结构主要程序如下:

```
#include "SPCE061A.H"
#include "flagcenter.h"
int main()
{
    int i;
    io_init();
    init_CH451();
    init_lcd();
    delay(1000);                              //为液晶延时,使之稳定工作
    __asm("int off");
     *P_IOB_Data = *P_IOB_Data&0x0fff;        //向从机发出"无命令"
    //电机初始化,b口输出0x0010,电机函数step_moter数组初始值相同
     *P_IOB_Data = (*P_IOB_Data)&0xff0f;
     *P_IOB_Data = (*P_IOB_Data)|0x0010;  //电机初始化结束,
    //下一条指令是电机驱动全为零,以减少L298的发热
     *P_IOB_Data = (*P_IOB_Data)&0xff0f;
     step = 0;                                //拍数初始化,该变量用于即时求高度
    highth = SP_SIOReadAWord(0x800);          //0x0010为随即设定的地址,用来存储高度
     highH = highth/100;                      //断电读高度,并显示
     uihigh = highth % 100;
     highM = uihigh/10;
     highL = uihigh % 10;
     wr_comm(0x0088);
     for(i = 0;i<4;i++)
```

```
      wr_data(str10[i]);
      wr_data(str0[highH]);
      wr_data(str0[highM]);
      wr_data(str0[highL]);
      wr_data('c');
      wr_data('m');
        wr_comm(0x0080);
          for(i = 0;i<6;i ++ )
     wr_data(str3[i]);                          //*str3 = "请选择"
      *P_INT_Ctrl = 0x0100;                     //开外部中断 1,B2 口 - - - 接 vt
     flagmark = 1;
     __asm("int irq");
 while(1)
    {
      key = keyget();                           //扫描键值
       switch(key)
            {
                case 0x0001:
                    flagup();                   //升旗功能
             break;
            case 0x0002:
                   flagdown();                  //降旗功能
                   break;
               case 0x0003:
                   halfflag();                  //升半旗功能
                   break;
               case 0x0004:
                   free();                      //自由模式
                    break;
              default :
                    break;
              }
    *P_Watchdog_Clear = 0x0001;
    }


}
```

键盘子程序流程如图 6.25 所示。液晶显示子程序流程如图 6.26 所示。步进电机控制子程序流程图 6.27 所示。双机通信子程序流程如图 6.28 所示。

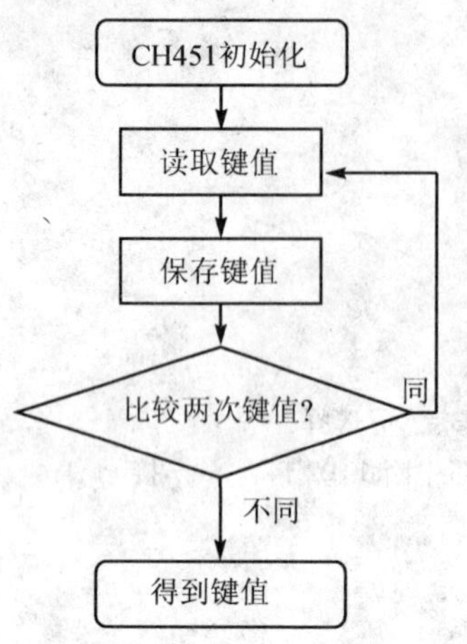

图 6.25　键盘子程序流程图

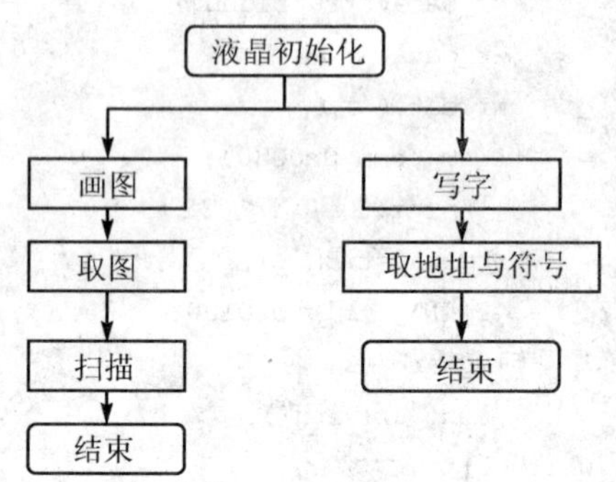

图 6.26　液晶显示子程序流程图

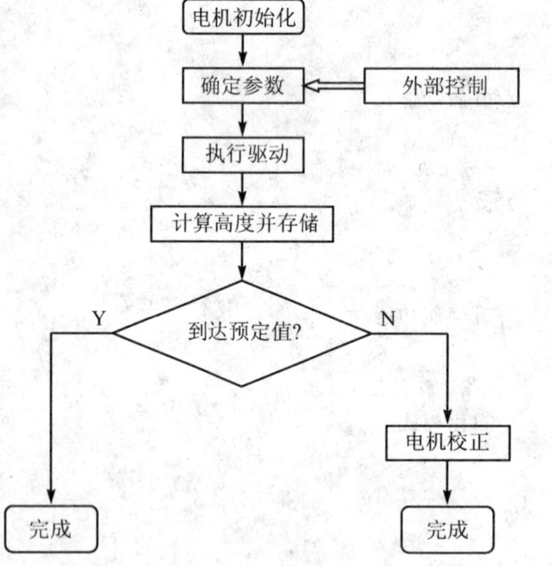

图 6.27　步进电机控制子程序流程图

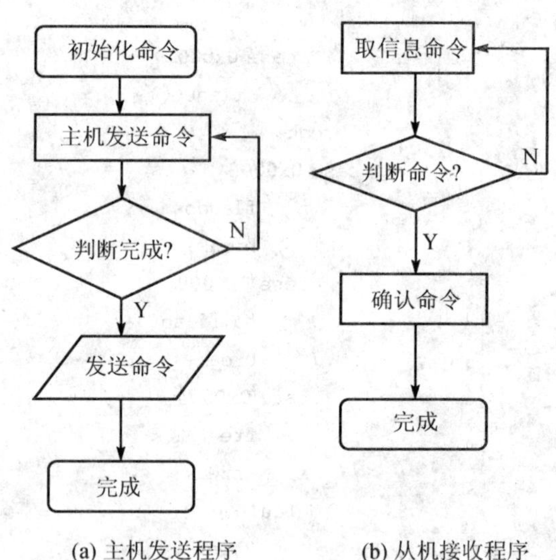

图 6.28　双机通信子程序流程图

(4) 软件设计特点

① 软件设计采用模块化设计方法。每一个模块对应一个文件,各模块之间耦合度较小,比较容易修改维护。

② 为了防止误操作的发生,可以通过软件设置国旗升降时间。

③ 画面具有向导提示,便于明确操作。

④ 其他功能的设计与实现：

➢ 有语音播报功能；

➢ 控制液晶模拟国旗升降，直观形象；

➢ 能够语音控制国旗升降。

4. 系统功能测试及其整体指标

(1) 使用的仪器仪表

使用的仪器仪表如表 6.6 所列。

表 6.6　使用的仪器仪表记录表

仪器名称	型　号	用　途	数　量
PC机	联想	调试程序	1
卷尺		测量国旗升高高度	1
秒表		测量国旗升降时间	1
万用电表	UT52 - MULTIMETER	测试线路正确性	1

(2) 系统的测试

1) 国旗升降高度的测试

57BYG 步进电机每运转一周，实际转动的角度为 7.2°。

根据连接在步进电机的转子的周长计算出每步实际升高的距离。在程序中设定不同的步数，检验实际高度，并与理论值比较见表 6.7。

2) 国旗升降时间的测试

本系统对步进电机的控制是通过对电机各口依次通高电平来实现的，因此只要改变通高电平的频率就能改变国旗升降的时间。频率的改变通过软件来实现，如表 6.8 所列。

表 6.7　国旗升降高度测试表

设定步数	理论高度/cm	实际高度/cm
2896	60	60
4343	90	90
5791	120	119
7238	150	149
8686	180	180

表 6.8　国旗升降时间测试表

设定时间/s	电机实际工作时间/s
30	30
60	60
90	89
120	120

3) 实验测试结果分析

经过测试基本达到预期设想，可能产生误差的原因有：

① 国旗上升与下降时，步进电机受到的阻力不一致，会影响高度的精度；

② 电阻等器件本身存在不可避免的误差；

③ 现有的测量存在不可避免的误差。

如果在精度上要有进一步提高，则可以在程序中加上适当的延时，以修正高度的显示。

5. 分析总结

本系统以凌阳16位单片机为核心，利用键盘输入控制LCD显示装置、步进电机及其驱动电路、语音播放装置及其驱动电路、无线电控制装置，并配合软件算法实现了题目的要求。

1）基本部分

按上或者下键，国旗匀速上升或下降，上升时流畅地播放国歌，到达顶端和底端时国旗自动停止；在指定的位置上自动停止；在两个端点时按键锁死；奏国歌与升国旗同步，并且在液晶上即时显示旗帜所在的高度，并且误差不大于1 cm。

2）发挥部分

实现了升降半旗的功能，并且由LED显示。关闭电源在上电之后，旗帜所在高度显示不变。升降旗的时间可调度大。无线电控制国旗的升降与自动停止。

3）创新部分

能够选择国家并播放各国国歌，液晶显示屏可以模拟升降旗的动画，语音控制国旗的升降。

6.3 无线识别装置(2007年全国赛题B题)

6.3.1 题目要求

1. 竞赛任务

设计制作一套无线识别装置，该装置由阅读器、应答器和耦合线圈组成，其方框图如图6.29所示。阅读器能识别应答器的有无、编码和存储信息。

装置中阅读器、应答器均具有无线传输功能，频率和调制方式自由选定。不得使用现有射频识别卡或用于识别的专用芯片。装置中的耦合线圈为圆形空芯线圈，用直径不大于1 mm的漆包线或有绝缘外皮的导线密绕10圈制成。线圈直径为(6.6±0.5)cm(可用直径6.6 cm左右的易拉罐作为骨架，绕好取下，用绝缘胶带固定即可)。线圈间的介质为空气。两个耦合线圈最接近部分的间距定义为D。

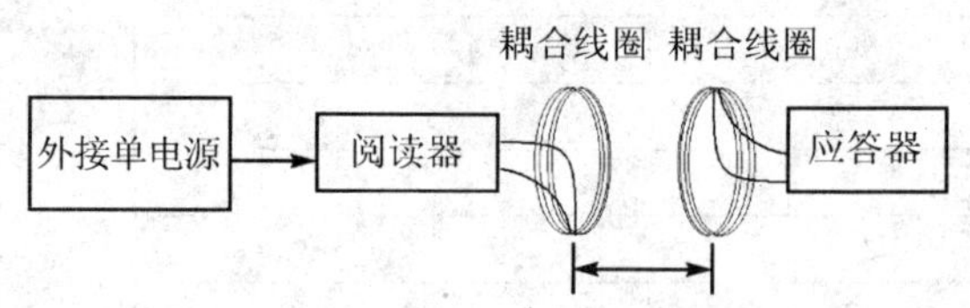

图6.29 无线识别装置方框图

阅读器、应答器不得使用其他耦合方式。

2. 题目要求

(1) 基本要求

① 应答器采用两节 1.5 V 干电池供电，阅读器用外接单电源供电。阅读器采用发光二极管显示识别结果，能在 D 尽可能大的情况下识别应答器的有无。识别正确率≥80%，识别时间≤5 s，耦合线圈间距 D≥5 cm。

② 应答器增加编码预置功能，可以用开关预置 4 位二进制编码。阅读器能正确识别并显示应答器的预置编码。显示正确率≥80%，响应时间≤5 s，耦合线圈间距 D≥5 cm。

(2) 发挥部分

① 应答器所需电源能量全部从耦合线圈获得(通过对耦合到的信号进行整流滤波得到能量)，不允许使用电池及内部含有电池的集成电路。阅读器能正确读出并显示应答器上预置的 4 位二进制编码。显示正确率≥80%，响应时间≤5 s，耦合线圈间距 D≥5 cm。

② 阅读器采用单电源供电，在识别状态时，电源供给功率≤2 W。在显示编码正确率≥80%、响应时间≤5 s 的条件下，尽可能增加耦合线圈间距 D。

③ 应答器增加信息存储功能，其存储容量大于等于两个 4 位二进制数。装置断电后，应答器存储的信息不丢失。无线识别装置具有在阅读器端写入、读出应答器存储信息的功能。

④ 其他。

(3) 说　明

设计报告正文中应包括系统总体框图、核心电路原理图、主要流程图、主要的测试结果。

(4) 评分标准

	项　目	主要内容	满分/分
设计报告	系统方案	无线识别装置总体方案设计	6
	理论分析与计算	耦合线圈的匹配理论 阅读器发射电路分析 阅读器接收电路分析	9
	电路与程序设计	阅读器电路设计计算 应答器电路设计计算 总体电路图 识别装置工作流程图	19
	测试方案与测试结果	调试方法与仪器 测试数据完整性 测试结果分析	8
	设计报告结构及规范性	摘要 设计报告正文的结构 图表的规范性	8
	总分		50

续表

项　目		主要内容	满分/分
基本要求	实际制作完成情况		50
发挥部分	完成第①项		21
	完成第②项		20
	完成第③项		5
	其他		4
	总分		50

6.3.2 获奖作品选编

1. 总体方案设计

(1) 无源方案

利用线圈的感生电流对其整流滤波后作为系统的电源，驱动存储和控制电路对阅读器天线进行负载调制，原理如图 6.30 所示。

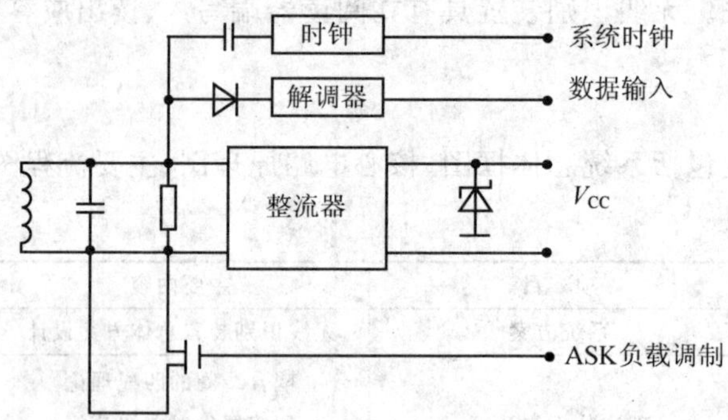

图 6.30　无源方案结构图

① 电源设计：电源由严格调谐的线圈构成，与谐振电容 C 并联后经过一个导通压极小的肖特基二极管给存储控制电路供电。为防止电压过高而烧坏芯片，并联一个稳压二极管与一个滤波电容。

② 品质因数 Q：与输入阻抗成正比，所以要提高 Q 值必须增大输入阻抗，即采用耗能少的器件。而系统若采用全双工工作，则电压匹配要求工作电压为 U_o(线圈供电)，功率匹配则为 $U_o/2$，可见需要取一个折衷方案，一般使其工作于 $2/3U_o$ 处。

③ 工作方式：全双工(FDX)：系统整个工作过程中都从天线获取能量。能量与数据的双向传输是同时进行的。半双工(HDX)：能量传输连续，数据是单向传输。时序(SEQ)：能量与传输均不连续。综合考虑，我们采用半双工，以使系统能获得足够能量。

④ 调制方式：采用负载调制。

⑤ 时钟来源：可通过对 13.56 MHz 载波输入信号分频获得。

(2) 有源方案

方案一：

发射部分采用高频率稳定度的晶振提供载波。利用单片机产生的脉冲信号进行 ASK(振幅键控),经放大和功率匹配后再由线圈发射,接收机收到信号后利用乘法器对载波进行解调。

优点：晶振频率稳定度高,载波波形好,ASK 调制解调都非常方便。

缺点：实际应用中由于线圈间距变化无规则,因此会使载波幅度不稳,使解调容易出现误差,识别率不高,故不采用。

方案二：

发射部分采用西勒型振荡电路提供的载波,由变容二极管直接调频,接收机采用双失谐回路斜率鉴频器鉴频,如图 6.31 所示。

优点：电路结构简单成本低廉,工作稳定可靠。

缺点：LC 谐振回路频率稳定度不够高,起振困难,波段覆盖系数小,鉴频误码率高,所以也不采用。

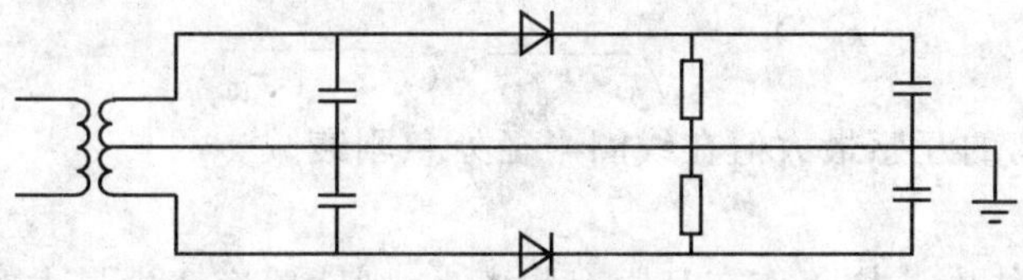

图 6.31　双失谐回路斜率鉴频器

方案三：

采用数字式频率合成芯片提供已调频 FSK 载波直接送入阻抗匹配线圈,接收端将信号放大、稳幅、带通滤波后鉴频输出。

本方案稳定可靠,误码率极低,识别范围大,较易实现,故采用此方案。

2. 理论分析与计算

(1) 耦合线圈的匹配

要对应答器进行识别或操作,首先要对耦合线圈进行匹配。根据要求,线圈直径选取 67 mm,漆包线直径为 0.5 mm,匝数为 10 匝。

在 RFID 应用中,线圈间有电耦合和磁耦合,根据麦克斯韦方程组

$$H_r = \frac{K_3 IS}{2\pi}\cos\theta\left[\frac{\mathrm{j}}{(kr)^2}+\frac{1}{(kr)^3}\right]\mathrm{e}^{-\mathrm{j}kr}$$

$$H_\theta = \frac{k^3 IS}{4\pi}\sin\theta\left[-\frac{1}{kr}+\frac{\mathrm{j}}{(kr)^2}+\frac{1}{(kr)^3}\right]\mathrm{e}^{-\mathrm{j}kr}$$

$$H_\phi = 0$$

$$E_{\varphi} = -\mathrm{j}\,\frac{k^3 IS}{4\pi}\eta\sin\theta\left[\frac{\mathrm{j}}{kr} + \frac{1}{(kr)^2}\right]\mathrm{e}^{-\mathrm{j}kr}$$

$$E_r = E_\theta = 0$$

$$kr << 1(k = \omega \times \sqrt{\mu r} \quad c = 1/\sqrt{\mu r})$$

当线圈间距 $D<<\lambda/2\pi$ 时，为近区场，线圈间的耦合方式为磁耦合，其参数主要有一下几方面：

1）线圈间距

根据毕奥-萨伐尔定律：

$$\mathrm{H} = \frac{I \cdot N \cdot R^2}{2\sqrt{(R^2 + x^2)^3}} = \frac{\mu_0}{4\pi R^3} I\,\mathrm{d}\vec{l} \times \vec{\mathrm{r}}$$

计算可得

$$\mathrm{H} = \frac{I \cdot N \cdot R^2}{2\sqrt{(R^2 + x^2)^3}}$$

2）互　感

由

$$k(x) \approx \frac{r_{应}^2 \cdot r_{阅}^2}{\sqrt{r_{应} \cdot r_{阅}} \cdot (\sqrt{x^2 + r_{阅}^2})^3}$$

可见，线圈半径与距离的互感最大值在线圈半径处急剧衰减。

3）谐　振

发射线圈与接收线圈若均工作在其固有频率上，则能感应产生最大的电压振幅；意味着若获得相同大小的信号，则可大大降低发射功率，从而达到低功耗和可扩展发射距离的目的。

（2）应答器发射电路分析

由61单片机按固定比特率脉冲控制数字频率合成器件，产生在发射线圈谐振频率附近的FSK信号，其幅度大约为 $V_{pp}=1$ V。发射线圈工作在受迫振荡状态下，其振荡频率等于发射频率。若在发射线圈并联15 pF(此题目下实验数据)电容，则可有效提升电压振幅。

（3）阅读器接受电路分析

9018构成的共射极电路组成阻抗匹配变换网络，根据二极管正向导通电阻的非线性用以补偿因线圈间距变化而造成的载波幅度变化，其结电容也可作为接收线圈谐振电容，使线圈达到谐振。从射随器射极电阻取出部分信号，经电压电流放大倍数都极高的共集电极电路将信号放大到所需的大小，再经一级三极管稳幅电路使信号饱和，可基本消除电压幅度的变化，因而再经过谐波滤除后可得到等幅的FSK信号。

鉴频部分是采用CD4024构成的分频器，按128分频再经F/V变化可得到随调制信号变化的高低电平。

经过由NE555构成的施密特触发器消除电压抖动后便可得到二进制信号。

3. 电路总体设计

(1) 阅读器电路设计计算

1) 静态工作点的计算

据测定 9018 的 β 值在 160～180 之间，供电电路采用 12 V 单电源供电，射随器采用固定式直流偏置，其阻值为 510 kΩ。共射极电路若想同时达到饱和和截止失真，则其基极电势应为 1.7 V(射极电阻取 1 kΩ)。

RC 低通滤波器截止频率为 10 MHz(R=10 kΩ，C=10 pF)。

2) 信号大小分析

实验测定表明：射随器前端输入电压振幅在 60 mV～1.3 V(峰峰值)，其输出幅度约在 20 mV～400 mV 间变化；要使限幅器可靠饱和，则电压放大倍数不低于 100 倍，故须有两级放大电路级联完成。

(2) 应答器电路设计计算

应答器耦合线圈在工作频率(约 6 MHz)下需并接 15 pF 的磁片电容才能谐振。

(3) 总体电路图及系统工作框图

总体电路如图 6.32 所示，系统工作框图如图 6.33 所示。

(4) 识别装置工作流程图

识别装置工作如图 6.34 所示。

4. 程序设计

(1) 软件功能

① 应答器能根据设定的 8 位拨码盘来发送不同的 UID 号。

② 应答器能根据不同的 UID 码来发送不同的预存数据。

③ 读卡器具有将前级输出的数据进行解调的功能，并具有简单的纠错功能。

④ 读卡器在解调数据后能将结果用发光二极管等方式显示出来。

⑤ 读卡器在将结果显示后能通过 RS232 将数据传输给计算机。

(2) 通信协议与结构

软件设计的关键部分在于程序对信号的发送和读取，由于信号传输存在延时并且仅能以单工单路方式传送，所以程序不能采用过于复杂的通信协议，这里采用了自编的以牺牲速度来降低误码率的间隔变频协议。此协议包含 5 个时间单位的起始标志位，1 个单位的变频信号位，2 个单位的信号位。基本规则为信号位和前一个变频信号为反向，例如，在 5 个时间单位的高电平起始标志位后，读取第 1 位信号，如果第 1 位信号应输出高电平(即和起始标志位相同时)，则发出一位低电平的变频信号，然后再输出 2 个时间单位的高电平。如果第 1 位信号应输出低电平，则发出一位高电平的变频信号，即延长 1 个时间单位的起始信号，再输出 2 个时间单位的低电平。

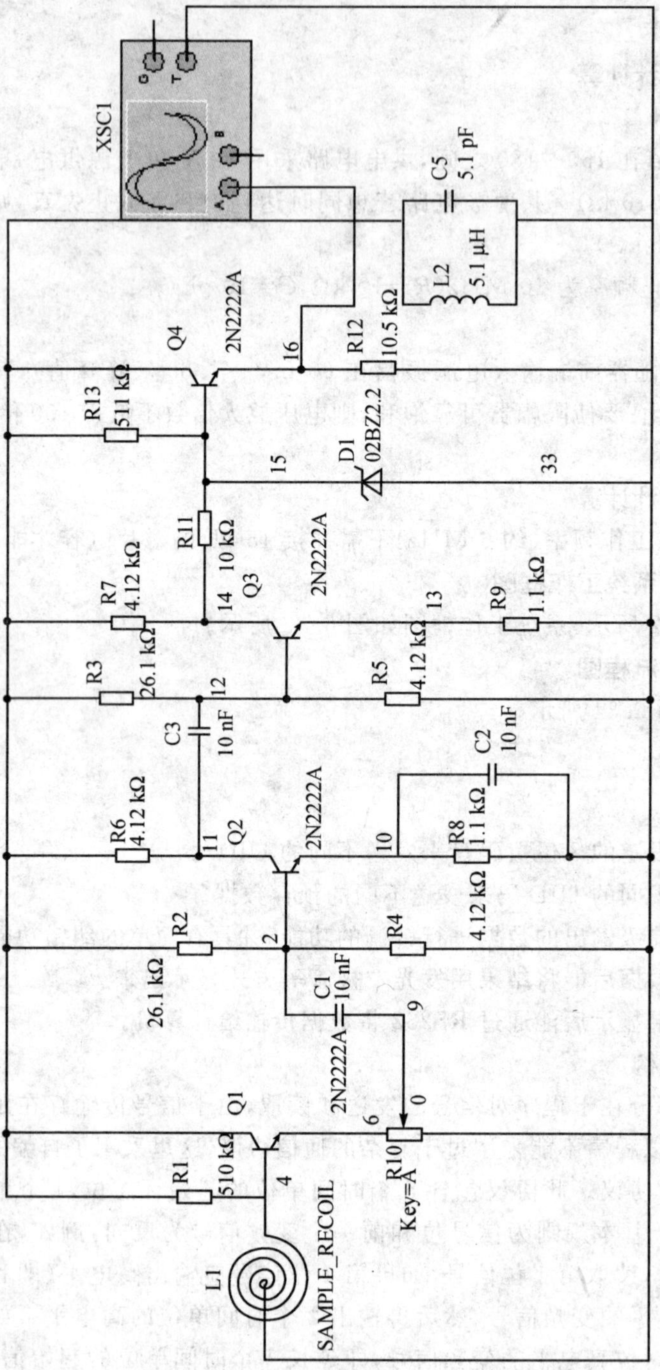
XSC1
G
T
A
B
C5
5.1 pF
L2
5.1 μH
Q4
2N2222A
16
R12
10.5 kΩ
R13
511 kΩ
D1
02BZ2.2
15
33
R11
10 kΩ
R7
4.12 kΩ
14
Q3
2N2222A
13
R9
1.1 kΩ
R3
26.1 kΩ
12
R5
4.12 kΩ
C3
10 nF
C2
10 nF
R6
4.12 kΩ
11
Q2
2N2222A
10
R8
1.1 kΩ
R2
26.1 kΩ
2
R4
4.12 kΩ
C1
10 nF
9
2N2222A
Q1
6
0
R1
510 kΩ
4
R10
Key=A
L1
SAMPLE_RECOIL

图 6.32 总体电路图

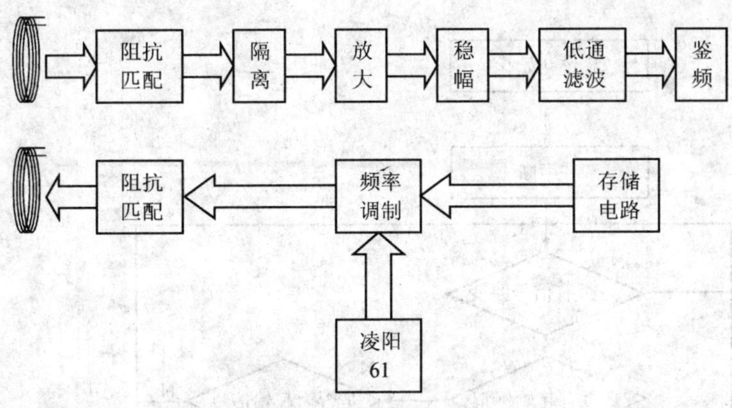

图 6.33 总体电路图

图 6.35 为输出一路值为 10011 的间隔变频信号。

读卡器读取时只要分析两次电平变化间隔就可以分析当前信号是否为起始位、变频信号或数据信号，对于变频信号不予以处理；如果为数据信号则记录进寄存器，最后进行数据效验。

(3) 程序流程图

应答器程序流程图如图 6.36 所示。

读卡器程序流程图如图 6.37 所示。

部分拨码程序如下：

```
#include "SPCE061A.H"
extern int time_sign;
#define Data_L    *P_IOB_Data& = 0x7fff;
#define Data_H    *P_IOB_Data| = 0x8000;

void signal (int signal_data,int signal_time)
{
  if(signal_data == 0)Data_L;
  if(signal_data == 1)Data_H;
  *P_TimerA_Data = signal_time;
  *P_TimerA_Ctrl = C_SourceA_8192Hz + C_SourceB_1;
  *P_INT_Ctrl = C_IRQ1_TMA;
 __asm("INT IRQ");
  *P_Watchdog_Clear = 1;
      while(time_sign == 0)
      {
       *P_Watchdog_Clear = 1;
```

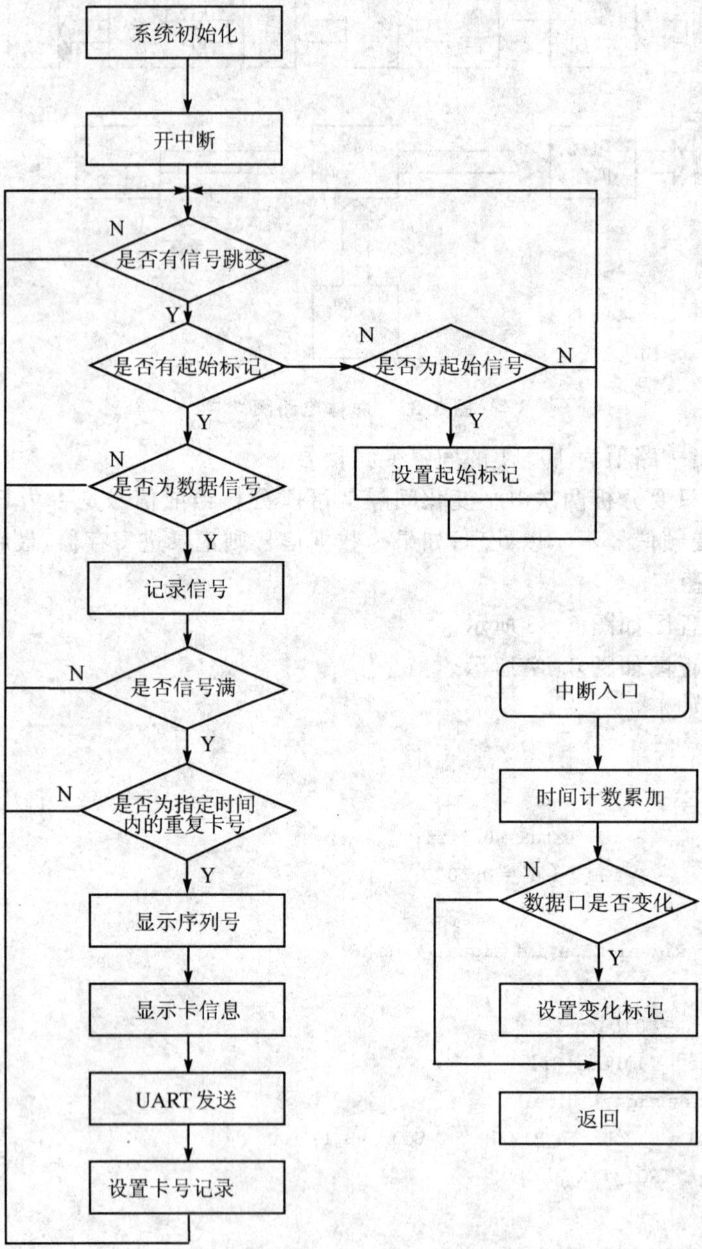
系统初始化
开中断
N
是否有信号跳变
Y
是否有起始标记
N
是否为起始信号
N
Y
设置起始标记
Y
N
是否为数据信号
Y
记录信号
N
是否信号满
Y
N
是否为指定时间内的重复卡号
Y
显示序列号
显示卡信息
UART发送
设置卡号记录
中断入口
时间计数累加
N
数据口是否变化
Y
设置变化标记
返回

图 6.34　识别装置流程图

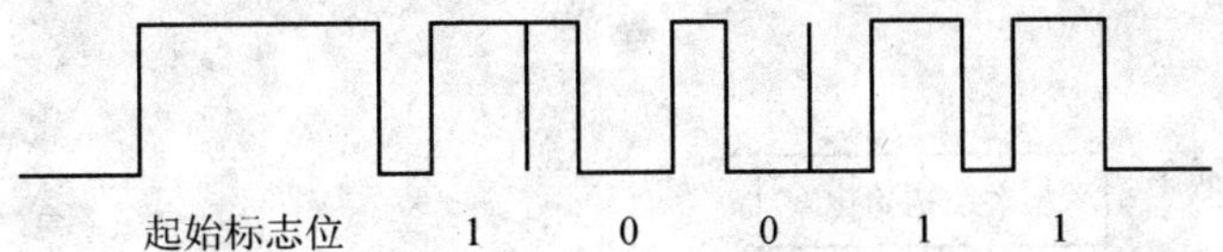

图 6.35　10011 变频信

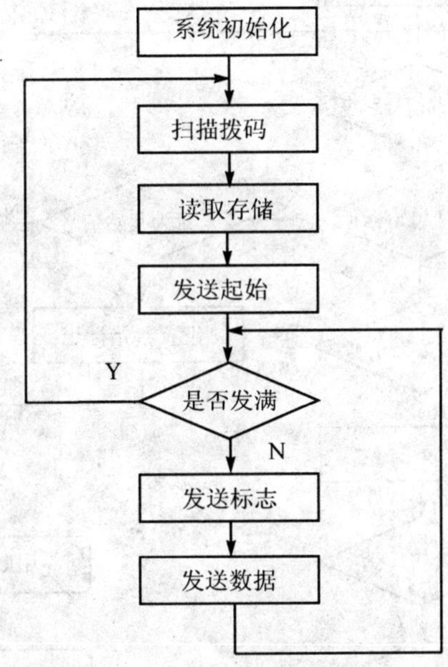

图 6.36　应答器程序流程图

```
    }
 time_sign = 0;
__asm("INT OFF");
Data_L;
}
//===============拨码开关模块======================
int Key(void)
{
 int Key_temp;
 Key_temp = *P_IOB_Data&0x00ff;
 return Key_temp;
}

//==============延时模块==========================
```

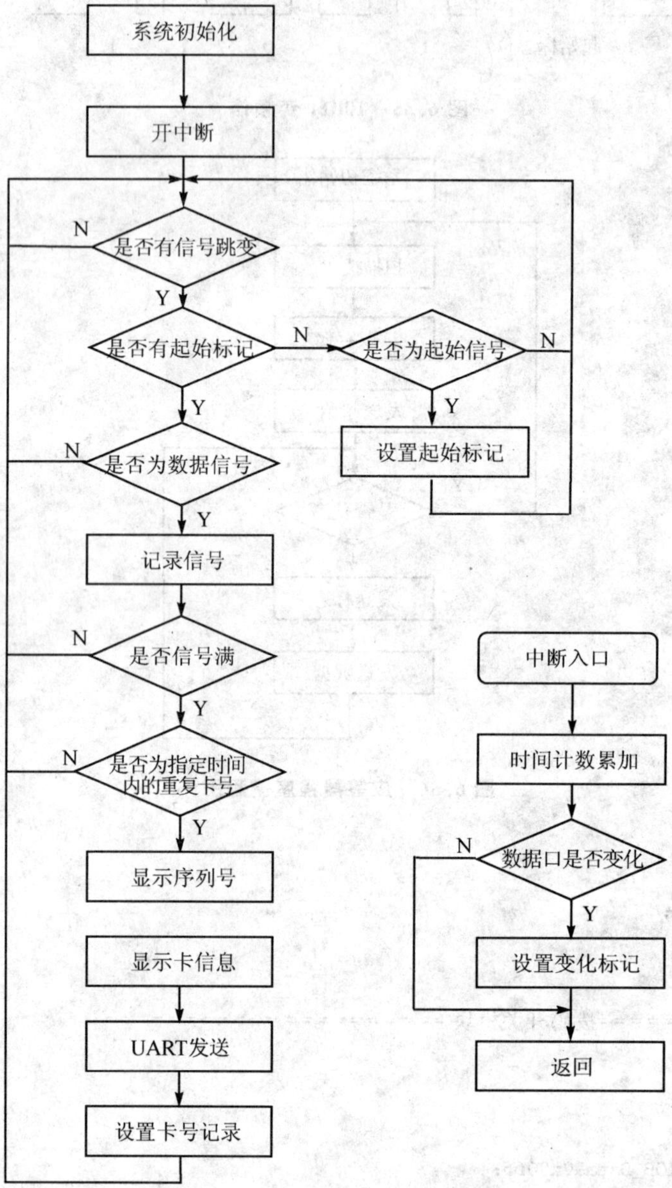

系统初始化

开中断

是否有信号跳变

N

Y

是否有起始标记

N

是否为起始信号

N

Y

设置起始标记

Y

是否为数据信号

N

Y

记录信号

是否信号满

N

Y

是否为指定时间内的重复卡号

N

Y

显示序列号

显示卡信息

UART发送

设置卡号记录

中断入口

时间计数累加

数据口是否变化

N

Y

设置变化标记

返回

图 6.37　读卡器程序流程图

```
void delay(int i)
{
    while(i--) *P_Watchdog_Clear = 1;
}

void delayms(int i)
{
    while(i--)delay(5000);
}
```

5. 测试方案与测试结果

(1) 测试方法与仪器

1) 测试仪器

Tektronix	TTS1002 示波器	Motech FJ-506A 函数信号发生器
MASTECH	MY_65 万用表	自制稳压电源
PC 机	UT502 台式万用表	

2) 测试环境

温度：室温(约 25℃)；装置位于桌面(木质)上，周围无强磁场干扰(南 50 米处有建筑施工现场)；时间：二十点左右。

3) 测试数据

见表 6.9～表 6.11。

表 6.9 阅读器通信状态功率测试

测试次数		一	二	三	平均值
阅读器功率测试	U/V	12.0	11.9	11.9	1.3
	I/A	0.10	0.11	0.12	
	P/W	1.2	1.3	1.4	

表 6.10 阅读器待机状态功率测试

测试次数		一	二	三	平均值
阅读器功率测试	U/V	11.9	11.9	11.9	0.87
	I/A	0.07	0.08	0.07	
	P/W	0.83	0.96	0.83	

表 6.11 识别率测试

测试次数	一	二	三	测试次数	一	二	三
1	0.9	1	0.9	6	1	0.9	1
2	1	1	0.9	7	1	0.9	1
3	1	1	1	8	0.9	0.9	0.8
4	1	1	1	9	0.7	0.6	0.6
5	1	1	1				

注：每次测试10次，0.9表示一次误码。

(2) 测试结果分析

① 待机时功率约为0.8 W，通信时功率约为1.3 W，达到设计指标。

② 距离为1 cm时，出现误识别；当距离增加到3～5 cm时，系统稳定度明显提升；当距离达到8 cm时，系统性能大幅下降。

结论：距离太近时，由于耦合系数太大，阅读器过载，存在误码率。当距离过大时，耦合系数明显下降，阅读器收到的信号强度低于感应下限，也存在误码。总体看来，系统在7 cm以下工作稳定可靠，完全达到设计指标。

6.4 基于单片机的红外测温仪(2007年校内科技创新大赛)

6.4.1 题目要求

红外测温仪为测量人体体温提供了快速、非接触测量手段，可广泛、有效地用于密集人群的体温排查。自从2003年“非典”以来，在人员密集的场合检查、发现、隔离超常体温的人员，是比较麻烦的。本题目要求设计出一种远距离非接触测量温度的仪器——红外测温仪，能便捷地在人群里测出其中一个人的体温。

非接触红外测温仪针对特定人群，比如儿童或老年人，有很好的效果。老年人活动不便，使用传统的体温计很不方便，而且也不能看清体温计汞柱的位置，非接触红外测温仪可以很快得到体温，而且通过语音告知老人；异常情况下也能够在不惊动任何人的情况下测量其体温并保存下来。因其具有非接触测量的特性，在对有一些距离、运动的或有危险性的物体进行温度测量时，具有安全、快速、可靠、方便等优势，对它进一步研究，无论在军事方面，还是在其他国民经济领域里，均具有举足轻重的意义。

6.4.2 获奖作品选编

1. 红外测温基本原理

在自然界中，当物体的温度高于绝对零度(－73℃)时，它内部分子或原子存在无规则热运动，从而不断向空间辐射电磁波，其中就包括波段位于 0.76～1 000 μm 的红外线。红外测温仪是根据物体的红外辐射特性，依靠其内部光学系统将物体的红外辐射能量汇聚到探测器(传感器)并转换成电信号，再通过放大电路、补偿电路及线性处理后，在显示终端显示被测物体的温度。系统由光学系统、光电探测器、信号放大器及信号处理、显示输出等部分组成；其核心是红外探测器，将人的辐射能转换成可测量的电信号，如图 6.38 所示。

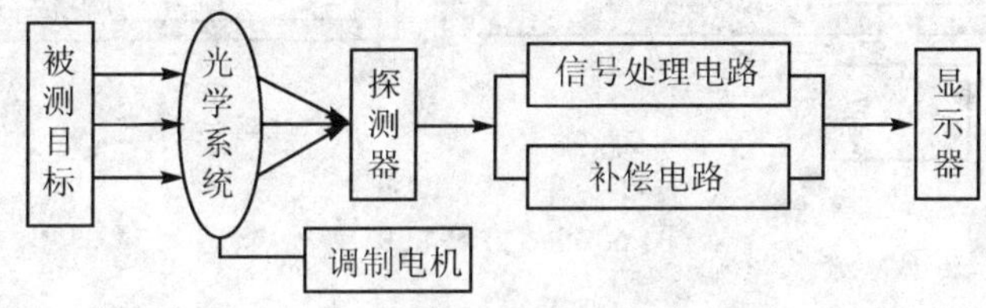

图 6.38　红外测温系统结构

2. 实现功能

该系统具有以下功能：

① 人机交互，SPCE061A 通过 I/O 口控制启动测温；

② 利用键盘控制温度测量，并能在 LED 键盘模组的数码管上显示温度值；

③ 利用 SPCE061A 的语音功能播报测量值；

④ 快速测量目标温度；

⑤ 快速测量环境温度；

⑥ 测量结果表示的精度为小数点后两位。

3. 系统总体方案

(1) 方　案

采用 SPCE061A 单片机外接数字式红外探头 TNR 进行温度的数字化采集，通过内部语音算法将结果播报出来，同时，利用 LED 数码模块将所测播报温度显示出来。方案结构如图 6.39 所示。

(2) 系统硬件实现

系统总体结构如图 6.40 所示，主控部分由 61 板、TNR 红外测温传感与 LED 数码显示模块器 3 部分组成。

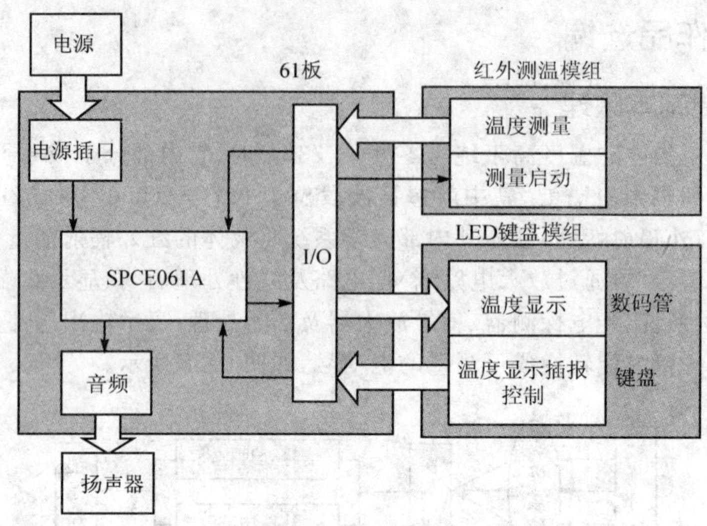

图 6.39 方案机构图

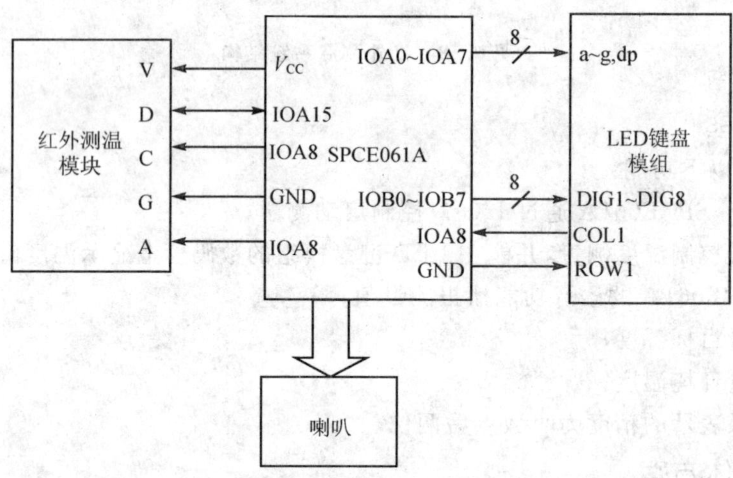

图 6.40 系统结构图

(3) 系统工作原理

通过按键启动红外测温模块，测量结束返回测量结果，待 MCU 运算处理得出目标温度和环境温度后对结果进行语音播报并显示，功能结构如图 6.41 所示。

(4) 系统硬件设计

1) 单片机电路

单片机采用凌阳公司的 SPCE061A，如图 6.42 所示。SPCE061A 结构如图 6.43 所示。

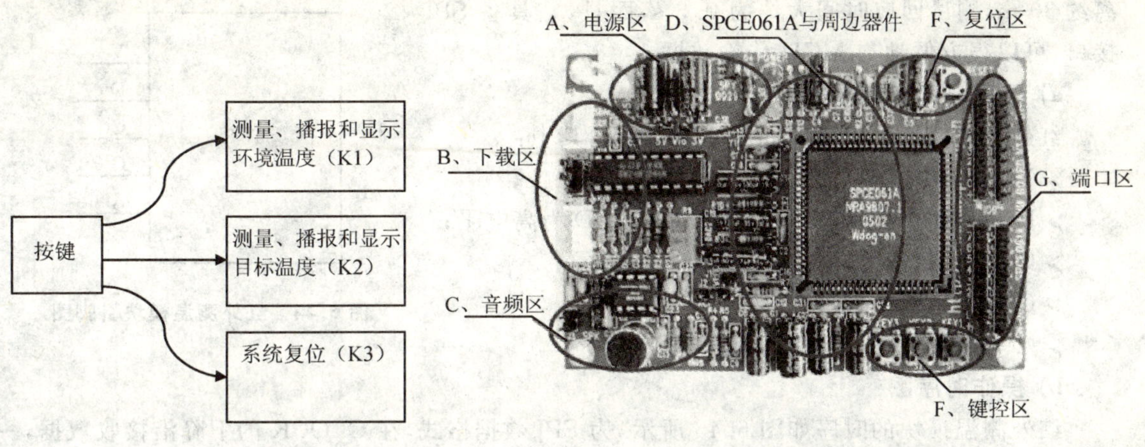

图 6.41　功能结构图　　图 6.42　SPCE061 实物图

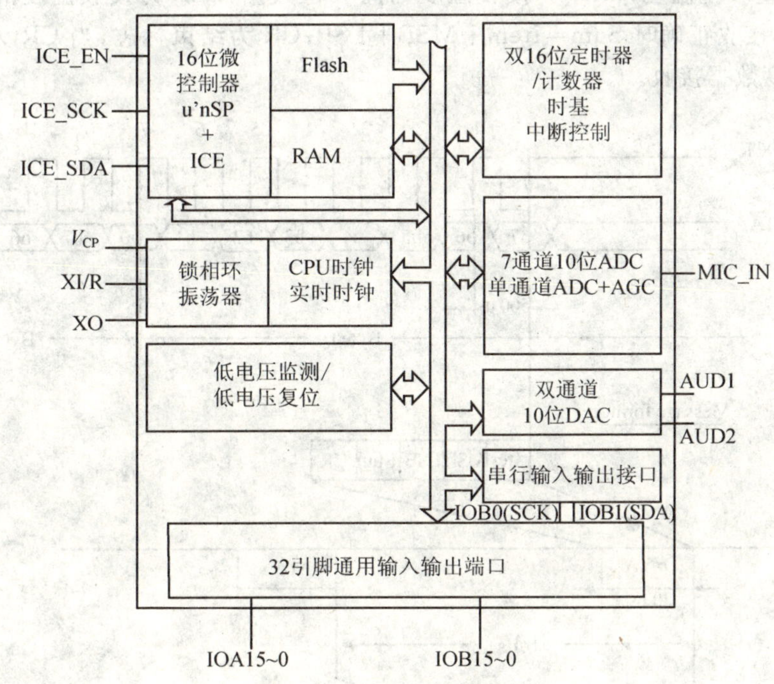

图 6.43　SPCE061 结构图

2）传感器电路

传感器采用凌阳公司 TNR 集成红外传感器。集成红外测温传感器具有回应速度快、测量精度高、测量范围广以及可同时测量目标温度、环境温度的特点。根据大气状况最远测温距离约 30 m，测量回应时间大约为 0.5 s，而且，它具备 SPI 接口，可以很方便地与 MCU 传输数据。

a) 红外温度传感器引脚图

红外测温模块的引脚图如图 6.44 所示，其中：

- V 为电源电压引脚 V_{CC}，V_{CC}为 3.3 V；
- D 为数据接收引脚，没有数据接收时 D 为高电平；
- C 为 2 kHz Clock 输出引脚；
- G 为接地引脚；
- A 为测温启动信号引脚，低电平有效。

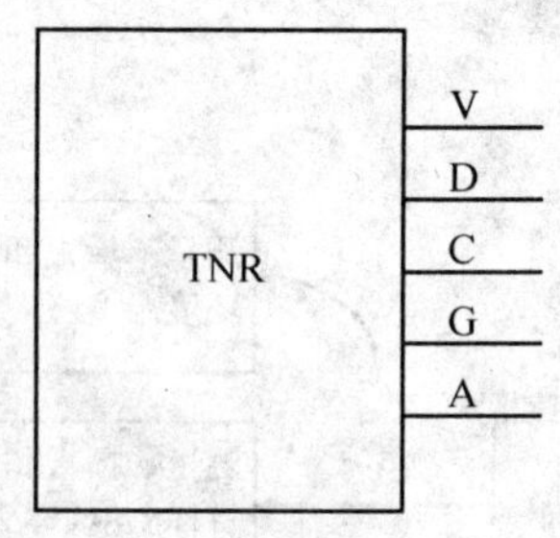

图 6.44　红外测温模块引脚图

b) 操作时序图

红外测温模块的时序如图 6.45 所示，为 SPI 数据格式，在 CLOCK 的下降沿接收数据，一次温度测量需接收 5 个字节的数据。这 5 个字节中：Item 为 0x4c 时表示测量目标温度，为 0x66 时表示测量环境温度；MSB 为接收温度的高 8 位数据；LSB 为接收温度的低 8 位数据；Sum 为验证码，接收正确时 Sum＝Item＋MSB＋LSB；CR 为结束标志，当 CR 为 0x0dH 时表示完成一次温度数据接收。

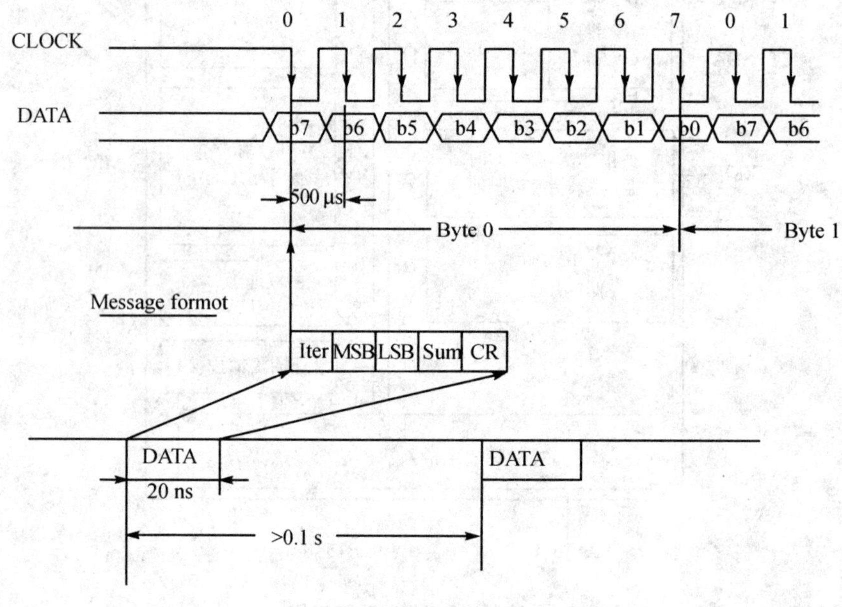

图 6.45　红外测温模块时序图

一帧数据包括 5 字节，每字节代表含义如下：

- Item："L"(4CH)：代表此帧为目标温度；
- "f"(66H)：代表此帧为环境温度；

- MSB：8 bit Data Msb；
- LSB：8 bit Data Lsb；
- Sum：Item＋MSB＋LSB＝SUM；
- CR：0DH，结束码。

c）红外测温模块温度值的计算

无论测量环境温度还是目标温度，只要检测到 Item 为 0x4cH 或 0x66H 同时检测到 CR 为 0x0dH，则它们的温度的计算方法都相同。计算公式为：

温度＝Temp/16－273.15

式中，Temp 为十进制，而测量结果为 16 进制，把它直接转换为十进制即可。例如，MSB 为 0x14H，LSB 为 0x2aH，测量结果为 0x142aH，十进制表示为 5162，则测得温度值为 5162/16－273.15＝49.475。

3）LED 电路

采用共阴极 4 位 LED 数码显示，如图 6.46 所示。

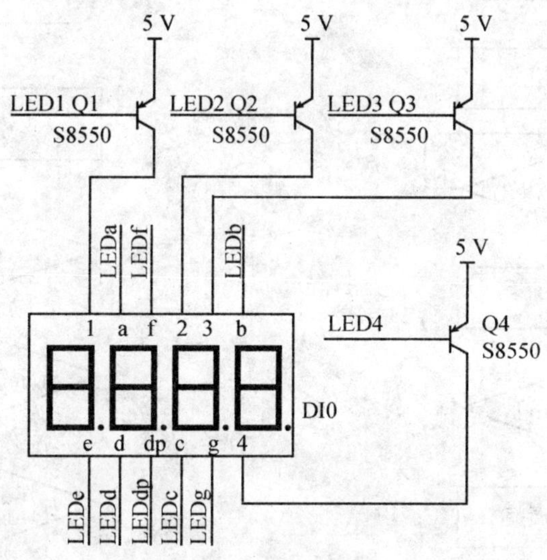

图 6.46　4 位 LED 数码管

(5) 系统软件设计

系统软件设计框图如图 6.47 所示。

1）主流程

本系统软件设计总体流程如图 6.48 所示。

2）子程序设计

红外传感器部分为标准 SPI 接口通信，由于凌阳 61 单片机没有 SPI 数据接口，这里采用软件编程模拟 SPI 通信方式来实现与红外传感器的数据交换。其中，IOB15 为数据信号线，

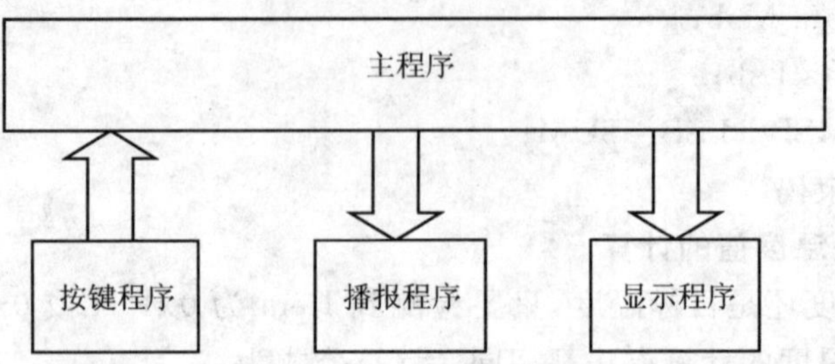

图 6.47 程序概况

IOB14 为时钟信号线,SPCE061A 工作在从模式下,时钟由 NTR 传感器提供。该部分的关键是数据的校验,只有数据校验完全正确才能获取采集结果。该部分的详细操作如图 6.49 所示。

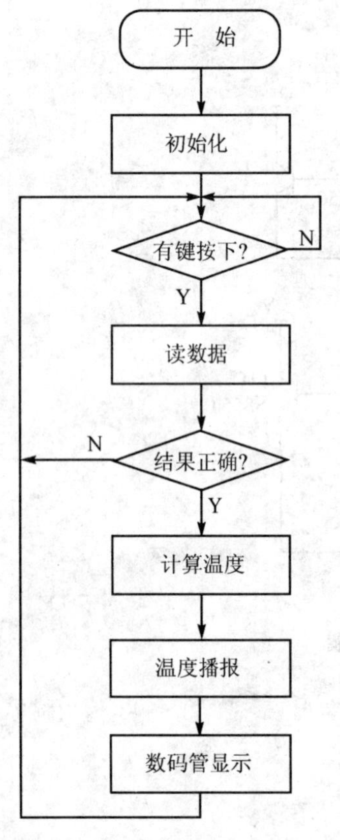

图 6.48 总体流程图

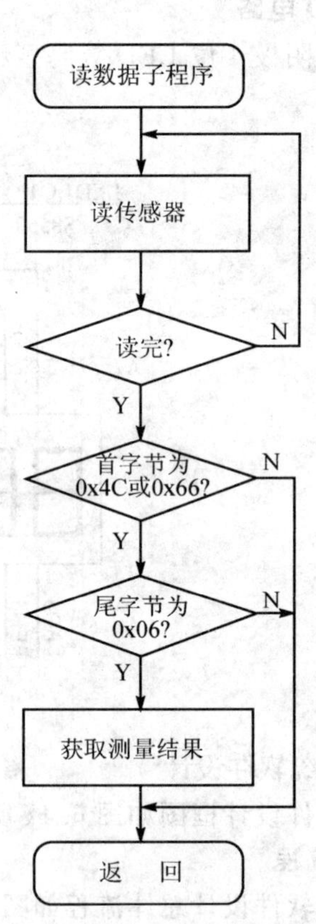

图 6.49 读传感器操作流程图

3) 测 试

运行程序,按住启动按键 S1 直到有声音播出,播报与数码管显示的温度是环境温度;按复位键 S3 后再按住启动按键 S2,则播报与显示的温度为目标温度。

4) 附部分程序

```
//================================================================
//    文件名称:main.c
//    功能描述:取测量数据,并根据键值进行播报
//              按 K1,仅播放目标温度
//              按 K2,仅播放环境温度
//================================================================
#define P_Watchdog_Clear          (volatile unsigned int *)0x7012

extern unsigned int TN_Data_Buff[5];                //保存测量结果的数组
extern void TN_InitalIO(void);
extern void Key_Init(void);
extern unsigned int TN_IR_GetData(unsigned int Item);
extern unsigned int KeyScan(void);
extern void PlaySnd_Auto(unsigned int uiSndIndex);
extern void F_TempplayAndShow(float temp);

float iTemp;                                        //保存温度值
//================================================================
//    实现功能:    键盘控制测量环境温度和目标温度
//================================================================
int main(void)
{
    unsigned int Key,iFlag = 1;

    Key_Init();                                     //初始化键盘
    TN_InitalIO();                                  //初始化红外测温模块
    while(1)
    {
        Key = KeyScan();                            //扫描键盘
        switch(Key)
        {
            case 0:                                 //没有键按下
                break;
            case 0x0001:                            //第一个键 K1 按下
```

```
        while(iFlag)                          //判断是否测量出正确数据
        {
        iFlag = TN_IR_GetData(0x004c);        //测量目标温度,取温度值和 iFlag
             * P_Watchdog_Clear = 0x0001;
        }
        PlaySnd_Auto(16);                     //播放"OK"
        PlaySnd_Auto(15);                     //播放"目标温度"
        F_TempplayAndShow(iTemp);             //播放"测得目标温度值"
        iFlag = 1;                            //iFlag 置 1
        while(iFlag)                          //判断是否测量出正确数据
        {
        iFlag = TN_IR_GetData(0x0066);        //测量环境温度,取温度值和 iFlag
             * P_Watchdog_Clear = 0x0001;
        }
        PlaySnd_Auto(14);                     //播放"环境温度"
        F_TempplayAndShow(iTemp);             //播放"测得环境温度值"
        iFlag = 1;                            //iFlag 置 1
        break;
    case 0x0002:                              //第二个键按下
        while(iFlag)                          //判断是否测量出正确数据
        {
        iFlag = TN_IR_GetData(0x004c);        //测量目标温度,取温度值和 iFlag
             * P_Watchdog_Clear = 0x0001;
        }
        PlaySnd_Auto(16);                     //播放"OK"
        PlaySnd_Auto(15);                     //播放"目标温度"
        F_TempplayAndShow(iTemp);             //播放"测得目标温度值"
        iFlag = 1;
        break;
    case 0x0004:                              //第三个键盘按下
        while(iFlag)                          //判断是否测量出正确数据
        {
        iFlag = TN_IR_GetData(0x0066);        //测量环境温度,取温度值和 iFlag
             * P_Watchdog_Clear = 0x0001;
        }
        PlaySnd_Auto(16);                     //播放"OK"
        PlaySnd_Auto(14);                     //播放"环境温度"
        F_TempplayAndShow(iTemp);             //播放"测得环境温度值"
        break;
```

```
            default:
                break;
        }
    }
}
//==========================================================================
//main.c end
//==========================================================================
//==========================================================================
//文件名称:Key.c
//功能描述:初始化键盘函数和扫描键盘函数

//==========================================================================
#define P_IOA_Data              (volatile unsigned int *)0x7000
#define P_IOA_Buffer            (volatile unsigned int *)0x7001
#define P_IOA_Dir               (volatile unsigned int *)0x7002
#define P_IOA_Attrib            (volatile unsigned int *)0x7003

#define P_IOB_Data              (volatile unsigned int *)0x7005
#define P_IOB_Buffer            (volatile unsigned int *)0x7006
#define P_IOB_Dir               (volatile unsigned int *)0x7007
#define P_IOB_Attrib            (volatile unsigned int *)0x7008
#define P_Watchdog_Clear        (volatile unsigned int *)0x7012
//==========================================================================
// 实现功能:键盘初始化
//==========================================================================
void Key_Init(void)
{
    *P_IOA_Dir &= 0xff00;                   //初始化 IOA 口低八位为带下拉电阻输入口
    *P_IOA_Attrib &= 0xff00;
    *P_IOA_Data &= 0xff00;
}
//==========================================================================
// 实现功能:延时
//==========================================================================
void delay(void)
{
    unsigned int uiCount;
    for(uiCount = 0;uiCount <= 3000;uiCount ++)
```

```
    {
        * P_Watchdog_Clear = 0x0001;          //清看门狗
    }
}
//=====================================================================
// 实现功能:获得键盘值并返回
//=====================================================================

unsigned int KeyScan(void)
{
    unsigned int uiData;
    unsigned int uiTemp;
    uiData = * P_IOA_Data;                    //读取 IOA 端口输入
    uiData = uiData&0x00ff;                   //仅取低八位有效值
    if(uiData!= 0)                            //非零则表示有键按下
    {
        delay();                              //延时消抖
        uiTemp = * P_IOA_Data;
        uiTemp = uiTemp&0x00ff;               //仅取低八位有效值
        if(uiData != uiTemp)
            uiData = 0;                       //两次读数不相等,则置返回值为 0
    }
    return uiData;                            //返回键值
}


//=====================================================================
//文件名称:PlayData.c
//功能描述:播放温度值
//=====================================================================
#include "s480.h"
#define P_Watchdog_Clear (volatile unsigned int * )0x7012
//=====================================================================
//实现功能:自动播放语音函数
//=====================================================================
    int uiDelay = 0x0001;
    void PlaySnd_Auto(unsigned int uiSndIndex)
{
    SACM_S480_Initial(1);                     //初始化为自动播放方式
```

```
    SACM_S480_Play(uiSndIndex,3,3);          //播放
    while((SACM_S480_Status() & 0x0001) != 0)
    {                                        //判断播放状态,如还在播放则继续循环
        SACM_S480_ServiceLoop();             //播放系统服务程序
        *P_Watchdog_Clear = 0x0001;
    }
    SACM_S480_Stop();                        //停止播放
}
//=============================================================
//实现功能:温度播放函数
//=============================================================
void F_TempplayAndShow(float temp)
{
int iShow[6];
unsigned int * ClearWatchdog = 0x7012;
unsigned int i;                              //播报数存储数组
temp = temp * 100;                           //温度值乘100,以方便计算小数点后两位
iShow[5] = temp/10000;                       //计算温度值的百位数
iShow[4] = (temp/1000);                      //计算温度值的十位数
iShow[4] = iShow[4] % 10;
iShow[3] = (temp/100);                       //计算温度值的个位数
iShow[3] = iShow[3] % 10;
iShow[2] = (temp/10);                        //计算温度值的小数点后第一位数
iShow[2] = iShow[2] % 10;
iShow[1] = (temp);                           //计算温度值的小数点后第二位数
iShow[1] = iShow[1] % 10;
if(iShow[5]!= 0)                             //如果百位数字不为0
{
    PlaySnd_Auto(iShow[5]);                  //播放百位数字
    PlaySnd_Auto(10);                        //播放"百"
    }
    if((iShow[5]!= 0)&&(iShow[4] == 0)&&(iShow[3]!= 0))
 //如果百位数字不为0且十位为0,但是个位不为0
PlaySnd_Auto(iShow[4]);                      //播放十位数字
}
if(iShow[4]!= 0)                             //如果十位不为0
{
PlaySnd_Auto(iShow[4]);                      //播放十位数字
PlaySnd_Auto(11);                            //播放"十"
```

```
}
if((iShow[4] == 0)&&(iShow[5] == 0)&&(iShow[3] == 0))     //如果百位,十位,个位都为 0
{
PlaySnd_Auto(iShow[3]);                           //播放个位数字
}
if(iShow[3]! = 0)                                  //如果个位为不为 0
    {
PlaySnd_Auto(iShow[3]);                           //播放个位数字
    }
PlaySnd_Auto(12);                                  //播放"点"
PlaySnd_Auto(iShow[2]);                           //播放小数点后第一位数字
PlaySnd_Auto(iShow[1]);                           //播放小数点后第二位数字
PlaySnd_Auto(13);
while(1)
{
    for(i = 0;i<0x88;i++)
{
    F_SingleLed(0,iShow[4]);
    F_SingleLed(1,iShow[3]);
    F_SingleLed(1,10);
    F_SingleLed(2,iShow[2]);
    F_SingleLed(3,iShow[1]);
}
}                                                  //播放"摄氏度"
     * P_Watchdog_Clear = 0x0001;
}
.include hardware.inc
.external _uiDelay
.data
  address:
  //     .dw 0x003f,0x0086,0x00db,0x00cf, 0x00e6,0x00ed,0x007d,0x0087,
0x00ff,0x00ef;//´0."1."2."3."4."5."6."7."8."9.´的代码
            .dw 0x003f,0x0006,0x005b,0x004f,0x0066,0x006d,0x007d,0x0007,0x007f,
0x006f,0x0080;//´0"1"2"3"4"5"6"7"8"9´的代码
    Dig:    .dw 0x0008,0x0004,0x0002,0x0001;
.code
.public _F_SingleLed
_F_SingleLed: .proc
    push bp to  [sp];
```

```
    bp = sp + 1
 loop:
    r1 = [bp + 3]
    r3 = [bp + 4]
    r2 = r1 + Dig;
    r2 = [r2]
    r4 = r3 + address
    r4 = [r4]
    r1 = 0x00ff;
    [P_IOA_Attrib] = r1;
    [P_IOA_Dir] = r1;
    [P_IOA_Data] = r1
    [P_IOA_Data] = r4;
//0110 6
    r1 = 0x600f;
    [P_IOB_Attrib] = r1;
    [P_IOB_Dir] = r1;
    [P_IOB_Data] = r1;
    [P_IOB_Data] = r2;
    r1 = 0x0001
    [0x7012] = r1
    r1 = [_uiDelay];
    loop1:
    r2 = 0xeb;
    loop2:
    r2 - = 1;
    jnz loop2;
    r1 - = 1;
    jnz loop1
    pop bp from [sp]
    retf;
 .endp

//==================================================================
//功能描述:读测量数据的用户函数
//==================================================================

#define P_IOA_Data                  (volatile unsigned int *)0x7000
#define P_IOA_Buffer                (volatile unsigned int *)0x7001
```

```
#define P_IOA_Dir                   (volatile unsigned int *)0x7002
#define P_IOA_Attrib                (volatile unsigned int *)0x7003
#define P_IOA_Latch                 (volatile unsigned int *)0x7004
//.........................................
#define P_IOB_Data                  (volatile unsigned int *)0x7005
#define P_IOB_Buffer                (volatile unsigned int *)0x7006
#define P_IOB_Dir                   (volatile unsigned int *)0x7007
#define P_IOB_Attrib                (volatile unsigned int *)0x7008
//.........................................
#define P_FeedBack                  (volatile unsigned int *)0x7009
#define P_TimerA_Data               (volatile unsigned int *)0x700A
#define P_TimerA_Ctrl               (volatile unsigned int *)0x700B
#define P_TimerB_Data               (volatile unsigned int *)0x700C
#define P_TimerB_Ctrl               (volatile unsigned int *)0x700D
#define P_TimeBase_Setup            (volatile unsigned int *)0x700E
#define P_TimeBase_Clear            (volatile unsigned int *)0x700F
#define P_INT_Ctrl                  (volatile unsigned int *)0x7010
#define P_INT_Clear                 (volatile unsigned int *)0x7011
#define P_INT_Mask                  (volatile unsigned int *)0x702D
#define P_Watchdog_Clear            (volatile unsigned int *)0x7012
#define P_SystemClock               (volatile unsigned int *)0x7013
#define P_UART_Command1             (volatile unsigned int *)0x7021
#define P_UART_Command2             (volatile unsigned int *)0x7022
#define P_UART_Data                 (volatile unsigned int *)0x7023
#define    P_UART_BaudScalarLow     (volatile unsigned int *)0x7024
#define    P_UART_BaudScalarHigh    (volatile unsigned int *)0x7025
#define P_SystemClock               (volatile unsigned int *)0x7013
extern unsigned int TN_Data_Buff[3];
extern void TN_IRACK_EN(void);
extern int TN_ReadData(void);
extern void TN_IRACK_UN(void);
extern float iTemp;
void Delay(unsigned int timers);
//==============================================================//
//Program:TN 红外传感器目标数据测量子程序
//==============================================================//
unsigned int TN_IR_GetData(unsigned int Item)
{
    unsigned int iItem,MSB,LSB;
```

```
    unsigned int Back_Data;                          //定义返回变量,返回 0 表示读出正确数据
    Back_Data = 0xaaaa;
    TN_IRACK_EN();                                   //enable the TN
    *P_Watchdog_Clear = 0x0001;
    TN_ReadData();
    iItem = (TN_Data_Buff[0]&0x00ff);                //取读到第一个字节数据
    if(Item == iItem)                                //判断第一个字节数据是否正确
    {
    MSB = (TN_Data_Buff[1])&0xff00;                  //取读到第二个字节数据
    LSB = (TN_Data_Buff[1])&0x00ff;                  //取读到第三个字节数据
    if(((TN_Data_Buff[2])&0x00ff) == 0x000d)              //判断是否读到结束标志
    {
    iTemp = MSB | LSB;                               //计算温度值,计算方法请参考红外测温模块
    iTemp = iTemp/16 - 273.15;
    Back_Data = 0;                                   //返回变量赋 0
    }
}
    Delay(6);                                        //延时
    TN_IRACK_UN();                                   //Unable the TN
    __asm("IRQ on");                                 //开 IRQ 中断,关 FIQ 中断
    return Back_Data;                                //返回 Back_Data
}

//=====================================================================//
//Program:毫秒延时程序
//=====================================================================//
void Delay(unsigned int timers)
{
    unsigned int i,j;
    for(i = 0;i<timers;i++)
        for(j = 0;j<0x020f;j++)
            *P_Watchdog_Clear = 0x0001;
}

//=====================================================================
//文件名称:TNRFDriver.asm
//功能描述:驱动函数
//=====================================================================
.define P_IOA_Data                  0x7000
```

```
.define P_IOA_Buffer            0x7001
.define P_IOA_Dir               0x7002
.define P_IOA_Attrib            0x7003
.define P_IOA_Latch             0x7004
//...............................................
.define P_IOB_Data              0x7005
.define P_IOB_Buffer            0x7006
.define P_IOB_Dir               0x7007
.define P_IOB_Attrib            0x7008
//...............................................
.define P_Watchdog_Clear        0x7012

//======================定义红外模块的控制口======================
.define TN_ACK          0x2000
.define TN_Data         0x8000
.define TN_Clk          0x4000
.define TN_ACK_N        0xdfff
.define TN_Data_N       0x7fff
.define TN_Clk_N        0xbfff
//======================//define the port========================
//如果使用IOA口,用下面程序-----------------------------------------
//.define IO_Port               P_IOA_Data
//.define IO_Port_Dir           P_IOA_Dir
//.define IO_Port_Attrib        P_IOA_Attrib
//.define IO_Port_Buffer        P_IOA_Buffer
//如果使用IOB口,用下面程序-----------------------------------------
.define IO_Port                 P_IOB_Data
.define IO_Port_Dir             P_IOB_Dir
.define IO_Port_Attrib          P_IOB_Attrib
.define IO_Port_Buffer          P_IOB_Buffer
.public _TN_Data_Buff
.ram
_TN_Data_Buff:.dw 3 dup(?)
.var Data_Counter
.code
//==============================================================
// 汇编格式:_TN_InitalIO
// C格式:    void TN_InitalIO(void);
// 实现功能:红外模块初始化
```

```
//==========================================================
.public _TN_InitalIO
_TN_InitalIO:
    push bp to [sp]
    r1 = [IO_Port_Dir]
    r1 &= TN_ACK_N
    r1 &= TN_Data_N
    r1 &= TN_Clk_N
    [IO_Port_Dir] = r1
    r1 = [IO_Port_Attrib]
    r1 |= TN_ACK
    r1 &= TN_Data_N
    r1 &= TN_Clk_N
    [IO_Port_Attrib] = r1
    r1 = [IO_Port_Buffer]
    r1 &= TN_ACK_N
    r1 &= TN_Data_N
    r1 &= TN_Clk_N
    [IO_Port] = r1
    pop bp from [sp]
    retf
//==========================================================
// 汇编格式:_TN_IRACK_EN
// 实现功能:红外模块启动函数
//==========================================================
.public _TN_IRACK_EN
_TN_IRACK_EN:
    push bp to [sp]
    r1 = [IO_Port_Dir]              //启动 TN
    r1 |= TN_ACK
    [IO_Port_Dir] = r1              //...end
    pop bp from [sp]
    retf
//==========================================================
// 汇编格式:_TN_IRACK_UN
// 实现功能:红外模块启动函数
//==========================================================
.public _TN_IRACK_UN
_TN_IRACK_UN:
```

```
    push bp to [sp]
    r1 = [IO_Port_Dir]                  //启动 TN
    r1 &=  TN_ACK_N
    [IO_Port_Dir] = r1                  //...end
    pop bp from [sp]
    retf
//===================================================================
// 汇编格式：_TN_ReadData
// 实现功能：读测得数据
//===================================================================
.public _TN_ReadData
_TN_ReadData:
    push bp to [sp]
    r2 = 40                             //读 5 个字节的数据
    r5 = _TN_Data_Buff                  //取缓冲区数据
TN_Read_loop:
    r1 = 0x0001
    [P_Watchdog_Clear] = r1
    r1 = [IO_Port]
    r1 &=  TN_Clk                       //检测时钟数据
    jnz TN_Read_loop                    //不为零时继续检测
    r1 = [IO_Port]                      //为 0 时读一个 bit 数据,即检测到下跳沿
    r1 &=  TN_Data
    jnz TN_Read_Data_H                  //不为 0 时转到 TN_Read_Data_H
    r1 = 0                              //返回数据 0
    jmp TN_Read_Data_NN
TN_Read_Data_H:
    r1 = 1                              //返回数据 1
TN_Read_Data_NN:
// [r5 ++ ] = r1
    r3 = [r5 + 2]                       //第一个字数据处理
    r3 = r3 lsl 1
    r3 = r3|r1
    [r5 + 2] = r3
    r4 = r4 lsl 3
    r3 = [r5 + 1]                       //第二个字数据处理
    r3 = r3 rol 1
    r4 = r4 lsl 3
    [r5 + 1] = r3
```

```
    r3 = [r5]                                 //第三个字数据处理
    r3 = r3 rol 1
    r4 = r4 lsl 3
    [r5] = r3
    r2 - = 1
    jnz TN_Read_Wait                          //40 个 bit 数据没有读完转向 TN_Read_Wait
    jmp TN_Read_Exit                          //读完转向 TN_Read_Exit
TN_Read_Wait:
    r1 = 0x0001
    [P_Watchdog_Clear] = r1
    r1 = [IO_Port]                            //检测时钟
    r1 &=  TN_Clk
    jnz TN_Read_loop                          //时钟不为 0 时转向 TN_Read_loop
    jmp TN_Read_Wait
TN_Read_Exit:
    nop
    nop
    pop bp from [sp]
    retf
```

6.5 电动车跷跷板(2007 年全国赛题 F 题)

6.5.1 题目要求

1. 竞赛任务

设计并制作一个电动车跷跷板，在跷跷板起始端 A 侧装有可移动的配重。配重的位置可以在始端开始的 200～600 mm 范围内调整，调整步长不大于 50 mm；配重可拆卸。电动车从起始端 A 出发，可以自动在跷跷板上行驶。电动车跷跷板起始状态和平衡状态示意图分别如图 6.50 和图 6.51 所示。

2. 题目要求

(1) 基本要求

在不加配重的情况下，电动车完成以下运动：

① 电动车从起始端 A 出发，在 30 s 内行驶到中心点 C 附近。

② 60 s 之内，电动车在中心点 C 附近使跷跷板处于平衡状态，保持平衡 5 s，并给出明显的平衡指示。

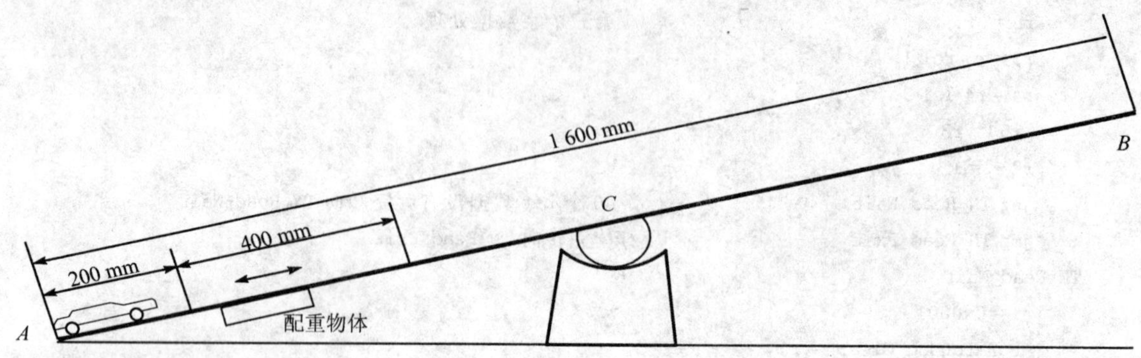

图 6.50 起始状态示意图

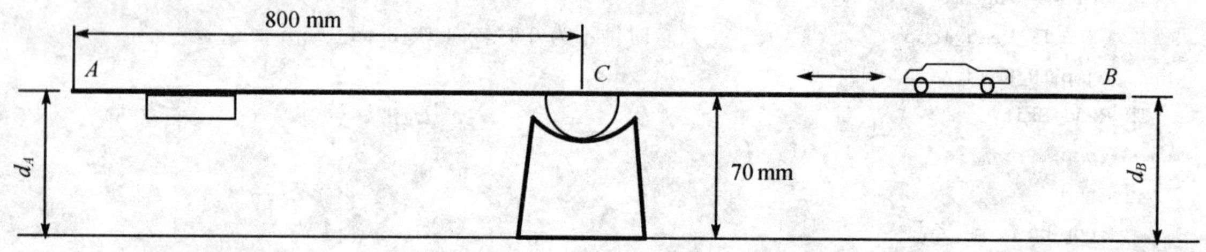

图 6.51 平衡状态示意图

③ 电动车从②中的平衡点出发，30 s 内行驶到跷跷板末端 B 处（车头距跷跷板末端 B 不大于 50 mm）。

④ 电动车在 B 点停止 5 s 后，1 min 内倒退回起始端 A，完成整个行程。

⑤ 在整个行驶过程中，电动车始终在跷跷板上并分阶段实时显示电动车行驶所用的时间。

(2) 发挥部分

将配重固定在可调整范围内任一指定位置，电动车完成以下运动：

① 将电动车放置在地面距离跷跷板起始端 A 点 300 mm 以外、90°扇形区域内某一指定位置（车头朝向跷跷板），电动车能够自动驶上跷跷板，如图 6.52 所示。

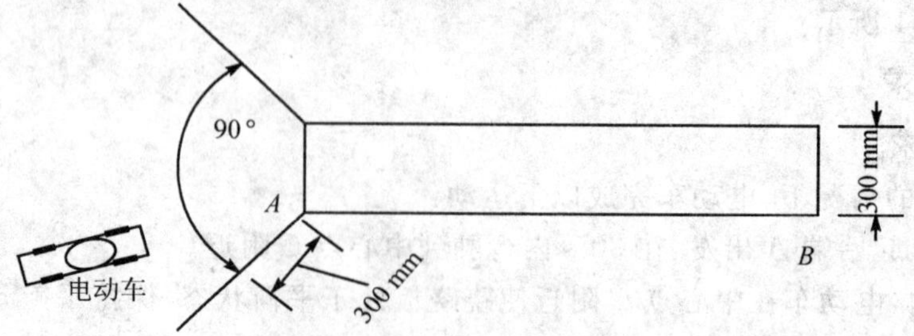

图 6.52 自动驶上跷跷板示意图

② 电动车在跷跷板上取得平衡，给出明显的平衡指示，保持平衡 5 s 以上。

③ 将另一块质量为电动车质量 10%～20%的块状配重放置在 A 至 C 间指定的位置，电动车能够重新取得平衡，给出明显的平衡指示，保持平衡 5 s 以上。

④ 电动车在 3 min 之内完成①～③全过程。

⑤ 其他。

3. 评分要求

① 跷跷板长 1600 mm、宽 300 mm，为便于携带也可将跷跷板制成折叠形式。

② 跷跷板中心固定在直径不大于 50 mm 的半圆轴上，轴两端支撑在支架上，并保证与支架圆滑接触，能灵活转动。

③ 测试中，使用参赛队自制的跷跷板装置。

④ 允许在跷跷板和地面上采取引导措施，但不得影响跷跷板面和地面平整。

⑤ 电动车(含加在车体上的其他装置)外形尺寸规定为：长≤300 mm，宽≤200 mm。

⑥ 平衡的定义为 A、B 两端与地面的距离差 $d=|d_A-d_B|$ 不大于 40 mm。

⑦ 整个行程约为 1600 mm 减去车长。

⑧ 测试过程中不允许人为控制电动车运动。

⑨ 基本要求②不能完成时，可以跳过，但不能得分；发挥部分①不能完成时，可以直接从②项开始，但是①项不得分。

4. 评分标准

	项　目	主要内容	满分/分
设计报告	系统方案	实现方法 方案论证 系统设计 结构框图	12
	理论分析与计算	测量与控制方法 理论计算	13
	电路与程序设计	检测与驱动电路设计 总体电路图 软件设计与工作流程图	12
	结果分析	创新发挥 结果分析	8
	设计报告结构及规范性	摘要 设计报告结构 图表的规范性	5
	总分		50

续表

项目	主要内容	分数/分
基本要求	实际制作完成情况	50
发挥部分	完成第①项	10
	完成第②项	15
	完成第③项	10
	完成第④项	5
	其他	10
	总分	50

6.5.2 获奖作品选编

本系统以凌阳SPCE061A单片机为主控制器，辅以寻迹、角度传感器、微调、时间、测量与显示、无线传输和语音等单元，实现小车自己登陆跷跷板、寻迹前进与后退、LED显示时间、自动寻找平衡点并语音提示等基本要求和发挥部分功能。此外，还扩展了路程测量与显示，上位机实时显示跷跷板状态的功能，可以在PC机上方便地观看系统状态，使其更加形象化。

1. 总体设计方案

(1) 设计思路

本系统主要由电源模块、控制器模块、电机驱动模块、寻迹模块微调模块、语音模块、显示模块、平衡检测模块、计时模块等构成。系统的结构框图如图6.53所示。

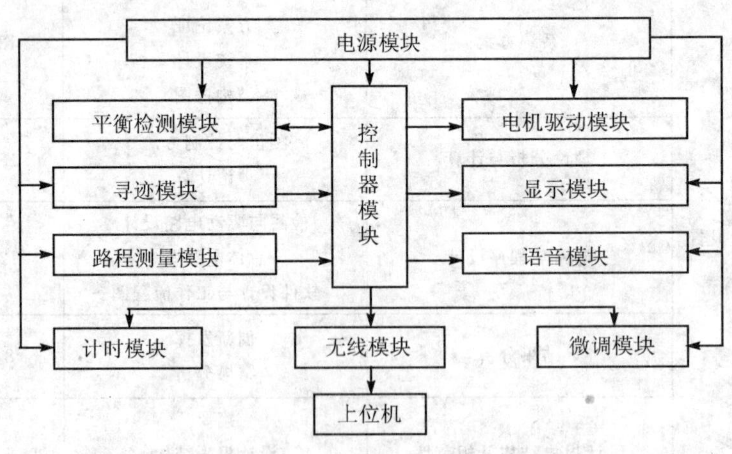

图6.53 系统结构框图

(2) 方案比较、设计与论证

1) 小车选择

本设计中小车要爬坡和自动登上跷跷板；又考虑到四轮车转弯受到限制，菱形车爬坡不方便，所以这里自己设计车体结构为三角形，灵活性大，适于爬坡，且尽量使小车重心低以便于制动。

2) 控制器选择

方案一：采用可编程逻辑器件 CPLD。

方案二：采用 Atmel 公司的 AT89S52 单片机。

方案三：采用凌阳公司的 SPCE061 板。

CPLD 可以实现各种复杂的逻辑功能，体积小，稳定性高，但价格也较高，适合作为大规模控制系统的控制核心。AT89S52 低功耗，高性能，但其本身功能较少，因此需要增加较多的外围电路来实现功能。SPCE061A 体积小，易扩展，结构简单。从适用度和价格两方面考虑，这里采用 61 板作为主控制器。

3) 电源模块

小车为活动性机器，故最好采用电池供电。电机工作需要 12 V 电压，且要求较大的电流，其他模块需 5 V 供电，电流要求不高。这样，体积小、容量大、重量轻的锂电池结合 12/5 V 的 DC/DC 芯片便成为最佳选择。

4) 电机选择

方案一：采用步进电机。

方案二：采用直流减速电机。

步进电机可以准确定位，但输出力矩低，速度慢，体积大，重量大，不适用于小车爬坡，也可能达不到时间上的要求。而直流减速电机转动力矩大，速度大，体积小，重量轻，因而成为我们的最终选择。考虑到要防止小车下坡时惯性过大而滑出跷跷板，在满足时间要求基础上，选择 50 r/min 减速电机以得到较大力矩。

5) 电机驱动模块

方案一：采用晶体管构建 H 桥驱动。

方案二：采用专用芯片 L298。

H 桥由 4 个三极管组成，可方便地实现直流电机的四象限运行，分别对应正转、正转制动、反转、反转制动。专用驱动芯片 L298，响应频率高，一片可控制两个直流电机，操作方便，稳定性好，性能优良。最终，选用 L298 作为电机驱动。

6) 平衡检测模块

方案一：采用铅垂线＋光折断器。

方案二：采用角度传感器。

根据题目要求，平衡的定义为 A、B 两端与地面的距离差 $d=|d_A-d_B|$ 不大于 40 mm，即

跷跷板的倾角要小于1.43(arcsin(0.02/0.8)=1.43)才能判定为平衡;采用铅垂线+光折断器,通过判断垂线角度来判定平衡;但操作起来比较复杂,且误差较大。ZCT245AL-485角度传感器直接输出角度值,精度为0.1,故采用方案二。

7) 寻迹模块

方案一:通过开关型霍尔传感器。

方案二:采用光电传感器。

开关型霍尔传感器只能跟踪磁性物质组成的曲线,成本高,而反射式光电传感器采用一体化结构,利用黑、白线反射光的强弱寻迹,灵敏度高,体积小,结构紧凑,安装方便,故采用方案二。

8) 微调模块

在小车调节达到一定程度后再对其进行微调很不方便,很难控制它的移动距离,故增加微调模块,即在小车上安装一个舵机,由它来控制一个重物前后运动,以此来调节小车一侧的力矩。

9) 计时模块

61单片机具有强大的中断功能。可以通过开2 Hz中断进行计数,然后计算出时间。这样无需外部硬件,程序也较简单。

10) 显示模块

数码管显示速度快,亮度高,用其来显示路程、时间及角度等数字信息;且为节省端口,采用了串口通信芯片CH451作为驱动。

11) 语音模块

61单片机自带语音模块,且具有语音处理函数库供用户调用,功能强大,应用方便,所以选择此方法来播报语音。

12) 路程测量模块

方案一:用霍尔开关。

方案二:采用CCD鼠标。

霍尔开关利用霍尔效应原理,受到磁块体积限制,不能进行高度细分。采用鼠标CCD摄像测距,安装方便;稳定性好;精度高,可精确到0.1 mm以内。所以,采用方案二。

13) 无线模块

通过无线来实现小车与上位机的通信,我们采用常见的无线单片收发芯片nRF2401;它体积小,功耗少,外围元件少,有助于减轻小车重量。

(3) 最终方案

铝合金自制车体采用L298驱动直流减速电机实现行进,光电传感器结合寻迹算法完成电动车寻线功能。利用角度传感器的测量量作为被控量,实现电动车的闭环反馈控制。根据PID控制算法找到平衡点,这是本系统的核心部分。同时,LED显示模块和PC无线通信模块实现了良好的人机交互界面。我们确定的最终方案为：

① 小车模块：采用自制三角形车体结构。

② 控制模块：采用凌阳公司的 SPCE061A 单片机。

③ 电源模块：采用锂电池结合 DC/DC 芯片供电。

④ 电机模块：采用直流减速电机，由 L298 来驱动。

⑤ 测角模块：采用 ZCT245AL－485 角度传感器。

⑥ 微调模块：采用舵机控制一个重物在车上平滑缓慢移动来实现。

⑦ 寻迹模块：采用反射式光电传感器。

⑧ 计时模块：采用开 2 Hz 中断方式。

⑨ 显示模块：采用 LED 显示时间、路程及角度，由 CH451 驱动。

⑩ 语音模块：采用凌阳自带语音功能。

⑪ 测距模块：采用 CCD 鼠标测距。

⑫ 无线模块：采用无线单片收发芯片 nRF2401。

2. 理论分析与计算

(1) 寻迹测量与控制

本系统要考虑 3 种状态下的寻迹算法：第一，小车怎样实现自动驶上跷跷板；第二，前进过程寻迹算法；第三，逆向行驶时寻迹算法。其中，登陆跷跷板的控制最为复杂。为此，我们分别在车头、车体中央、车尾处安装了 3、2、3 个对管。寻迹线的铺设完全与算法相结合，然后根据读入的对管状态值，来调节小车的行驶状态。寻迹线的铺设如图 6.54 所示，对管安装如图 6.55 所示。

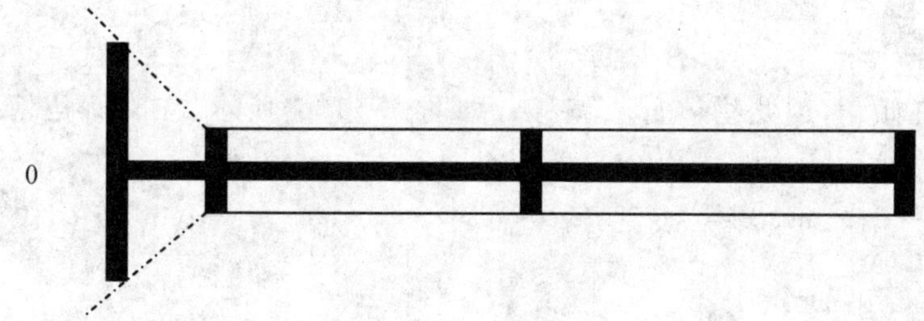

图 6.54 寻迹线

(2) 时间测量与计算

本系统中对于时间的计量是通过开 2 Hz 中断的形式实现的，不需要任何硬件设施。具体实现方法就是每进入一次中断，则计数值加 1。通过该计数值，就可方便地计算出时间。

(3) 平衡位置判定、计算、及调节控制方法

判定：系统采用角度传感器来测量小车与地面的夹角。在小车由不平衡到平衡的过程中，跷跷板一定是处于振荡状态的。若在一段时间内测量到的角度值均在 1.43 以内，则判定

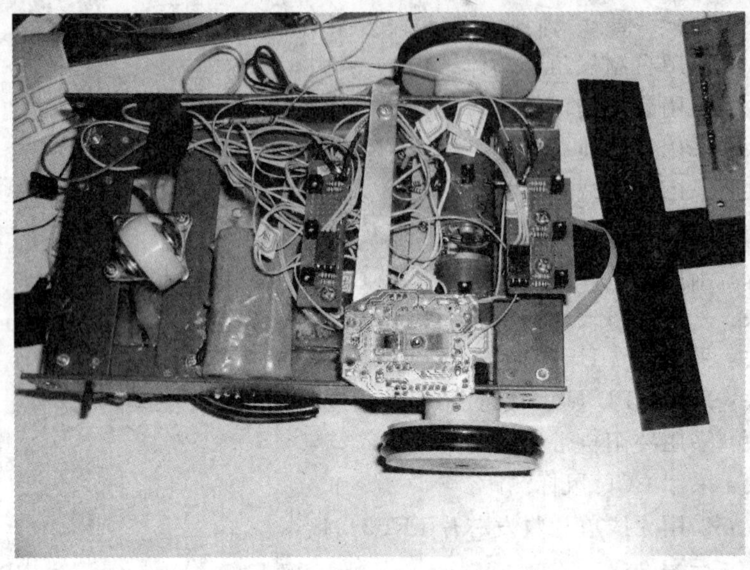

图 6.55　对管安装图

小车平衡。

计算：设配重质量为 M_p(kg)，重心距离转轴 S_p(m)，距板面 h_p(m)；小车重为 M_c(kg)，重心距板面 h_c(m)；微调物为 M_m(kg)，重心距板面 h_m(m)，旋转半径为 R(m)。如图 6.56(a)所示，小车的最终理论平衡点距转轴 S_1 的计算式为：

$$M_p \cdot S_p = (M_c + M_m) \cdot S_c$$

由此可得

$$S_c = M_p \cdot S_p \cdot (M_c + M_m)$$

但由于跷跷板存在倾角，因此物体重心偏移。如图 6.56(b)所示，在有倾角情况下，力矩平衡计算式变为：

$$M_p \cdot g \cdot \cos\theta(S_p - h_p \cdot \tan\theta) = M_c \cdot g \cdot \cos\theta(S' - h_c \cdot \tan\theta) + M_m \cdot g \cdot \cos\theta(S' - h_m \cdot \tan\theta)$$

从而可得

$$S' = [M_p \cdot S_p + (M_c \cdot h_c + M_m \cdot h_m - M_p \cdot h_p) \cdot \tan\theta]/(M_c + M_m)$$

到达该点后，小车再稍向前移动，跷跷板开始振荡。

控制：由上述计算过程可知，小车在超出了理论平衡点后跷跷板开始振荡，我们所应做的就是使小车能够退至合适的位置从而令跷跷板平衡。综合分析各种常用控制算法和现有测试仪器，由于跷跷板的振荡为谐振式，且角度传感器的响应频率较低，因此在小车速度较高时并不能得到实时准确的角度值，必须在调节平衡时先减小车速。首先考虑采用二分法来调节小车移动方式，但实验之后发现这种方式不好控制。最终的控制方法为：根据当前角度来控制小车下一步的步长，从而慢慢达到平衡。

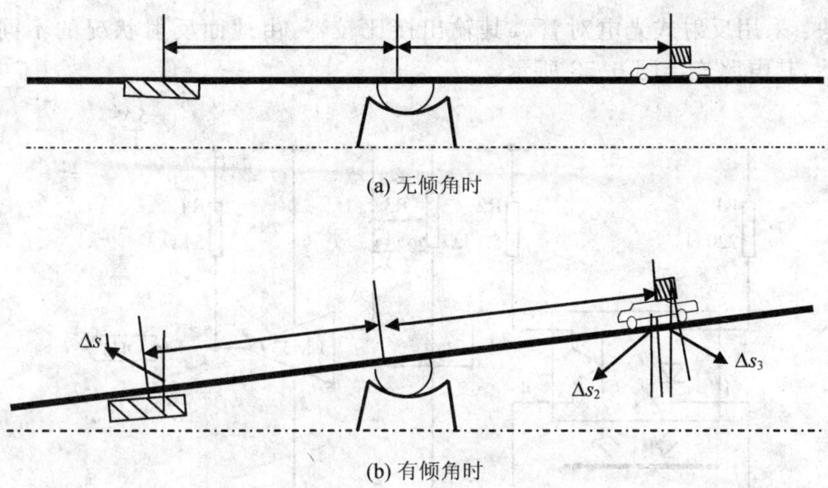

(a) 无倾角时

(b) 有倾角时

图 6.56　平衡计算示意图

3. 电路与程序设计

(1) 检测与驱动电路设计

电机驱动模块：一片 L298N 可控制两个直流电机，用 PWM 输出来调制车速；且为了防止电机模块对前级的干扰，我们加了光电耦合级，电路连接如图 6.57 所示。

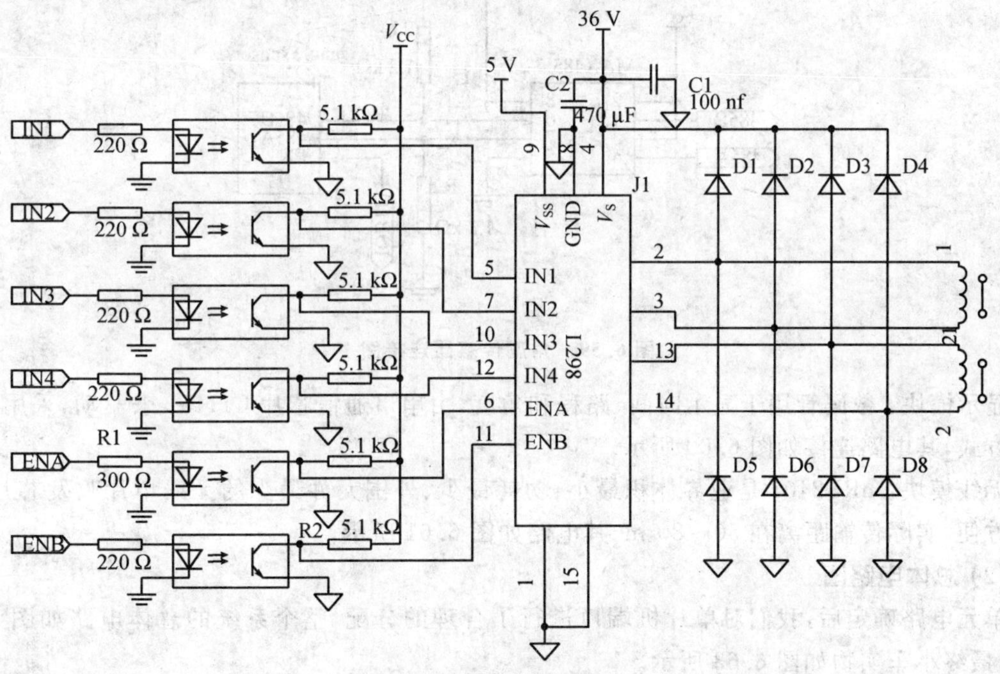

图 6.57　电机驱动电路图

寻迹模块：采用反射式光电对管。其输出接比较器，由地面反射状况的不同而输出1、0信号予以反馈，其电路连接图6.58所示。

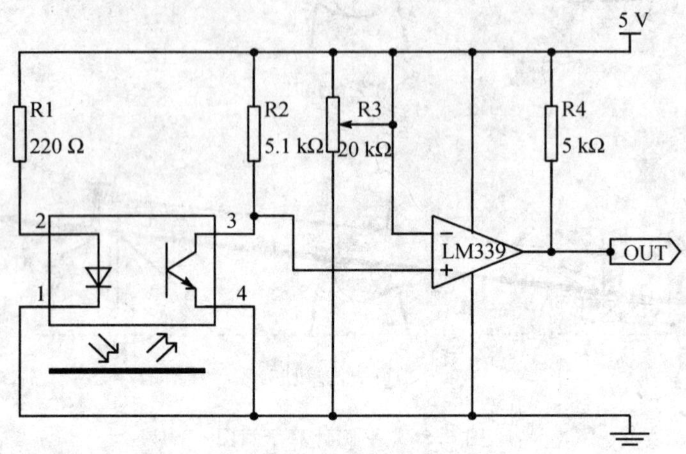

图 6.58 光电对管连接图

角度传感器模块：ZCT245AL－485角度传感器为485接口，故应先将其与485转换电路连接，然后再与单片机相连。其电路连接如图6.59所示。

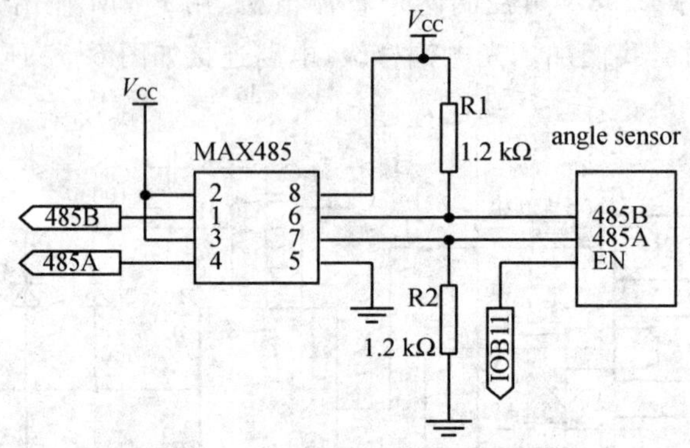

图 6.59 角度传感器连接图

显示模块：数码管用于显示时间、路程和角度，由串口通信芯片CH451来驱动，采用动态显示方式，其电路连接如图6.60所示。

无线模块：nRF2401是业界体积最小、功耗最少、外围元件最少的无线单片收发芯片，编程很方便，实际传输距离在50～80 m，其电路如图6.61所示。

(2) 总体电路图

单元电路确定后，我们对单片机端口进行了合理的分配，整个系统的总体电路如图6.62所示，最终小车实物如图6.63所示。

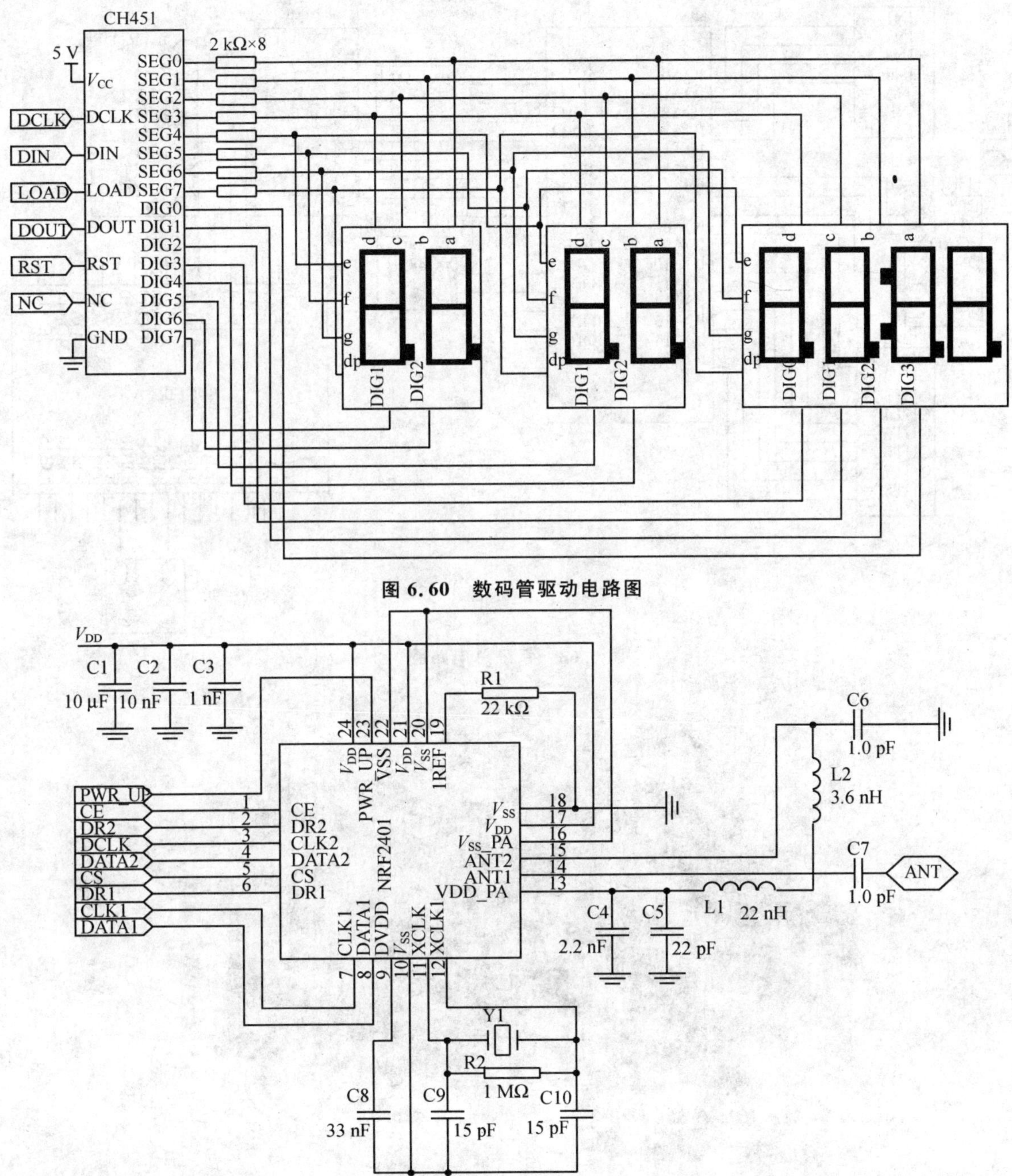

图 6.60 数码管驱动电路图

图 6.61 nRF2401 连接图

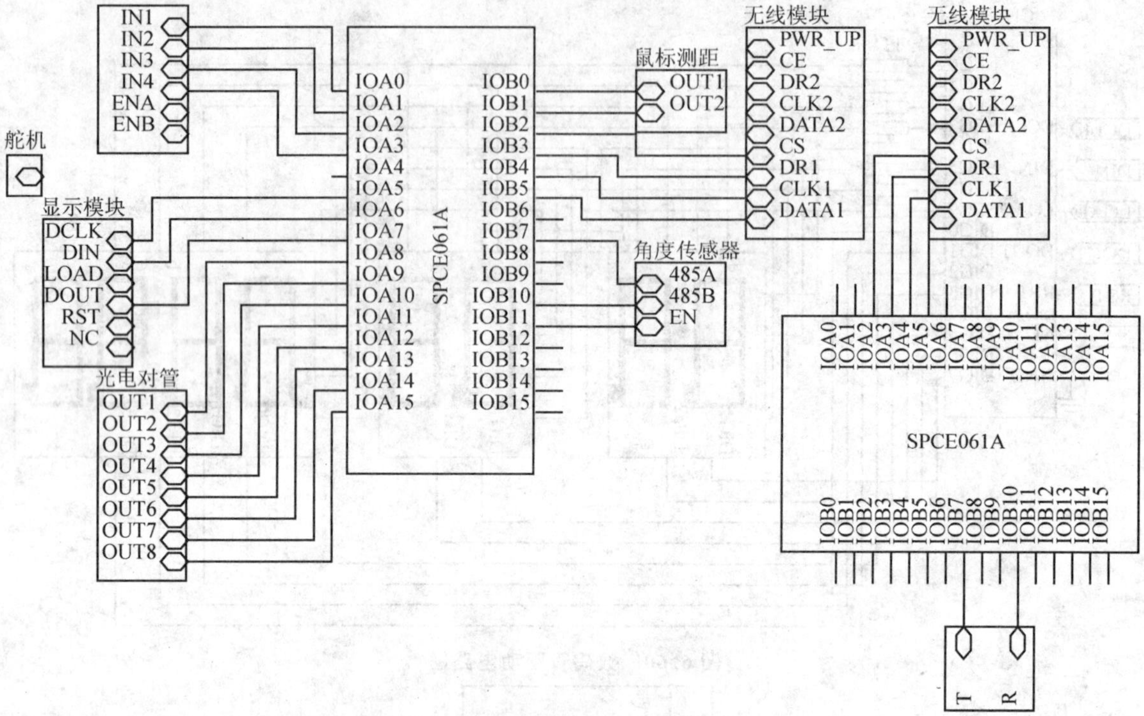

图 6.62　系统总电路图

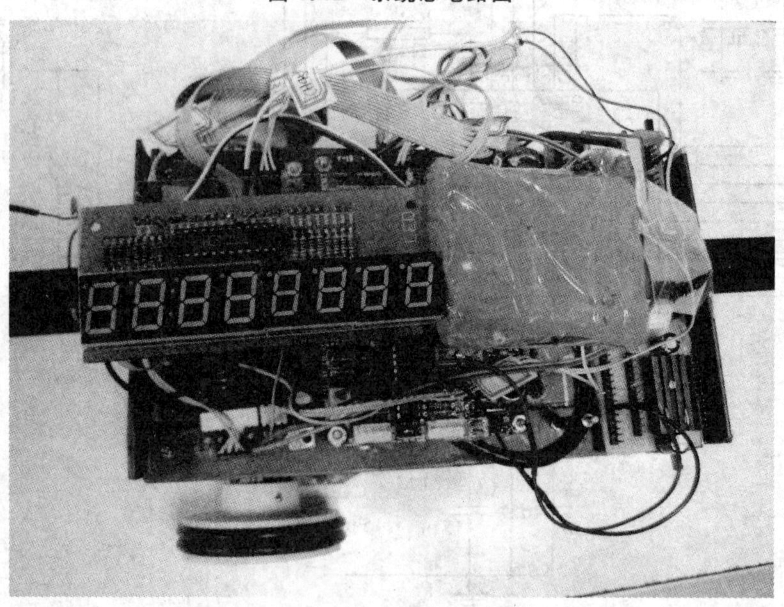

图 6.63　小车实物图

(3) 软件设计与工作流程图

因为本系统中小车要进行前进、平衡调节、延时、语音播报、后退等一系列活动，所以对于程序的安排结构要求严格。在此，我们采用模块化设计方法将整个程序分为以下几个模块：主程序；电机驱动子程序；寻找平衡点子程序；LED 显示子程序；无线通信子程序等。主程序流程如图 6.64 所示。

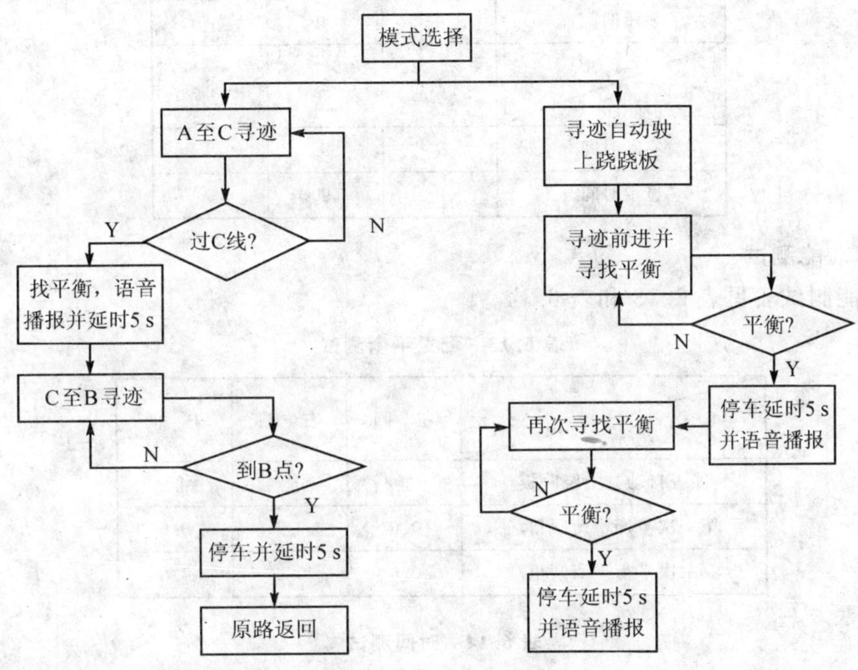

图 6.64 主程序流程图

4. 功能测试与结果分析

1) 基本功能测试

基本功能测试表见表 6.12。

表 6.12 基本功能时间测试

	1	2	3
实际时间/s	5	5	5
显示时间/s	5	5	5
	1	2	3
平衡倾角值/°	0.5	0.3	0.4

续表 6.12

平衡所需时间/s	30	37	33
	1	2	3
实际时间/s	4	4	4
显示时间/s	4	4	4
	1	2	3
实际时间/s	9	9	9
显示时间/s	9	9	9

2）发挥功能测试

发挥功能测试表见表 6.13 和表 6.14。

表 6.13　配重平衡测试

	左　侧	右　侧	中　间
能否自动驶上跷跷板	能	能	能
第一次平衡平衡倾角/°	0.6	0.7	0.6
第二次平衡平衡倾角/°	0.6	0.6	0.8

表 6.14　时间测试

	1	2	3
登上跷跷板时间/s	4	3	4
第一次平衡时间/s	36	34	38
第二次平衡时间/s	72	68	76
显示时间	1:12	1:08	1:16

3）创新发挥

在完成基本要求和发挥部分的基础上，我们又扩展了以下功能：用 CCD 鼠标测量路程并由数码管实时显示，精度可达 0.01 cm；通过无线收发芯片 nRF2401 与上位机实现通信，从而在上位机对跷跷板状态形象化显示。

4）结果分析

经过在软件上精心调试多次，硬件上注意每一个小细节，最终使得我们的小车在多次测试中都较好地完成了题目的基本要求和发挥部分。同时，扩展的路程测量与显示功能、上位机实时显示跷跷板状态功能也得以实现，效果良好。

5. 结束语

通过良好的寻迹、二分法与微调结合等算法，我们的小车可顺利完成各段行程，并较为快速地找到平衡点；通过鼠标测距、中断计时，可实时显示路程与时间；通过 nRF2401，顺利实现了小车系统与上位机的无线通信，从而可以通过 PC 机直观、形象地显示跷跷板状态。

6.6 简易数控充电电源(2008 年山东赛题 E 题)

6.6.1 题目要求

1. 竞赛任务

设计并制作简易数控充电电源。输入：交流 200～240 V，频率为 50 Hz；输出：当负载电压小于 10 V 时，为恒流充电状态；当负载电压为 10 V 时，为恒压充电状态。原理示意图如图 6.65 所示。

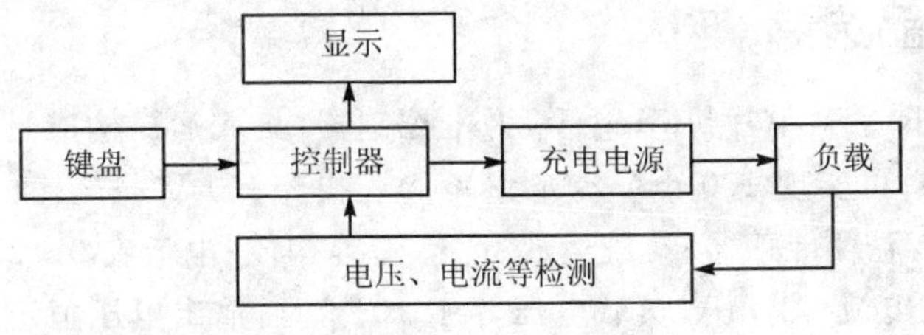

图 6.65 系统原理图

2. 题目要求

(1) 基本要求

① 输出恒流时，电流 100 mA(慢充)和 200 mA(快充)可设置；改变负载电阻，要求输出电流变化的绝对值≤5 mA，纹波电流≤2 mA。

② 输出恒压时，改变负载电阻，输出电压波动小于 0.5 V；输出纹波电压小于 20 mV。

③ 具有输出电压、电流的测量和数字显示功能。

(2) 发挥部分

① 输出恒流时：改变负载电阻，要求输出电流变化的绝对值≤3 mA；纹波电流≤1 mA。

② 输出恒压时：改变负载电阻，输出电压波动小于 0.2 V；输出纹波电压小于 10 mV。

③ 评分标准具有过热(≥60°)保护功能，降温后自动恢复工作。

④ 其他。

3. 评分标准

	项　目	满分/分
基本要求	设计与总结报告：方案比较、设计与论证，理论分析与计算，电路图及有关设计文件，测试方法与仪器，测试数据及测试结果分析	50
	实际完成情况	50
发挥部分	完成第①项	15
	完成第②项	15
	完成第③项	15
	其他	5

4. 说　明

① 须留出输出电流和电压测量端子；能演示过热(≥60°)保护功能。

② 输出电流可用高精度电流表测量；如果没有高精度电流表，则可在采样电阻上将测量电压换算成电流。

③ 纹波电流的测量可用低频毫伏表测量输出纹波电压，换算成纹波电流。

6.6.2 获奖作品选编

本系统是以 AVR 系列单片机 Mega16 为主控制器，集成运放构成具有深度负反馈的恒流源为核心的充电电源；可实现 100 mA 慢充、200 mA 快充、10 V 稳压输出。系统由单片机、键盘、LCD、ADC、DAC、温度传感器、集成运放、晶体管等构成；电流在 0～250 mA 内可通过键盘预置，恒流输出，纹波电流≤1 mA，负载电压等于 10 V 时，输出电压恒定，纹波电压≤10 mV；可设置充电时间，当充电时间达到预置时间时自动断开；具有过热(≥60℃)保护作用，降温后自动恢复工作；通过 LCD 实时显示设定电流输出、实测电流、负载电压大小，图形显示电池充电状态。此外，凌阳单片机的语音功能开发了语音播报提示及过流、过压报警功能；通过 MAX232 和 Labview，可以利用上位机进行系统的控制。

1. 系统方案

(1) 系统设计与结构框图

根据题目要求，本系统主要由电源模块、控制器模块、充电电源、显示模块、键盘模块、A/D 模块、D/A 模块、语音模块、温度检测模块等构成。系统的结构框图如图 6.66 所示。

(2) 方案论证与比较

1) 控制器模块

方案一：采用可编程逻辑器件 CPLD。CPLD 可以实现各种复杂的逻辑功能，体积小、稳定性高，但价格也较高，适合作为大规模控制系统的控制核心。

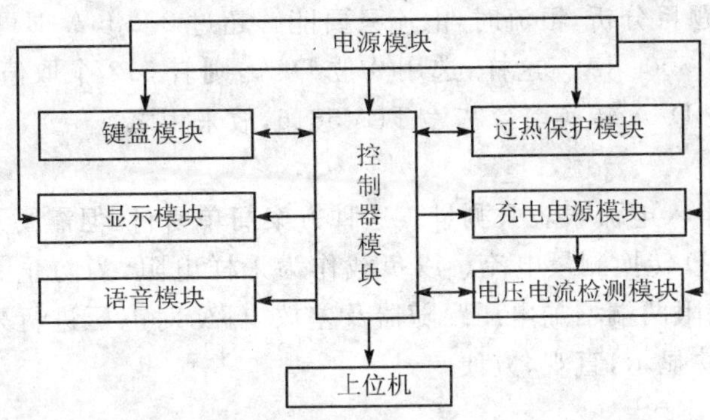

图 6.66 系统结构框图

方案二：采用 Atmel 公司的 AT89S52 单片机。AT89S52 功耗低，性能高，但其本身功能较少，因此需要增加较多的外围电路来实现功能。

方案三：采用 AVR Mega 系列单片机 Mega16。AVR Mega 系列单片机 Mega16 是高性能、低功耗的 8 位微处理器，片内含 16 KB 空间的可反复擦写 100000 次的 Flash 存储器，具有 1 KB 的随机存取数据存储器(RAM)，32 个 I/O 口，可编程看门狗电路，抗干扰能力强，可在电磁干扰环境下工作；且 Mega 系列的单片机可以在线编程、调试，方便地实现程序的下载与整机的调试，完全可以实现题目的要求。

因此，采用方案三。

2) 充电电源模块

充电电源模块是本系统中的核心部分，它直接影响到整个系统设计的成败，我们将其分为 3 个小模块。

a) 恒流源及恒压源模块

方案一：采用晶体管搭建。以晶体三极管为主要组成器件，利用晶体三极管集电极电压变化对电流影响小的特性，并采用电流负反馈来提高输出电流的恒定性。当电压达到 10 V 时，利用软件控制实现恒压状态。

方案二：集成运放反馈型恒流源。集成运算放大器是一种高增益的直流放大器，一般工作在闭环状态，只要外接少数几个电阻就可以构成具有深度负反馈的放大器，因而可用作恒流源。通过负反馈作用，使加到放大器两个输入端的电压相等，从而保持输出电流的恒定。我们采用运算放大器 OP07 以及中功率管搭建并利用电压跟随器、差放电路对采样电阻两端的电压进行跟踪，当电压达到 10 V 时，利用软件控制实现恒压状态。

方案一由于内部阻抗较小，负载对电路影响较大，容易失真，而方案二正好克服此缺点，故选用方案二。

b) 电压转换模块

要程控电流的变化，则必须改变电压，这里选择电压型 D/A 转换器件。D/A 的精度取决于题目的要求。根据题目分析，恒流时，电流只要能够超过200 mA即可；恒压时，经计算和仿真，电流最大不会超过500 mA。这样，选用9位D/A，则有512个取值，已能达到要求，但限于手头只有一片12位D/A转换串行芯片TLV5616，故采用之。

c）测量模块

方案一：电路中串入电流表表头测量。这种方案简单易行，但需要人工读数，比较麻烦。

方案二：采用A/D转换测量电流。以负载作为采样电阻，为防止A/D采样对充电电池的影响，我们在采样电阻两端增加电压跟随器及差放电路，对电压进行采样，把数据传输给单片机处理并送显示模块显示，直观、方便。

因此，我们选用方案二。

3）显示模块

方案一：采用LED数码管显示。按题目要求，我们要显示输出电压、电流，若扩展，则还需同时显示电池当前温度以及充电时间等，至少需要8位数码管；若用并口驱动，则占去大量的I/O资源；若用LED管理芯片来驱动，则不仅需要另接电路而且可显示的内容很有限。

方案二：采用LCD模块显示。为了避免占用大量的I/O口，我们采用串行传输；虽然编程难度增大，但是节省了I/O资源，避免外扩I/O，减少了硬件电路的制作。采用液晶显示，不但可以显示上述数字，而且可以以图像的形式动态显示电池充电状态，显示内容丰富，易于人机交流。

因此，我们采用方案二。

4）键盘模块

根据题目要求，4个按键完全可以完成题目的要求，但为了更好地完成发挥部分要求并使恒流时输出电流可任意设置，我们决定采用4×4键盘。

方案一：采用串行键盘控制芯片7289。它功能强大，只占用较少I/O口，读取精确，但编程复杂。

方案二：采用多功能控制芯片CH451。CH451内置键盘控制器、按键状态输入的下拉电阻以及去抖动电路；提供按键释放标志位，可供查询按键按下与释放且占用I/O口少；编程相对容易。

因此，我们选用方案二。

5）语音模块

方案一：选择专门的语音存储芯片，通过单片机控制放音；只能进行简单的放音不能实现复杂功能。

方案二：利用61单片机进行存储和放音。凌阳61单片机是16位单片机，具有DSP功能，有很强的信息处理能力，最高时钟可达49 MHz，具备运算速度高的优势等，这些都为语音的播放、录放、合成和辨识提供了条件。

因此，我们选用方案二。

6) 过热保护

方案一：采用热敏电阻。热敏电阻具有高稳定性、精密、尺寸小、灵活、价廉等优点，但其线性度差，后续温度信号显示和处理复杂。

方案二：采用单线数字温度传感器 DS18B20。DS18B20 是 DALLAS 公司生产的最新单线数字温度传感器，测温精度高、连接方便、占用口线少，测量范围从－55～＋125℃。用其来实时监测电池温度，将采得的数据以数字量的形式反馈给单片机，再由单片机进行判断处理，简单、易行。

因此，我们采用方案二。

7) 滤波方案

为达到题目设计要求，必须进行滤波处理。

方案一：采用现成的直流电源滤波器进行滤波，理论上效果比较好，但是没有找到符合设计指标的滤波器。

方案二：采用电容对各模块电路分别进行滤波。电源模块输出端加 4 700 μF 的大电容和 104 的钽电容，D/A 模块的电压输入端和基准电压端加 10 μF 和 104 的钽电容，电流源模块输入端加 104 的钽电容，在负载两端加两个电容构成 π 型电路。这种方法比较简单，能够实现逐级滤波，消除累积的纹波，较好地达到设计指标。

因此，我们选用方案二。

(3) 实现方法

通过以上的分析与论证，确定的最终方案为：

① 控制器模块：采用 AVR 系列单片机 Mega16。

② 充电电源模块：采用 OP07 进行深度负反馈，在输出级采用 9013 和 2N5609 构成达林顿管，实现压控恒流源。另外，在负载两端加入电压比较器，对电压实时采样。

③ A/D 转换模块：采用 12 位 A/D 转换芯片 MAX188。

④ D/A 转换模块：采用 12 位 D/A 转换芯片 TLV5616。

⑤ 语音模块：采用 61 单片机进行存储和放音。

⑥ 显示模块：采用液晶显示加时钟芯片 DS1302。

⑦ 键盘模块：采用 CH451 驱动 4×4 键盘。

⑧ 温度检测模块：采用单线数字温度传感器 DS18B20。

系统结构框图如图 6.67 所示。

2. 理论分析与计算

如图 6.68 所示电路，D/A 输出电压作为恒流源的参考电压，运算放大器与晶体管组成的达林顿电路构成电压跟随器。由处在放大区的晶体管的电压-电流的特性曲线可知，I_c 只和放大倍数 I_b 有关，而与 U_{ce} 无关，因此可构成压控恒流源。由于跟随器是一种深度的电压负反馈电路，因此电流源具有较好的稳定性。R_4 采用 6.1 Ω 的水泥电阻，使其温度影响减至较小。

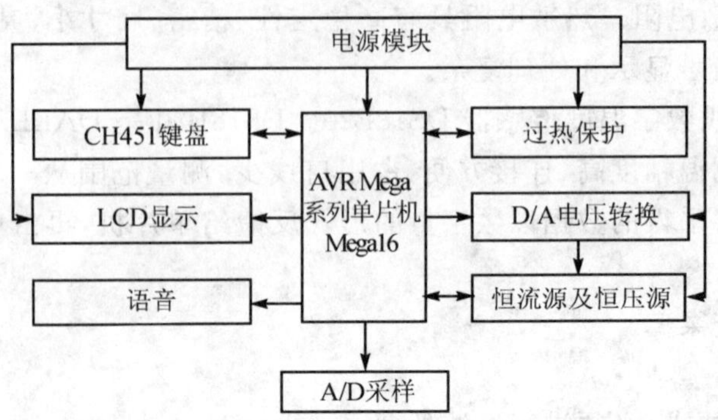

图 6.67 系统结构框图

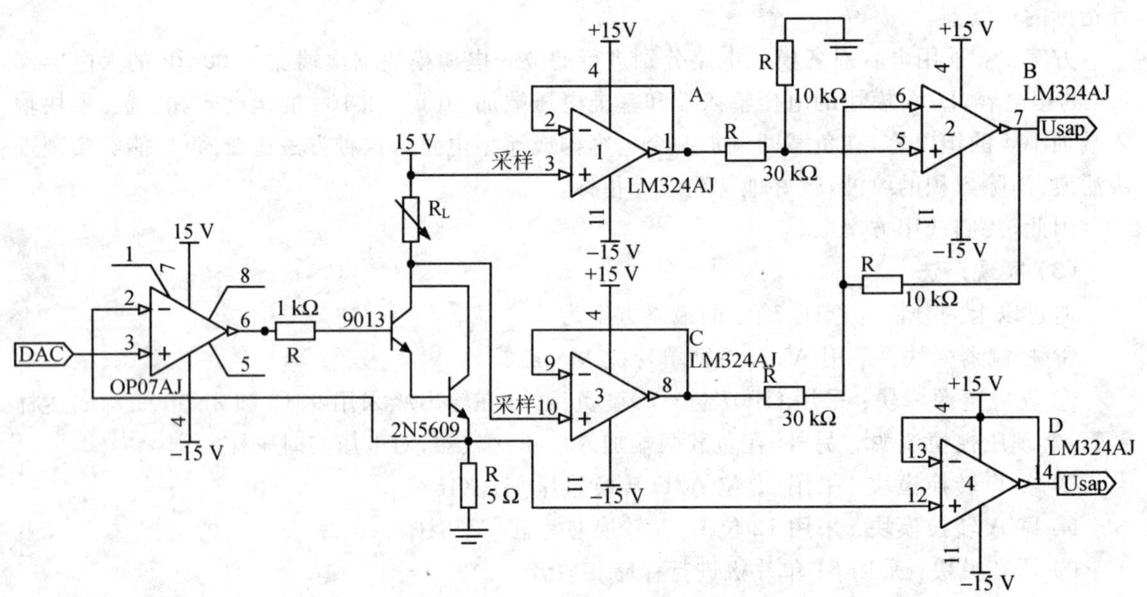

图 6.68 充电电源部分电路

由虚短和虚断原则可知，流过采样电阻 R 的电流为运放同向端电压 U 除以阻值，即

$$I_R = \frac{U}{R_4}$$

由三极管的性质可知，流过负载 R_L 的电流 $I_L = \alpha I_R$，$\alpha \approx 1$，所以 $I_L \approx I_R$。负载电流只与固定参数有关，即负载电流可通过 U_{dac} 进行控制，且基本符合线性关系，这样就便于恒流、恒压控制。

题目要求有 100 mA 慢充、200 mA 快充、10 V 恒压充电，但由于采用 12 位的 DAC 控制电流，若不考虑电源的带负载能力，则电源的电流可以达到 2N5609 允许的最大值 1 A；但考虑到使电源尽可能地增大带负载能力，我们在 Multisim2001 上进行了仿真，发现使电流仍然保持线性关系的最大负载随着电流的增大而减小。由此约束关系，再根据题目对电流的要求，决定使电流的范围取为 0～250 mA，即电流等于 250 mA 时，在运放参考端 $U=0.25\ \text{A}\times 6.1\ \Omega=1.275\ \text{V}$，DAC 的输出范围必须控制在 0～1.275 V 之间，由于 AD767 的参考电压为 10 V，则

$$DAC_{num} = 1.275\ \text{V}/10\ \text{V}\times 4096 = 522$$

$$U_{lsb} = 1.275\ \text{V}/522 = 0.0024425\ \text{V}$$

$$I_{lsb} = 250\ \text{mA}/522 = 0.478927\ \text{mA}$$

显然对电流的控制可以达到 0.478927 mA 的精度，所以在 0～250 mA 之间可以做到电流预置以及步进。

题目要求负载两端的电压始终小于等于 10 V，监控电路是通过 ADC 采样实现的，由于选用的 ADC 是 MAX188，其参考电压为 4.096 V，显然不能把负载两端的电压直接加到 ADC 上，必须先进行分压或者是电压衰减。我们采取用两路跟随器将负载两端的电压采出，通过差动放大器将电压衰减为原电压的 1/3。

$$U_{o0} = \left(1+\frac{R_3}{R_1}\right)U_+ = \left(1+\frac{R_3}{R_1}\right)\left(\frac{R_4}{R_2+R_4}\right)U_{i1}$$

$$U_{o1} = -\frac{R_3}{R_1}U_{i2}$$

$$U_o = U_{o0}+U_{o1}$$

$$= \left(1+\frac{R_3}{R_1}\right)\left(\frac{R_4}{R_2+R_4}\right)U_{i1} - \frac{R_3}{R_1}U_{i2}$$

由 $R_1=R_2$，$R_3=R_4$ 得：

$$U_o = \frac{R_3}{R_1}(U_{i1}-U_{i2})$$

选取 $R_1=1\ \text{k}\Omega$，$R_3=330\ \Omega$，所以 $U_{adc}\leqslant 10\times\frac{300}{1000}$，显然满足 MAX188 的采样空间。

恒压控制则通过 A/D 采样得到负载两端的电压，以及在采样电阻上采得的电压换算而成的电流值，再结合 PID 算法来控制 DAC 的输出，以达到改变电流的作用，进而是变化的负载两端的电压值稳定在 10 V。

PID 算法的离散表达式为

$$P(k) = K_p\left\{E(k)+\frac{T}{T_1}\sum_{j=0}^{k}E(j)+\frac{T_d}{T}[E(k)-E(k-1)]\right\}$$

根据递推原理，$(k-1)$次的 PID 输出表达式为

$$P(k-1) = K_p\left\{E(k-1)+\frac{T}{T_1}\sum_{j=0}^{k-1}E(j)+\frac{T_d}{T}[E(k-1)-E(k-2)]\right\}$$

两式相减得：

$$\Delta P(k) = K_p[E(k) - E(k-1)] + K_i E(k) + K_d[E(k) - 2E(k-1) + E(k-2)]$$

将此式通过程序实现，达到控制电压的目的。

3. 电路与程序设计

(1) 检测与驱动电路设计

控制器模块：采用高性能、低功耗的 AVR 系列单片机 Mega16，其最小系统原理图如图 6.69 所示。

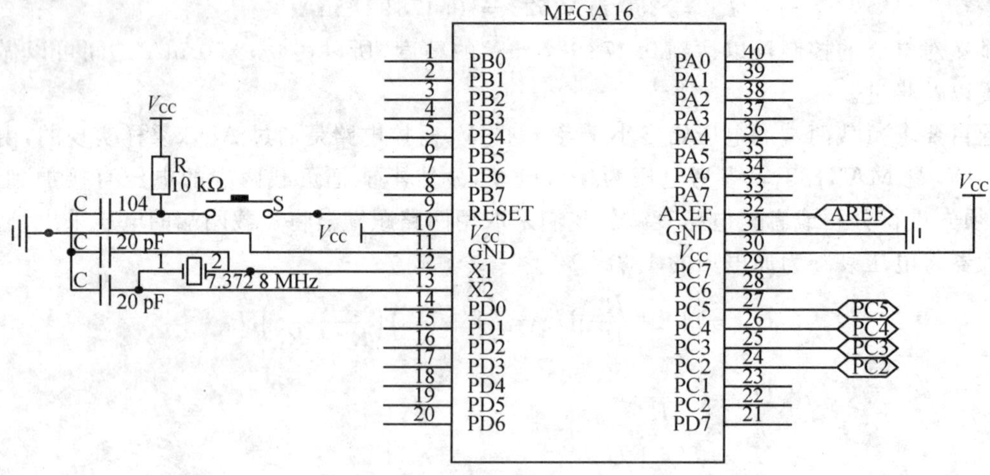

图 6.69 AVR 最小系统原理图

电源模块：根据题目要求和我们的电路设计，我们需要+5 V、+15 V 和−15 V 供电，对电源的供电要求不高，故利用普通变压器设计电源对系统进行供电，电路图 6.70 所示。

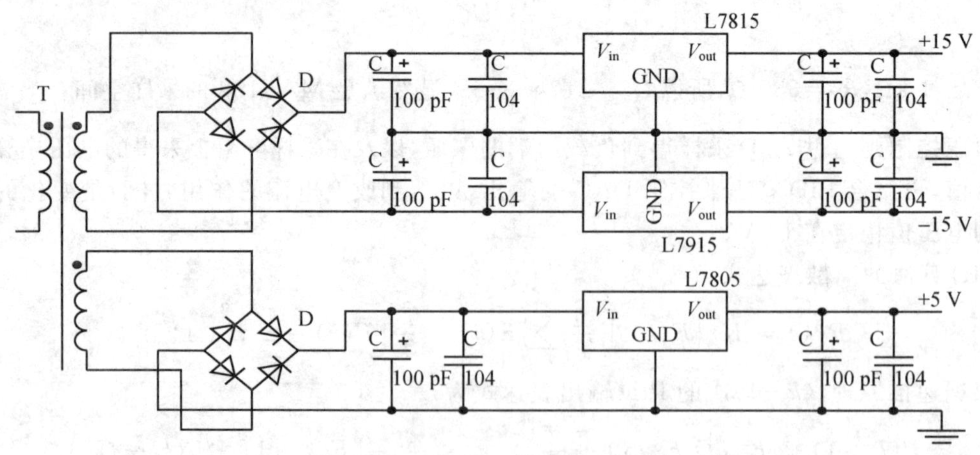

图 6.70 电源模块

充电电源：充电电源主要组成为采用运放 OP07 与中功率管 9013、2N5609 搭建的具有深度负反馈的恒流源及电压跟随器、差放等，其部分电路连接如图 6.68 所示。

显示模块：LCD 用于显示输出电压、电流、当前电池温度、充电进程以及图像显示充电状态等，其电路连接如图 6.71 所示。

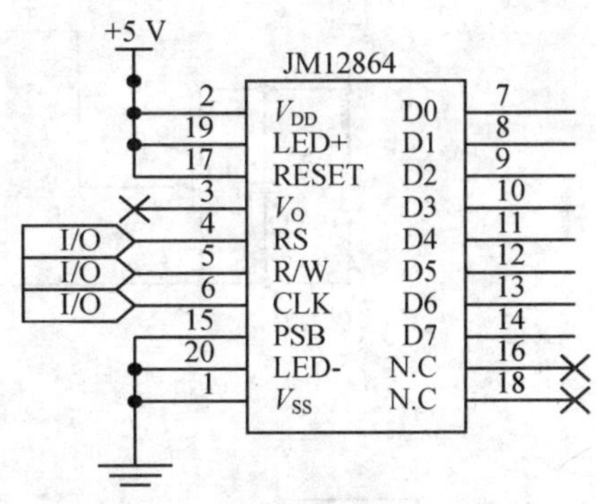

图 6.71　串行传输的 LCD 电路显示

4×4 键盘模块：CH451 是一个整合了数码管显示驱动和键盘扫描控制等的多功能外围芯片，内置 RC 振荡电路，可动态驱动 8 位数码管或 64 位 LED。该芯片还可同时连接多达 64 键的键盘矩阵，单片即可完成 LED 显示、键盘接口的全部功能，并且内含去抖电路。因此完全满足 4×4 键盘的要求，并有丰富的余量，支持以后的扩展功能。其电路连接如图 6.72 所示。

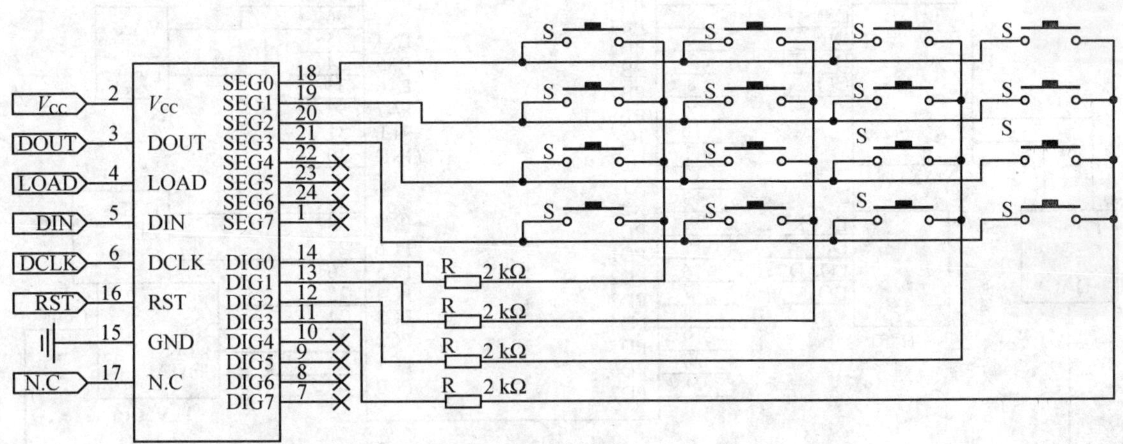

图 6.72　4×4 键盘

语音模块：采用 61 单片机自带的语音模块，且其具有语音处理函数库功能，可供用户调用，功能强大，应用方便，电路连接如图 6.73 所示。

(2) 总体电路图

单元电路确定后，对单片机端口进行了合理的分配，整个系统的总体电路如图 6.74 所示。

(3) 软件设计与工作流程图

① 主流程如图 6.75 所示。

② 部分程序如下：

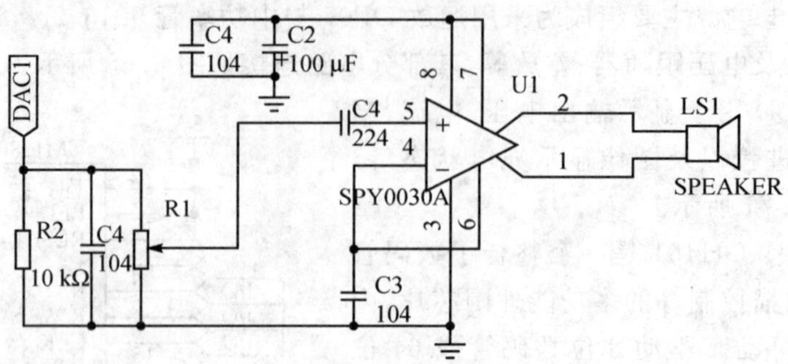

图 6.73　语音模块

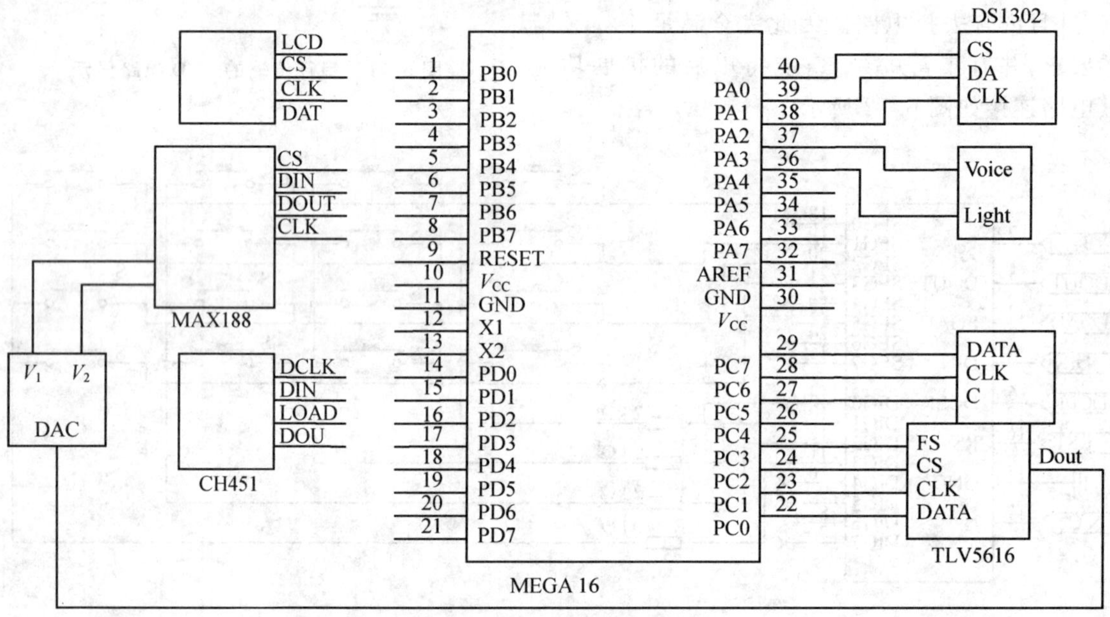

图 6.74　系统结构框图

```
/ * #pragma interrupt_handler int2_isr:19
void int2_isr(void)
{if((MCUCSR&0X40) == 0)
{SET_CS_MAX188();
MCUCSR| = 0x40;
}
else
{
```

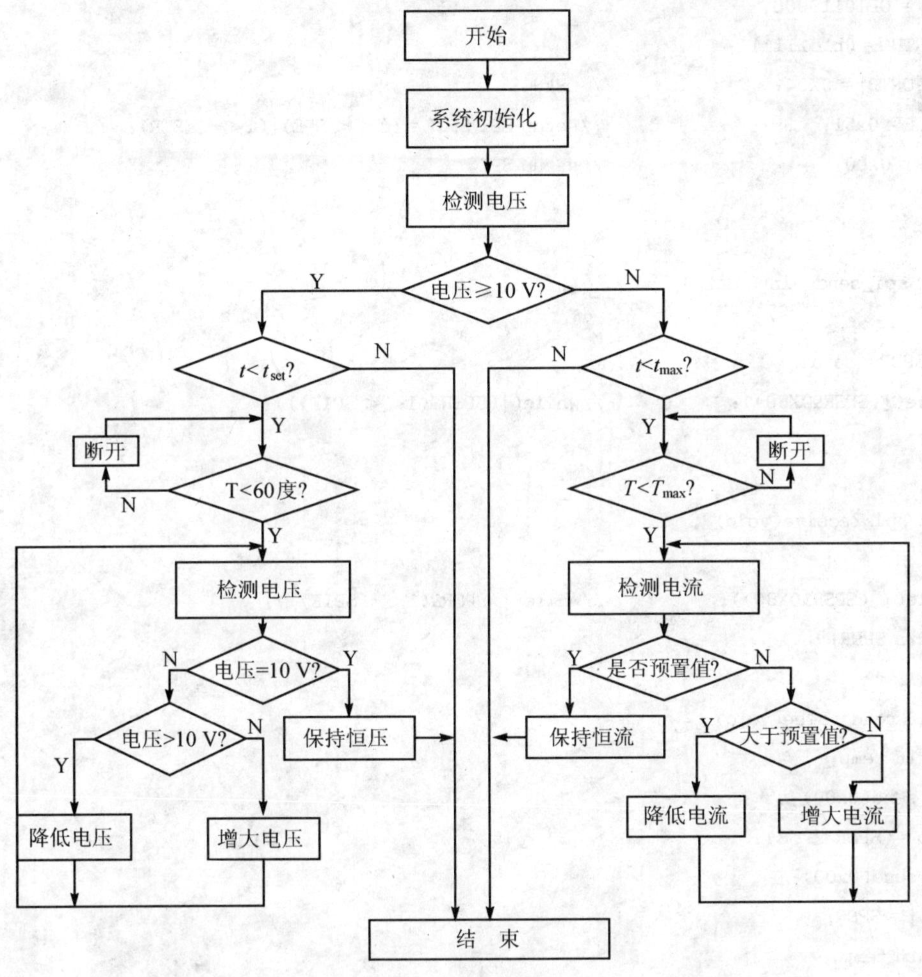

图 6.75　主流程图

```
MCUCSR& = ~0x40;
m188_convert = 1;CLR_CS_MAX188();
}//external interupt on INT2
}
 */

void spi_master_init(void)
{
```

```
DDRB| = 0B10110000;
  PORTB& = 0b10111111;
  //PORTB| = 0X04;                  //CHANGE
  SPCR = 0x51;                      //setup SPI SPCR = (1<<SPE)|(1<<MSTR);
 SPSR = 0x00;                       //setup SPI
 }

 void spi_send(uint8 data)
 {
    SPDR = data;
 while(!(SPSR&0X80));               //while(!(SPSR&(1<<SPIF)));


 }
uint8 spi_receive(void)
{
 while(! (SPSR&0X80));              //while(!(SPSR&(1<<SPIF)));
 return SPDR;
}
uint16 read_value(void)
{uint16 temp;
 spi_send(0x00);
 temp = (SPDR<<8);
 spi_send(0x00);
 temp| = SPDR;
 return temp;
 }
 /*****************************************************************
 双端输入 channel     p+        p-
              0       0         1
              1       2         3
              2       4         5
              3       6         7
*****************************************************************/
uint16 read_max188(uint8 channel)
{
 uint16 temp = 0;int temp1;
```

```
int i = 1;
CLR_CS_MAX188();
temp = 0b10001010;          //sgl = 0
channel& = 0x07;
temp| = (channel<<4);
spi_send(temp);
SET_CS_MAX188();
for(i = 0;i<10;i++)
{asm("nop");asm("nop"); }
CLR_CS_MAX188();
spi_send(0x00);
temp = SPDR;
temp<< = 8;
spi_send(0x00);
temp| = SPDR;
temp>> = 3;
SET_CS_MAX188();
return (temp&0X0FFF);
}
```

4. 系统测试与结果分析

1) 测试仪器与工具

测试仪器与工具见表 6.15。

表 6.15 测试仪器及工具

仪器名称	型 号	用 途	数 量
计算机	联想 PC	调试程序	1
毫伏表		测量纹波电压	1
数字示波器	泰克 TDS1002	显示纹波	1
$4\frac{1}{2}$位数字万用表	MASTECH my-65	测量 DA 电压和负载电流、电压	3

2) 测试数据

测试数据见表 6.16 和表 6.17。

表 6.16 恒流时测试结果

设置值/mA	负载/Ω	输出电流/mA	输出电压/V	纹波电流/mA
100	20	100.0	1.99	0.93
	40	99.9	4.00	0.90
	60	99.8	6.98	0.91
	80	99.8	8.00	0.87
	100	99.7	10.00	0.85
200	10	200.0	2.01	0.90
	20	200.0	4.00	0.93
	30	199.9	6.99	0.87
	40	199.9	8.00	0.80
	50	199.8	10.00	0.82

表 6.17 恒压时测试结果

理论值/V	负载/Ω	输出电流/mA	输出电压/V	纹波电压/mV
10	20	499.97	10.00	9.050
	25	400.01	10.03	9.550
	30	332.98	10.01	9.700
	35	298.57	10.02	9.200
	40	250.04	10.08	9.850

3）测试结果及分析

经过在软件上精心调试多次，硬件上注意每一个小细节，最终使得充电电源较好地达到了题目的基本要求和发挥部分。同时，扩展的语音播报提示、过流、过压报警功能以及上位机实时控制系统也得以实现，效果良好。

5. 结束语

本设计完成了题目要求的基本部分和发挥部分，并进行了一定的创新发挥，如通过nRF2401，顺利实现充电系统与上位机的无线通信，从而通过PC机直观、形象地显示电池状态、语音播报、过压及过流报警等。整机调试成功。

6.7 智能救援车(2008 年山东赛题 G 题)

6.7.1 题目要求

1. 竞赛任务

设计制作一个智能小车,该小车能按照要求自动运行,通过一个建筑物中曲折的道路并完成规定的动作。设矩形建筑物有两个门 A、B,门宽 24 cm,建筑物的墙壁是 10 cm 高(或与小车高度相同)、2 cm 厚的矮墙,建筑物内无引导轨迹,如图 6.76 所示。

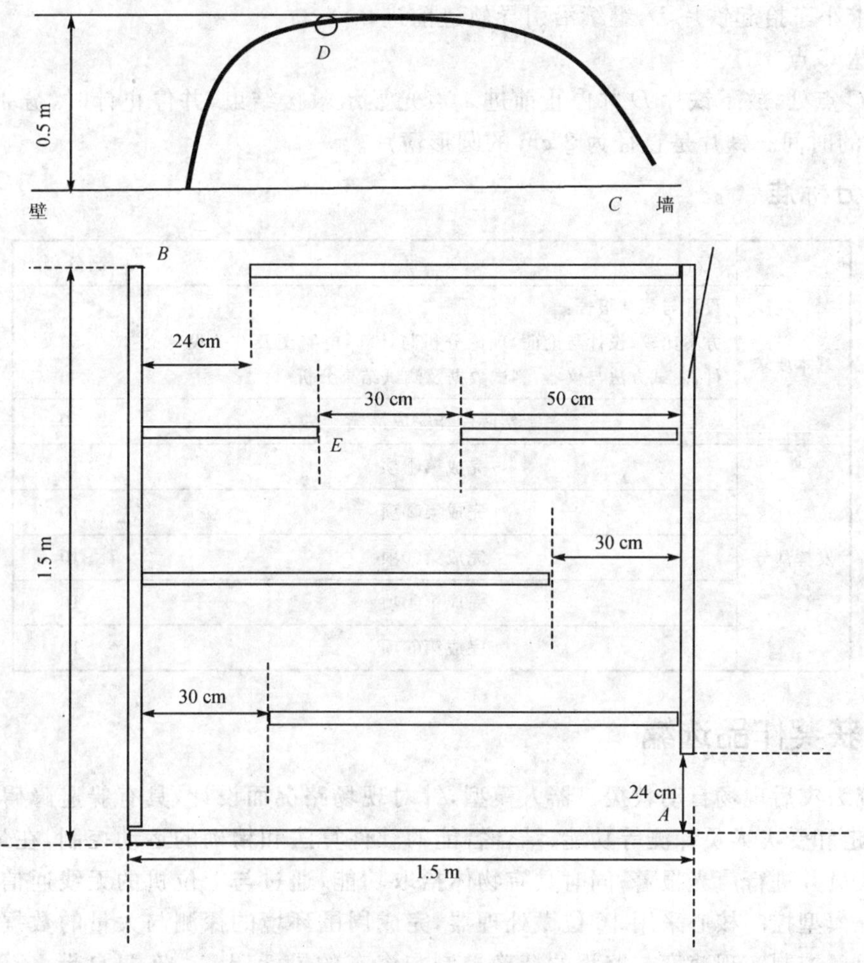

图 6.76 场地示意图

2. 题目要求

(1) 基本要求

① 要求智能小车从 A 门进入并开始自动计时，从 B 门出来，在行进过程中，能自动选择适当的路径，避开墙壁，找到通路，3 min之内到达 B 门。

② 到达 B 门，停 5 s，小车自动计时并数字显示 AB 段所用的时间，同时声光报警。

(2) 发挥部分

① 自 B 门外，循弧形引导轨迹 BC 前进(引导轨迹为 2 cm 宽)。

② 途中检测到铁片 D(铁片 D 放置在轨迹 BC 前 1/2 段上的任意位置)时停车 3 s，并声光报警。

③ 要求小车拾起铁片 D，继续沿引导轨迹前进。

④ 到达 C 点。

⑤ 在 C 点处，放下铁片 D 并停止前进。声光显示救援结束，并停止计时，分别显示 BD、DC 段所用的时间。铁片是直径为 2 cm 的圆形薄片。

3. 评分标准

	项　目	满分/分
基本要求	设计与总结报告： 方案比较、设计与论证，理论分析与计算，电路图及有关设计文件，测试方法与仪器，测试数据及测试结果分析	50
	实际制作完成情况	50
发挥部分	完成第①项	10
	完成第②项	10
	完成第③项	10
	完成第④项	10
	完成第⑤项	10

6.7.2 获奖作品选编

本系统为灾后现场自动救援机器人模型，针对现场路况而设计，具有躲避障碍物、路径规划、循迹行走和受灾人员探测等功能；结合智能的软件算法和精确的运动控制，在最短时间内发现受灾人员并进行声光报警；同时具有物体拾取功能，通过与上位机的无线通信，可以实施自主救援。模型控制核心采用16位微处理器，完成周围环境的探测与大量的数据计算，电机驱动采用闭环控制实现速度与路程的精确控制与姿态的灵活调整。车身自带LCD显示屏指示当前重要参数，协助救援人员共同完成救援工作。寻迹线检测采用调制漫反射式红外传感器，抗干扰能力强，可适应各种复杂光线的环境。

1. 系统方案设计

系统结构如图 6.77 所示。

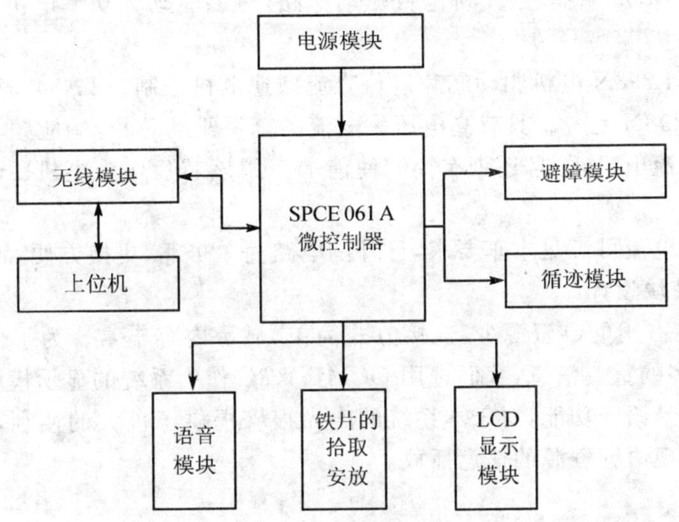

图 6.77 系统框图

本系统采用模块化结构，有微控制器模块、电源模块、信号检测模块（循迹/避障）、执行模块（铁片拾取）、通信模块（无线通信）、人机交互模块（语音/液晶屏），各子模块与微控制器模块相关联，构成了具有智能救援功能的小车；自身具备电池低电压检测及报警功能，在电源电压低于电池放电截止电压时关闭电源输出，保护电池。

2. 部件选择与设计

1) 小车骨架设计

为适应建筑物中的复杂地形，我们自行设计了小巧轻便的半圆形救援车骨架；减速电机输出轴直接驱动车轮，两个主动轮加一个万向轮的三轮结构可灵活地改变救援车的姿态；电路板与车身采用铜柱连接，铁片拾取机构为简单可靠的齿轮齿条结构，结合永磁铁实现铁片的拾取与放置。

2) 电机选择

方案一：进口伺服电机，自带高精度编码器，可以实现小车速度的精确控制和路程的精确测量，控制灵活；但其成本太高，用在模型上不是很合适。

方案二：步进电机，开环控制，通过脉冲的控制可以轻松实现小车的速度和路程的精确控制；缺点是体积大，质量太大，且输出力矩随转速的提高而下降，对于本题有时间要求不适合。

方案三：直流减速电机＋光电编码器，体积小，质量轻，价格相对低廉，输出扭矩大，装配简单，加上自制的反射式光电编码器，可以实现小车较精确的闭环控制。

考虑到方案三的低成本，且其精度可以满足本题的要求，我们采用方案三。

3）电机驱动

方案一：使用MOS管搭建H桥电机驱动电路，可以驱动大功率电机，控制方便，电路比较复杂。

方案二：使用L298N电机驱动芯片进行直流减速电机控制。TA8435电机专用驱动芯片驱动步进电机。L298N是一个具有高电压大电流的全桥驱动芯片，响应频率高；一片L298可以分别控制两个直流电机，而且还带有控制使能端。用该芯片作为电机驱动，操作方便，性能稳定。

方案二的驱动电流可满足本车要求，且外围电路简单可靠，更换方便，故采用方案二。

4）人机交互模块设计

LCD串行模式占用I/O资源少，连接方式简单，显示内容丰富。为了使人机界面更加友好，救援车提供更多的重要信息，我们选用OCMJ4×8C作为系统的显示模块。

凌阳单片机自带语音功能，对于本系统的声光报警提供了极大的便利，无需外围电路，只需程序控制即可实现语音资源的任意播放。

5）系统设计

本系统采用凌阳16位单片机SPCE061A作为主控芯片，利用PWM和光电编码器实现电机的闭环控制，利用八细分步进电机专用芯片实现步进电机的精确控制。建筑物内采用迷宫算法搜索出口，使用红外对管探测引导线进行路线的准直调整并循迹BC段。使用接近开关探测沿途的铁片，并通过步进电机以及相应的机械结构实现强磁铁与铁片的拾取和分离。设置多个彩灯以不同频率闪烁作为装饰，同时使用单片机自带的语音功能进行语音提示。各动作过程中小车所用时间通过LCD即时显示。

3. 方案设计与论证

1）建筑物内搜救方案设计

为使小车顺利地在建筑物中行走而不碰撞墙壁，这里采用多个光电开关检测小车的当前状态并实时调整其姿态；侧边采用两个检测不同量程的光电开关设置小车行走的两个极限，使小车处于此范围内，如图6.78所示。

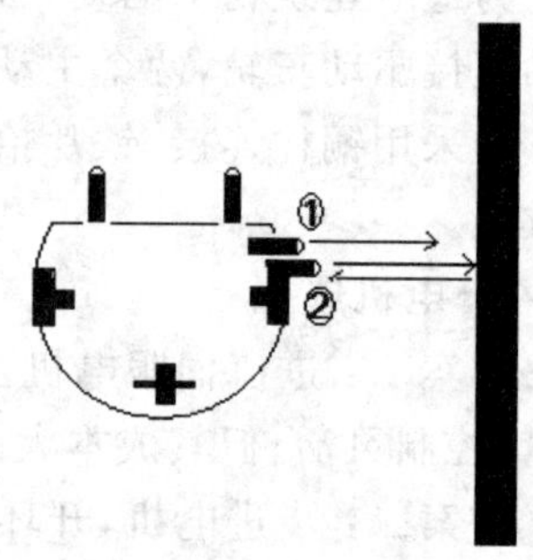

图6.78 侧边检测

2）AB段路径规划

方案一：如图6.79所示，小车开始沿左墙走，而后沿右侧墙，算法复杂度不是很高，路程相对较短，所用时间也较短。

方案二：如图6.80所示，小车在拐弯处两轮同时前进，拐180°，其他地方沿墙走。此方案最节省时间，软件控制难度较高,稳定性较低,实现起来较难。

方案三：如图 6.81 所示,小车只沿左侧的墙走,此方案程序控制最为简单,但是路程也最长,所用时间相应的也长。

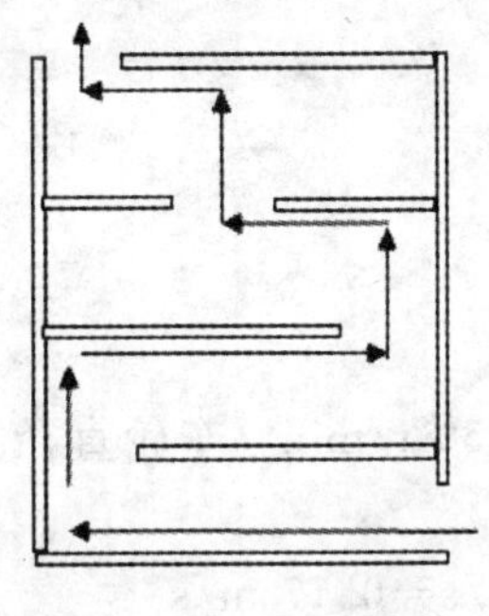

图 6.79 路径方案 1

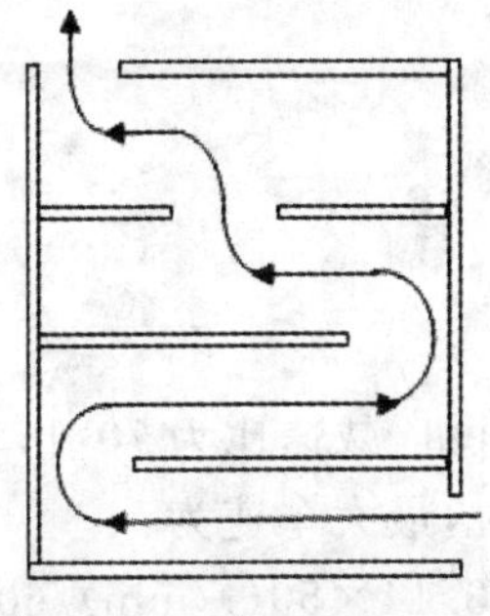

图 6.80 路径方案 2

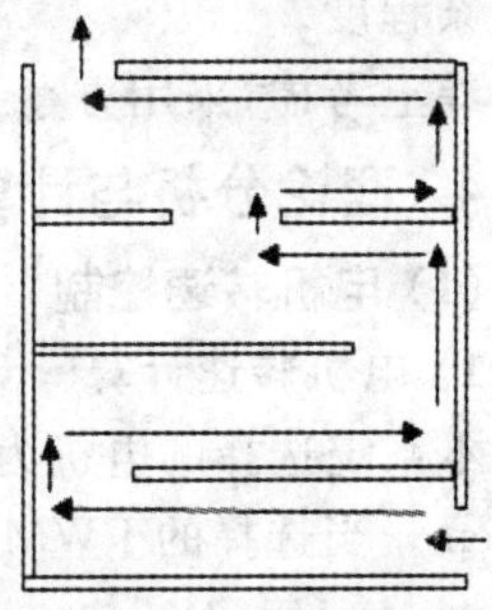

图 6.81 路径方案 3

综上考虑,要使到达目的地的时间最短,采用方案一。

3) 循迹算法

采用 3 个对管检测循迹线,将检测的数据进行量化处理,并与平衡值相比较,得到小车偏离的程度,通过模糊控制算法实现小车姿态的实时调整。

方案一：对管后置,将对管放置于主动轮后,前方便于安装避障对管,如图 6.82 所示。

方案二：对管前置,将对管放置于主动轮前,程序调整姿态简便,反应时间短,提前于主动轮做出反应,如图 6.83 所示。

综上考虑,系统选择方案二。

图 6.82 光电对管后置

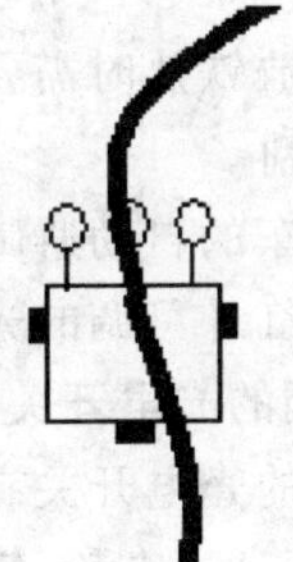

图 6.83 光电对管前置

4) 铁片的检测与拾取

方案一：自制传感器。由感测线圈、振荡电路、振幅检测电路、输出电路构成。当有金属靠近时,振荡衰减,被振幅检测电路检测出来,经后续电路处理为开关量输出。由于时间紧迫,且制作金属传感器不是本题目的重点,所以放弃本方案。

方案二：购买对金属材料敏感的接近开关。连接电路简单，稳定性和灵敏度都较好。采用强磁铁和机械臂，利用步进电机带动粘贴在齿条底部小磁铁的上下位移，通过齿条外部的钢管阻止铁片随磁铁向上移动。此方案充分利用了机械结构的灵活性，降低了系统在硬件方面的复杂程度。

综上考虑，采用方案二。

4. 理论分析与计算

(1) 电机转速控制

1) 电机转速计算

本系统选择的电机为直流减速电机，减速比为70∶1，转速为 $\omega=50$ r/min。车轮直径 $d=6.7$ cm。当选择的PWM为16/16时，最大车速为：

$$V=d\times \pi\times\omega=6.5\ \text{cm}\times3.14\times50(\text{r/min})/60=17.1\ \text{cm/s}=0.17\ \text{m/s}$$

2) 路程计算

测量路程时，通过粘贴在车轮一侧的码盘被光电对管检测的黑条纹计数。本系统采用的码盘为60分度，黑条纹占30个，设计数为 N，则车走的距离 S 为：

$$S=N/30\times d\times\pi=0.68\ N$$

3) 步进电机所用的脉冲数计算

在用步进电机带动强磁铁上下位移时，齿轮的外直径为 $R=1.2$ cm，系统需要齿条移动 $t=2.5$ cm，由此可以计算齿轮所转角度 θ 为：

$$\theta=t/(R\times\pi)\times360°=2.5\ \text{cm}/(1.2\ \text{cm}\times3.14)\times360°=238.8°$$

步进电机采用1/8的工作方式，16个脉冲旋转1.8°，所需的脉冲个数 n 为：

$$n=\theta/1.8\times16=2\,388.5/1.8\times16=2\,123$$

在拾取和安放铁片时需要给步进电机发送2123个脉冲。

(2) 避障控制

为了实现小车的自动避障，在小车的前方安装了两个反射式光电传感器；在车身两侧各安装了两个可调的红外可调的光电开关，一个检测距离为2 cm，另一个为4 cm。当沿着墙壁前进时，若两个可调的光电开关都没有信号，则使左轮的速度小于右轮的速度，实现小车的左拐，直到远距离感测的光电开关有信号为止，小车继续斜向墙走；当近距离感测的光电开关有信号时，使左轮的速度高于右轮，实现车的右拐。这样通过检测，使小车始终在距墙2～4 cm的范围内近似直线前进。

我们用码盘测量小车路程，当小车走过的路程与设定值相等时，小车开始减速。小车走到路的尽头时，在距前方10 cm的位置，车身前侧的反射式光电传感器检测到信号，通过延时使车身距前侧墙壁3 cm处时停止，原地旋转90°，从而使小车走直角，并且使车身与墙壁的距离恰好在限定范围内，沿左边的墙壁行进。

同理可知小车沿右侧墙壁行进时的原理。

(3) 循迹控制

我们选择只让一个或两个红外对管检测到黑线,由于循迹线宽 2 cm,所以红外对管的间距为 1~2 cm,超出这个范围,则小车即使在黑线上都检测不到信号或检测到多个信号(不包括两个)。我们选择间距为 1.5cm。算法如下:设对管检测到黑线为 1,没有检测到为 0,加权值为 4、2、1(对管顺序从左至右),所以 3 个对管可能出现的情况以及相应的调整见表 6.18。

表 6.18 循迹算法表

对管状态	权 值	结果(减 2)	调 整	小车状态	小车调整
0 0 0	0	0	−1	没循迹	在一定角度范围内旋转
0 0 1	1	−1	0	偏左严重	右轮加速
0 1 1	3	1	1	微向左偏	右轮略加速
0 1 0	2	0	2	正好循迹	继续前进
1 1 0	6	4	3	微向右偏	左轮加速
1 0 0	4	2	4	偏右严重	左轮略加速

(4) 计时计算

本系统采取 2 Hz 时基中断,利用软件进行计时;当启动时开启 AB 段计数变量,在出口时停止计数,将此时间换算成实际时间显示并报时;此时启动延时 5 s 计数变量,时间到达以后开始循迹计时;最后语音播报整个阶段所用时间。

5. 电路与程序设计

(1) 硬件电路设计

1) 光电对管电路

光电对管检测引导线实现小车的循迹走,电路如图 6.84 所示。

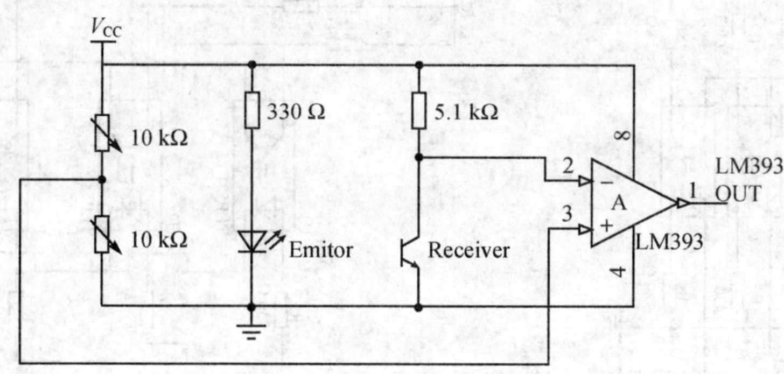

图 6.84 光电对管电路

2) 电机驱动电路

利用 L298N 驱动直流减速电机,利用 TA8435 驱动步进电机,电路如图 6.85 所示。

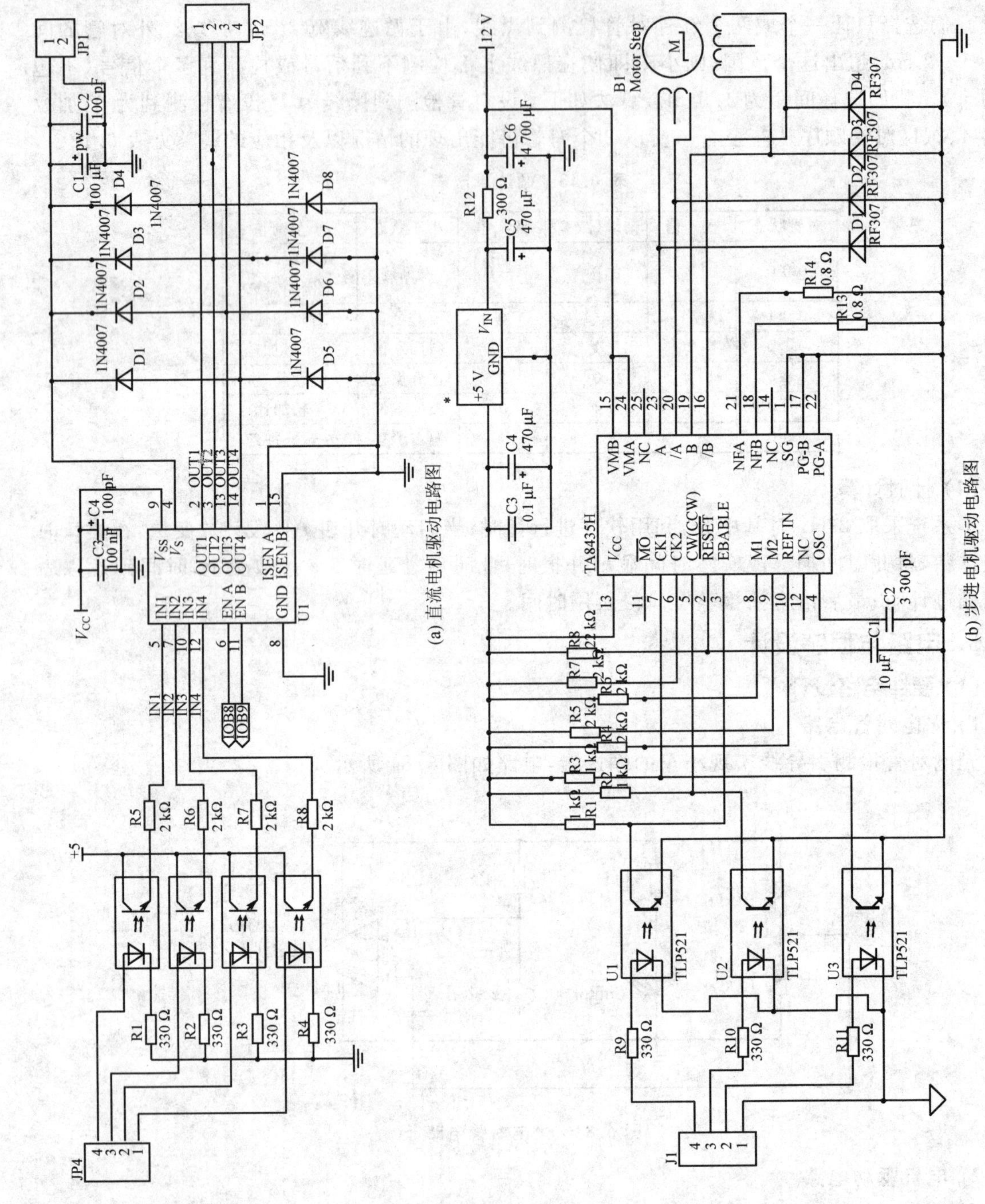

(a) 直流电机驱动电路图

(b) 步进电机驱动电路图

图 6.85 电机驱动电路图

3）稳压电源电路

本系统所使用的电池组电压为 12 V，故需通过稳压电路为单片机提供 5V 电源，电路如图 6.86 所示。

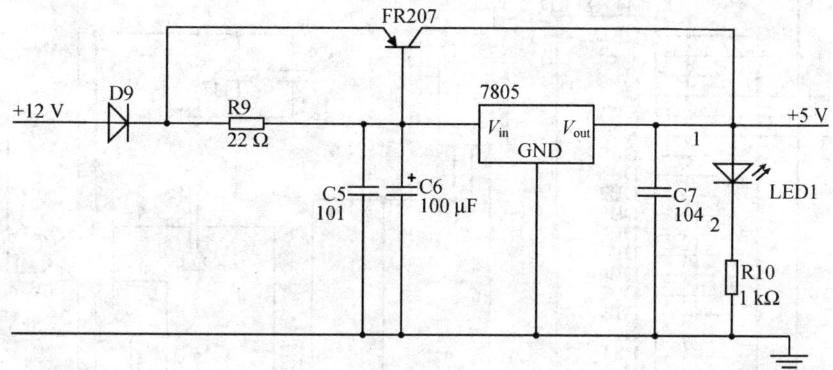

图 6.86　稳压电源电路

4）无线发射接收模块电路

无线发射接收模块 NRF2401 提供单片机和上位机间的通信的桥梁，实现了远程控制，电路如图 6.87 所示。

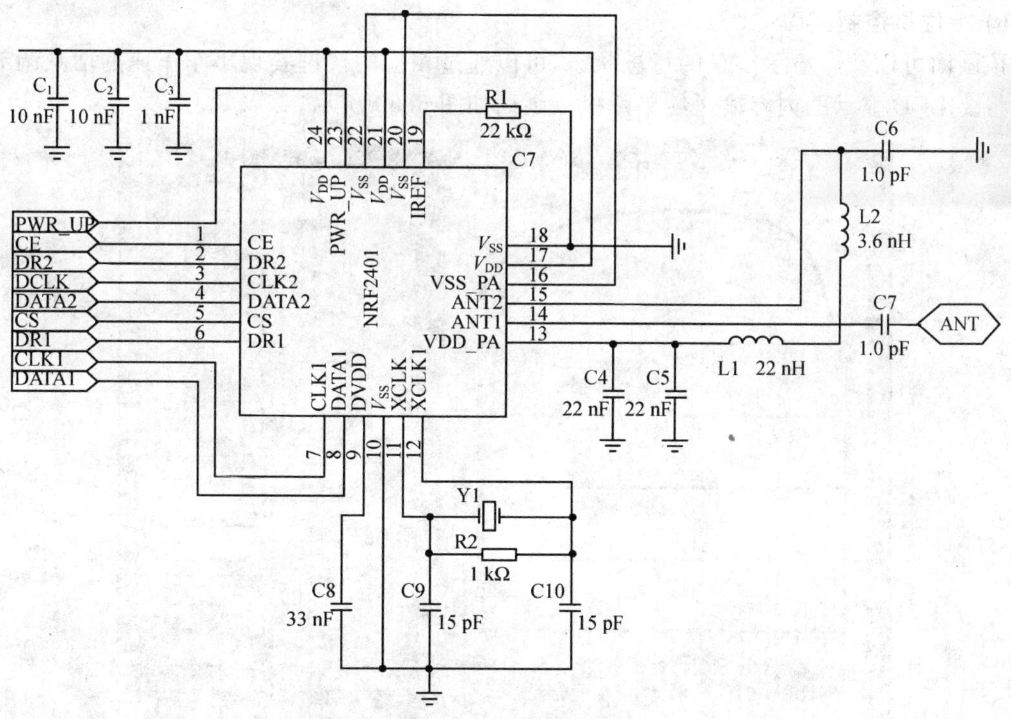

图 6.87　无线收发模块

5) LCD 显示及语音电路图

LCD 液晶显示及语音提示极大地改善了人机交互界面，电路如图 6.88 所示。

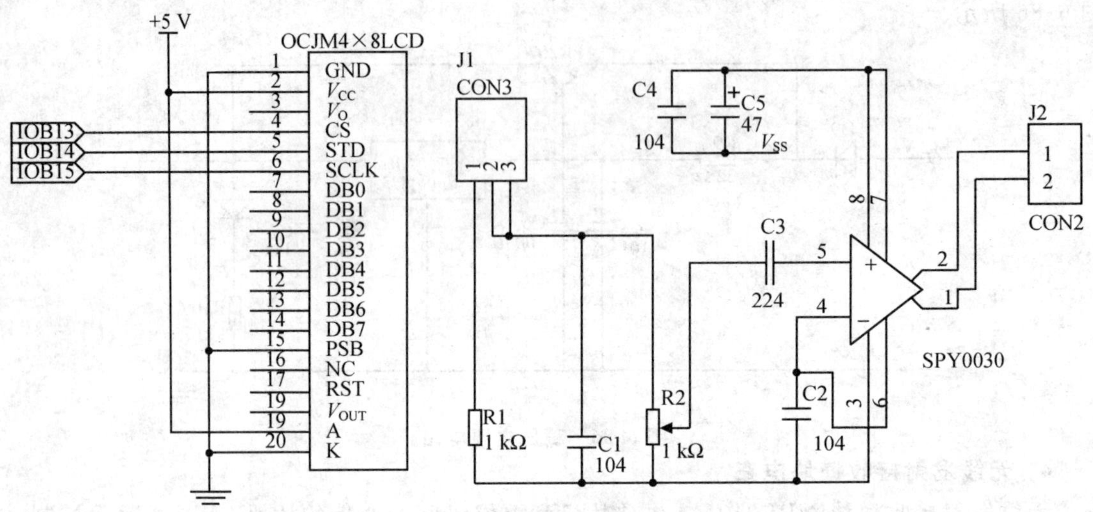

图 6.88　LCD 显示及语音电路

6) 上位机控制画面

该画面可以动态显示小车的行进状态，可以通过相应的按键实现小车车速的增减调节，并可以将要 LCD 显示的内容输送给单片机。画面如图 6.89 所示。

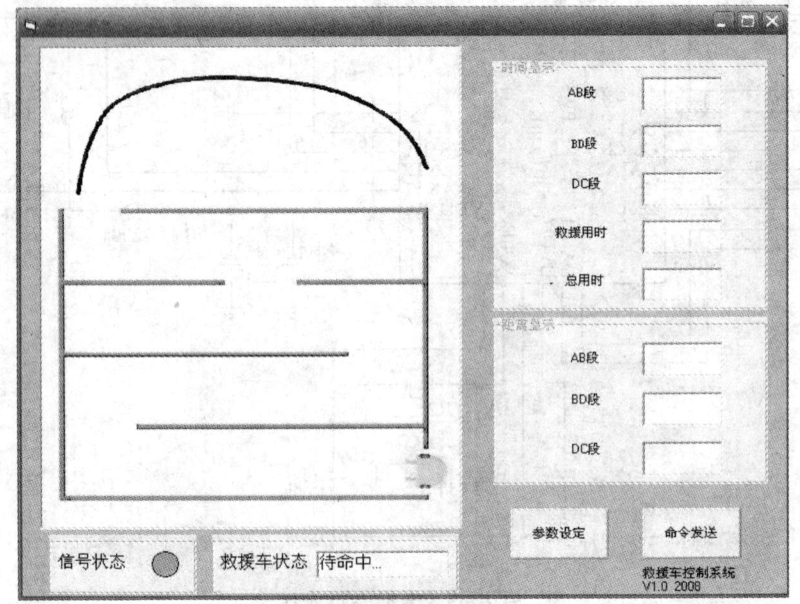

图 6.89　上位机画面

(2) 软件设计与工作流程图

小车上电后延时 3 s,启动开始进行计时和避障。在曲折的道路中通过不断检测光电传感器的状态,小车沿墙壁直角走出 B 门后,停 3 s,显示时间并有语音提示。而后在一定的角度范围内旋转检测引导线,通过检测光电对管的状态沿曲线蜿蜒前行。发现铁片后停车,彩灯及 LCD 背光闪烁,并有语音提示;拾起铁片后继续前行到达 C 点,停车、语音提示并在 LCD 上显示。主函数程序流程如图 6.90 所示。

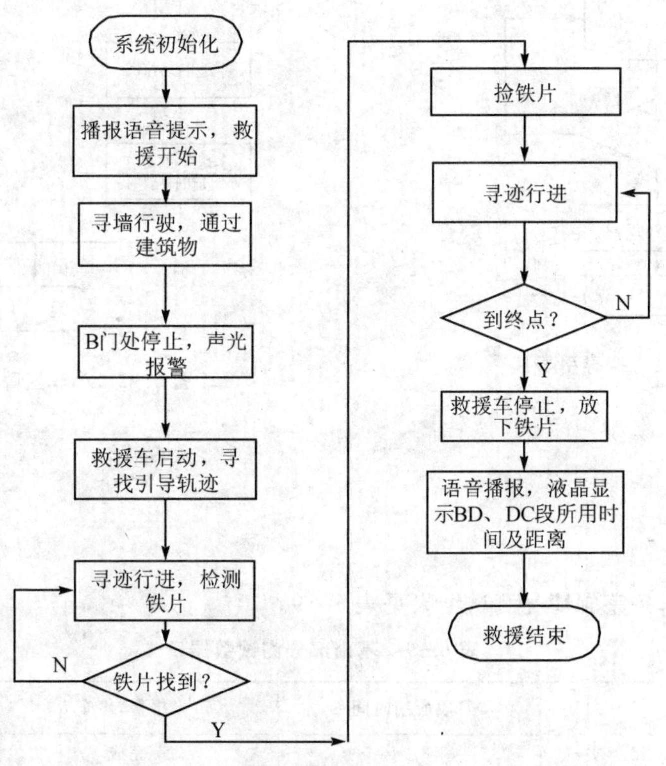

图 6.90 主函数流程图

小车走出建筑物后,寻找引导轨迹的流程如图 6.91 所示。

AB 段小车行进特色：由于小车在行进过程中具有较高的稳定性,在调整小车距墙距离的方式上采取调整位置与矫正方向相结合(程序流程如图 6.92 所示);采取这种方式有效解决了一般算法小车在行进过程中,左右摆动、振荡比较明显的问题,这对于提高小车的速度与稳定有很大作用。另外,在调整小车位置函数中,通过查询前端左侧光电开关状态来检测小车大角度的偏离墙壁方向;通过原地旋转调整方向,有效降低了小车与墙壁碰撞的可能性。

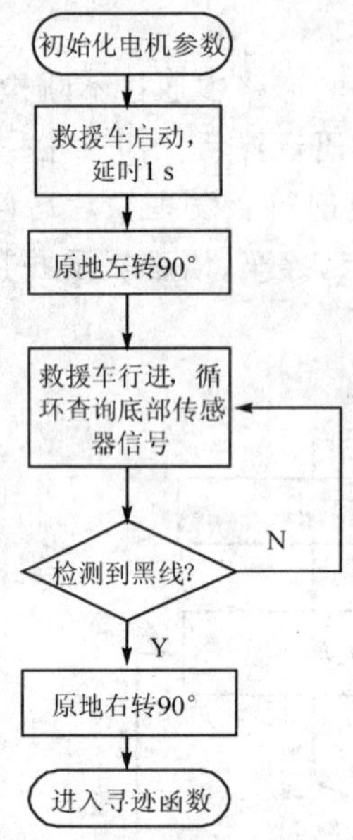

图 6.91　搜寻引导线

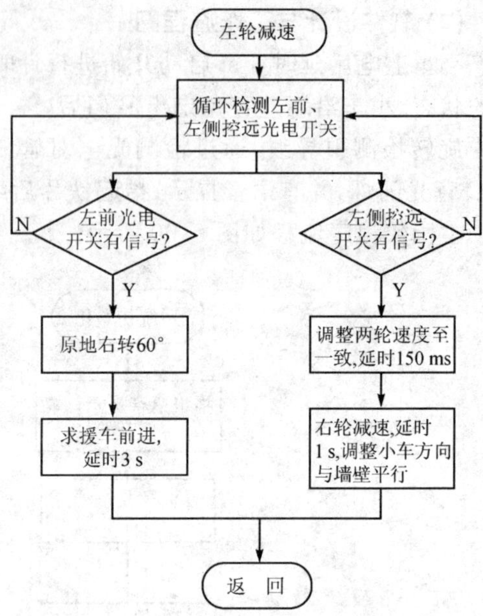

图 6.92　小车避障时的调整

6. 系统测试

1）测试工具

秒表。

2）测试数据

① 基础部分任务完成情况测试结果见表 6.19。

表 6.19　基础部分测试数据

	AB 段所用时间/s	声光报警,停车 5 s
第 1 次	37.1	完成
第 2 次	37.7	完成
第 3 次	37.9	完成
第 4 次	37.5	完成
第 5 次	37.8	完成
第 6 次	37.5	完成
第 7 次	37.4	完成
第 8 次	37.6	完成
第 9 次	37.5	完成
第 10 次	37.3	完成

② 发展部分任务完成情况测试见表 6.20～表 6.22。

表 6.20　发展部分测试数据(铁片在 BC 的前 1/4 处)

	BD 段用时/s	D 点拾起铁片	DC 段用时/s	C 点声光显示,放铁片
第 1 次	6.7	完成	16.1	完成
第 2 次	6.5	完成	16.7	完成
第 3 次	6.4	完成	16.6	完成
第 4 次	6.5	完成	16.8	完成
第 5 次	6.6	完成	16.1	完成
第 6 次	6.8	完成	16.2	完成
第 7 次	6.7	完成	16.0	完成
第 8 次	6.3	完成	16.4	完成
第 9 次	6.4	完成	16.6	完成
第 10 次	6.6	完成	16.1	完成

表 6.21　发展部分测试数据(铁片在 BC 的前 1/3 处)

	BD 段用时/s	D 点拾起铁片	DC 段用时/s	C 点声光显示,放铁片
第 1 次	7.5	完成	14.2	完成
第 2 次	7.3	完成	13.9	完成
第 3 次	7.2	完成	13.7	完成
第 4 次	7.4	完成	14.0	完成
第 5 次	7.1	完成	13.5	完成
第 6 次	7.2	完成	13.6	完成
第 7 次	7.2	完成	13.7	完成
第 8 次	7.3	完成	13.8	完成
第 9 次	7.4	完成	13.9	完成
第 10 次	7.5	完成	14.3	完成

表 6.22 发展部分测试数据(铁片在BC的前1/2处)

	BD段用时/s	D点拾起铁片	DC段用时/s	C点声光显示,放铁片
第1次	10.1	完成	9.2	完成
第2次	10.3	完成	9.3	完成
第3次	9.9	完成	8.9	完成
第4次	9.8	完成	8.7	完成
第5次	10.2	完成	9.2	完成
第6次	10.3	完成	9.4	完成
第7次	10.1	完成	9.2	完成
第8次	10.0	完成	9.3	完成
第9次	10.2	完成	9.3	完成
第10次	9.9	完成	8.9	完成

3) 测试结果分析

经测试小车在建筑物中避障良好,循迹发挥稳定,速度较快,并成功完成铁片的拾起和放下。由于车速为50 r/min,全速行进时速度不是很高,耗时较多。由于小车的意外打滑、直流减速电机的失步,可能出现小车在建筑物和循迹中所用的检测调整时间较长,但小车的稳定性较好,即使出现上述意外,仍能跑完全程。

7. 部分代码

```
int main()
{
    system_ini();                        //系统初始化
    delay_1s(2);
    complete_go_building();              //穿越建筑物
    vo_li_display(1);                    //语音、灯光
    all_follow_line();                   //寻迹、取放铁片
    vo_li_display(2);                    //语音灯光
    while(1)
        * P_Watchdog_Clear = 0x0001;
}
//************************走迷宫全过程函数************************//
void complete_go_building()
{
```

```
    int_status = *P_INT_Ctrl_New;
    int_status| = 0x0104;
    *P_INT_Ctrl = int_status;        //开外部中断,读码盘脉冲,测运动距离;开 2 Hz 中断,开始计时
    half_second = 0;
    step_leanleft_front(3000);
    rotate_90(right);
    step_leanleft_front(1000);        //第 2 阶段
    rotate_90(right);
    step_leanleft_left(3000);         //第 3 阶段,前阶段大约 1 米距离
    rotate_90(left);
    step_leannone_front();            //第 4 阶段
    rotate_90(leftby);
    step_leanright_right(1);          //第 5 阶段
    rotate_90(right);
    step_leannone_front();            //第 6 阶段
    rotate_90(leftby);
    step_leanright_right(2);          //第 7 阶段
    rotate_90(right);
    delay_1ms(1000);
    *P_IOB_Data& = 0xc3ff;            //使车停止
    time[0] = half_second;
}
```

8. 设计总结

通过稳定的硬件电路、灵活的车身设计以及巧妙的算法,我们的小车可顺利完成各段行程,并完成声光报警、拾取放下铁片的功能。通过码盘测距、中断计时,可实时显示路程与时间;通过 nRF2401 顺利实现小车系统与上位机的无线通信,从而通过 PC 机直观、形象地显示智能救援车状态。本系统创新之处在于机械臂的设计,走建筑物时所采取的算法以及上位机的设计。

6.8 多功能电子书阅读器(2008 年校内科技创新大赛)

6.8.1 题目要求

设计一款多功能电子书阅读器。它除具有传统的阅读电子资源功能外,还能通过普通 PC 键盘输入信息,进行文本录入;要求使用 LCD12864 液晶作为显示器,并编写上位机软件能下载固定格式的文本资源。

6.8.2 获奖作品选编

1. 系统设计部分

(1) 系统功能介绍

本系统分为3部分：电子书阅读，文本录入，串口下载。

1) 电子书阅读

从内部存储器(AT45DB021B)读取文本，并在液晶上显示出来；可选择阅读哪一本并上下翻页。

2) 文本录入

① 将PC键盘插在设备PS2接口，即连接上，无须外接电源。

② 可输入大小写英文字母、数字、符号等。

③ 文本录入后，按下保存键，文本即保存在存储器中，下次打开该文件文本就可在液晶上显示出来。

3) 串口下载

① 利用串口通信电路可以实现由PC机下载文本文件功能。

② 可以使用VB编写下载软件，选择要下载的TXT格式文件，选择串口，单击下载按钮即可下载。

(2) 系统设计

1) 系统总体设计

本系统主要功能是阅读电子书；在阅读状态，按下编辑键屏幕上光标闪动，绿色指示灯亮表示可以录入信息；再次按下此键，绿色指示灯灭，当前输入的信息便保存在存储器对应地址页中。用串口线将装置连接到PC机上，打开下载软件，选择文件下载，单片机自动识别进入数据接收状态，并在屏幕显示“数据下载中”；下载完毕，屏幕显示主菜单。系统总框图如图6.93所示。

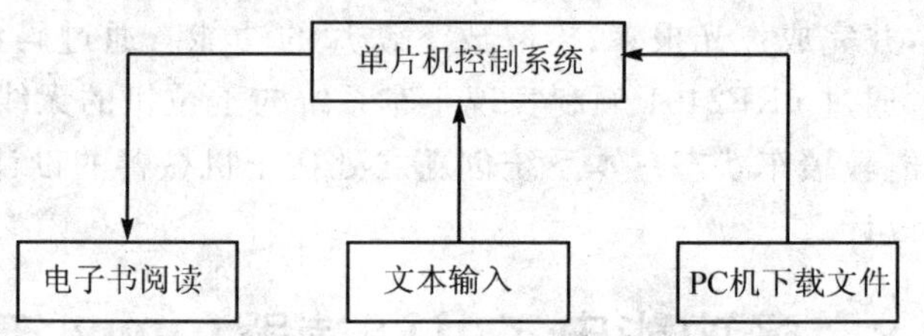

图6.93 系统总体设计

2) 系统原理

系统上电后，显示开机画面；进入主菜单，这里菜单共设置16个文本文件，下载、阅读、编辑等都是对这16个文本对象进行操作。

按上下键：在主菜单中选择文本；实现阅读状态中屏幕的换页显示。按编辑键即进入文本编辑或录入状态，再按一次就保存之。在主菜单状态，按ENTER键进入该文件，开始阅读，再按一次就返回主菜单。

PC 键盘：为了输入数据，使用了支持所有 ASCII 码的 PS/2 键盘。键盘接到 +5 V 电源，data 脚接到 PD3，SCK 接到 PD2(INT0)。一旦键盘有键按下，单片机就响应中断 INTO，判断是否在编辑状态，如果在，就采集键值，查询存储在键值表，返回对应键值，并在屏幕上显示出来。如果按下 BackSpace，就删除光标前一个数据；按下 SHIFT，则切换大小写。为防止按下键后频繁采样键值，采集一个键值后就延时一段时间。

VB 软件使用：选择文本文件和适合的 COM 端口，单击下载，端口便发送"＊"号，通知单片机接收；单片机 USART 接收中断置位，判断收到数据是否为"＊"号，若是就返回"♯"，通知 PC 机开始发送数据。PC 机先发送文本下载地址，然后是数据，每发送 256 字节就停止，单片机将开始收到的地址转换成十六进制数，然后将接收到的数据保存在 AT45DB021B 对应地址中，并返回"♯"通知计算机继续发送数据，往复循环，直到文件发送完毕。

系统详细框图如图 6.94 所示。

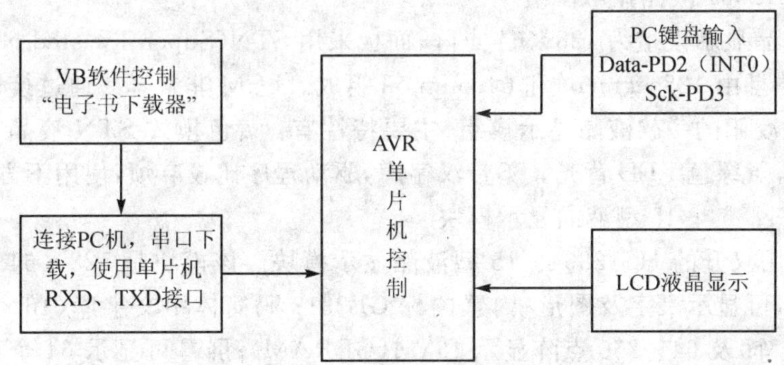

图 6.94 系统设计框图

(3) 方案比较、设计与论证

1) 文本下载

方案一：USB 下载

使用简单，所用 USB 系统的接口一致，连线简单。系统可对设备进行自动检测和配置，支持热插拔。USB 系统数据报文附加信息少，带宽利用率高，带宽可从几 Kbps 到几 Mbps（在 USB2.0 版本，最高可达几百 Mbps）。USB 系统可实时地管理设备插拔。在 USB 协议中包含了传输错误管理、错误恢复等功能，同时，根据不同的传输类型来处理传输错误。但是 USB 通信需要 USB 控制芯片，成本比较高，且软件编程复杂。

方案二：串口下载

串行通信方式实用线路少，成本低。在串行通信时，通信双方需要一个标准接口，方便不同的设备进行连接。使用 VB 编写相应串口通信软件，容易实现 PC 机与单片机互联的下载功能。

本系统采用 RS232 标准。AVR 单片机的电平与 PC 机的电平不同。为了解决此问题，这里采用 MAX232 芯片，用于 TTL 电平和 RS232 接口电平的转换。

2）电源模块

由于系统需要 5 V 和 3.3 V 两种电源，且功率要求不高，所以可以采用以下两种方案：

方案一：采用变压器将 220 V 交流电通过桥电路、7805 和 7817 直流稳压成 12 V 和 5 V。此种方法由于可以采用交流电，所以成本低。

方案二：采用 9 V 电池，稳压后获得 5 V 和 3.3 V。此方法简单易行，电压波纹小，无高频干扰，适合可携式设备。

综合考虑，本设备留有 9 V 电源接口，可外接直流 9 V 电源供电，而且内置 9 V 电池，方便用户移动使用。

3）显示部分

方案一：SPLC501 液晶显示模组

SPLC501 液晶显示模组为 128×64 点阵，面板采用 STN(Super Twisted Nematic)超扭曲相列技术制成，并且由 128segment 和 64common 组成。LCM 非常容易通过接口被访问。

SPLC501 是凌阳的一款液晶显示模组，主要特性有：黄色模式 STN 液晶，128×64 点阵的图形液晶显示，黄绿色 LED 背光。不带汉字库，驱动程序比较麻烦，使用不方便。

方案二：HS12864－15 型液晶显示模块

液晶显示采用汉升的 HS12864－15 型液晶显示模块。该模块是 128×64 点阵的汉字图形液晶显示模块，可显示汉字及图形；内置国标 GB2312 码简体中文字库（16×16 点阵）、128 个字符（8×16 点阵）及 64×256 点阵显示 RAM（GDRAM）；屏幕可显示 64 个英文字母或 32 个汉字。可与 CPU 直接接口，提供两种界面来连接微处理机：8 位并行及串行两种连接方式。具有多种功能：光标显示、画面移位、睡眠模式等，价格比凌阳的 SPLC501 低几十元。

基于以上对比，这里选择方案二，从而减少编程难度和节约成本。

4）存储器

方案一：K9F1208

K9F1208 是一个 64M×8bit 的与非门 Flash 存储器，其特性有：

- 工作电压：2.7～3.6 V；
- 存储器单元结构：(64M＋2.048K)bit×8bit；
- 数字寄存器：(512＋16)bit×8bit；
- 可靠的 CMOS 门技术；
- 并口读/写。

方案二：AT45DB021B

- 工作电压：2.7～3.6 V；
- 存储器单元结构：(2M＋2.048K)bit×8－bit；

➢ 数字寄存器：1024 pages(264bytes/page)；

➢ Serial Peripheral Interface(SPI)读/写模式；

➢ 可靠的 CMOS 门技术。

内部读/写控制如图 6.95 所示。因为 AVR Mega16L 带有 SPI 总线接口，应用于系统板上芯片之间的短距离通信，速度快，用的接口少，编程方便，所以选用方案二。

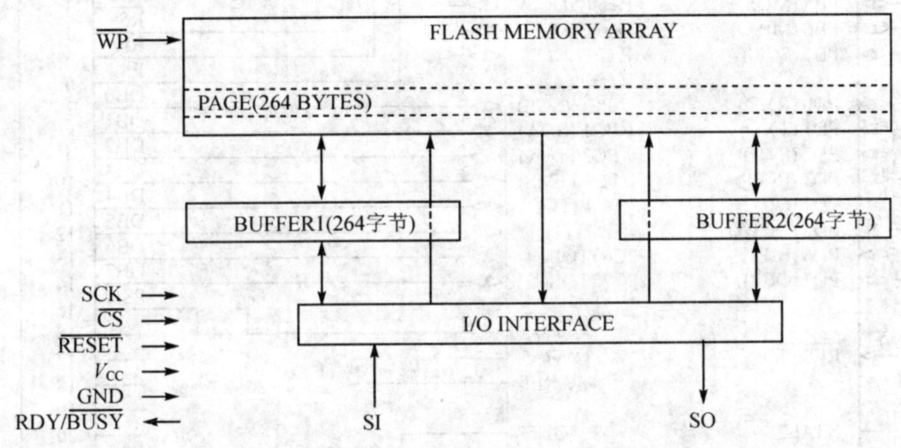

图 6.95 AT45DB021B 内部读/写控制流程图

2. 电路图及有关设计文件

电源驱动电路如图 6.96 所示。液晶接口电路如图 6.97 所示。存储器接口电路如图 6.98 所示。串口下载接口电路如图 6.99 所示。PC 键盘接口如图 6.100 所示。功能键盘电路如图 6.101 所示。

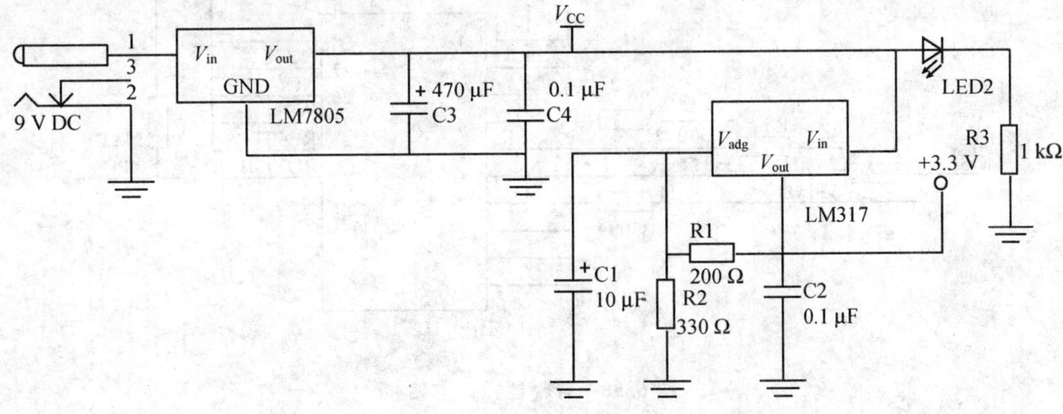

图 6.96 电源驱动电路

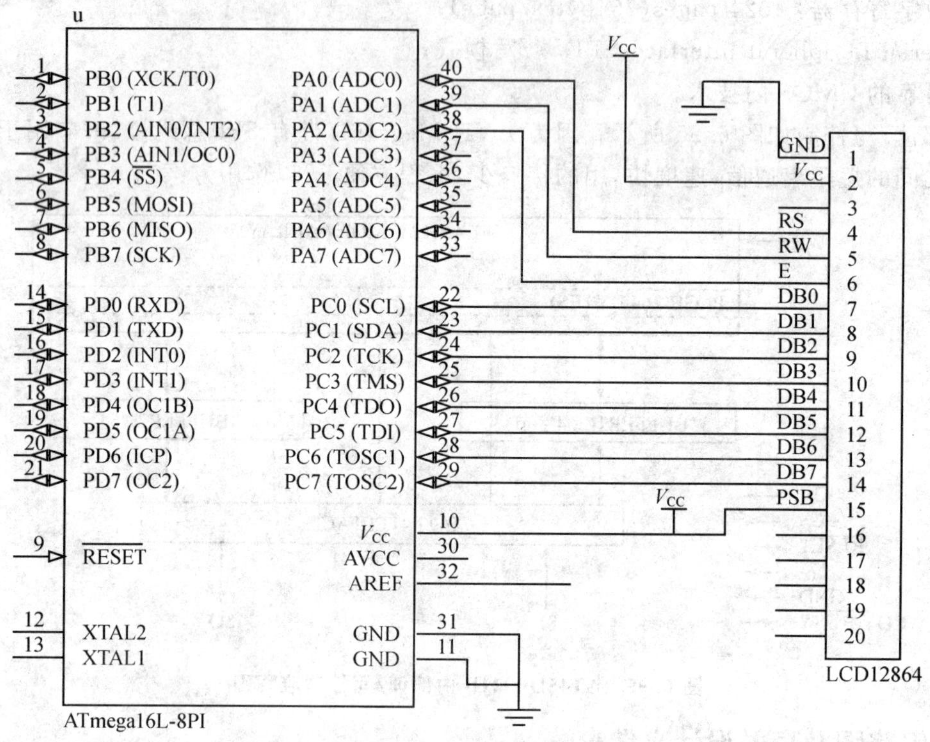

图 6.97 液晶接口电路

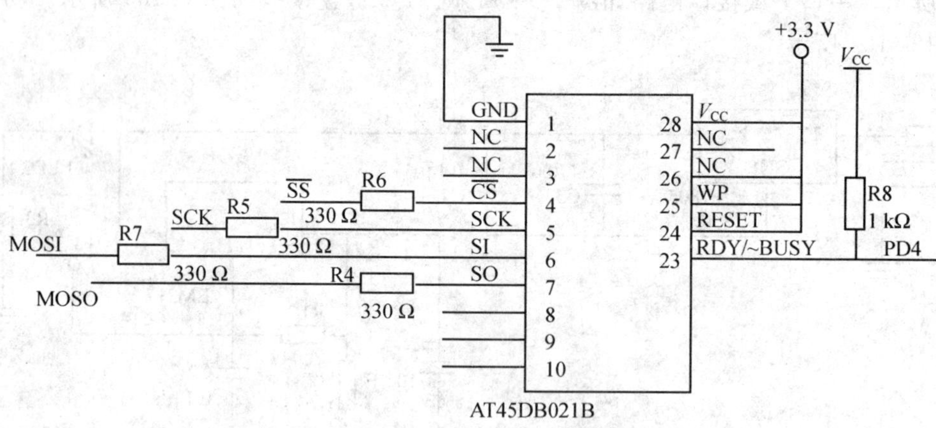

图 6.98 存储器接口电路

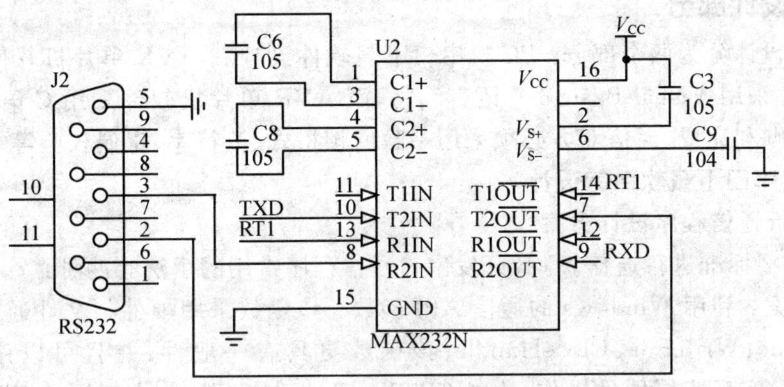

图 6.99 串口下载接口电路

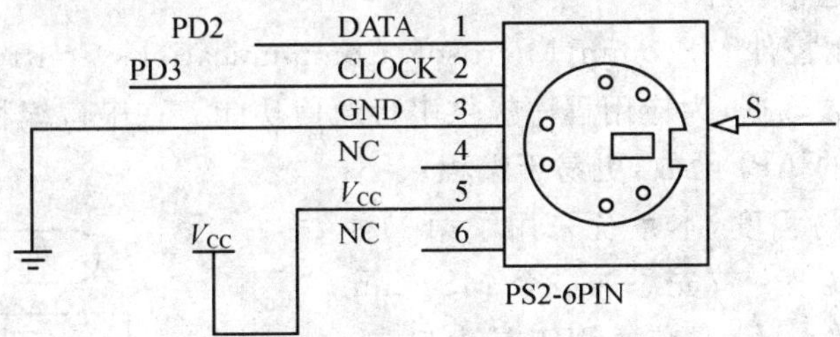

图 6.100 PC 键盘接口

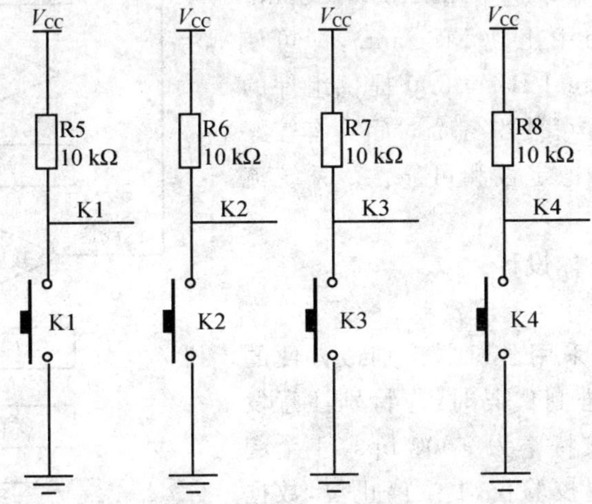

图 6.101 功能键盘电路

3. 软件设计部分

系统软件设计分为两个部分：PC机串口下载软件设计和AVR单片机软件设计。其中，PC机下载软件采用Visual Basic 6.0语言编写，而AVR单片机软件采用C语言编写。下载时为保证通信顺利完成，通信双方必须采用一致的帧格式、波特率、奇偶校验等。

(1) PC机串口下载软件的设计

1) VB串行通信程序设计方案

通过RS232标准进行通信。VB开发串口通信程序常用的手法有两种：

第一种方案：利用Windows的通信API函数。该函数采用硬件与文件通用的函数CreateFile、ReadFile、WriteFile、CloseHandle；该函数更具有一般性，并且可以用EscapeCommFunction函数实现底层硬件操作，比如SETXOFF、CLRDTR等。利用API编写串口通信程序较为复杂，须掌握大量的通信知识，优点是可实现的功能丰富，应用面更加广泛，更适合编写较为复杂的低层次通信程序。

第二种方案：利用控件MScomm(Microsoft Communications Control)来实现。该控件通过串行端口传输和接收数据，为应用程序提供串行通信功能。在串口编程时，程序员不必花很多时间去了解较复杂的API函数，更易于编程。

综合复杂度与难易程度，本系统采用了第二种方案。该方案的实现流程：首先添加一个MScomm控件到窗体中。该控件一般不在通用工具窗口中，而是通过选择“工程(P)”→“部件(0)”菜单项进入选择窗口；在控件tab选项卡中选取MicrosoftComm-Control 6.0，则工具窗口中出现MScomm，即可使用。程序员只需要对Visual Basic 6.0提供组件的属性、事件进行编程，这样可使得各个时间具有较好的独立性，提高了程序的稳定性和可靠性。系统流程如图6.102所示。

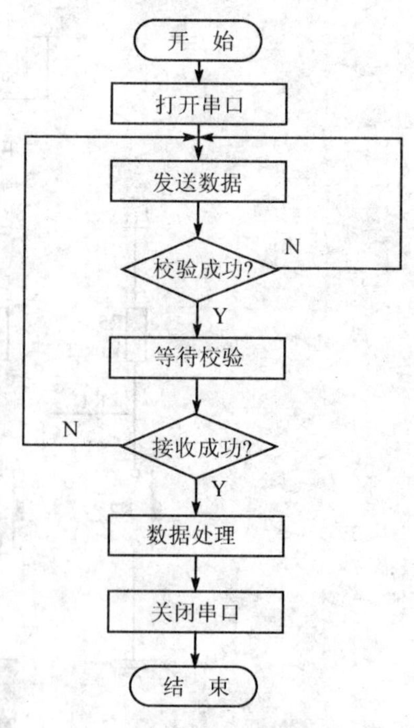

图6.102 系统流程图

2) VB通信程序的具体设计

a) 发送文件

对发送的命令，我们采用了机器识别最方便的二进制代码。在发送二进制代码时，应特别注意发送的格式。本系统采用波特率为9 600 bps，1个起始位，8位数据位，无奇偶校验位，1位停止位，数据帧长度为10位的发送的形式。同时，要求与AVR单片机(即下位机)采用一致的通信协议；否则，发送接收会出现非常大的差别甚至不能通信。开始下载时，PC 机发送“＊”号，通知单片机开始接收数据；当单片机返回“＃”时，表示通信关系建立，开始下载数据。

b) 接收命令

接收数据是一个被动的过程，可以通过函数来实现。在接收过程中，用特征字符“＃”。在本系统中，先是由 PC 机向单片机发送“＊”，通知单片机接收数据；当单片机返回“＃”时，二者就开始通信。PC 机每发送 256 字符，就等待，单片机将接收到的数据存入存储器中，返回“＃”，PC 机接收该数据后就继续发送下一个 256 字串。

(2) 电子书下载器界面

① 打开主界面单击进入，如图 6.103 所示。

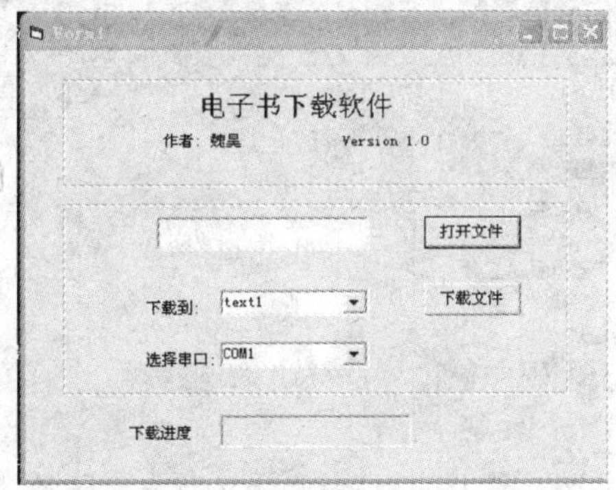

图 6.103 电子书下载器界面

② 选择串口和下载到存储器芯片的位置，然后单击“打开文件”，选择要下载的 TXT 格式文件，如图 6.104 所示。

③ 选择好文件后，单击“下载文件“就开始下载了。进度条显示下载进度，整个下载过程很简单，下载速度对于文本下载来说已经足够了。

(3) 电子书系统软件设计

电子书系统分为显示部分、键盘部分、串口下载及存储器读/写这 4 部分以及通过键盘面板进行设置等操作。

1) 主程序流程

首先，系统初始化(液晶、键盘、存储器、各变量初始化)；然后，进入循环查询程序，检测键值，并在相应状态下生成不同的功能。当产生 USART 接收中断时，程序判断是否接收到“＊”，该数据说明有 PC 机欲与已建立连接，返回“＃”准备接收数据。流程如图 6.105 所示。

2) 显示及功能键盘部分

显示部分采用 LCD12864 并口通信显示，功能键盘电路是普通的轻触开关键盘，二者程序皆与常用形式一致。程序简单，此处不再赘述。

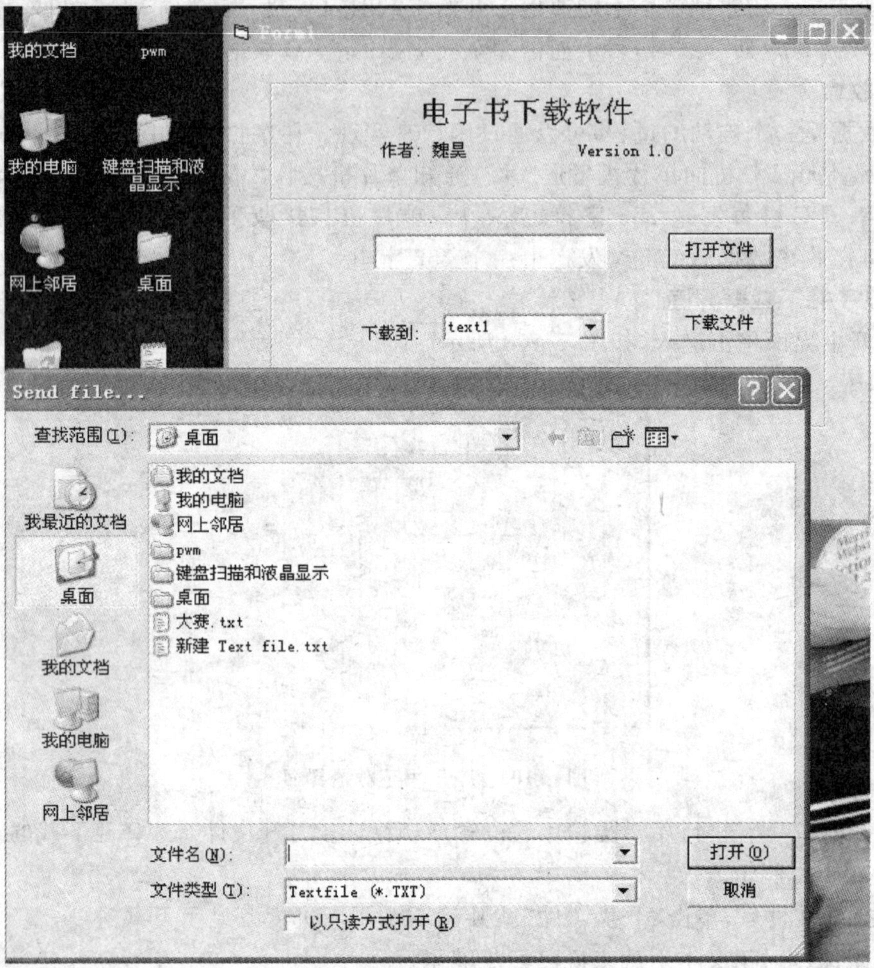

图 6.104　电子书下载选择界面

3）存储器读/写程序部分

在本系统中，存储器的读/写程序是关键一环，通过阅读 Datasheet，按照相应时序和寄存器设置要求来编写并调试程序。流程如图 6.106 所示。

4）PC 键盘扫描部分

当 PC 键盘有键按下时，单片机就产生 INT0 中断。在中断中设置中断是上升沿还是下降沿触发，从而将串行数据读入，当为高时就读 1，为 0 时就跳过，然后查表返回键值。流程如图 6.107 所示。

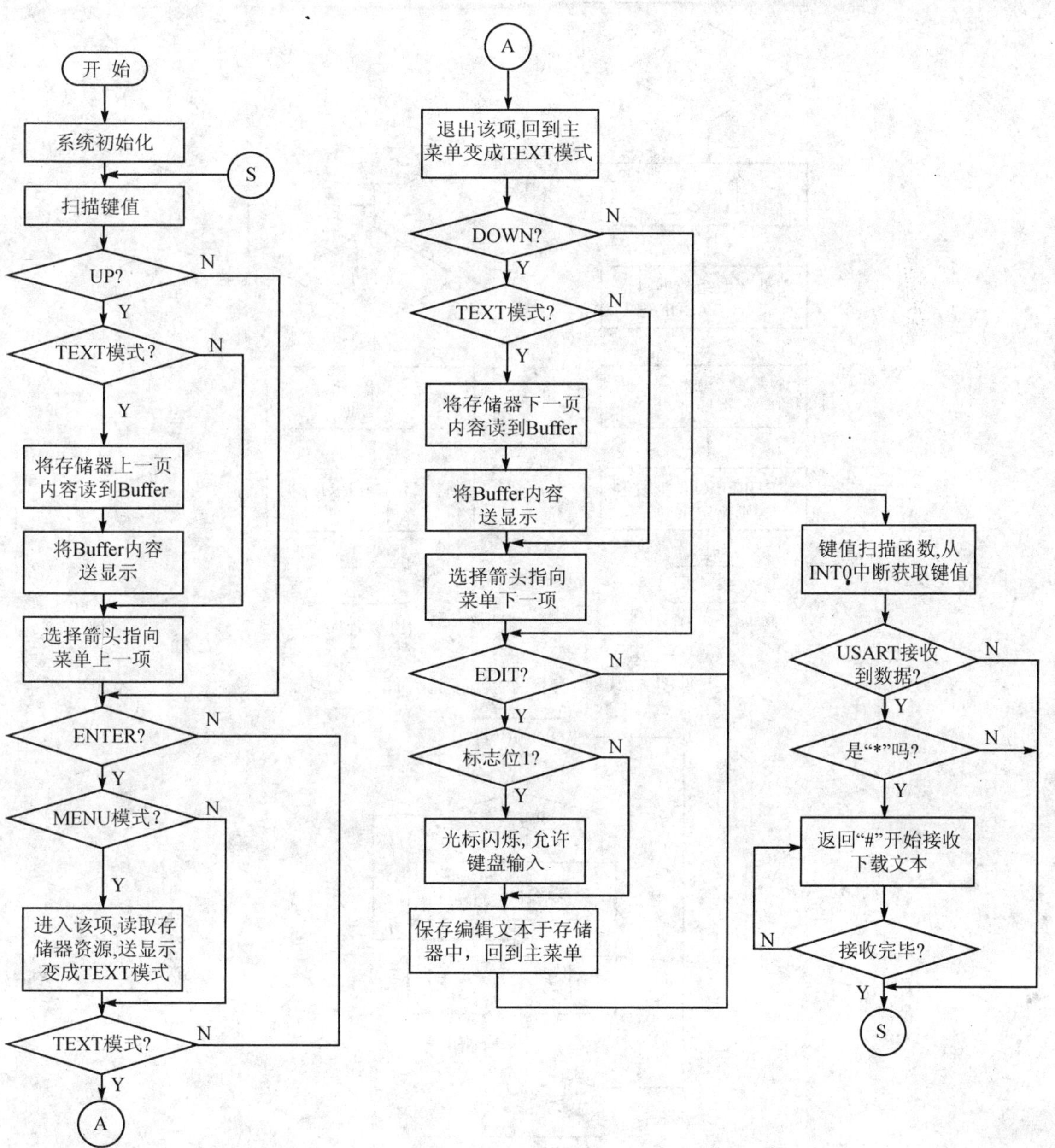

图 6.105　主程序流程图

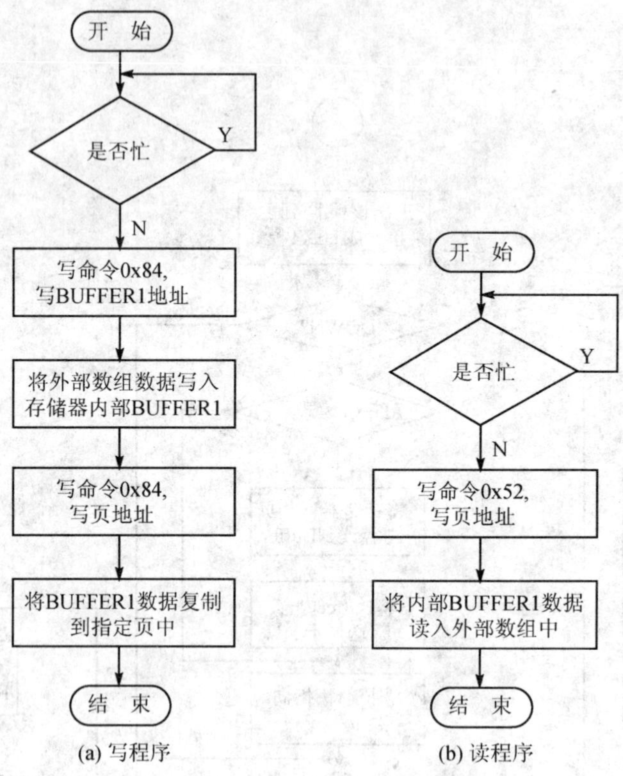

图 6.106 存储器读/写流程图

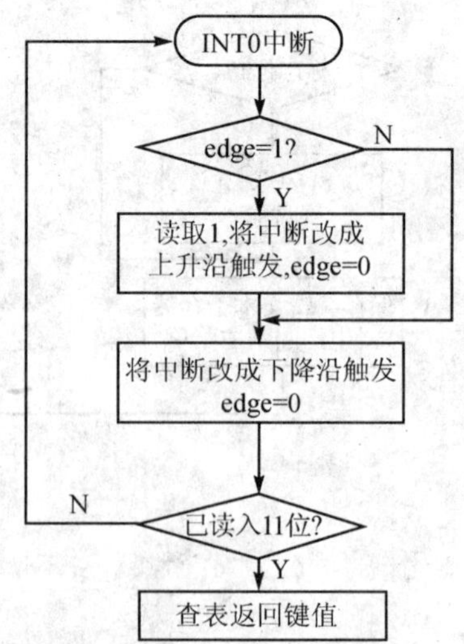

图 6.107 键盘扫描流程图

4. 总　结

本设计功能全面，技术含量高，集串口通信、闪速存储等技术于一身，可以显示电子书、输入资料，还可以串口下载，可以满足大多数用户需要。

6.9　多功能导游机服务系统(2008 年校内科技创新大赛)

6.9.1　题目要求

设计一种多功能导游服务系统，搭建一个游客与导游间实时沟通的桥梁。导游可以用手中的语音发射机向大家介绍各个景点，也可以提供优美动听的音乐，游客只需用耳机随时收听即可。同时，游客需要服务时就可以随时向导游请求服务，导游可以及时地处理各种可能发生的情况。

系统功能主要由主从无线语音收发系统以及数字信号的收发系统组成，数字信号收发系统完成导游与游客之间的信息互通，游客(从机)通过按键将请求服务类型以及编号送入单片机处理，单片机经过处理将信号送入无线发射模块，同时在数码管显示服务类型。导游(主机)由接收模块接收已调信号进行解调，并将解调信号送入单片机处理，处理之后的信号送入数码管显示从机编码以及请求服务类型。主机通过按键发送回复信号，并经单片机处理后由发射模块发射，从机的接收模块接收到回复信号且经单片机处理之后，主从机数码管均熄灭，完成实时的信息交流过程。

6.9.2　获奖作品选编

1. 设计目标

设计多功能导游服务系统时，有模拟频率调制以及 ASK 幅度调制两种调制方式能够完成语音信号、数字信号的收发交互功能。

2. 设计背景

随着人们物质文化水平的不断提高，旅游逐渐成为一种时尚。然而随着旅游业的火热也相应产生了一些问题，如部分旅游景点过热，游客很多，从而为导游带队带来困难。现在无线通信、嵌入式技术已经非常成熟，于是便有了它们的结合，方便了导游介绍景点、清点队员与导游的交流，也提高了应对紧急事件的能力，从而使旅游安全有序。

3. 系统模块设计介绍

语音无线发射模块：导游处设有一台，专门用于介绍景点、相应注意事项和回答游客疑问。它对导游语音进行调制并发射，是纯粹的模拟系统。应用一级调频调制，二级功率放大，发射距离是 100 m 左右。

语音无线接收模块：游客处人手一台，专门用于接收导游发射的信号，通过解调获取相应信息。它通过TDA7021将接收的信号进行解调，然后通过一级放大电路将信号放大，可以用扬声器播放，也可用耳机收听。

数字模块（主机）：导游处设有一台，专门用于导游接收游客信息，确认并予以回复。它由一对无线高频发射接收模块，一个51单片机及其相应外围电路，LED显示及其驱动组成；还设有reset键，机器出现问题时可以重启以解决问题，提高了机器的应用性能。其中，51单片机负责信息的处理和显示，是系统的核心。

数字模块（从机）：游客处人手一台，专门用于发射游客个人服务需求。它设有4×4键盘一个，可提供足够多服务种类以满足所有需要。它由一对无线高频发射接收模块，一个51单片机及其相应外围电路，LED显示及其驱动，机号选择器件组成；也设有reset键，机器出现问题时可以重启以解决问题，提高机器的应用性能。其中，51单片机负责信息的处理和显示，是系统的核心。

4. 方案设计与论证

(1) 无线语音信号收发设计

1) 语音载频选择

不同载频（间隔比较近的）可以实现语音与数据信息的分别传输。考虑到天线辐射效率与频率的4次方成正比，所以频率高有利于信号的发送；考虑到一定的频带宽度、给频带边缘预留并且不干扰其他频率电台，这里语音传输频率选择86 MHz左右。

2) 调制方式方案选择

方案一：采用调幅方式（AM）。发端用音频调制载波，载波的包络即变为音频信号，收端利用包络检波技术恢复音频信号；其特点是调制后的载波占用带宽小，缺点是抗干扰能力较差。

方案二：采用调频方式（FM）。发端用音频调制载波，载波的频率会随着调制信号的幅度变化而变化，收端利用鉴频器恢复调制信号；其特点是占有带宽宽，但抗干扰能力明显优于AM方式。

综上所述，考虑到要保证信号收发的正确性，系统必须有良好的抗干扰性，因此选择方案二。

本系统发射信号可以是MIC输入也可以是LINE输入，导游可以向大家现场播放游览信息，可以接入MP3给大家播放音乐，从而满足不同游客的需求。不同的导游团使用不同的频率避免了相互间的干扰。

发射机原理如图6.108所示。

3) 解调模块设计

采用专用接收芯片。调频信号接收后要进行鉴频，首先需高频放大，然后混频到中频，然后送到鉴相器进行鉴频，最后音频放大输出。这些工作都可以由单片集成芯片来完成，只须接

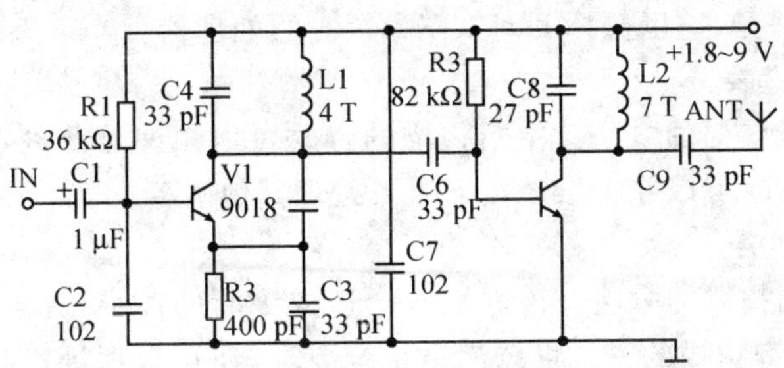

图 6.108　发射机原理图

天线的选频网络和一些耦合器件就可以直接得到调制信号。

方案一：采用 MC3362/MC3363 等窄带调频接收专用芯片。该方案中鉴频器的灵敏度较高，但解调后音质不如调频广播的音质好。

方案二：采用常规的调频广播收音机接收芯片调整本振频率，使得接收频率范围落在 70 MHz～100 MHz 之间。音质动态范围好，因为本系统要保证音频信号传输的不失真。

综上所述，本系统选用方案二，采用 TDA7021 集成电路。该电路外围无需中频调整，从而使调试简单许多，而且性能优异，还具有无信号自动静噪功能，被检波出来的音频信号由 14 脚输出到 LM386 集成音频运放放大输出。因为高频干扰严重，我们采用 PCB 制版来减少干扰，提高解调音质；对于音频放大输出可以是通过喇叭公放，也可接入耳机收听。

(2) 无线数字信号收发设计

1) 数据传送串行口工作模式选择

方案一：采用串行工作方式 0。串行口工作方式 0 为同步串行方式，发送方除了要发送传送数据以外还要传送时钟信号，对于无线的传送方式要实现同步较难。

方案二：采用串行工作方式 3。串行口工作方式 3 适合多机通信，但要设置的寄存器位数多且其地址是通过软件编程赋予时，则无法从外部改变。

方案三：采用串行工作方式 1。传送波特率不可改变，不容易控制数据的传输速率。

方案四：采用串行工作方式 2。传送波特率可变，异步传送无需同步时钟，寄存器设置简单。同时，可以通过 P0 口的拨扭开关置位来实现。

结合本系统的设计，这里选择方案四。

2) 4.2.2 单片机选型

方案一：采用现在比较通用的 51 系列单片机。51 系列单片机的发展已经有比较长的时间，应用广泛，指令精简，各种技术都比较成熟，价格低，同时，其串行口工作方式灵活，对于温度的无线传送非常灵活方便。

方案二：选用凌阳公司的 SPCE061A 单片机。SPCE061A 单片机是 16 位的处理器，其串行通信设置较复杂，同时 SPCE061A 单片机相对 51 单片机的价格较高。

考虑设计的实际情况，这里选择89c51作为核心的处理器。

3）键盘扫描方式选择

方案一：采用中断扫描的方法。中断扫描的方式可以快速监测到任意时刻的按键，并且不用一直等待查询，CPU可以在无按键按下时去处理其他事务；但本系统用到了串行中断，多中断的应用可能造成冲突。

方案二：采用查询扫描的方法。该方法不会造成中断的冲突，且当游客按了确认键以后就在等待回复，因此查询扫描的方式可以满足系统要求，还可以保证串行中断的正常运行，因此选用方案二。

4）数字信号发射接收模块的选择

考虑到高频接收电路易受干扰，不易调试，而市售成品接收模块性能稳定，价格低，故本系统采用成品发射接收模块；调制方式为幅度键控（ASK调制），频率为315 MHz。

5）显示模块选择

方案一：采用段式LCD液晶显示器。段式LCD显示器所用的I/O接口较多，且命令控制字复杂。

方案二：采用LED数码管显示器。LED数码管亮度高，醒目，电路简单，编程简单。基于上面的比较分析和现有的LED，选用方案二。

5. 系统总体模块硬件设计

(1) 系统总体框图

系统总体框图如图6.109所示。

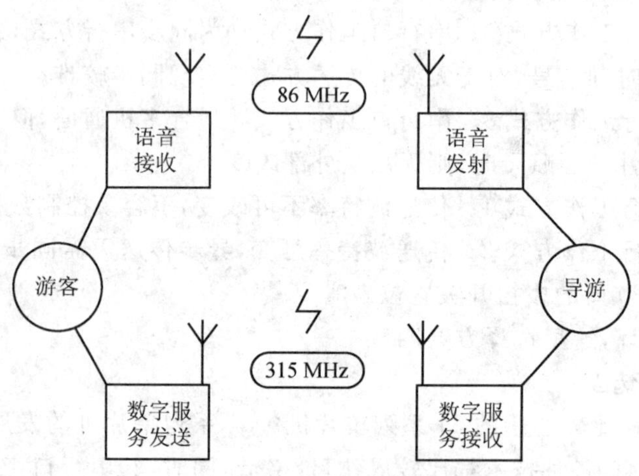

图6.109　系统总体框图

(2) 系统模块设计

1) 语音无线发射模块

语音无线发射电路如图 6.108 所示。

采用调频发射,发射频率大约在 80 MHz。不同的导游团使用不同的频率避免了相互间的干扰。

发射频率在 86 MHz 时,天线的长度大约为其波长的 1/4,天线的长度大约为 87 cm。

2) 语音无线接收模块

采用集成芯片 TDA7021 完成解调接收并通过喇叭播放,因为高频干扰厉害,我们采用 PCB 制版来减少干扰,提高解调音质;对于解调输出可以是通过喇叭公放,也可接入耳机收听。具体电路如图 6.110 所示。

3) 数字模块(从机)

采用 89c51 串行工作方式一以及无线收发模块来完成从机地址、服务种类信息的发送、主机回复信号的接收。4×4 键盘扫描可以获得服务种类(0~9 为服务种类,14 键为确认键,15 键为取消键,10~13 键为以后进一步升级服务种类备用),P0 口拨扭开关的选择可以获得 $2^8=256$ 个从机地址,同时,同步码的使用也进一步减少了信息的错误传播率。在串行数据送到发射模块之前加一级反向,对发送数据进行整形,提高发送数据的正确性。

0~9 服务定义:

0　在乘车途中游客想要听歌;

1　在游览途中游客没有听清楚景点介绍,想要导游再说一遍;

2　在游览途中遇到意外情况,紧急呼救。

具体电路如图 6.111 所示。

4) 数字模块(主机)

采用 89c51 串行工作方式一以及无线收发模块来完成从机地址、服务种类信息的接收、回复信号的发送。对接收的从机地址和服务种类通过数码管显示,具体电路如图 6.112 所示。

6. 系统分立模块设计

(1) LED 显示模块

利用 CD4511 实现 BCD 到七段数码管的译码,可以减少 I/O 口的使用。数码管的显示采用动态扫描的方法,循环点亮数码管,如图 6.113 所示。

(2) 键盘显示模块

每一行与列线的交叉处不相通,而是通过一个按键连通。利用这种行列矩阵结构只需 N 条行线和 M 条列线,即可组成具有 $N\times M$ 个按键的键盘。

在这种行列矩阵式非编码键盘的单片机系统中,键盘处理程序首先执行有无键盘按下的程序段;当确认有按键按下后,下一步要识别哪一个按键被按下。

对键盘的识别采用逐行(或列)扫描查询法。首先判别键盘中有无按键按下,由单片机

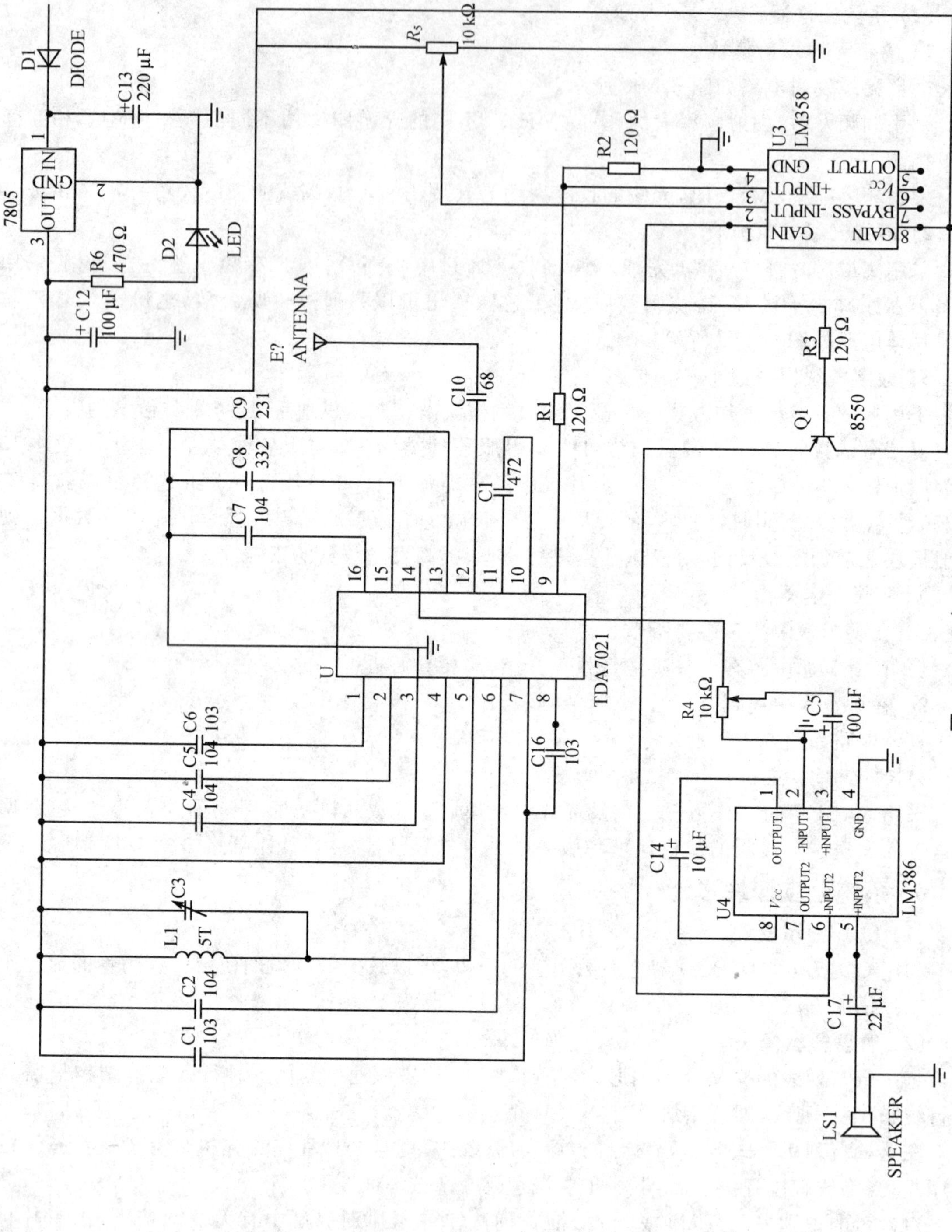

图 6.110 语音无线接收模块

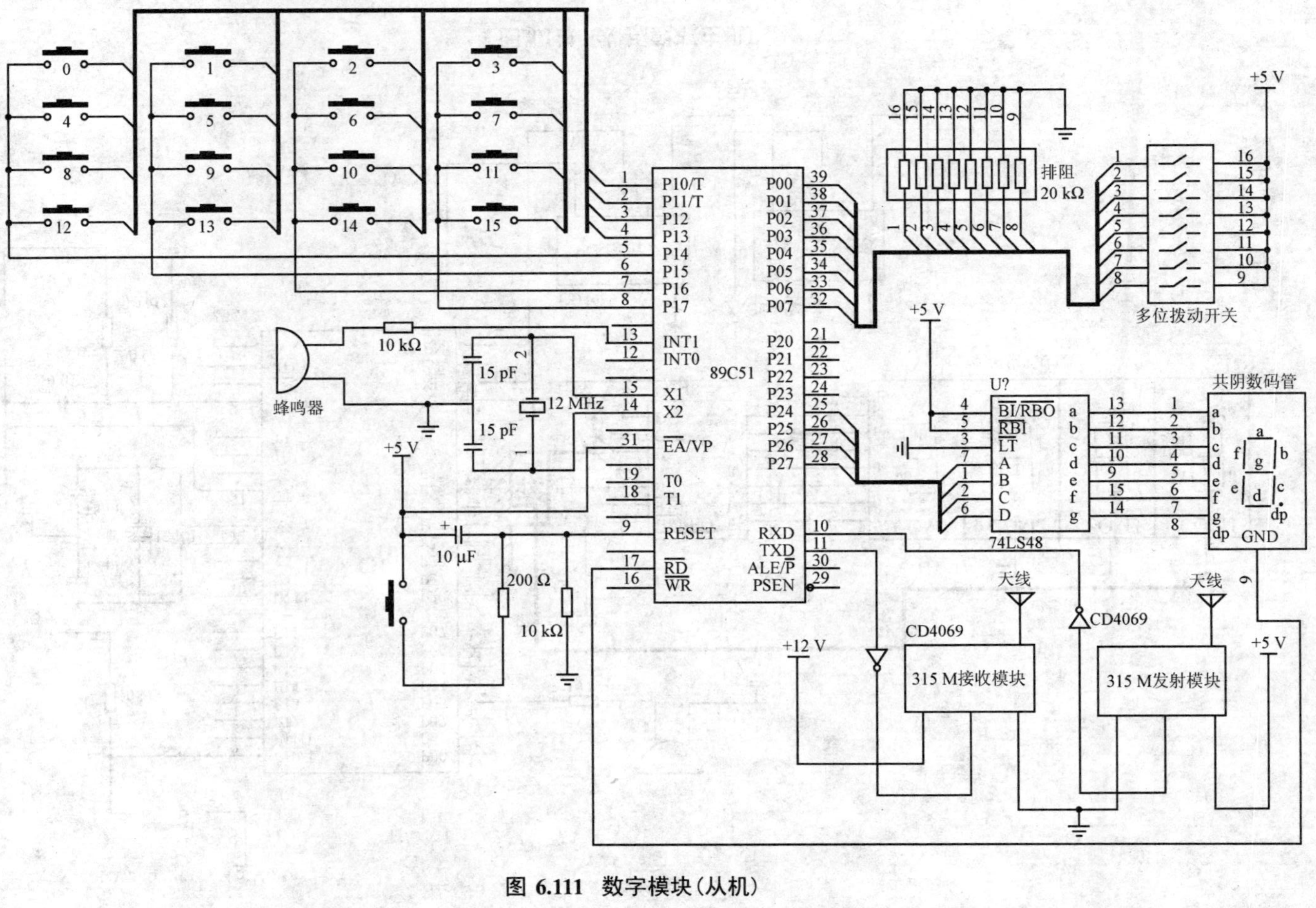

图 6.111 数字模块(从机)

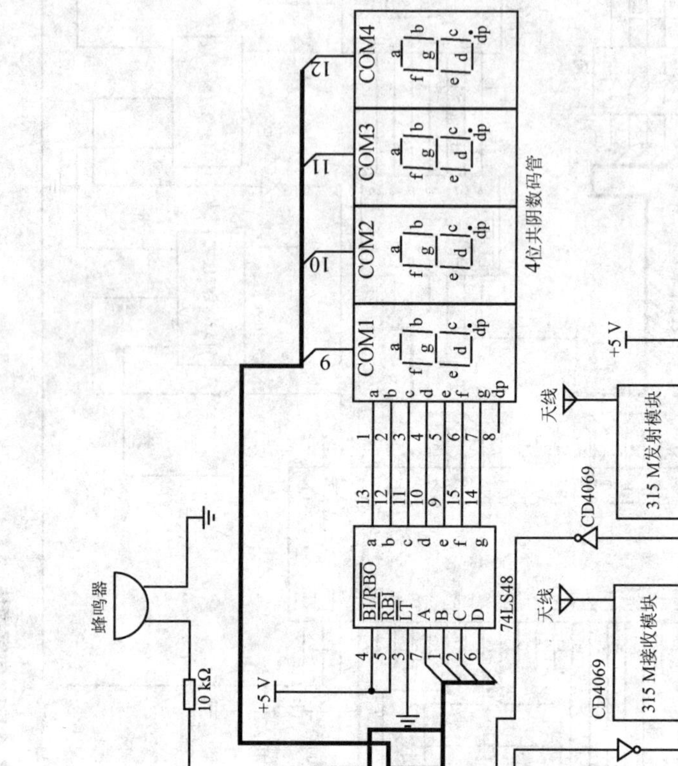

图 6.112 数字模块(主机)

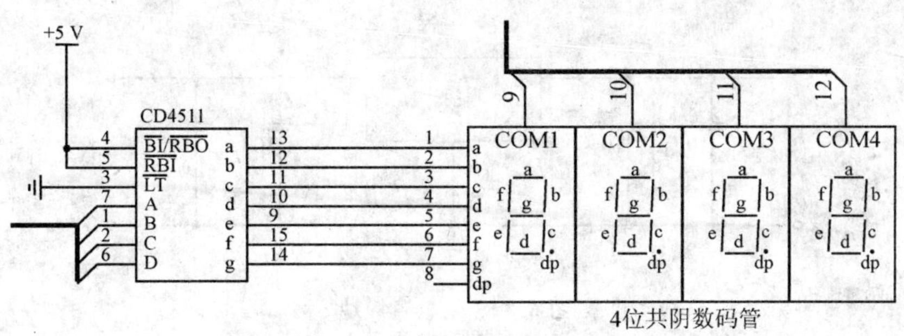

图 6.113 LED 显示模块

I/O口向键盘送全扫描字，然后读入列线状态来判断。判断键盘中哪一个键被按下是通过将行线逐行置低电平后，检查列输入状态实现。按键接口如图 6.114 所示。

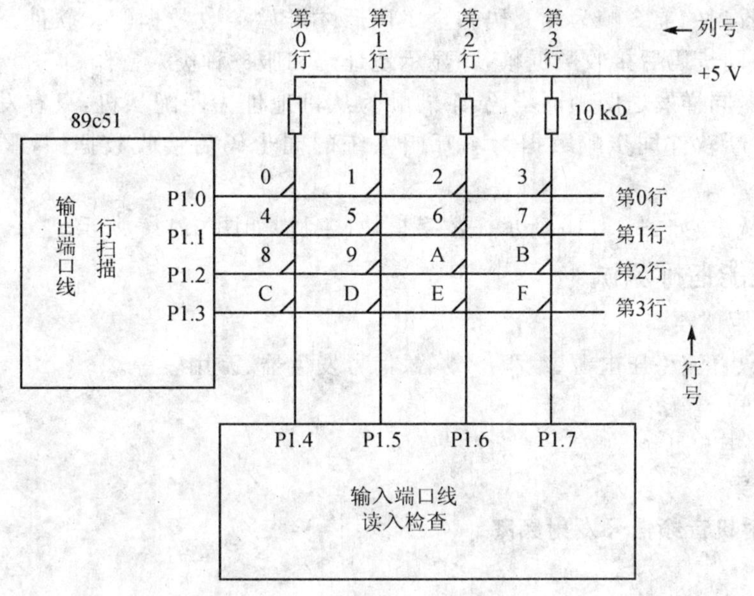

图 6.114 4×4 矩阵键盘接口

(3) 电源模块

为了给单片机提供一个稳定的+5 V电源，则使系统稳定工作在 6 V电源输入后经过一级稳压，如图 6.115 所示。

7. 系统模块软件设计

单片机串行工作时，通常用户可以自定义传输协议；不论用何种调制方式，所要传递的信息码格式都很重要，它直接影响数据收发的可靠性。常用信息码格式为：同步码＋数据帧。

同步码主要用于保证数据包同步，数据帧即要传送的信号。

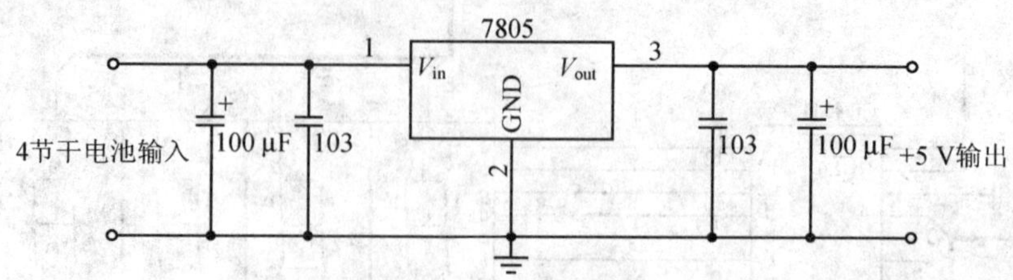

图 6.115　电源模块

通信协议：本系统是运用单片机的串行通信，数据每次发送4帧，第1帧为8位全0码，第2帧为8位全1码；这2帧数据是同步码，实践证明能良好地抑制零电平干扰。第3帧为8位地址码，取自不同的拨扭开关构成256组不同的呼叫系统。第4帧为8位表示0～9的10种服务。这4帧为一个数据包，为了防止传送过程中的干扰，每个数据包共发送4次。经过软件比较发现，接收到的前2帧为全0码和全1码后才开始接收数据帧。软件判断同步帧数据为本呼叫系统的同步码后接收数据帧，并显示地址码和服务种类。

主机回复时，同样发送两帧同步码，第3帧为从机地址去匹配从机，只有发送请求的才能收到。当从机判断软件同步帧数据为本呼叫系统的同步码后接收数据帧，服务显示数码管熄灭。

数字模块（从机）如图6.116所示。数字模块（主机）如图6.117所示。

8. 系统性能指标测试

(1) 测试所用仪器

数字示波器、直流稳压电源、编程下载器、信号发生器、万用表等。

(2) 测试时间

时间：2008年5月。

(3) 测试结果

1）主站发射机音频信号发射频率

86 MHz。

2）发射峰值功率

约5 mW。

3）主站话音信号的接收效果测试

主叫方采用麦克风输入的方式，从叫方使用耳机收听，结果见表6.23。

表 6.23　语音信号接收效果测试数据

测试距离/m	1	2	3	4	5	6	8	10
接收效果	很好	很好	很好	很好	好	好	好	好

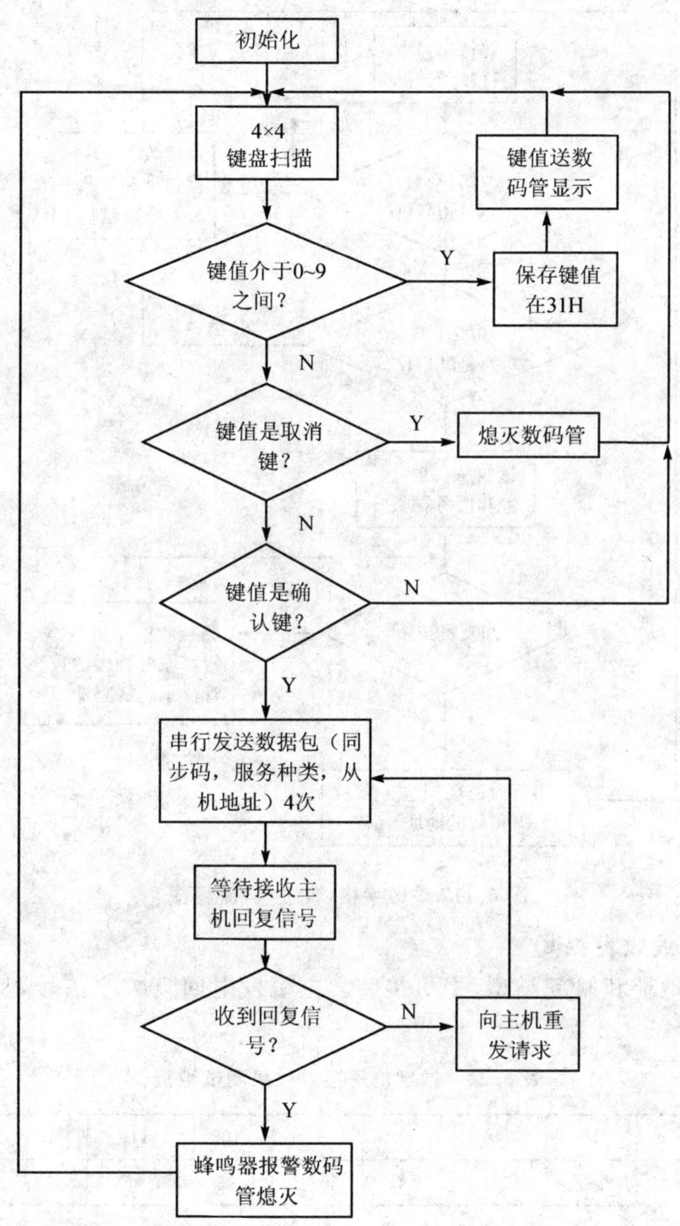

图 6.116　数字模块(从机)流程图

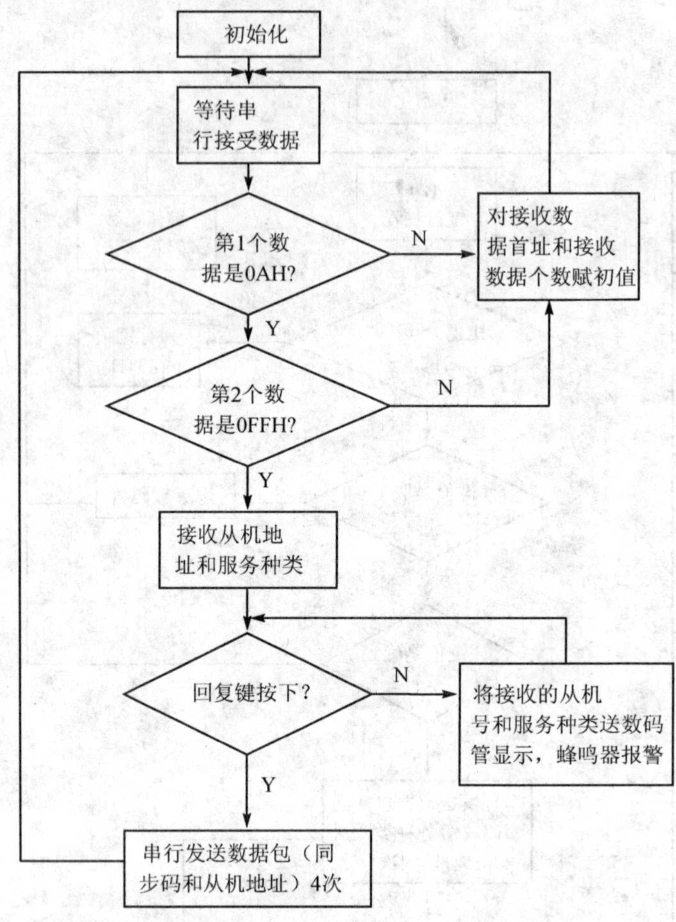

图 6.117　数字模块(主机)流程图

4) 数字信号无线收发测试

从机发射自身地址和服务类型,主机接收。主机发射回复数字信号,从机接收。结果见表 6.24。

表 6.24　数字信号接收效果测试数据

测试距离/m	10	30	60	80	100	110	130	150
接收效果	很好	很好	很好	很好	好	好	较好	较好

5) 多从机数字收发测试

从站数量可扩展为多个,这里只扩展了两部,发现多个从机同时发送信号时基本不发生信号冲突;主机先处理完先接收到的信号之后再处理其他信号。

(4) 误差分析

本设计的误差来源分为：硬件误差、测试仪器误差和人为误差。

硬件误差主要来源于电路中的元器件、放大器等的误差。

测量仪器误差示波器本身有系统误差，又受到温度、湿度、照明、气压和电磁干扰等环境因素的影响，使得其读数和实际值有偏差，特别是温度影响和电磁干扰。

人为误差是由于观测者受到分辨能力的限制、固有习惯或疲劳粗心等因素引起的误差。

可以通过改善设计电路、提高仪器精度、减弱外界干扰和多次测量取平均值等方面来减小设计的误差。

9. 总　结

该系统结合了现代旅游特点和科技发展成果，综合了模拟无线通信和嵌入式等技术，实现了语音传输和信息数字化处理。导游可通过语音无线发射模块介绍景点和带领游客集体行动，可以用数字模块（主机）对游客进行点名，以防游客掉队；游客可以通过语音无线接收模块收听导游所说的话，并可用手头的数字无线发射模块发射自己的服务要求。如果游客遇到特殊情况，则可通过数字模块即时通知导游，导游迅速处理或领导旅游团做出相应反应，从而减少不必要的损失。

6.10　智能福娃系统（2008 年校内科技创新大赛）

6.10.1　题目要求

要求利用凌阳 61 板和所学到的专业知识，设计制造一个智能福娃。该系统要求能根据语音提示执行相应的动作：前进、后退、左转身、右转身、转头、唱歌、跳舞、知识问答等。

6.10.2　获奖作品选编

1. 方案设计

智能福娃系统主要功能是根据语音提示执行相应的动作：前进、后退、左转身、右转身、转头、唱歌、跳舞、知识问答等。系统的总体框图如图 6.118 所示。

本系统是以凌阳 61 为基础开发出来的，简单地可以分为两大模块：硬件部分和软件部分。

(1) 硬件部分

硬件部分由电机驱动电路（包括头部电机，左、右腿电机）以及凌阳 61 板组成。

1) 电机驱动电路

采用功率较大的三极管搭成 H 桥来驱动电机，可以实现电机的正向旋转与电机的反向旋

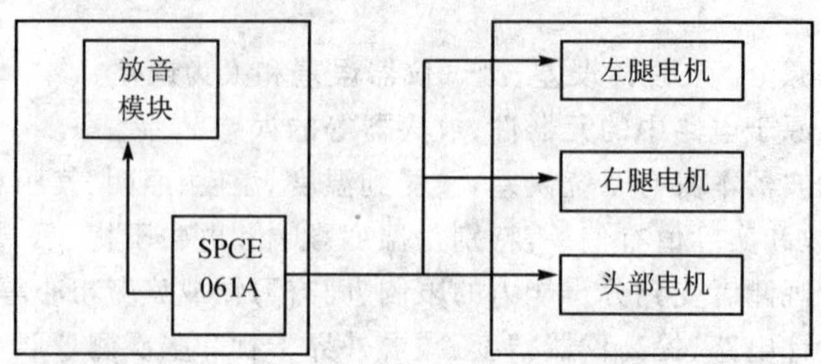

图 6.118 系统的总体框图

转;这些电机包括两个用于走路的电机与一个头部转向的电机。

左、右腿和头部电机驱动电路如图 6.119 所示。

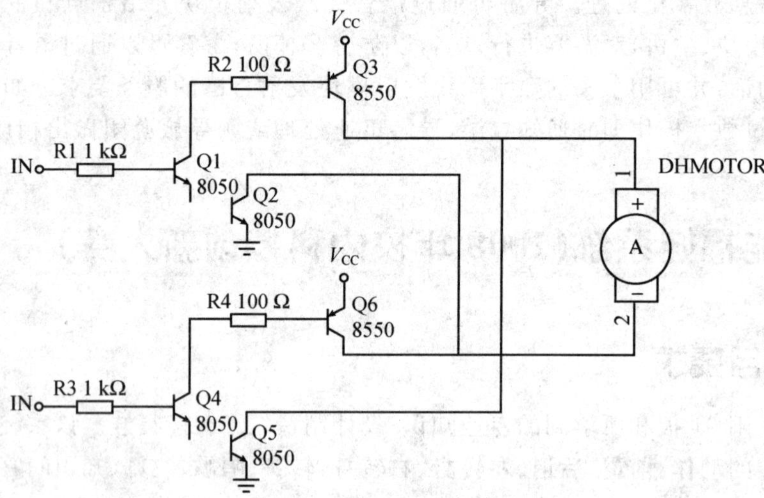

图 6.119 电机驱动电路

2）凌阳 61

61 板硬件框图如图 6.120 所示。对框图功能的说明如表 6.25 所列。61 板接口说明如图 6.121 所示。

智能福娃系统用到 IOA 接口,编程使其在得到语音命令后控制 IOA 口高低电平转换,以实现电机运转。

(2) 软件部分

用 u'nSP IDE 编写代码,下载到 SPCE061A 上控制福娃运动。由于程序代码太长,在此只作简要介绍。

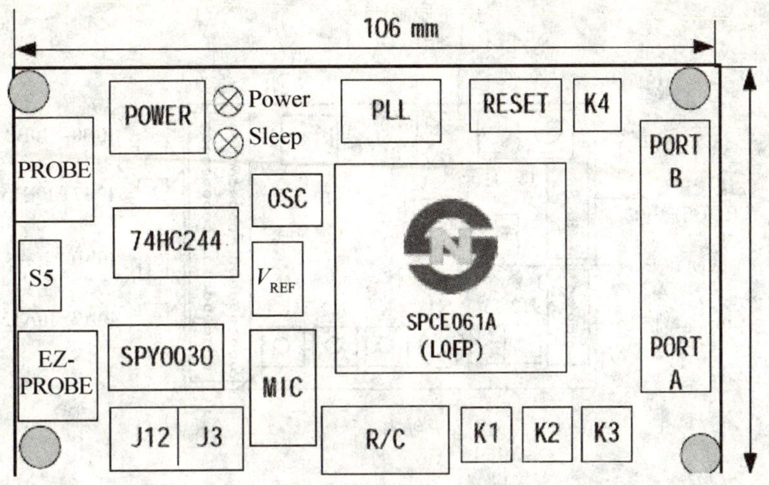

图 6.120　61 板硬件框图

表 6.25　框图功能说明表

POWER	5 V & 3 V 供电电路	SPCE061A	61 板核心:16 位微处理器
⊕	Power—电源指示灯 Sleep—睡眠指示灯	PLL	锁向环外部电路
		RESET	复位电路
K4	复位按键	PROBE	在线调试器串行 5 针接口
S5	EZ-PROBE 和 PROBE 切换的拨断开关	J12、J3	耳机插孔和两针喇叭插针
DAC	一路音频输出电路,采用 SPY0030 集成音频放大器	MIC	麦克风输入电路
		V_{REF}	A/D 转换外部参考电压输入接口
OSC	32768 晶振电路	K1~K3	扩展的按键:接 IOA0~IOA2
R/C	芯片其他外围电阻、电容电路	PORTA/B	32 个 I/O 口

1) 涉及的库

CMacro1016. lib

bsr222SDL. lib

SACMV26e. lib

2) 组成文件

main. c	/BackGroundPlaying. c	/Flash. asm	/FIQ. asm
/hardware. asm	/InterruptStatus. asm	/IRQ. c	/robot
function. c	/SetIOBit. asm	/System. asm	/BackGroundPlaying. h
/hardware. inc	/bsrSD. h	/hardware. h	/robot. h

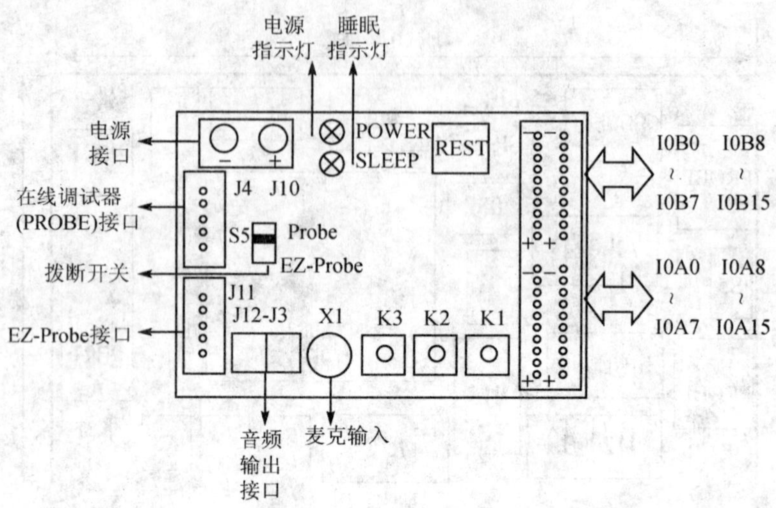

图 6.121　61 板接口说明图

3) 软件控制说明

在主函数中调用相关函数完成特定人语音的训练，训练成功后再进行语音识别，根据识别的命令执行相关的操作。根据 Flash 中的标志位判断是否为第 1 次下载程序。使用库函数 BSR_ExportSDWord(uiCommandID)将训练好的语音模型导出存储到 Flash 中。进行语音识别时，首先读取 Flash 取得语音模型，然后调用 BSR_ImportSDWord(uiCommandID)函数将语音资源载入内存。识别出命令后，执行相关动作。

4) 程序流程图

程序流程如图 6.122 所示。

(3) 软件与硬件的连接

图 6.123 是电机驱动电路和凌阳 61 板 I/O 口的连接示意图。

(4) 训练流程

智能福娃语音训练命令如下：

第 1 组：

欢欢、运动一下吧、秀一下吧、跳舞、再来一曲；

第 2 组：

运动一下吧、滑行、后退、左转身、右转身；

第 3 组：

秀一下吧、唱支歌吧、再来一曲、奥运之父是、奥运口号是。

(5) 外观设计

根据福娃欢欢外型，由手工制作完全。

开 始
初始化IOA口
第一次下载?
N
Y
擦除指定的Flash
语音训练与存储
置相关标志位
语音识别初始化
N
触发状态?
Y
N
触发状态?
Y
设置触发
判断哪组命令?
判断哪条命令?
判断哪条命令?
判断哪条命令?
播放应答
导出第2组命令
导出第3组命令
体操表演
再来一曲
应答
滑行
后退
左转身
右转身
应答
唱歌
知识问答
训练超时?
N
Y
消除触发状态
N
KEY3键按下?
Y
擦除Flash标志

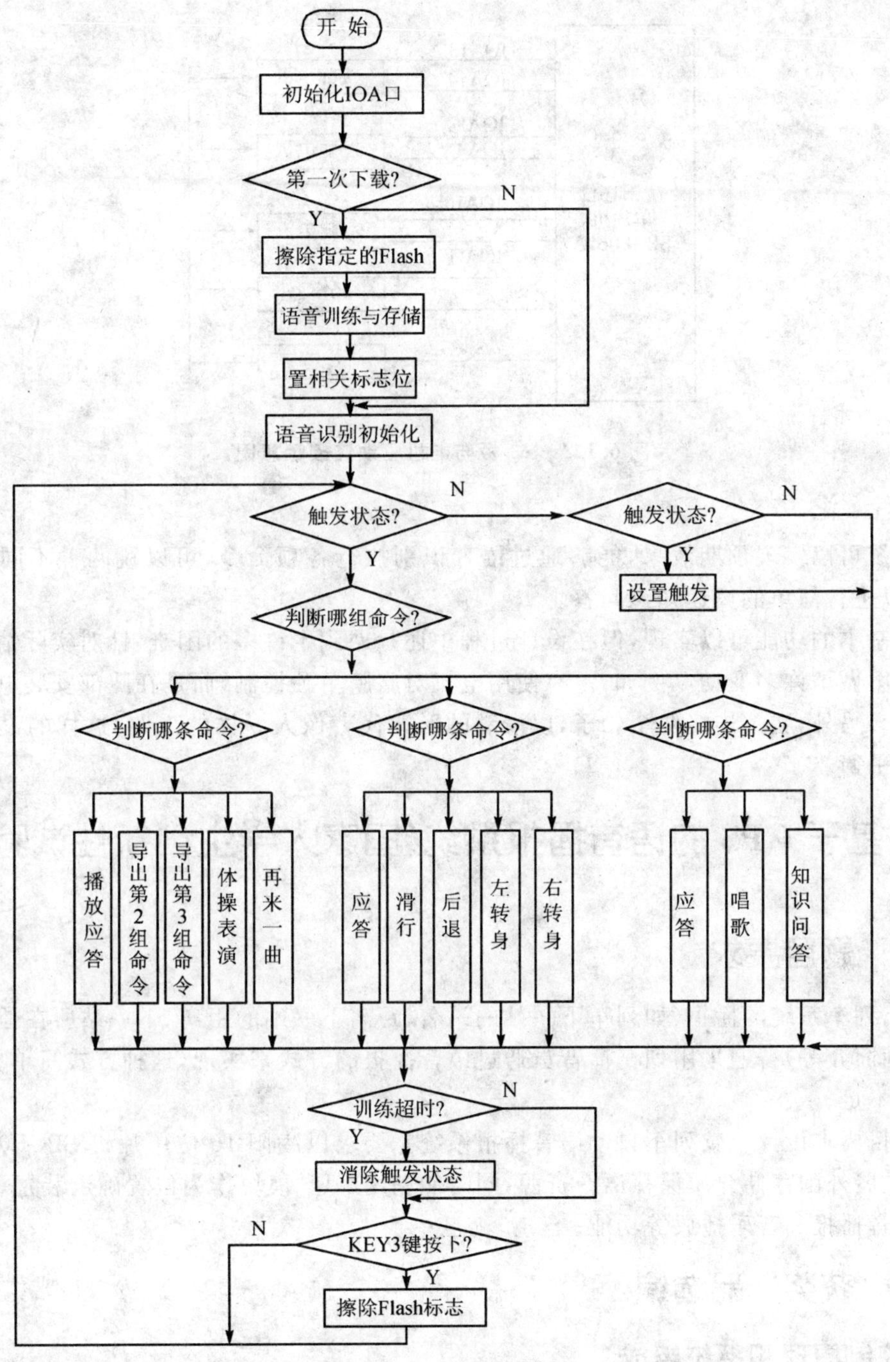

图 6.122 程序流程图

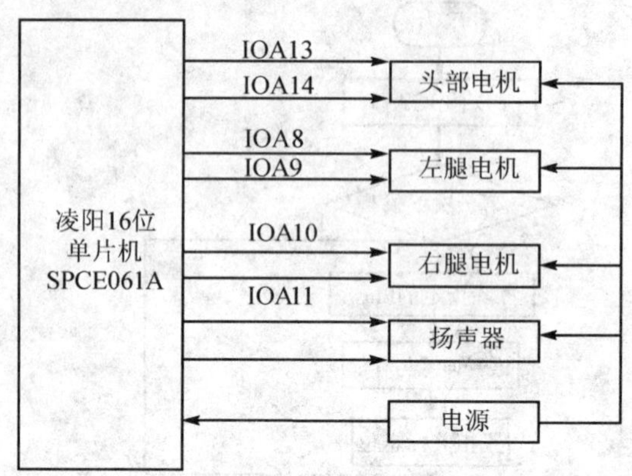

图 6.123　61 板与电机驱动连接示意图

2. 结　论

本系统可以实现预期效果，能够通过语音识别执行各项命令，可以跳两种不同动作的舞蹈，还可以进行简单的奥运知识问答。

尽管基本的功能可以实现，但在设计过程中还是遇到了许多的困难，针对实际情况对最初的设计方案做了许多变动。例如，没有使用电机对胳膊单独控制，而是在腿部安装电机使其与胳膊联动。另外，腿部连接两个轮子，以滑动的形式代替像人一样的走路，这样的设计更容易使其保持平衡。

6.11　基于 GPS 的语音播报系统(国家大学生创新性试验计划)

6.11.1　题目要求

目前，列车系统的播报(如列车下一站的站名、距离下一站的距离、下一站所在地方的旅游风景、名胜简介等)普遍采用列车播音员通过语音播报的方式来实现，这种方式简单易行，但也存在一些不足。

本题目要求设计一款列车自动语音播报系统。要求以凌阳 16 位单片机 SPCE061A 为控制核心，扩展外围存储介质保存语音资源，同时能利用 GPS 模块作为位置确定装置，实现列车到站的语音播报和音乐播放等功能。

6.11.2　获奖作品选编

1. 控制原理和系统组成

本设计系统通过 GPS 与单片机的数据通信接口来接收位置信息。以现在最为常用的安全数字卡(Secure Digital Card,SD卡)作为扩展内存,用以保存不同的音乐、站点和语音信息。该系统控制中心,通过把从GPS获得的定位信息与自身保存的站点信息相比较,以确定是否到站和当前车站信息;并且分析出到站时间,以通过键盘随时进行语音播报和文本显示。在每种情况下,控制中心对信息进行判断处理,并利用喇叭把内存中的相应的语音信息输出,把内存中相应的文字信息正确显示。考虑到实际的特殊情况的需要(如列车意外故障的原因或者前方铁路受损的突发的原因),系统设置键盘扫描中断,从而方便地实现自动播报和人工操作的转换,并能够按需要更新沿途站点信息和实现紧急情况的预报。而每节车厢之间与控制中心通过控制器局域网(Controller Area Network,CAN)来传递列车的信息。

同时,为了人机交流界面友好,在控制中心可以通过上层PC机来显示即将到达的站名、时间等信息。其工作流程如图6.124所示。

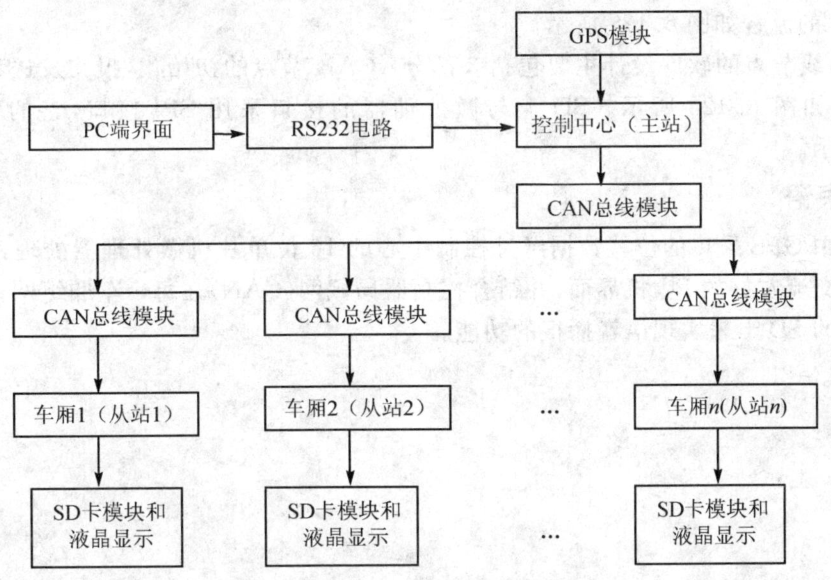

图6.124 工作流程图

2. 底层硬件设计

控制中心和车厢的从站均采用SPCE061单片机作为控制部件的核心。SPCE061A是台湾凌阳公司设计的一种新型的16位单片机,资源丰富,具有极高的性价比。该单片机内置了两路D/A转换、8路A/D转换及在线仿真等丰富的功能,这些都为实现数码录音和播放提供良好的方便条件。

GARMIN公司的GPS15L是一款性价比高的卫星定位芯片,是异步串行数据输入/输出的。它适应全球、全天候的工作,能够实时提供三维位置、三维速度和精密时间。GPS是以NAME协议格式发送消息的,接收到当前列车的纬度、经度和星历时间后,通过电平转换把信息传给控制中心的微处理器。

CAN总线凭借极高的可靠性、独特灵活的设计和低廉的价格，现已广泛应用于工业现场控制、智能大厦、交通工具、医疗仪器和环境监控等众多领域。而CAN的通信协议主要是由CAN控制器完成的，并采用NXP公司的SJA1000 CAN通信控制器和PCA82C250作为高性能CAN的总线收发器。它们与节点的微处理器的硬件电路原理如图6.125。在每节车厢(从站)的微处理器都连接上SD卡和液晶显示，以便通过声音和图像显示告诉乘客当前的列车状态。它与微处理器的硬件原理图如图6.126所示。

3. 软件设计

由于GPS是RS232电平，所以位置数据要经过电平转换才能给单片机SPCE061A的IOB7和IOB10以UART的方式来接收。而PC端的界面是采用Visual C++的MFC类来编写的，程序的流程如图6.127所示。

CAN总线节点的软件设计主要包括3部分：CAN节点的初始化，报文发送和报文接收。报文的协议如图6.128所示。SD卡与微处理器的接口采用SPI接口，它的程序流程如图6.129所示。

4. 结束语

本系统中GPS采集的位置数据经过控制中心的16位单片机微处理器处理，同时控制中心采用人机交流友好的PC机界面，并结合控制器局域网(CAN)在每个车厢组网；每节车厢通过大储存量的SD卡来实现语音播报的功能。

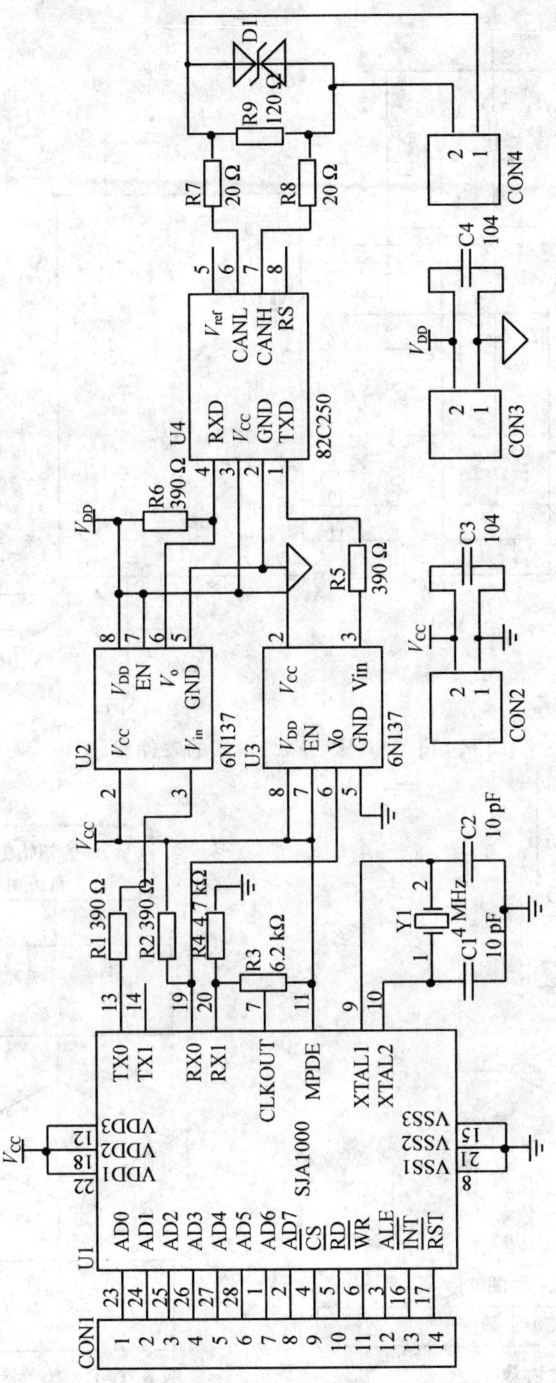

图 6.115 节点硬件电路图

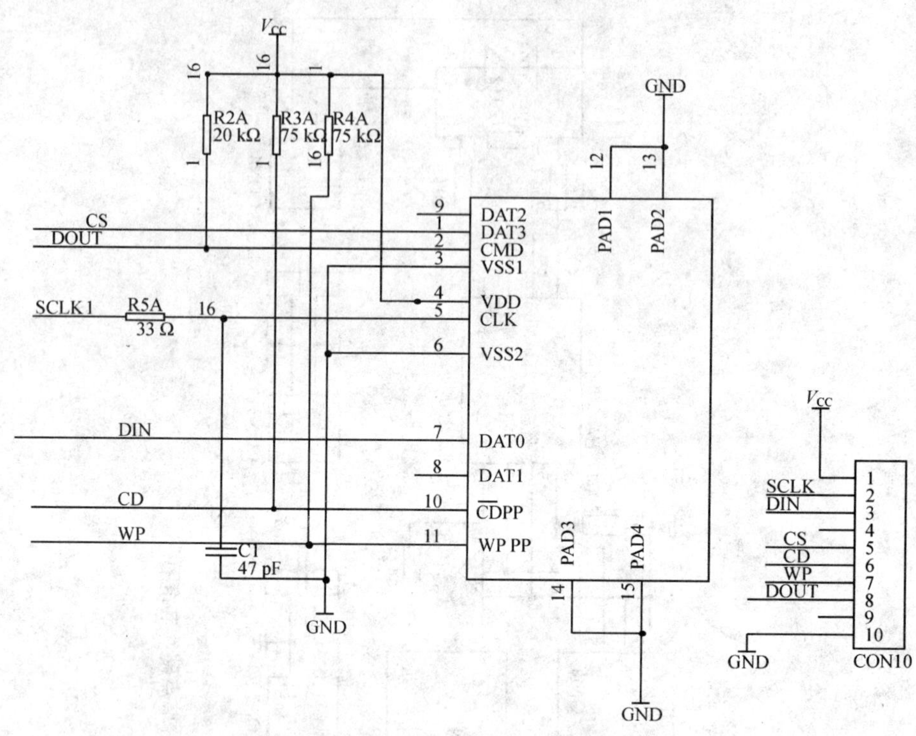

图 6.126　SD卡与微处理器的硬件图

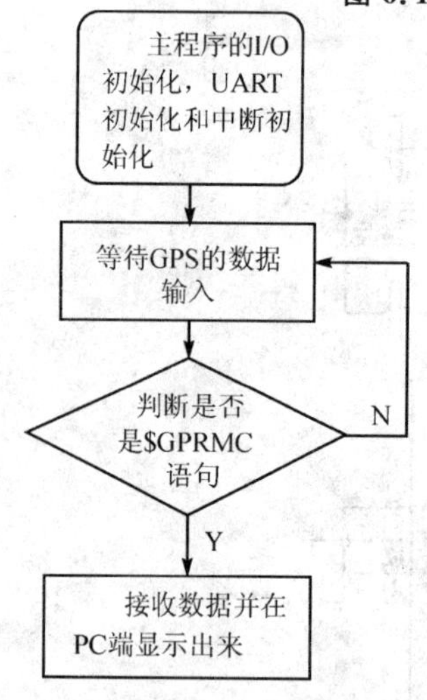

图 6.127　程序流程图

目标设备地址	源设备地址	数据类型	数据长度	数据

图 6.128　报文协议

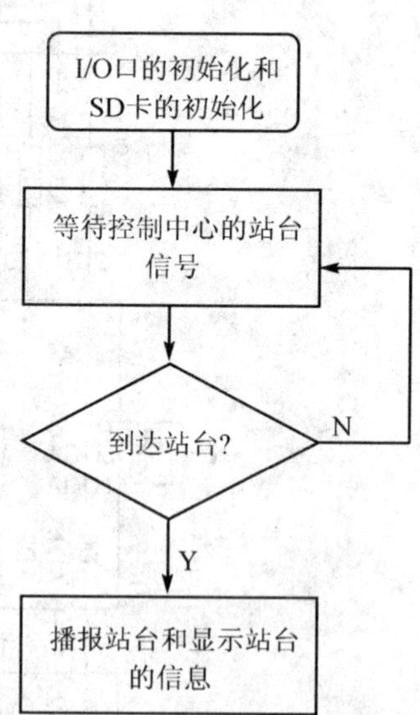

图 6.129　SD卡的程序流程图

参考文献

[1] 罗亚非. 凌阳16位单片机应用基础. 北京:北京航空航天大学出版社,2003.

[2] 薛钧义,张彦彬. 单片微型计算机及其应用. 西安:西安交通大学出版社,1997.

[3] Donald A. Neamen. Electronic Circuit Analysis and Design. Second Edition. 北京:清华大学出版社,2000.

[4] 全国大学生电子设计竞赛组委会. 全国大学生电子设计竞赛获奖作品汇编:第一届～第五届. 北京:北京理工大学出版社,2004.

[5] 童诗白,华成英. 模拟电子技术基础. 第3版. 北京:高等教育出版社,2001.

[6] 谭浩强. C语言程序设计. 第2版. 北京:清华大学出版社,2000.

[7] 黄智伟. 全国大学生电子设计竞赛训练教程. 北京:电子工业出版社,2005.

[8] 雷思孝. 单片机原理及实用技术. 西安:西安电子科技大学出版社,2004.

[9] KlausFinkenzeller. 射频识别技术. 吴晓峰,译. 第3版. 北京:电子工业出版社,2006.

[10] 杨霓清. 高频电子线路. 北京:机械工业出版社, 2007.

[11] 黄智伟. 无线发射与接收电路设计. 北京: 北京航空航天大学出版社,2004.

[12] 周旭. 电子设备防干扰原理与技术. 北京:国防工业出版社,2005.

[13] 雷虹,余恬,刘立国. 电磁场与电磁波. 济南:山东大学出版社,2006.

[14] 程守洙, 江之永 . 普通物理学 2. 第5版. 北京:高等教育出版社, 2005.

[15] 杨世铭,陶文铨. 传热学. 第4版. 北京:高等教育出版社,2006.

[16] 刘海成. MCU-DSP型单片机原理与应用。北京:北京航空航天大学出版社,2006.

[17] 张培仁. 基于16/32位DSP机器人控制系统设计与实现. 北京:清华大学出版社,2006.